中国近代认知科学研究

钟少华 著

SPM
南方出版传媒
广东人民出版社
·广州·

图书在版编目（CIP）数据

中国近代认知科学研究 / 钟少华著 .—广州：广东人民出版社，2021.1

ISBN 978-7-218-14014-8

Ⅰ.①中… Ⅱ. ①钟… Ⅲ.①认知科学—研究—中国—近代 Ⅳ.① B842.1

中国版本图书馆 CIP 数据核字（2019）第 252785 号

ZHONGGUO JINDAI RENZHI KEXUE YANJIU

中国近代认知科学研究

钟少华　著

出 版 人： 肖风华

责任编辑： 刘　宇
责任技编： 吴彦斌　周星奎
装帧设计： 周伟伟

出版发行： 广东人民出版社
地　　址： 广州市海珠区新港西路 204 号 2 号楼（邮政编码：510300）
电　　话：（020）85716809（总编室）
传　　真：（020）85716872
网　　址： http://www.gdpph.com
印　　刷： 山东临沂新华印刷物流集团有限责任公司
开　　本： 787mm×1092mm　1/16
印　　张： 38.5　　**字　　数：** 480 千
版　　次： 2021 年 1 月第 1 版
印　　次： 2021 年 1 月第 1 次印刷
定　　价： 98.00 元

如发现印装质量问题，影响阅读，请与出版社（020-85716849）联系调换。
售书热线：（020）85716826

人人生而有认知的权利！

人人生而有认知的欲望！

人人生而有认知的体验！

目录

前言

一、认知科学

认知科学（Cognitive Science）作为人类整体的新学科概念出现，自20世纪70年代以来，已经发展接近50年了。在两千余年的探求人类命运中，在继承自然科学思想与行动之后，又继续社会科学的探索、人文科学的探索，更是在人类命运面临空前危机与奋斗之时提出“认知科学”，恰当其时，正应该尝试成为探索人类现实前途的关键词和思想方法，成为人类适应生存、面对未来的关键工具。

浏览“认知科学”的基本内涵，大家都会感觉到，其中的各种关键知识在过去有属于自然科学范畴的，有属于社会科学范畴的，有属于人文科学范畴的，并非现代人才发现、发明出来的。换句话说，人类知识积淀上百万年以来，已经拥有丰富多彩的知识类型，有足够多的思想和方法在实践中不断解决困难、转移困难和产生新困难。而目前突出“认知科学”的急需，那也是人类自身发展造成的。例如连“人类只能抛弃母亲地球，到其他星球去寻求生存与发展”这样的论证都普遍传播，那么，人类还有理由在地球上存活吗？

从历史的视角观察，在人类的知识发展史中，在人类行为的适当选择与错误选择史中，在人类认知自己的混乱中，在人类认知自然界的荒唐与成功中，在人类亲手制造的人造物的辉煌与罪恶中，在人类社会与其他生物种群社会的矛盾中，等等，我们现在都可以罗列出数不清的史料和研究成果，来证明其中的理性需求和反理性需求。因此，基于人类如此庞杂混乱的知识发展史，要想从中梳理出一些能够说明"认知科学"几千年来所走过的道路，本身就是一个巨大无比的研究课题，但又必须梳理出一些比较清晰的脉络，才可能使现代"认知科学"去面对未来的时候，能够有一个朦胧的参照系。本书中能够梳理的人类知识发展史脉络，充其量也仅是2000多年来人类精神文献、人类行为文献中的一部分，而且还是分布在各个地区、各个民族的不同语言文字中，这样的研究实属无奈，也仅能如此。因而一旦有什么结论的话，恐怕存疑处比比皆是。本书将通过人类知识发展史说明认知科学是人类社会进步的必然产物；同时也说明，人类知识进步仍将迎接挑战，不断变革人类自身的认知能力、认知手段和认知工具，不断认识和克服谬误，以继续在茫茫宇宙空间中前进。既然没有全知的上帝或"魔高一尺"的魔鬼，那就只有人类自己认知自己，变革自己。

"认知科学"的根本追求依然还是人类一直的根本追求，也即：①人类认知自身并且努力改善自身；②人类认知环境以及环境与人的关系；③人类认知所有未知领域。只是几千年来，各种认知追求都是在各种名义下、各种手段下、各种语言下，成果虽丰富，文献虽繁多，但缺乏统一概念，现在用"认知科学"一词来涵盖是合适的，也是必要的。

在现代"认知科学"这面旗帜上，书写着的一批先行者的名字，既有西方学者，又有中国学者。他们的基本关注方向主要在六个方面：哲学、心理学、语言学、人类学、计算机科学和神经科学。然后在这六个方面进行交叉组合，出现许多全新的学科，这些学科互相影响、互相协调，取得了许多前瞻性成果，也获得了许多实际全新的思想和人机混合物，大大推动着现代人类社会的飞跃进步，当然，也推动制造着新的更难以解决的问题。史忠植的《认知科学》就将“认知科学”的定义写成：“认知科学是研究心智和智能的科学，方向包括从感觉的输入到问题的求解，从人类个体到人类社会的智能活动，以及人类智能及机器智能的性质。其目的是说明和解释人在完成认知活动时，是如何进行信息处理与加工的。”笔者基本接受这个定义，也不需要更仔细考辨其中细微的差别。因为笔者的重点研究，并非“认知科学”在现代的科学取向、价值取向或文化取向，而是想通过中国近代科学文化发展的史实，力图说明现代“认知科学”的大量具体内容，早已在近代中国科学文化发展中同许多其他国家一样深入思辨、考察、探求、研究过，笔者仅是想通过展示近代中国学人的大量具体研究成果，明示在中文系统中，“认知科学”的种种专业词语、种种思辨用语、种种实验用语，都能够全面表述、清晰展现，而自然形成与海外语言文化不同的史实。

“认知科学”成为一个整体概念，成为一个专门词组，已经是在20世纪后期了。而人类的“认知”过程，是伴随着人类诞生、人类几百万年的成长，在不停地探索、演进、追求，特别是在大量错误的选择之后，在不断地“认错”之后，才慢慢地为人类所认知，慢慢地形成科学的“认知”；在不同的艰苦尝试之后，才分门别类地总结出来的。不过必须明白，人类“认知”的遗存文献，能够成为不同文字，能够解读的也就是两千余年光阴，而之前的声音自然消失殆尽，出土的文物则还在慢慢猜谜式的破解中。因此，我们的研究就只能依靠这两千余年的不同文字的文献，而且我们研究的文献也仅是这浩海般的文献堆中很少的一部分。

当然，笔者所利用的文献，也仅是两千余年间留存的中文文献中的一小部分。它们都是以汉字形式出现，而汉字以单字为基础的传统，形成了诸多后人难以破解的困境。形成困境的原因之一就是虽然汉字在两千多年前就被皇帝规定“书同文”，但没有规定“字同音”“字同义”，从而给后来人留下无尽的困惑；更有在汉儒以后留下的只追求背诵的前贤字句，造成“不求甚解”的文风。用今天的话来说，就是仅不断重复前贤的字句观念，而不进一步推究字义、词义是如何升华而成为必要的概念。于是后人往往无奈地掉进字词句的反复重述，缺乏能够被社会公允接受的字词句的概念，这也给现代人的整理、探索增添了大量的麻烦。在本书中，我们经常会遇到中文字词句在诠释中的困难，这并非古人之错，更非近代中国学人语言把握不清晰，而是一直没有对中文字词句的规范，没有形成社会公允的一致用法，导致运用者无所适从，各自为主。

今天，“认知科学”已经成为人类所关注的命题，它的定义、思想、内容和方法，都已经成为全世界各国学术界认知的主流。它是关注全人类的现代命运，是以全人类的立场来探讨的难题；是以“人脑+电脑”的工作模式来探索可能之路，是以“人脑+电脑”的方法来解决“人脑+电脑”所造成的“迷雾”。

中国在20世纪80年代开始接受电脑这种全新的工具，对于中国人的认知需求来说，无疑是拿到了全新的、威力无穷的利器。三十多年过去，我们利用得如何？似乎是成绩很大，问题也不少。笔者最关心的是，为了研究而必需的中文文献是否已经梳理清楚？是否已经将两千余年的中文文献全部呈现在“云”端，让每一个人都能够随时检索？实际上，目前中文古今文献的检索环境依旧困难重重，笔者在几十年的应用中，总感力不从心，因此草成此书，还望方家教正。

当前，网上出现一个中文新词：“认知学”。顾名思义，是专门针对人类“认知”而进行研究的学问。笔者很赞成“认知学”这个专门用词，只是笔者早已经判断：如果一门“××学”成立，基本上应该有六个方面的阐述。一是该学科的定义；二是该学科的体系结构；三是该学科的理论概念；四是该学科的文化价值；五是该学科的方法；六是该学科的沿革。笔者祈盼这样的专著早日问世，以促进“认知学”的发展。笔者之所以撰写此书，也是自知尚无能力把握“认知学”的全面基础，退而整理过去的史料，力图展示我们已经想过些什么，做过些什么，也许略有小补吧。

笔者撰写此书的方法，是以中文概念史的方式贯穿，通过表述“认知科学”的各种概念在中文里的出现、展开与影响，表述中国学人在其中的思考和研究状况，以阐明“认知科学”的各种概念在近代中国的激荡。造成这种思想、学术上的激荡之来源，一是古代中国哲人的一些观念；二是西方科学家和哲学家对于中国认知的影响。

笔者撰写此书所引大量近代文献，大多数为当年原著。这是为了尽量真实反映中国学人的贡献。

二、“认知”的中文字、词根源

中文的基本特点是以字为单位，单字造就了丰富的中华文化，而这与西方文字和文化有很大的区别，也就造成了中华民族独特的“认知”思想、“认知”方法和“认知”道路。恰如启功先生说的：

> 中华民族文化的最中心部分——汉语（包括语音）和汉文字，自殷商至今有过许多变化，但其中一条是未变或曾变也不大，就是：一个文字表示一个记录事物的“词”，只用一个音节。无论其中可有几个音素，当它代表一个词时，那些音素必是融合成为一个音节的。……汉语既是一字即一音，一音即一词，这就使得汉语的语句和它所表达的思

想，可能长短、伸缩、繁简、正反……自由变换。随时随处加入，撤出某个词，即使句义全变，句子仍然成立。这是字、词、句的句型、句义的灵活性，也是它的优越处。[①]

所以每一字的词，都可有骰子式的六个面，而每面都可插电线通电流。但无论它们多么活动，只要成了二字词，像个盒子，底盖相扣，便稳定多了。即使底盖翻覆，底作盖盖作底，它固然能活着，而我们也仍能辨认和利用。[②]

“认知”这个中文词，在历史上所涵盖的意思，突出在“认”“知”“识”三个字的表达上，当然也可以算进“智”“心”“理”等字的表达，但由于这三个字已经太多、太复杂，足以让一般读者无所适从，为尽量浓缩，其他的字就不专门介绍了。而这三个字的意思，罗竹风先生在他所主编的《汉语大词典》（汉语大词典出版社，1992 年版）中，已经择要介绍如下。

（一）“认”字——历史上 8 种意思

① 作认识讲——（五代）齐己：云里乍逢新住主，石边重认旧题名。

② 作认为、看作讲——（宋）刘克庄：梦回残月在，错认是天明。

③ 作承认讲——《周书》：恐此盗坐之以死，乃不认焉。

④ 作应允、承担讲——（清）吴振臣：随汝自认一件。

⑤ 作记得讲——（宋）孙光宪：静街偷步访仙居，隔墙应认打门初。

---

① 启功，《启功人生漫笔》，同心出版社，2002 年 7 月，第 186–200 页。
② 启功，《汉语现象论丛》，香港商务印书馆，1991 年 12 月，第 68–83 页。

⑥ 作认命讲 ——《二刻拍案惊奇》：只自家认了晦气罢。

⑦ 作任凭讲 ——《清平山堂话本》：认你家财万万贯。

⑧ 同“仍”、沿袭 ——《二刻拍案惊奇》：认旧念取五字真言，却不甚灵了。

另外，在古代字书上，还有对“认”字的不同的解说，如：

①《广韵》：认，认物。

②《玉篇》：认，识认也。

③《集韵》：认，志也。

（二）“知”字 —— 历史上 21 种意思

① 作晓得、了解讲 ——《易》：知进退存亡而不失其正者，其惟圣人乎。

② 作认识、辨别讲 ——《左传》：韩厥曰，“君知厥也乎？”。

③ 作闻、听到讲 ——《国语》：将以教民利也，不知其以匮之也。

④ 作告诉、知道讲 ——《公羊传》：赵盾知之。

⑤ 作知觉、省悟讲 ——《谷梁传》：石，无知之物；鹢，微有知之物。

⑥ 作记忆讲 ——《论语》：父母之年，不可不知也。

⑦ 作见解、知识讲 ——《商君书》：有独知之虑者，必见骜于民。

《庄子》：吾生而有涯，而知也无涯。

⑧ 作“为”“作”讲 ——《易》：乾知大始，坤作成物。

⑨ 作主持、执掌讲 ——《国语》：吾与之共知越国之政。

⑩ 作知遇、赏识讲 ——《管子》：君知则仕，不知则已。

⑪ 作结交、交游讲 ——《左传》：公孙明知叔孙于齐。

⑫ 作知己者、知交讲 ——《昭明文选》：方舟新旧知，对筵旷明牧。

⑬ 作匹配讲 ——《诗》：乐子之无知。

⑭ 作表现讲 ——《管子》：外见于形容，可知于颜色。

⑮ 作欲求讲 ——《礼记》：好恶无节于内，知诱于外，不能反躬，天理灭矣。

⑯ 作病愈讲 ——《素问》：二刺则知。

⑰ 犹得、得到 ——《列子》：臣恐彼国之不可知之也。

⑱ 犹管、过问 ——（唐）杜甫：翠襟浑短尽，红嘴漫多知。

⑲ 代词。

⑳ 助词。

㉑ 作聪明、智慧讲 ——《礼记》：好学近乎知。

而在古代字书上，还有对“知”的解说，如：

《说文》：知，词也。

（三）“识”字 —— 历史上 13 种意思

① 作知道、了解讲 ——《诗》：不识不知，顺帝之则。

② 作认识、识别讲 ——（唐）李白：生不用封万户侯，但愿一识韩荆州。

③ 作赏识讲 ——（晋）干宝《搜神记》：知汝今为明府所识。

④ 作知识、见解讲 ——《庄子》：侗乎其无识，傥乎其怠疑。

⑤ 作思想意识讲 ——《后汉书》：党附成讥，固知识能匡欲者鲜矣。

⑥ 作知觉讲 ——（南朝）梁武帝：观耳识之爱声，亦如飞鸟之归林。

⑦ 作相识之朋友讲 ——（唐）刘禹锡：异乡无旧识，车马到门稀。

⑧ 作旗帜讲 ——《汉书》：讫无文号旌旗表识，咸怪异之。

⑨ 作标志、记号讲 ——（三国）曹植：以龙虎熊马雀为识。

⑩ 做记号 ——《周礼》：为规，识日出之景与日入之景。

⑪ 作记住讲 ——《易》：君子以多识前言往行，以畜其德。

⑫ 作记载讲 ——《汉书》：以计识其人众畜牧。

⑬ 古代钟鼎上凸出文字。①

而在古代字书上，还有对“识”的解说，如：

《说文》：识，常也。一曰知也。

仅仅三个单字，在古人用法中，就能弄出约 40 种不同的意思，但又有相近的意思，中国人千年来已经照样搬用习惯了。其好处自然是运用方便，在细微处能显示微妙的区别，甚至可能觉得还挺有趣；而其缺点也明显 ——近义词、同义词颇多，难以辨析其中所需要表达的语义，造成学习困难，记忆太多。在中国历史上，对于单字的整理规范，虽然历经多次，但没有足够的提炼升华，导致依然存在一字多义、多字一义的现象。

---

① 罗竹风主编，《汉语大词典》缩印版，汉语大词典出版社，1997 年 4 月，第 4713、4714、4715、4716、4717、4718、6612、6613、6684、6685 页。

三、“认知”的中文词根源

中国方块单字近 10 万个，因为再多“创造”出几万个，肯定让记忆和使用更加麻烦了。但是，世间事物和人的思想所需要表达的独立意识，恐怕远远不止几十万个，也许应该有上百万个不止。中国人的办法就是建立“词”，即将两个或几个单字拼在一起，以表达一种新的意思。“认知”就是这样形成的一个词。它本身除了全新的一种意思以外，很自然地就将原来“认”“知”“识”等单字中的一部分意思也带进来，因而它其实已经变得拥有十分丰富的内涵，这正是中文组“词”的特点。

我们这里简略地看看古人有过什么样的组合方式，那是足以让读者发昏的。还是从以上三个字入手，例如：

（一）古文献上，“认”字组词（不再举例句）

后面加一个字——认人、认可、认生、认同、认色、认作、认取、认明、认知、认命、认定、认真、认透、认过、认许、认业、认义、认准、认实、认确、认范、认熟、认辨、认识、认证……

前面加一个字——妄认、误认、错认、识认……

（二）古文献上，“知”字组词

后面加一个字——知人、知力、知士、知己、知止、知方、知心、知巧、知交、知见、知至、知行、知名、知足、知我、知希、知言、知者、知事、知非、知易、知彼、知命、知底、知性、知故、知省、知重、知待、知风、知音、知耻、知根、知书、知能、知务、知常、知过、知术、知得、知悉、知情、知启、知达、知遇、知道、知感、知照、知微、知解、知经、知睿、知诱、知实、知趣、知虑、知赏、知德、知怜、知机、知晓、知器、知谋、知旧、知穷、知识、知觉、知辩、知观……

前面加一个字——生知、先知、心知、故知、前知、后知、质知、见知、闻知、揣知、四知、致知、通知、深知、无知、服知、真知、广知、精知、独知、重知、周知、至知、微知、自知、权知、访知、朋知、旧知、蠢知、晓知、承知、伪知、求知、探知、推知……

（三）古文献上，“识”字组词

后面加一个字——识人、识力、识才、识心、识本、识见、识别、识局、识拔、识取、识事、识具、识知、识念、识性、识相、识要、识晖、识俊、识御、识度、识神、识真、识破、识致、识时、识透、识途、识悟、识务、识理、识略、识得、识视、识悉、识习、识裁、识达、识觉、识遇、识道、时远、识想、识业、识照、识微、识会、识解、识灭……

前面加一个字——不识、明识、旧识、器识、见识、鉴识、浅识、达识、至识、测识、深识、远识、博识、敏识、知识、智识、拔识……

显然，“认知”这个词的词源，都与以上这百多个词有着丝缕关联，都是古人曾经运用过的。那么，到底“认知”这个词本身，在中文里的源头在何处？近代有些中国人依然搞错，那是因为日本学者在1872年（久米邦武:《米欧回览实记》）开始使用“认知”这个词，并且接着写进日本《民法》中，后来被中国留学生作为新词搬运回中国文化中，很多中国人也就认为是日本人创造的新词了，导致近现代的一些辞书中，也就把创造权归给了日本人。其实，是需要查一查的。笔者有幸得到钱锺书老前辈在30年前创建的“古典文献数字库（简称扫叶库）”的访问允许，查检到“认知”在古文献中的出现，如：

自是追攀认知己，青云不假送迎人。——（唐）赵嘏

仍取责交认知在文字，置箱钞记。——（宋）范纯粹《续资治通鉴长编》

当然，古文上的“认知”词义，与今天我们用的不同而已。

与“认知”词义相近的词，例如，“求知”“探知”，在古文献中同样存在：

笃守道而求知也。——（唐）皇甫湜

少年急于求知，投赠公卿，动千百言。——（清）赵翼

激急亲近，探知人情，则见以为谮而不让。——《韩非子·难言》

东坡始出，愧谢久候之意，且云：“适了些日课，失于探知。”——（宋）陈鹄

如此看来，是否可以说：古人对于“认”“知”“识”“智”等字，以及由它们组成的相关“词”，都兴趣颇高，不断变换来表达自己的意思。但这其实也在有意无意间造成杂乱，当近代中国人觉得需要将字义和词义清晰、准确界定的时候，麻烦就来了，一些书生还不断“守”祖宗之法，咬定古字某种说法，硬用来套近代新环境下的新义，这就给年轻读者造成很多误解。下面我们将看到，在“认知”这个词的意思上，特别是结合外来语的翻译，曾经出现各种各样的解释。

顺便应该说明：“认知”的反义词不是“愚蠢”。“愚蠢”与“聪明”是只有程度上的差别，没有本质差异。因此，“认知”的反义词，应该是“断知”“反知”和“乱知”，也可以是“认乱”“认伪”和“认

终”等。而“认知”的主要敌人，早在法郎士·培根（F.Bacon，今译弗朗西斯·培根，1561—1626）的学说中已经明确，即是四种偶像：

（1）种族偶像（Idola Tribus）——来自人的遗传本性，以主观的立场，当作客观事物的标准。

（2）洞穴偶像（Idola Specus）——因个人的习性癖好，或由于个人的特色生活和教育环境而形成，仿佛如生活在洞穴中，而形成一种特殊的主观心理。

（3）市场偶像（Idola Fori）——因语言文字的借用，以及社交习俗的熏染，而形成一些先入为主的成见。

（4）戏剧偶像（Idola Theatri）——由自己的哲理学说，或门户主义而登场所形成的主观见解。

今天的世界，四种偶像依然大力作祟，在各个领域都颇有市场。

四、近代中国的学术背景

近代中国的时间范围，一般是指1949年以前的百余年间。在这百余年间，中国面临空前的大挑战，主要是由于西方文明来到东方，与中国传统文明发生激烈的交流、碰撞、交融，使得中国这个传统的封建社会，疾速地向全球一致的近代社会演进。只是在这大变革时代，所付出的代价是极其痛苦的。国内政局变乱，经济实力大降，人民生活不稳，再加上日本的侵略，城市和乡村全都遭殃。

但是，也正是这种苦难激发了中华民族认知的渴望，以及探求认知的方法和手段，当然也有对认知的思想理念的追求，以求得在地球上的生存权。最典型的活动就是1919年触发的五四新文化运动。中国早期的一批新型知识分子，他们肩负民族进化的重担，面对如潮水般涌来的新知识、新文化、新技术、新思想，自清朝洋务运动开始，不断地去认知各种新事物，而其中得以学习到认知，除了实物认知外，认知主要是通过中文来实现。前述 18 世纪以前的中文，作为认知的媒介体，实在是难以承受理解之苦，仅看 17 世纪利玛窦等外国人所带来的新知识翻译作品，就知道多么困难了，很多至今也不能全说明白了。再看近代与西方列强外交谈判中，由于翻译成中文而造成的差错、谬误，更让中方吃过许多哑巴亏。于是，自 19 世纪末期开始，中国人的维新变法、新政运动，除了认知各种新知识外，加上了必须变革中文的诉求。直到 1912 年，全民族开始进行中文变革，没有花费国库多少钱，没有引起抵制的社会风潮，上下一心在短短几十年间就取得成功（虽然后遗症还不少）。语言文字的认知工具升级了，这对于全民的认知追求起到了促进的效果。[①]

同时，第一批、第二批出国留学生陆续回归，他们在自然科学领域、社会科学领域、人文科学领域中，都参与了各种研究工作，或培养新一代人才，或翻译专业著作，或田野作业，或参与工农业生产。他们所取得的成果，远远超过古代常识范围内的认知，是已经与世界接轨的认知理念、认知方法和认知工具，其中大量科学性质的研究，也已经与世界接轨。现在认知科学的内涵，已经具体分布在近代中国不同的学术领域中，特别是哲学、语言学、心理学、人体科学、工具书等，通过这些具体学科当年的出版物，我们可以看见很多。本书的内容正是以这些专业文献为主。当然，其中也展现了这些中国学人的辛劳，以及他们认知的思想。

而在近代之前，即先秦至 18 世纪的两千余年间，中国哲人也同世

---

① 钟少华，《中文之变革（1815—1949）》，广西师范大学出版社，2017 年 4 月。

界其他古老文明地区的思想者一样，喜欢思考关于认知的种种问题，却形成了与西方很不同的认知之路。我们很容易见到公元前的中国哲人所讲的关于认知的判断性说辞，例如：

孔子（前551—前479）曰：思知人，不可以不知天。不知言，无以知人也。

（樊迟）问知，子曰："知人"。樊迟未答。子曰："举直错诸枉，能使枉者直"。

孟子（前372—前289）曰：人之所不学而能者，其良能也；所不虑而知者，其良知也。

无恻隐之心，非人也；无羞恶之心，非人也；无辞让之心，非人也；无是非之心，非人也。……是非之心，智之端也。

尽其心者，知其性也；知其性，则知天矣。

荀子（前298—前238）曰：心有征知。征知，则缘耳而知声可也，缘目而知形可也，然而征知必将待天官之当簿其类，然后可也。五官簿之而不知，心征知而无说，则人莫不然谓之不知，此所缘而以同异也。

是是、非非谓之知，非是、是非谓之愚。

人何以知道？曰：心。心何以知？曰：虚壹而静。心未尝不臧也，然而有所谓虚；心未尝不两也，然而有所谓一；心未尝不动也，然而有所谓静。人生而有知，知而有志。志也者，臧也，然而有所谓虚，不以所已藏害所将受，谓之虚。心生而有知，知而有异，异也者，同时兼知之；同时兼知之，两也；然而有所谓一，不以夫一害此一谓之壹。心，卧则梦，偷则自行，使之则谋。故心未尝不动也，然而有所谓静……

老子（生卒年不详）曰：能知古始，是谓道纪。

智慧出，有大伪。

知足不辱，知止不殆，可以长久。

知者不言，言者不知。

祸兮福之所倚，福兮祸之所伏，孰知其极？

庄子（约前369—约前286）曰：泰清问乎无穷，曰，“子知道乎？”无穷曰：“吾不知。”又问乎无为，无为曰：“吾知道。”曰：“子之知道，亦有数乎？”曰：“有。”曰：“其数若何？”无为曰：“吾知道之可以贵、可以贱、可以约、可以散，此吾所以知道之数也。”泰清以之言也问乎无始，曰：“若是，则无穷之弗知与无为之知，孰是而孰非乎？”无始曰：“不知深矣，知之浅矣，弗知内矣，知之外矣。”于是泰清仰而叹曰：“弗知乃知乎，知乃不知乎！孰知不知之知？”无始曰：“道不可闻，闻而非也；道不可见，见而非也；道不可言，言而非也！知形形之不形乎！道不当名。”

墨子（生卒年不详）曰：知，材也；知，接也；恕，明也。

…………

还可以列举出很多。两千多年前的中国哲人，就已经讲出如此多关于“认知”的种种见解，实在是令后人惊叹不已，现代中国一些国学大师，干脆将这些思辨的话定作“经典”，只能抄袭，不能质疑。但是，如此空洞地硬捧古人说过的话，上纲上线，丝毫无助于我们思想的发展进步，反倒是起到停滞、阻碍的作用。汉朝儒家更是将“认知”问题与皇权政治挂上了钩，但是他们严重缺乏如何取得“认知”的逻辑性的方法。宋儒以朱熹（1130—1200）为代表，他在注释《大学》中的一句话“致知在格物”时，提出“致知格物”的美妙的方法理论。他写道：

所谓致知在格物者，言欲致吾之知，在即物而穷其理也。盖人心之灵，莫不有知，而天下之物，莫不有理。惟于理有未穷，故其知有不尽也。是以《大学》始教，必使学者即凡天下之物，莫不因其已知之理而益穷之，以求至乎其极。至于用力之久，而一旦豁然贯通焉，则众物之表里精粗无不到，而吾心之全体大用无不明矣。此谓物格，此谓知之至也。

后来的儒家大师，全都奉此为金科玉律。可是，到底如何把“物”一“格”，就能够“致”到了那个“知”？依然无人通过实践和思维，能够给出一个服众的答案。其中最接近的，应该是明朝的王阳明先生（1472—1529），他对朱熹的理论进行实践体验，结果造成“格竹子”的失败的哀歌。他自己公开写出来：

先生曰：众人只说格物要依晦翁，何曾把他的说去用！我着实曾用来。初年，与钱友同论做圣贤要格天下之物，如今安得这等大的力量？因指亭前竹子，会去格者。钱子早夜去穷格竹子的道理，竭其心思，至于三日，便致劳神成疾。当初说他这是精力不足，某因自去穷格，早夜不得其理，到七日，亦以劳思成疾，遂相与叹圣贤是做不得的，无他大力量去格物了。及在夷中三年，颇见得此意思，乃知天下之物，本无可格者；其格物之功，只在身心上做；决然以圣人为人人可到，便自有担当了。这里意思，却要说与诸公知道。——《传习录·下》

阳明先生决心要探求“认知”的实践之路，这是很重要的尝试。但是，实践有时候不一定出真知，原因往往是所选用的方法不恰当（当然也包括思路不恰当）。阳明先生决心对朱熹的理论进行验证，他以竹子作为“物”的代表，然后试图自己去“格”，结果“格”了三天三夜和七天七夜后，一个“劳神成疾”，一个“劳思成疾”。笔者脑海中不由自主出现一幅画，题名是“王阳明格竹图”，他聚精会神地面对一丛竹子，旁边有酒有肉，但他脸部痛苦的表情难以言表，如果在画上表达不出来，就只好从嘴里画出两条线，中间写上几句话。笔者很是赞赏他的“认知”的尝试，虽然没有成功，但他得出的结论却出乎意表：“叹圣贤是做不得的，……乃知天下之物，本无可格者，其格物之功，只在身心上做。决然以圣人为人人可到，便自有担当了。”阳明先生本来已经来到实践认知的大门，但他缺乏临门一脚的功夫，反倒将责任与圣贤联系到一起，这就荒唐了。他的结论之一是：“乃知天下之物，本无可格者。”这就堵塞了“格物”本体的道路；其结论之二是：“其格物之功，只在身心上做。”这样不把“物”作为“格”的对象，转而以“身心”做“格”的对象，理论上也无不可，但是他依然没有找到“格”各种“身心”的可以体验尝试的方法，更莫说后来的儒家弟子了。如果当年阳明先生能够把窗户纸捅破，干脆就以“身心”为“致知”的另外一种可能，否定“格物致知”为唯一途径，说不定“格身心也可能致知”能为中国传统思辨之路另辟蹊径。当然，需要这其中的“身”和“心”，绝非缥缈之想。

古代中国人的“认知”尝试，由此就长期脱离哲人们的践行，而转到中国古代各行各业的匠人、专家手中，他们在农业、天文、数学、中医药学、建筑、陶瓷、锻造、纺织、造纸、起居、军事等方面，就曾经取得大量的成就，有些使用至今，不过已经不在本书讨论范围内了。

五、笔者对于“认知科学”研究的想法

“认知科学”这个专用词，是在20世纪70年代才出现的，但是，“认知科学”的理念、大量内容和方法，则是自人类产生以来，就一直是人类不断关心、不断尝试、不断进取的主要需求，只是所表达的词语各有不同罢了。而今天我们能够在“认知科学”整体旗帜下阔步前进，首先是因为人类已经积累了足够多的知识和物质条件，需要在新形势下更上一层楼；其次，笔者注意到对中华民族而言，近代科学知识的全面获取与发展，为我们今天准备好了思想理论基础、实践进取基础。因此，本书将重心放在近代中国，正是企图剖析这个基础是如何取得，如何被认知，如何被发展，也就是我们曾经走过什么样的“认知”道路。也许这样才能够对未来的知识走向、认知走向，有所补益。

笔者认为：认知是一个行为过程，是人类普遍存在的活动。只是在各个地区、各个民族，以及各人的认知理念、认知方法、认知行为、认知语言表达，在历史形成中有着巨大的差异。但如果从理论上看，只要认知理念在逻辑上适当，在认知方法上有可操作性，在认知实践行为上能够成功，在认知语言上做到让接受者清楚明白，那就是恰当的认知。当然在事实上，有太多的人在历史长河中的认知模糊混乱，不以真理为真理，或反转将谬误当真理；也有更多的人的认知措施不当，不“得其门而入”，造成人生空度；也有人的认知理论不遵循基本逻辑，主观说成客观判断；认知行为不遵循基本科学原理，造成十分偏激、十分荒唐的损坏。真是求知不得知，误将人生当赌场。

人人生而有认知的权利，那么，人人也就需要在现实社会中不断创新的权利；或者相反，产生反创新的事实。

人人生而有认知的欲望，那么，人人也就会规范欲望，让欲望

与现实协调；或者相反，人人纵欲无度，力图让现实社会为个人欲望服务。

人人生而有认知的体验，那么，人人也就会通过不断体验获得新知识、新方法、新理念。这正是人类社会进步的基本原因。当然，能够这样做的前提条件是人与大自然环境的协调。如果大自然环境被破坏，大自然环境与人类的协调被破坏，人类将面临灭亡，无可挽回。

现代“认知科学”概念在西方文字中出现，从语言学角度看应该是清楚、合适的，也没有什么复杂的变乱。而在中文里使用“认知科学”一词，则观念上、概念上都是问题多多。例如笔者一直在探寻：这个“认知”中的“知”，其准确的含义是什么？到底是表示“知识”的意思？还是表示“知道”的意思？据英文中一种解释，是既包括“知识”，又包括“知道”。这就给从中文来理解“认知科学”带来更多的麻烦。同理，“认知”中的“认”，如果当作动词使用，那么认的理念、认的方法、认的过程、认的结果，又将会如何理解、把握、运用、诠释？笔者虽然一直很有兴趣去探寻，但也确实感到困难重重。

中文的“认知”一词，在近代的演变中，含义太过复杂，这将在第一章介绍。21 世纪应该是人类面临空前危机的时代，这场危机的主动制造者正是人类自身：人类制造的核武器已经足够毁灭人类很多次；人类对大自然环境的破坏已经很难修复；人类制造的机器人的一些智慧已经超越人类，并正在由人类安排来取代人类的许多工作。那么，人类能否安全度过绝境？人类生存的必要的边界在哪里？人类还能够在地球上生存吗？这里还不谈因技术进步而引发的社会动荡问题。归结成一句话：在新形势下，人类的新“认知”能否找到解决以上死结的方法和知识？这样的方法和知识形成的“认知科学”，能不能引导人类走向新时代？祈盼之。

笔者曾向一位老友请教人机问题——一位专门使用电脑已经 30 年

的专家，扫叶库主人——她的回答是：人机问题，最终是人与人之间的问题！这个判断很值得深思。换句话说，依然是认知问题。认知我，认知你，认知他，认知自然物与机器，将决定人类的未来。

笔者希望自己能够从先贤培根那里学习到一些思维的方法。正如培根所表达的：学者不应该如同蜘蛛一般，只会从自己体内抽丝；也不应该如同蚂蚁一般，只会搬运囤积；真正的学者，应该如同蜜蜂一般，会采百花之精华，自己再酿成蜜。

本书写作的核心方法，就是概念史的方法。笔者遵循陈寅恪教授的启示：一个字就是一部文化史。笔者扩展为：一个词就是一部文化史。因为我们通过“认知科学”这个词组，展现近代中国人为认知科学的建立而辛勤耕耘的状况，中国人一方面接受传来的新知识，另一方面又将认知科学与中国传统相协调，在不断变革中取得空前的新文化建设的成果。

第　一　章

“知识”“认识”“心灵”“心理、心理学”“认知”之概念史

C h a p t e r I

现代中国人大多喜欢引述古人的一句话："工欲善其事，必先利其器。"此话不错，但什么是"利器"呢？由于专业不同，就出现各种各样的"利器"。而笔者想先强调一点，其中最重要、最普遍的"器"，那就是语言。不管哪个学科需要表达，总离不开语言，语言的模糊混乱会直接导致判断从头错到尾。中文"认知"就是一个比较复杂的词。

古汉语的"认知"一词词义，以及其近义词"知识""认识"等，已经远远不能满足19世纪中文表达的需求。古代中国哲人对于"认"和"知"的一些深奥的探求，由于缺乏探求的方法，而长期停滞。而西方的哲人们则开拓了另外的研究方法，形成一门学问。当16世纪末至17世纪初中西文化有机会进行交流的时候，西方来华传教士在中国就出版了300余部中文书籍，其中除了哲学类书籍、自然科学类书籍、宗教类书籍外，就有一整部介绍当时西方心理学的专著，那就是意大利人艾儒略（Julius Aleni S.J.，1582—1649）的著作。他在1613年到中国，10年后（1623年）在杭州译著出版《性学粗述》一书。中国作序者瞿式耜写道：

……上曰灵魂，即人魂也，此兼生觉以扶长养，使人知觉，又能推论事物，明推理义，人虽死而魂盖永存焉，其为说已彰彰中土，但无有得其说之详者。甲子春，予获与艾先生游，自存养省察，以至明庭屋漏，昭之为仪象，幽之为鬼神，议之为德行，制之为度数，靡不亹亹剧谈，洞其当然，徹其所以然为极致。一日出其《性学》以示曰："儒者致知，必先格物；物有觉魂，灵实兼之；欲识灵之为灵，宜先知觉之为觉。”予退而阅之，按外则五官效其职，循内则四识列其曹，发用则嗜欲运动提其总；续篇则记忆寤寐嘘吸，夭寿老稚生死，絜其全而析其委，详哉言乎！……[①]

而艾儒略在自序中则写道：

宇宙受造之物，畸莫畸于人性，廓莫廓于人性：论其体之小，则方寸能收焉；语其量之大，罗乎天地万物，即能阖天地万汇之主，覆载兆物，攸莫能载者。…… 维人则既该体质生长触觉三美，兼含灵明，……是性学为天学人学之总，另辟廓途，俾诸学咸得其正焉。圣奥斯定曰：“欲格物者，其要端有二：一为人性之论，一为造物主之论：瞩人性者，俾人认己；瞩造物主者，俾人认己之原始要终。一为性学，一为超性之学：一令人窥见真福，一令人实获真福也。”故西土贤圣，粲阐性学，以为生人亟着，莫先于兹；恒颜认己二字于堂楣，醒人佥应识己固有。维认己则知己中灵性有由来，美逾万象，韬含匪小，定罔敢自暴弃；……故善学者，必以穷理尽性为极焉。夫明医欲疗人身疾，必澄神以按其脉；矧欲疗人心疾，而可梦梦是图乎？噫！人于世物，靡不竭力求明；迨于自性，群觉矇然：是何骛外，弗思返内也？若允猛自磨厉，即有闪光，足供自照；……先穷其本体，与其由来归向之地；次论其外官内司，与夫嗜动之理，性之所成其全，而获所其向者；末谈及其余绪，以偏其性质所有，如探源而穷其派，究本而达其枝焉。……[②]

---

① 〔意〕艾儒略，《性学粗述》，原作8卷，1623年；转引自上海土山湾印书馆，1935年8月四版，瞿式耜序，第8-9页。

② 〔意〕艾儒略，《性学粗述》，原作8卷，1623年；转引自上海土山湾印书馆，1935年8月四版，艾儒略自序，第11-15页。

显然，300多年前一位中国人和一位意大利人，能够用中文进行交流，谈论那些高深的理论问题，而且在“认知”方面的思路与追求是一致的，都认同“格物致知”这个词义。只是西方人当时对于认知的追求已经形成系统知识，拥有探求知识的方法与成果，虽然和宗教混合，但其思想依然能够被认同，拥有确实可行的探求方法，当时中国人很容易就接受了。如果顺着此路探索，中国的“格物致知”理念就会在方法论上突破了。可惜，这个历史进程被朝代变换打断了，错过了时代的机遇。其中原因之一，就是当时的中文对译用词太难以让后来人读懂，今人想全面、准确掌握这些中文的意思，依然很难。

实际上，之后的300多年，我们依然在为中文词语的概念明白准确而辛勤忙碌，耗费大量学习时光，依然经常因词语混乱而大吃苦头；我们尤其为中西词语的准确翻译理解而辛勤忙碌，更是因翻译错位而大吃苦头。这个“认知”词族就是明显的例子。

因而在中国近代文献上，由于各人翻译理解所致，使用的近义词类就相当复杂。如果仅仅是比较使用的数量，则是“知识”“认识”“心理”“心灵”这些词出现相当频繁，以至论知识、论认识、论心理、论心灵的专著就有一批，而“认知”一词的使用则较少；而如果从这些著者理解的本意，应该是基本近义，但却是各自解释，各自理解。另外，那些“心”“知”“灵”“人”“物”“认”“魂”等，既包含古字义，又有新字义的字，则在他们的专著中各自发挥，今天读者多是似懂非懂，很难把握准确。

本章正是尝试将“知识”“认识”“认知”这三个近义词的概念，以及“心灵”“心理”这两个相关词的概念，在中文近代演进中是如何形成、如何成就的作一些基本整理。

第一节

“知识”一词的概念史

本书前言中，已经将“知”“识”两个字各自在古汉语中的运用作了简单介绍。这两个字的合成词“知识”，在古汉语中也早已多处运用，只是其词义与今不同，选一些例子如下：

其有知识兄弟欲见之。——《墨子》

其亲戚兄弟妻妾知识无能与居者。——《吕氏春秋》

海内知识，零落殆尽。——（汉）孔融

知识三分中，二分化为鬼。——（唐）白居易

悰性敦实，与人知识，必相存访。——《南史·虞悰传》

朝廷大臣多有知识的，俱备酒食迎接。——《水浒传》

人已语君矣，君不知识邪？——（汉）刘向《列女传》

文若谬篆，而又屈曲勾连，不可知识。——（唐）薛用弱

孩提之童，则知识生，混沌凿矣。——（明）焦竑

而在西方古希腊时期，cognitio（“知识”一词的拉丁文）很早就是哲学家们探讨的课题之一。如亚里士多德就在《伦理学》中写过：

“科学的知识”是什么呢？这个问题的答案无疑就在以下的阐述中。

我们都设定，我们所认识的东西甚至不可能再成为其他的样子；对那些可能是其他样子的东西我们并不认识。当它们超越了我们的观察之后，它们的存在或不存在，我们不得而知。因而，科学知识的对象是必然的对象，而此，它也是永恒的；因为那种必然地赋予不曾规定的感官的对象都是永恒的；而永恒的事物是不可生也不可灭的。另外，每一门科学都被看作可以教习的，它的对象可以习得。所有的教学都出自已知的东西，就像我们在《分析》中所论证的那样；因为它有时出自归纳，有时出自三段论式。归纳是知识甚至普遍的知识预先设定的出发点，而三段论则由普遍的东西开始。因为，存在着一个三段论由之出发但又不是由三段论推出的出发点。它们是通过归纳得到的。由此看来，科学知识就是一种能运用推论的东西，那么它就具有我在《分析》中专门阐发过的局限性。这就是说，当一个人以某种方式确信他具有科学知识这个出发点，并且把这个出发点就当成结论时，他只会偶尔地具有点知识。①

到中世纪，又如阿奎那则在《神学大全》中写道：

某些知识纯属思辨的，某些知识纯属实践的，某些知识一部分是思辨的，一部分是实践的。在证明这一点时，必须看到，知识可能在三种方式上被称作思辨的。首先，在认知的事物方面，这个事物并不受认知者操作；这就是人类关于自然和神圣事物的知识。第二，就认知活动方面看，例如，一个建筑者可以考虑一个房子的构架和分隔，而且还可以考虑一般来说什么东西是归于其中的。这就是以一种思辨的方式考察一件可以操作的事，而不是把它们当作可操作的。因为操作意味着运用形

---

① ［古希腊］亚里士多德，《伦理学》；转引自［美］艾德勒、范多伦编，《西方思想宝库》，吉林人民出版社，1988年8月，第496–497页。

式于质料，而不是把混合物溶入其普遍的形式原理中。第三，就目的来看，犹如哲学家（亚里士多德）所说："实践理智在其目的上不同于思辨的东西。"因而实践理智的目的相关于操作，而思辨理智的目的则是考察真理。因此，如果建筑者考虑的是怎样造一间房子，并不把这同操作的目的联系起来，而是仅仅去认知（怎样着手做这件事），那么，这就仅仅是有关于目的的思辨考察，虽然它关注的是一件操作的事。因此，由认知事物本身的推理而成为思辨的知识，仅仅是思辨的。但是，那种或是以其方式，或是以其目的而成为思辨的知识，就是部分思辨或部分实践的，而当它与操作的目的相关时，它就纯属实践的了。①

显然中西关于"知识"的认知思路区别很大。那么，西方的相关词如何传来？我们可以看到在1654年，意大利人利类思（Ludovico Buglio，1606—1682），在中国翻译出版《超性学要》一书，这是一部哲学专著，该书由拉丁文翻译成中文，其中就有：

Cogitationes（拉）——人心之臆。

Cognitio（拉）——知识、臆者。

Cognoscere（拉）——认识、见、知。②

而且该书中，多次出现"知识"一词，这就意味着17世纪中叶，西方的词语已经与中文"知识""认识"有所对应。再后来就已经是

---

①［意］阿奎那，《神学大全》；转引自［美］艾德勒、范多伦编，《西方思想宝库》，吉林人民出版社，1988年8月，第498页。

②［意］利类思译，《超性学要》30卷，1654—1678年原刊，上海光启社于1932年重刊。对译字引自雷立柏教授编，《清初神学术语辞典》，北京宗教文化出版社，2007年2月，第226页。

100多年以后了。英国人马礼逊（Robert Morrison，1782—1834）1822年在澳门编辑出版《华英字典》，其中有对译：

Know（英）——知、知道、识透、知悉、认。①

40年后，德国人罗存德（Rev .W .Lobscheid，1822—1893），在香港编辑出版《英华字典》，时间为1866—1869年，这是一部相当大型的英华双语字典，内容丰富，其中就有：

Cognizance（英）——知识。

Cognizant（英）——知、知之。

Know（英）——明白、知、识、知道、通晓、认、知悉、识透、知之。

Knowledge（英）——见识、知识、智、学问、知、知道、博识、见识、致知。②

中文与英文开始直接对应上了。中国人全面接受这种词语对应关系，可以用中国译科进士和留美博士颜惠庆为代表，他在1908年主编出版《英华大辞典》，地点在上海商务印书馆，其中明确：

Cognition——认识、知识。

Cognizance——知晓、知识、认知、认识。

Cognize——认识、悟、悟会、识知、自知、识知。

---

① ［英］马礼逊编，《华英字典》，大象出版社影印本，2008年8月，第244页。

② ［德］罗存德编，《英华字典》，［日］井上哲次郎增订本，1884年，第419、1079-1080页。

Know——知、晓、明白、确知、悟、信、认知。

Knowledge——确知、知识、认识、博识。①

这样中国人总算接受了西方传来的字词对应，只是依然缺乏这些字词的语义到底应该如何解释？这就要到后来继续深入文化交流，才能出现概念式的说明。在近代中国学人的努力下，语义越来越明确，终于为时代所接受。当时的“知识”概念，多出自学者的相关专著，以及辞书条目之中。下面分列部分，当代读者自能一读而明。

一、学者相关专著中的“知识”

1903年，蔡元培先生翻译的《哲学要领》出版，该书是德国哲学家科培尔在日本讲学的教材，由日本下田次郎述，蔡先生再翻译。书中写道：

吾人论知识之序次，无论今昔，皆以为始于自知，证之教授法而已明矣。世界诸物，无近于身，物之知识，大抵以间接得之，惟身则可以直接知之。不此知之，而先骛于物，未有能瞭者也。

知识者，主观及客观之交互也，融合也。

关于人间知识之机关者，有三别：曰合理说；曰经验说；曰经验说之一派感觉说。……合理者，谓真理可达也。然真理不存于感觉界、经验界，而惟在于理性之纯粹作用。……经验说，以经验为知识之根

---

① 颜惠庆主编，《英华大辞典》，上海商务印书馆，1935年3月缩印版，第408、1295页。

基。……感觉说者，谓吾人知觉之内容，惟以感觉性为基本，而实现及意志，皆感觉之变相也。……

关于知识之对象者，其别甚多：……一、吾人之知识及知识之对象如何耶？二、大始之原理如何耶？是纯正哲学之问题。三、人间者何耶？其与存在之本原，有何关系耶？是人类学子问题。四、世界及吾人之生命，于吾有何价值耶？……五、道德之问题。六、世界者孰管理是耶？其管理之规则，何以知之耶？其他神之问题，摄于纯正哲学之中；灵魂不死之问题，则摄于人类学之中也。今者以吾人知识之问题始，别为二派：唯心论及实在论是也。……[①]

1903年，陈鹏翻译法国李奇若著《哲学论纲》，书中写道：

知事物者，谓之知识。不知者，谓之无识。非全不知也，然皇惑于真伪，未能决定，则谓之疑惑。虽未全行决断而已着意于其一者，谓之存意。虽非自行研究，自行决定，而因人指导而确知者，谓之信。……他如历史，亦非由己所实验，乃依信昔人所传者，毕竟不外信也。

夫人之所以得有确知者，则以有知力、本心、五感故也。其说如下：第一知力　人类而有此能力，故而能直接以明道理，或因论证以知之也。其直接以知之，无异眼目之视实物，其合于理与否，自能释然而无所疑，何也？以其昭昭在目，一无模糊也。如原因结果，虽无别例以证之，而一顾自能明其理。……由论证而得知者，亦与之无异。……第二本心（或云内感）……内感云者，谓感自己所存于内部者，即如自知己之志望好恶等是也。第三外感（即五感）以知力虽得以考究道理、

① ［德］科培尔讲，［日］下田次郎述，蔡元培译，《哲学要领》，上海商务印书馆，1903年9月，第2、16页。

理想及各种之性质，而至于外界实物则非在其管辖之内，故必须借外感之力，以确知之也。……约而言之，人之知识有二种：一为理想者；一为实物者是也。理想乃因于知力而直觉，实物乃经于内感及外感而确知之也。……①

1909年，林可培先生编辑出版《论理学通义》，书中写道：

学以广知识。知识有直接、间接之别。直接知识，谓外界之一事物，为视、听、嗅、味、触五官所感觉而即得结果者；间接知识，谓事物经五官感觉后，更施思想作用而始得结果者。凡知识以直接为初步，至结果时，又当以此一知识，与他一知识相比较，构成系统秩然之知识全体。②

1920年，黄凌霜（时为北大学生）翻译了英国大哲学家罗素爵士来华的演说，并且出版，对于当时中国哲学思想的发展有很大的推动作用。书中写道：

这里用“认识”（Know）一辞，有两种意义。（一）第一种意义，可以应用到同谬误相反的那种知识，一位凡我们认识的，都是真的，如信仰及决定之类，也就是我们所谓的判断。……这种知识，可以说是真理的知识。（二）第二种意义，可以应用到事物的知识上去，这种我们可以叫做“亲知”。我们认识“感觉与料”，就是从这种意思。[此处的分别，可以拿法文 Savoir（知）和 Connaitre（认）或德文 Wisslm（知）

---

① ［法］李奇若著，陈鹏译，《哲学论纲》，上海广智书局，1903年8月，第28–30页。
② 林可培编，《论理学通义》，中国图书公司，1909年3月，第2页。

和 Kennen（认）间的意义粗明梗概。]

一种是事物的知识，……这种知识复要分成两类：第一种我们叫做“亲知”（Knowledge by acquaintance），本质的来讲，“亲知”比真理的知识较为浅显。逻辑的来讲，“亲知”也不凭依真理的知识而存在。不过我们既假定人类与事物亲识，同时却又说不晓得事物的真理，未免太卤莽一点罢！第二类我们叫做“述知”（Knowledge by description），“述知”常与真理的知识之本源和根据，有密切之关系。……不靠什么推理作用，不凭什么真理知识，单单仗自己的感官，直接认识一种东西，就是我们所谓“亲”。……“述知”最紧要的焦点，在乎他能使我们不为私的经验畛域所束缚，所以除了智能认识那由我们在亲识中经验过的名辞所完全组成的真理外，我们还可以得到未经验的事物之由摹述而来的知识。……但其实“知识”并不是一个确当的概念：他与“或然的意见”互相牵涉。……然而关于知识的最大困难，非由引申知识，实由直觉知识发生。……一切真理的知识，究不免有些可疑的程度。……①

1932 年，景幼南教授著《哲学新论》出版，书中写道：

所谓知识之分析 ，一、无知与有知。一般以为无知与有知之别，为绝对的，其实不然。无知有知之间实无一定界限。……二、真知与妄知。知识明显至相当程度时，而后可谓之有知，既有知矣，而又佐以对于实际之反省，而后有所谓真妄。……能知与所知任。一知识皆可以意分为能知之作用，与所知之影像二分。（前者如见闻，后者如声色。）其

① ［英］罗素著，黄凌霜译，《哲学问题》，上海新青年社，1920 年 11 月，第 40-137 页。黄凌霜（1901—1988），又名黄文山，1920 年时为北京大学哲学系学生，五四运动中的一位积极成员，常年参与中国文化学研究。

在意识，此影像又能代表过去未来或心外之事物，一般即以所代表之事物为所知，而以能代表之影像并入能知。实则影像应名直接所知或直接对象，事物应名见解所知或间接对象。……四、身知与心知。一般以感官的知识与理性的知识为划然二类，实亦不然。一般所谓感官的知识，莫不有理性或意识之判别作用，至于一般所假定之绝无意识的纯感觉，实际上殆与无知等。反之，一般所谓纯理性的知识，虽不假五官，终有待于体内神经细胞之活动。其为心之假身以知物与官感同。余若元知与推知、直觉与想像、感觉与感情，皆非有崭然之界限。……①

到1937年，罗素的专著《哲学大纲》，由高名凯教授翻译出版，书中写道：

传统的观念，知识是从内面看的，是观察我们自己时所得到的东西，而不是看见他人的表露时所得的东西。……在日常生活之中，所谓知识是指一般可以加以试验的东西而言，这就是说，它是对于某种刺激的某种反应。这种客观的看法，在我看来，比较哲学家的看法更有效果。我的意思是说，如果我们要给“知识”下一个定义的话，我们应当说它是对环境的反应，而不可说它是只有本人能够观察的什么东西（一种“心灵状态”）。……知识，在我看来，是表现在对于环境的反应中的一个特征。……

知识是刺激到反应，或外界事物（如在视觉和听觉之中），到反应（外在世界的物理原因的连锁把外界事物和刺激接连在一起）整个历程的一个特征。……②

① 景幼南，《哲学新论》，南京书店，1932年5月，第2–5页。
② ［英］罗素著，高名凯译，《哲学大纲》，正中书局，1937年7月，第18、19、95页。

1927年，潘梓年先生译述美国琼斯专著《逻辑》出版，书中写道：

说一切智识都开始于种种具体事实的认识，这差不多在现在已可得一般人的赞同了。……但再没有人主张，在没有经验以前，会有什么智识了。……我们只要知道智识是起于具体的经验，是起于知道各种声、色、味、动体、苦、乐、情等等就行了。……具体事实的认识为智识最初的来源；……获得智识还有一个间接的方法，就是别人的论证；……还有一个扩充我们智识的方法是推论。我们能够从已有的智识上推得种种论断，于是关于从未为任何人所观察过的事物，也能得着正确的智识；……科学的目的在乎得到有组织的智识，要智识能有组织，先要把它整理得足使我们看出那几种事实是相像，那几种是相异。……获得智识还有一个很重要的工具……就是语言。没有一种描写或叙述事实的器具，我们认识的用处就很有限；……①

1933年，庆泽彭先生翻译美国坎宁亨著的《哲学大纲》出版，书中写道：

常识实际便是一种世界观，就是人类打开环境智识发展的第一步。但是常识多是不能令人满意的观念；因为它大部分都是浅薄的，矛盾的，不能拿来做对于环境里面的问题之最后解答。于是人类心智皆欲求拓展真理之领域，遂不能不突进科学的阵地。科学的知识所以与常识的知识不同，其主要特征便在于它的正确性，普遍性和组织性。科学能够达到这种知识，便仗着它能运用一种特殊的方法。……洛克说："因为人心一切的

① ［美］琼斯著，潘梓年译，《逻辑》，商务印书馆，1927年1月，第4–7页。

思维，一切的推理，都以观念为唯一直接的对象，我们的知识显然亦必只能往来于观念之中。所以知识似乎便只在于知觉这些观念的调协或不调协，适合或不适合的关系。这种知觉便是知识。有了这种知觉，便有了知识；没有这种知觉，就任我们怎样会幻想，猜测，或信仰，也仍然不会有知识可言的。”（见《人类悟性论》）……观察和说明，为人类求得知识的推理过程之两个重要的阶段。……人类由其自己的本性以及环境的本性之驱使，不得不为智识的探求，于是遂从而发明各种不同的科学。……

我们已知道人心之获得知识乃是能动的。人心之本质便在于活动，心的活动就是高等有机体反应环境的方法。一切心的知识，都由这种活动而来。在现代的见解，心便是一种活动，一种反应环境的方式；……但是，单靠感觉本身，是不能够给我们外界的知识的。感觉到报告，必须经过一次翻译，把握了他们的意义，而后知识才可以产生。……

所谓经验，莫不涵着知识，其本身实在也便是判断活动之结果。所以说判断起于经验之中的冲突，就无异于说一切判断都由于从前积累下来的判断的结果之冲突而发生。……所谓知识之成长，不外乎便是知识体系之建立，便是寻出各种判断交互的关系，而使之愈加融洽。……一切判断都起于怀疑和冲突，为过去判断之结果。知识之进展，一方面获得新事实的知识，一方面使新旧知识体系化。收益知识演进便在于把新旧判断组织起来，消除其中的矛盾，而发见其中新的交互的关系。①

1933 年，刚刚从圣约翰大学毕业一年的傅统先先生著《知识论纲要》出版，书中写道：

① ［美］坎宁亨著，庆泽彭译，《哲学大纲》，上海世界书局，1933 年 11 月，第 22-87 页。

知识论的英文名字称为 Theory of Knowledge。还有个术语是“Epistemology”。这个字是从希腊字变化而来的。Episteme 就是知识或“学”（Science）的意思，而原来的本意是“站在上面”（Stand up），Logos 就是思想语言的意思。这两个字合拢来成了一种专门名辞；……知识论所研究的对象就是认识作用。……

研究知识问题的方法就是用反省的能力去试验各种传统信仰的真假虚实。经过反省的分析而仍能存在的信仰才是真的。那些经反省而失败的信仰就是假的。所以我们对于传统信仰要加以精细的考虑工夫。这种反省的工夫必要有系统的，要科学化的。……

各哲学家对于知识之起源是如何回答：一、依据论。知识之起源是根据以前学者的思想发生。二、先验论。未生以前从先天就带来有许多的知识种子。这就是主张在经验之前就已有知识。三、直觉论。人们的知识是凭直觉而发生。四、唯用论。人类必须有知识之存在而后有圆满之人生。换言之，知识极有用于人生，因而发生知识。五、经验论。知识是由人类的经验集合而成的。六、理性论。知识是根据人类之理性。七、综合论。知识之起源乃由于人类之理性，对于感官所得的所与而加以整理。综合论乃从理性论和经验论两者之综合。

“知识”一辞是不能加以界说的，因为它是认识作用之原始事实。我们能考虑它，能形容它，但是我们不能把它分成若干原素，也不能用知识以外的名字去解说它。

认识与知识（cognition and knowledge）时常是互相通用的，不过也有点分别。认识是去知道的过程，而知识乃是过程之结果。[①]

---

① 傅统先，《知识论纲要》，上海华丰印刷铸字所，1933 年 5 月，第 4–35 页。

1935年，萧宗训先生翻译鲍生葵著的《名学要义》出版，书中写道：

吾侪之知识，或知识之宇宙，其存在于吾人为判断，即为一肯定辞，吾侪之现前感观，为理想说明所补充，而又彼此相符合于其中也。此扩大或说明，须有必然性及普及性，故为客观而为吾人之宇宙，即谓吾不得不如此思，及凡属吾侪，皆不得不如此思者也，建立历程中之全系统。（即吾人现前感观为说明所扩大者。）即吾之所谓实体，惟为经验之形式而有所保留，以其全非知慧也。格判断既执有物为真，即应执实体之一部为此物所范围也。知识存在于肯定实体之形式中，故在知识间为吾侪而存在之吾人宇宙，亦为吾人而含有一实体之坚立肯定也。[①]

1936年，燕京大学教授高名凯编著《现代哲学》出版，书中写道：

知识是解决问题的，然而问题是从哪里来的呢？……我们之所以要知识，正因为我们要知道环境的情形，而便于应付。现在，我们的理智已经把我们抬到一个最高的地位了，我们开始间接地利用理智。因为是间接的，所以有的人反以为理智和行动没有关系，反以为纯粹的思想有可能。其实，无论是直接或是间接，它的目的都是一样的，在求生存于环境之中。所以知识就是应付环境的工具，就是解决如何应付环境得求安全的问题。知识既是工具，则“心”究竟是什么呢？向来的哲学家对“心”都有一个错误的观念。他们往往把“心”和“身”分开来讲，以为“心”是超自然的（Super-nature），以为“心”可以管束“身”。……

① 鲍生葵著，萧宗训译，《名学要义》，上海大东书局，1935年7月，第36–37页。

“心”为脑子功能，正如知觉之于感觉器官一样。思想是适应环境的工具。知识即在于适应之中得到。但是这种适应是无穷无尽的，我们并不能完全适应环境，因为一天完全适应了环境，则一天就没有进步。知识也就停止了。完全的适应环境就是死亡。只有死亡我们就无须再有知识，再适应环境。但尚未环境者，并不仅指自然环境，是兼指社会环境而言。……要之，人类之所以要知识者，因为要解决问题，而所解决的问题都直接间接地和要求安全、要求生存发生关系。知识是有机体适应环境的工具，并不是神秘的东西。尚未“心”也并不是超自然的。人不过是自然界中的一个东西而已。

为什么自由是寓于知识的概然性之中呢？原来知识是由于存在物的特殊性和类同性而生出来。因为有类同性，知识才有固立的可能。因为有了特殊性，所以这固立的知识又含有不真确的成分。知识的概然性也是因此而起。知识可以随我们的目的，我们的行动，而重新改造，我们的自由，也就在于此。前人以为自由是意志的自由，这是错的。自由是在于知识之中，所以思想的自由是最具体的东西。倡自由意志的论调者，都是由于固定本体论的作祟。……其实并没有固定的本质这个东西。本体或实在是演化的，是生生不息、自强不息的。正因为其生生不息，才有知识的概然性，才有自由。[①]

1943年，贺麟教授翻译斯宾诺莎《致知篇》在重庆出版，书中写道：

知识的种类，约可分作四项：一、由传闻或由某种任意称谓的名号

① 高名凯编著，《现代哲学》，南京正中书局，1936年7月，第164–174页。

得来的知识（Perceptio）。二、由泛泛经验得来的知识，亦即由未为知性所决定之经验得来的知识。所以称之为自泛泛经验得来的知识者，因为偶然一事发生，而我们并无别的相反的经验以推翻之，于是此观念便留在吾人心中不可动摇。三、由于一物之本性推自另一物——但此种推论并不必然正确——而得来之知识。此种知识之获得，由于由果以求因，或由于见得某种普遍的事物，常具某种的特质而据以推断。四、最末，即是纯从其本性以观认一物，或纯自对于其最近因之认识而得来之知识。

今为从各种知识中选择其最高级的知识起见，故必须简略地将为达到吾人目的所必需的工具列举如下：一、对于吾人所欲圆满充实的“己性”，须有确切之知识，同时且须尽量认知“物性”之必然性。二、须由此进而正确察究万物之相异、相同及其相反对处。三、须由此进而正确认知何物受动，何物不受动。四、须将对于物性的知识与人的本性和能力比较。如此庶可容易见得，人所能达到的最高圆满性。[①]

1945年，张耀翔教授著《心理学讲话》出版，书中写道：

知识（Knowledge），一种经验，显然代表某事实或复杂情形，其人并十分信以为真。与“智力”不同，后者系指遗传的，此则为习得的。[②]

1946年，张东荪教授著《知识与文化》出版，书中写道：

原来知识可以从几个方面来看。第一是把知识作为“历程”。这是心理学对于知识的看法。心理学把知识当作一种“动作”以研究

① 斯宾诺莎著，贺麟译，《致知篇》，重庆商务印书馆，1945年12月三版，第7–9页。
② 张耀翔，《心理学讲话》，世界书局，1947年6月三版，第112页。

之。……第二是把知识作为“评定”(valuation),这是哲学的观点。因为哲学对于知识不仅是要讲其性质,还必须讲其“实效”(validity)。所谓认识论,其中心问题即在于此。……第三是把知识作为“产品”(products)。须知所谓产品便不是只在当事者一个人的心中了。知识到了这步田地便成了“传具”(vehicle)【今天似可译为媒介物】。由你传给我,我又传给他。这一方面却可由社会学来研究之。……

理论知识在根本上就不是真能显示外界的实在。而使人真有所见,乃只是想解决文化内的不调和点而已。所以理论愈多,文化便愈复杂。……总之,理论知识上所谓真,和官觉知识上所谓真,乃完全是两种。理论知识上的真是对文化而言的;官觉知识上的真是对于外在者而言的。一个向内,一个向外。①

1947年,李相显教授著《哲学概论》出版,书中写道:

知识是人生的一部分,知识现象是人生现象的一部分。……但人类是主观的主体,宇宙是客观的客体,而这是则是主体对于客体的认识。人类的知识既可以了解哲学理论,又可以认识哲学系统;整个宇宙的绝对的普遍的道理必赖人类的知识方能够显示,理想的哲学系统必依人类的知识方能有所表现,故知识论与哲学实有最密切的关系。

中国知识缺乏的原因……一、物我不分……中国哲学家只知有我,不知有物。条目自其本身之我推去,家庭亦谓之我,国家亦谓之我,天下亦谓之我,亲属亦谓之我,人类亦谓之我,华物亦谓之我,时间亦谓之我,空间亦谓之我,天地亦谓之我,总之整个的宇宙皆谓之我。本身之我谓之小我,宇宙之我谓之大我。哲学家努力扩充其小我,成全其大

① 张东荪,《知识与文化》,上海商务印书馆,1946年12月二版,第42-97页。

我。他们并不以本身的我，以我宇宙为物，不以本身为主体，以宇宙为对象而研究之，故知识论在中国未曾发生。二、重行轻知……中国哲学家多重行，重行遂成为中国古今一贯之主张。知易行难，盖谓行多阻力，行贵有终，所以勉励人有行也，知行合一，盖谓知所以行，行贵贯彻，所以勉励人于行也。知难行易，盖谓行贵有勇，且有始终，所以勉励人于行也。若仅知而不行，则谓之知解谓之骛外，谓之不切己，谓之空言论。殊为卑贱，殊为可耻。他们既如此轻看知识，须不以知识为目的而研究之，故知识论在中国未曾发生。

中国知识论缺乏的效果……一、宇宙天人合一……中国哲学有一特色，即将宇宙人生合而为一，乃谓宇宙即人生，人生即宇宙，在宇宙中求人生，在人生中求宇宙；舍弃宇宙即无人生，舍弃人生即无宇宙。既将宇宙合一，故宇宙为人生观的宇宙，而人生为宇宙观的人生。宇宙既为人生观的宇宙，故为亲切的宇宙；人生既为宇宙观的人生，故为伟大的人生。但因将宇宙人生合一，故分析不清，问题不明，对于宇宙乃人生皆不能得深刻的认识，不能得圆满的发展。此为中国哲学之缺点。二、内圣外王……中国哲学所注重者，首在立德，次在立功，至于立言乃不得已而为之，并不重要。故理想的人生，乃在内圣外王，而不在著书立说。所谓内圣，即格物致知诚意正心修身，内有圣人之德也；所谓外王，即齐家治国平天下，外有王者之功也。至于既有圣人之德，可以内圣；而无圣人之位，不能外主；则退而著书，以慰其外王之心，乃不得已为之。其意既不在著书立说，不得已而为之，则其著书之书极有价值，所立之说极以深刻。但既无意于著书立说，反退而著书立说，则不作详细分析、精密的研究，故其所著之书极无系统，所立之说极不精细。此为中国哲学之缺点。[①]

---

① 李相显，《哲学概论》，北平世界科学社，1947年1月，第33–118页。

以上是近代中国第一批哲学家和心理学家中部分有心人，以蔡元培先生为带头人，向中华民族推荐关注“知识”的重要性。由于“知识”这个词意所引发的丰富的探讨、分析、解释和判断，他们掌握哲学知识，开始仔细针对大量现实问题、精神问题，多是中国人长期关心的问题，他们引用大量古今中外智慧的结晶，各自发表高论，著书立说，大发议论，畅所欲言。从笔者所节选的部分言论中看，就有给“知识”下定义的，有分析“知识”的起源、发生和变化的，有对各种“知识论”流派介绍的，有对“知识”本质探讨的，有对“知识”分类解释的，有对中国“知识”评论的，不一而足。其中有些研究者的思想分析很精彩，并且具有中国人自己的独立见解，并非全部抄袭西方言论；有些则语言含混，令人难以读懂。但后人总算知道了，“知识”问题是我们现代社会中一个关键词，也是热词，能够把握“知识”的人，就能够与时俱进。笔者认为，高名凯教授和张东荪教授的说法最有深度，至今还应该思考之。

二、近代工具书中的“知识”概念

近代中国由于文化进步的急迫需要，而曾集中出版过四百多部中文辞书，其中关于“知识”的定义和阐述，是以条目的形式出现，为百余年间的中国年轻学人提供了及时又关键的帮助。

当年这些相关条目的撰写，也是由许多专家尽心尽力地完成的，主编们也仔细核查过，虽然其中良莠不齐，但努力的痕迹清晰可见。下面列举部分：

1923 年，唐敬杲先生编《新文化辞书》出版，书中有条目：

Bacon，Francis（1561—1626）【培根】

……培根以近世文明运动的动力，实于知识。“知识即是力”一语，是他的名言；这不但表示他学说底根本方向，又实能道破近世文明底根本动力。这语底结论，不是说知识本身自有其目的；他以为知识是得到力的最有力、最确切的方法；如那为知识而追求知识那样努力的价值，不是培根所理解的。他见得从来学问底根本缺陷，是在缺乏实际的效果；乃把学问的任务放在贡献于文明和社会之实际的活动上面。……他从文明的见地，解释知识底实际的意义，在这点上，可说他把知识看做文明底奴隶，文明是由人类役使自然而成立的。役使自然，由于知识；培根“知识即是力”一语，对于自然尤见适切。但是知识这个东西，并非一跃而达的，必须探求原因结果底关系，阐明普遍的法则才能得来。……

美学上的主知说——知识说

……依知识说所讲，美是在知识最完全活动时所生的心的状态。知识最完全活动的状态，必定是论理的或数学的。所以便如形式论，从主观的方面把他观察起来，也可叫做一种知识说。形式论把变化底统一当做根本原理；所谓变化底统一，就是指知识最完全活动的状态而言。……①

1925年，上海协和书局编译英国人俄珥编《圣经百科全书》出版，书中有条目：

【知识】Know Knowledge

来文名词

腊文名词 γνωσιε，ζπιγνωσιε

① 唐敬杲编，《新文化辞书》，商务印书馆，1923年10月，第33、470页。

知识之严格定义，乃人心对于某种事实或真理，依其真确之性质，所生之领悟也。在人事上，智力之表见，必与情感及意志（如选择、爱情、恩意或反面之憎恶、不悦等）相连。知识较意见为确实，故二者有别。人心能容知识，恒思有以得之而扩充之。至于知识之性质若何？则恒视其目的而异。五官传外表事物之感觉，智力探索其理性，乃断定完备之律令或真理。道德上真理，则用上主所赐，依据道德义理辨别是非之力而明认之；心灵上真理，则用心灵之同情领悟之。……①

1926年，樊炳清编《哲学辞典》出版，书中有条目：

【知识】英 Knowledge 法 Connaissannce 德 Erkenntnis

①泛指意识作用之认识方面。从此谊，则与认识通用。普通别字为二种：一曰直知的知识（Knowledge of acquaintance），一曰关知的知识（Knowledge of about）。凡言之，本可解作感知（Perceive）之义，亦可解作理解（Understand）之义。从第一义，则知识不外直接认取之谓。从第二义，则是从知性比较之结果，而以断定之形式表现之者。奥图（Oto）举例以说之，至为明显。曰："盲者虽无光线之直知的知识，而能有其关知的知识；又如大地之为球形，此亦不能直知，而出自关知者也。"……②知识一语，往往以之对"私见"或"信念"而言。知识，谓立乎客观的根据之上，具有确实性者。私见或信念，无斯根据，但有主观之确实性。顾此区别，其非从心理学上立言，无论也；③亦有不以知识一语，指知之作用，而指其所知之事物者。如以物理化学，为一种知识，是其义也。②

---

① ［英］俄珥编，上海协和书局译，《圣经百科全书》，1925年，第1177页。
② 樊炳清编，《哲学辞典》，商务印书馆，1926年5月，第352–353页。

1928年，王倘等编《中国教育辞典》出版，书中有条目：

知识

涵义甚多，随用处而异。①泛指精神活动之认识方面，与认识之义同。寻常别为二种：一曰亲知，或曰直接的知识；二曰闻知，一称述知，或曰间接知识。例如我见日出东方，日入西方，而曰我知其出自东而入自西，是为亲知。若盲者，本不能见光，而因人之说光，而自谓知光，则为闻知。②作真理解，以别于个人之私见或妄念而言。盖谓其有根据，有确实性也。③明指其所知之对象而言。如以物理化学为一种知识是也。普通用法以此种为最多。[1]

1935年，新辞书编译社主编《新知识辞典》出版，书中有条目：

【知识】Knowledge（哲学）

一般地说，知识是对于一定事物或对象的明确的意识。严格地说，知识，可分为"直知的知识"（Knowledge of acquaintance）与"关知的知识"（Knowledge of about）两种，前者是指对于事物的直接认识，后者是指知识的比较判断，或作为其结果的客观的普遍妥当性。[2]

1949年，胡明教授主编《新哲学社会学解释辞典》出版，书中有条目：

---

① 王倘等编，《中国教育辞典》，中华书局，1936年3月三版，第370页。

② 新辞书编译社编译，《新知识辞典》，童年书店发行，1936年10月五版，第385页。

知识（Knowledge）

是外在世界在人的意识中反映的结果，也就是以获取客观真理为目的的认识过程的结果。对于一定事物或对象的明确的意识就是知识，它在科学中整理成了有系统的，所以科学就是关于世界的有系统的知识。知识可分为“直知的知识”和“关知的知识”，前者是指对于事物的直接认识，后者是指知识的比较判断或作为其结果的客观的普遍恰当性。①

以上部分关于“知识”的条目，看起来就是关于“知识”的定义，就是近代中国人认知“知识”这个词的概念，它们具有公允性的解释，与各人因各自需要而发表的观念有很大的不同，这是辞书的任务决定的。实际上，它们所表达的词义，是与哲学家们的研究结论基本协调的。由于具备了清晰、准确的“知识”概念，知识问题在中国文化中发挥出巨大的作用，新一代知识分子通过运用工具书，认真关切有关“知识”的方方面面，取得了空前的成果。

① 胡明主编，《新哲学社会学解释辞典》，光华出版社，1949年，第283页。

第二节

“认识”一词的概念史

“认识”一词在古汉语中甚至没有出现，因为人们常用“认”字或“识”字就表达了互相认识的意思，直到清代小说中才开始出现“认识”一词，即你认识他、他认识我的意思。但是近代中国学人将“认识”变成承担哲学上的重要意向，成为一个与西方哲学理念接轨的重要的专用词，甚至还可以将“认识”论之，至今还在用。

近代中国学人在使用的时候，对于是用“知识”还是用“认识”，是各自选择的。他们基本上认为在哲学中，特别是翻译中，两者语义基本上一致，但也有些区别，结果就看各人的见解如何选择了，因而出现在他们的专著中也就不同了。近代日本学者也为此很费心机，最终，东京大学教授井上哲次郎选用日本词“认识”来对译 cognition，时为 1881 年。

在前面第一节中，已经介绍 17 世纪的《超性学要》一书，上面已经使用“认识”一词来对译，同样没有机会进一步探讨，要到 1908 年颜惠庆的《英华大辞典》上，才得到认可对译使用。

这里我们选择部分学者专著中的见解来加以考察。

一、学者相关专著中的“认识”

1905年，田吴炤先生翻译日本中岛力造教授的《哲学新诠》出版，书中写道：

哲学问题之攻究上，必要攻究认识问题，其事既明，吾人不就认识力攻究之，直入实在问题之哲学研究法，甚不安全，必易陷于空想。哲学史中空想甚多，此认识论未发达之故也。

吾人所谓认识，谓心意之如何作用乎？又吾人所谓认识为何乎？又何故认识中有确实乎？又如何程度始为确实乎？是等问题，必皆为于实在论之性质。

今所谓认识云者，英语 Theory of Knowledge 又 Theory of Cognition 又 Philosophy of Knowledge 又时呼为 Noetics 之学科也。德语以 Irkenntnisstheorie 表之为研究也。

就认识之起源言之，古来哲学者之间，亦有种种异说。今大别之，则惟理说 Rationalism、经验说 Empericism、批评说 Criticism 三说是也。

认识之本质即就认识与实在有关系之问题能解，则自然与认识之范围，及其确实等相关问题亦解；认识无论如何之解释，一有不能，则认识之范围及其确实等，就而论之，亦必不能。

心理学者，就吾人认识事物之方法，即认识作用，以为攻究，而非认识本质全为研究也。……①

1915年，蔡元培先生编纂《哲学大纲》出版，书中写道：

---

① 〔日〕中岛力造著，田吴炤译，《哲学新诠》，商务印书馆，1905年，第4、18、20、32页。

有心理之认识，如对于旧游之地若久别之友者，是也；有论理之认识，对于真理或非真理而为正确之判断是也。哲学家所谓认识，以论理之认识为限。

所谓正确之判断如何乎？曰：其证有四：一曰感情之相应。如赵高指鹿为马，而群臣和之，此感情与判断不相容者也。所谓相应也者，判为真理，则必有赞成之感情应之；判为非真理，则必有反对之感情应之。二曰经验与思索之调和。古人以彗星为兵灾之兆，此凭偶然之经验，而不合于思索者也；化学家自谓有造人之术，此出一时之思索，而不合于经验者也。真确之判断，则反之。三曰意识之明了。醉后谰言，梦中呓语，虽合事实，仅为偶中。正确之判断，必其思索之脉系，经验之状态，皆了然于意识中者。四曰人情之契合。……此不特本一人之思索及经验而判断如是，即推自其它一切能思索能经验之人，亦将无不为如是之判断也。

吾人意识中，不仅有主观之认识而已，常有种种实现之印象，非吾人之思想所能自由生灭者。……是等实现之印象有二别：一属于物理者，谓之外物，亦谓之形而下。……是谓感觉。其二属于心理者，谓之内识，亦谓之形而上，……是谓情感及意志之冲动。……是皆谓之意识之内容：（一）以其种种性质。……（二）以其无论何时，凡曾经了解者，皆能以心力存想而复见之。（三）以其不能互相离绝，常互相变易，而互相关联，以构成我见也。……

人类虽有此实现世界之认识，而尚不足以餍其好知之欲望，常欲由此实现之内容，而更求其内容之元始，由此画一之规则，而更求其规则之根据，于是有一问题焉。曰：超轶吾等意识中实现世界以外，更有所谓本体世界否乎？

吾人较为正确之认识，以经验世界为限，由是而进于不可经验之本

体，即不免涉于玄学之假定义。此认识论所证明也。……①

1920年，刘以钟教授编纂《哲学概论》出版，书中写道：

认识论之研究，不外归着于二种问题，即（一）认识之本质如何？（二）认识之根源如何？易言之，即（一）认识果系何物？（二）认识如何而得之？……吾人于认识论上得下列四种之根本的立脚点焉。（一）实在的经验论。谓吾人得依知觉而知客观事物之真相。……（二）实在的唯理论。谓吾人虽得认知事物之真相，然非凭知觉，实理性为之也。……（三）观念的经验论。谓吾人认知事物唯赖知觉而已。……（四）观念的唯理论。谓吾人得以纯粹理性之力，毫不依赖经验，先天的认知世界之事物。然其所得知者，非实在之真相，不过表现于吾人之现象而已。……然若稍加考察，则知此见解有种种之难点焉。（一）梦幻觉错觉等普通所认知之感官知觉的迷误。……（二）因概念的思考所认得之感官知觉的迷误。……（三）依生理所认得之感官知觉的迷误。……

康德认识论……（一）认识非受动的，由外界领受印象之集合，乃主观自发的活动之产物也。……（二）科学的认识非自感官上来，乃悟性之所产也。……（三）认识为主观之一官能，然非唯一之官能，又非最重要之官能也。……②

1922年，刘文典教授翻译赫凯尔著《生命之不可思议》出版，这是一部当时的世界名著，书中写道：

---

① 蔡元培编纂，《哲学大纲》，商务印书馆，1926年6月十版，第16、17、18、20、21、36页。
② 刘以钟编纂，《哲学概论》，商务印书馆，1920年10月再版，第83、84、85、86、121、122页。

认识真理的两条路径之不同

一元的认识论

一、认识是个自然的作用，并无一点甚么不可思议。

二、认识为自然作用，服从普遍的物质法则。

三、认识是个生理的作用，其解剖学上的器官就是脑髓。

四、人类脑髓里，生得出认识的部分，在大脑皮质里占空间的一定的部分，就是那个“思想中枢”。

五、认识器官——就是思想中枢——是由观念联合中枢构成的，因为有特别的组织学上的构造，和那在大脑皮质里，与他接近的感觉中枢、运动中枢不同，然而二者却互相连接，中间有交互的作用。

六、构成思想器官的无数细胞——即思想细胞——是认识作用所在的根本的“器官子”。认识的可能力是由他的那正当的物理的性质和化学的构造。

七、理学的认识作用，是由于观念的结合，就是联合，观念的原始，是从感觉中枢引来的感觉的印象。

八、照这样，认识是由那系乎感觉器官之媒介的经验得来的。这中间，一部分是由现在直接经验、观察、实验等等直接得来的，一部分是由历史上间接传下来的过去的经验间接得来的。一切的认识（连数学上的也在内）其“起原”本都是实验、后天的。

二元的认识论

一、认识是个超自然的作用，是一件不可思议的东西。

二、认识是个超越的作用，和物质的法则无关。

三、认识并非生理的作用，乃是纯粹的精神作用。

四、人类的脑髓里，那些看着好像是认识器官似的部分，其实不过是表现精神作用的器械罢了。

五、认识器官，即思想中枢（观念联合中枢的和），其单为精神器官的一部分，恰似那和他接近，和他连续的感觉中枢、运动中枢一般。

六、思想中枢的那显微镜下的基本部分，那无数的思想细胞，虽然是认识作用之不可少的机械，却不是其真正的要素，不过是本机械之微细的部分罢了。

七、形而上学的认识作用，是在乎观念的结合及其联合。然而观念一部分是由于感觉的印象，一部分要归之于超感觉的、超越的作用。

八、照这样，认识是分为两个阶级。一个是那从经验上由后天得来的实验的认识；一个是与一切经验毫无关系的由先天得来的超越的认识。属于这一阶级的，就是数学，数学上的义理，是绝对的确实，和实验的真理不同。他的作用是认识所先天就有的。①

1923年，第一届“国会众议员”彭学浚翻译《哲学概论》出版，书中写道：

认识论于大体可谓为启蒙思想之特产物。所谓启蒙思想者，脱从来之束缚，求思想及生活之独立，而为自己之觉醒也。故在启蒙时代，无论于宗教、于哲学，就从来支配人心之教条而起疑，且批评之。与其谓为建设新者，毋宁谓于破坏旧来之点为尽力。故凡古代为认识研究而著名者，均有怀疑的着色。……绝非以怀疑为终局，乃欲为新者之建设者也。

认识之权限问题，吾人之认识，果能如其所要求，得普遍必然乎？抑为盖然的乎？又次移于实在而言，则实在者吾人之能力可能知之乎？

① 赫凯尔著，刘文典译，《生命之不可思议》，商务印书馆，1922年10月，第26–29页。

康德区分认识能力如下：

认识能力
- 直观——感觉等。即作认识材料之力。
- 悟性——判断力。即自直观而得者。更结合而为科学的认识之力。
- 理性——依悟性而组织者。更普遍的终局统一之力。[1]

1926年，奥国（奥地利）耶路撒冷原著，由陈正谟教授自英文版重译成中文名曰《西洋哲学概论》出版。书中写道：

“认识”就是认识者对于所认识者之明白了解，而其本身与所认识者有别。再者，一切认识皆由判断之形式完成之，无论何人判断其确已得到某种认识时，便是相信其所认识之对象真实存在，其内容即是其所表现的样子，不管吾人认识他与不认识他，依然存在。所以认识之意义，按照通常的用法是：所认识者独立存在，与认识者不同。认识之科学的意义，非与通常的话语中之意义完全不相同。他是把“认识不仅倚赖感官知觉并深有赖于理智的溶解之作用”——这件事说得更明白一点。……感官知觉与判断作用之精细分析指出，认识之作用与认识之对象之间之关系，很不简单。……吾人之观念与判断，是不可以感官知觉的，心理作用不能认为所感觉的对象之真相。所以吾人之观念与判断不可认为事物之真象（相），只可认为独立存在于外界之程序之符号。但只观念与判断之变迁——符号之变迁——是否指示其所代表者——客观的实体——之变迁：这确是一个问题。由观念与判断不能全由环境以决定的事实看来，这个问题殆难解决。……[2]

① 彭学浚译，《哲学概论》，京华印书馆，1923年12月，第181、183、196页。

② ［奥］耶路撒冷著，陈正谟译，《西洋哲学概论》，商务印书馆，1926年9月，第36–37页。

1930年，日本金子马治著、彭信威先生翻译的《哲学概论》出版，书中写道：

认识论是认识批判，是探求“认识”的根本原理的认识哲学。……认识范围是认识的、能妥当的（或认识的确实能达到的）制限或范围内的意思，这妥当范围当然和它的起原的问题有密切的关系。……

认识的目的是真理，忽视真理则难谈认识。……认识的种类被区分为经验的认识或事实的认识和理性的认识或先验的认识。……事实的真理主于关于教育的事实（即经验的内容）的真理；反此，论理的真理则主于先验的或形式的真理。……

单纯的表象和观念只是事实，绝不是真理，亦不是非真理。所谓真理和非真理必须是由一定的判断而成立的认识的特征。所谓那样的认识的特征——其中一定的形，被认为真理；别的一定的形，则被认为非真理的特征，到底是什么？这是关于真理的中心问题。①

1932年，陈豹隐教授讲述《社会科学研究方法论》出版，书中写道：

认识论的范围，第（一），研究甚么是知识（即意识或思维）。第（二），研究甚么是物质（即存在或外物）。第（三），研究思维与存在的先后问题。到底先有物质而后有意识呢？或先有意识而后有物质呢，或两者俱有之后，何者具有最后的支配力呢？第（四），研究思维与存在的关系如何。二者绝不相关吗？或二者互相依赖，则物质依意识而存

① ［日］金子马治著，彭信威译，《哲学概论》，上海神州国光社，1931年12月再版，第28、29、88、89、90页。

乎？或意识依精神而存乎？第（五），研究知识的正确或错误——即真理论。……真理是不是可以认识呢？第（六），研究真理如可以认识，则其可凭信之程度如何？如不可以认识，则现存科学真理是什么？第（七），结论。

……如布哈林（Bucharin），他不能把握事物发展之内在矛盾性，遂由均衡论走入了机械论。又如戴季陶以孔孟哲学去篡改孙中山先生的三民主义，这把三民主义陷入王道说的泥沟中去了。所以一切政治纲领，要先从认识论说起。

认识论根本问题乃是全哲学中的最高问题，历史上一切对此根本问题的论争，不问其名称如何？都可以归入两个营垒之中——即唯物论的营垒与观念论的营垒。这两个营垒的分立，是由于阶级的分立；在历史上，从大体上说来，观念论，是代表统治阶级的意识形态，而唯物论则常站被压迫阶级一方面。……①

1933年，李石岑教授著《哲学概论》出版，我们看到以前的专著中基本上是介绍西方的“认识”相关内容和见解，而李石岑教授的大作则凸显中国学者的思想，不愧为一代大哲学家。书中写道：

认识的语义

认识略与知识同义，在英语为Cognition，在德语为Erkenntnis，在法语为Connaissance。由认识作用的结果所产生的东西，谓之知识（Knowledge）。照此说来，认识应与知识不同，但普通却看作同义。“认识”二字，颇不容易说明。今试先作一比较的研究。希腊

① 陈豹隐讲述，《社会科学研究方法论》，北平好望书店，1932年11月二版，第62–65页。

语的 γυωυαι 和 ειδευαι，拉丁语的Noscere和Scire，德语的Kennen和Wissen，法语的Connaitre和Savoir，英语的Knowledge of Acquaintance和Knowledge about，其意义完全各别。前者为直接的认识，后者为间接的认识。盲人只有对于光之间接的认识，而无对于光之直接的认识。因此可知“认识”是一个广泛的名称，而其中含有许多种类。“认识”所含Kennen，Connaitre的意义多，即Wissen，Savoir亦当尊重直接认识的意味。希腊字“Οιδα”（我知道）。原是“ιδ”的完全式（Perfect tense）。“ιδ”之意，原训“看见”（Sehen，Voir）。Wissen，Savoir即与“见过了”（Gesehen haben，Avoir vu）无异。所以认识总当尊重直接认识，尊重实践。我们现在更进一步将认识作一种历史的观察，如何决定认识的意义。尼门尼底把认识分为关于实在的认识、关于非实在的认识两种；德谟克利特士亦有感觉的认识，和概念的认识的区别；到了柏拉图手里，遂分为三种：一、关于实在（理念）的，二、关于非实在（变化）的，三、关于数学的、形体的。亚里士多德亦分为实际的、诗歌的、理论的三种；……康德最有名的分类便是先天的认识和后天的认识。先天的先于经验，后天的来自经验。先天的认识谓先认识原因及原理，然后认识结果或事实；后天的认识谓先经验结果事实，然后认识原因及原理。……他们有个比较相同的线索，即尊重理智的活动。本来认识可以分成许多阶段：在低级阶段，认识显现为感性的东西；在高级阶段，认识显现为论理的东西。但任何阶段，都是统一的认识过程中的各阶段，不是有一个界限可以分离的。不是感觉的时候，完全谈不上理智，也不是理解的时候，完全不需要感觉。须知二者是互相发展的，是互相丰富其内容的。质直的说，是互为条件的。又认识随现实而变化，这即是说，认识是时时变动的，时时发展的。认识并不是受动的反映现实，而是一种能动的过程。认识具有能动性，为实践的动因。正确的认识，即是变革现实的指导。所以实践在认识的发展上是有重大的意义的。……

认识论的语义

认识论在英语为 Epistemology，又为 Theory of Knowledge；所以认识论一名知识论。是关于认识的起原（源）、本性及限度等之根本的研究。……

认识是心理的事实，心理学亦注重认识的研究，……认识论在说明心理的事实，与心理学只在叙述心理的事实有别。心理学只叙述从单纯感觉进到复杂认识的过程。无论如何的作用，浮现于意识之上，皆只看作心理现象，而于其间无所轩轾。……但在认识论上，则与以严重的区别，而指前者为谬误，列于认识之外。这是认识论超过心理学之点。……认识论必以心理学作根据，方有价值可言。……①

1934 年，罗鸿诏教授著《认识论入门》出版，书中写道：

若认识论所研究之对象重在学的思维，则学的思维惟可有确实基础之树立。且学问之生长发达由实际生活之知的要求，及知的探求而来，又能永久影响于生活，即在认识论，也与学前之思维还有密切的关系。这是不可忘记的。

有许多食物，虽然没有认识，仍然可以直接知觉之。而认识也有种种程度之殊。……而学问的认识，其本质亦与此无殊。认识之施行，乃在未知之中发见已知之点，以现在的知识，关于新事物下个普遍妥当的判断。②

1934 年，范锜教授著《哲学概论》出版，书中写道：

---

① 李石岑，《哲学概论》，上海世界书局，1934 年 11 月再版，第 245、246、247、250、251 页。

② 罗鸿诏，《认识论入门》，商务印书馆，1934 年 2 月，第 7、8、10 页。

认识语意，自心理的方面言之，为外物影响内心，而产生一种知的作用之谓，凡感觉、知觉、记忆、思惟诸作用，皆包括在其中。自论理的方面言之，认识为主观之知的作用（思考），与感官的感受性（receptivity），互相结合而成，而被知的对象，与能知的主体之意识的关系，即所以构成概念、判断、推理等公式靠之成果也。思惟认识论，即论究吾人如何能认识外物也。盖此问题不解决，则宇宙实在之探究，亦究属不可能。

水与山固为认识之对象，而知其为水为山，则为认知之意识。但意识与对象，究有若何关系哉？此岂非难于解答之问题乎？然而人类必思所以解答之，不惟不畏其艰苦，且视此一为乐，则又何哉？柏拉图谓"探究实在为世界最大之快乐，且为世界最大之快乐。"此盖人类穷理尽知之表现。

认识问题，约可分为三大部分：即一为认识起源之问题；一为认识本质之问题；一为认识范围之问题。……

对一认识本质问题，何以发生正反对之学说？其原因约有二：（一）吾人感觉之错误，常足使人怀疑感觉认识之虚伪，因此吾人对于认识确实性，纵不全部怀疑，亦必有一部分之否定。感觉既不能代表外物，则由感觉而生错误之观念，非摹写外物无疑。换言之，即观念实由吾人自行构成之者也。然而观念又确有摹写外物而来者，然则将以何为标准，而区别自己构成之主观的观念，与摹写外物而来之客观的观念乎？……（二）观念虽有主客二观之别，然必现于吾人意识之中，始有意义可言，故所谓主观客观，亦不过主观的作用之结果。但吾人既以认识为主观之作用，何以又能摹写外物乎？既能摹写外物，则客观地认识，不可不承认也，既已承认客观地认识，则认识固不限于主观的范围也。……

所谓现象学，即叙述先验的绝对的认识之本质及法则者也。质言之，即研究意识之本质之学也。佛塞尔现象学，即由研究名词

（Ausdruck）事实而出发，所谓名词，即以语言文字而表出其意义之谓，与思惟殊有密切之关系。吾人可由研究名词作用，而知思惟（即论理作用）之本质。但尚未名词作用，又果何谓哉？据佛氏云：名词作用，含有二要素：一为音韵、语言、文字等物质的形式；二为对名词而与之意义的作用。……前者对名词之形式（即音韵等物质的形式）而与以意义，使名词各有其含义；后者使各名词，对其对象，而能发生关系；盖名词所以表示某事某物者，故必有其对象之关系也。……佛氏以为事物之认识，是意义赋与作用与直觉之结合。换言之，名词作用与直觉之结合，对名词所表示出意义，能直觉其明显之对象，即谓之认识。更约言之，名词与直觉之统一，即认识也。

吾人内心又何以能认识外物？曰：无他，人生原有种种精神之作用，感觉者，能感受外界之刺激，而反应之者也；悟性者，能认识感觉所感受之刺激，而判断之者也。……但能否辨别其为何物，则全于经验也，非谓有此先天的认识能力，即能认识一切事物也。先天的认识能力，不过一种可能性耳。……[①]

1934年，美国孟太格著、施友忠教授译《认识之方法》出版，该书专门研究认识的方法，分为两篇：一是“求知之道：论理学之六法”；二是“释知之道：认识论之三法”。内容太复杂，这里就不引述了。（该书另有钟兆麟译本，开明版。）仅录其结论之部分：

欲说明认识论三派之相和合，本段拟指出“真理”一概念，如何可随三派中之任一派之说法，而得到精确之解释，并拟将各派之说法，相

① 范锜，《哲学概论》，商务印书馆，1934年3月，第40、46、94、108、109、117页。

互播移，而不至变其主要意义。（1）自客观论者观之，“真”者乃实在之被视为一可能的，有意识的信念，或判断之对象而已。……（2）自主观者观之，“真”者，凡可得一“无所不包，或绝对之经验”所证明者皆是。……（3）自二元论者观之，“真”者，凡在个体以内，而能与存于个体以外之事物相合者，皆是。……以上三派，任有一派为真，其余二派亦必皆真，岂非显而易见？……[①]

1937年，包刚先生翻译日本德永直等人著《新哲学讲话》出版，书中写道：

现实是经常变化和发展的。而跟这现实一起，人类对这现实的认识，也是发展的。这人类的认识跟现实一起发展的思考方法，便是唯物辩证法的特征之一。……人类的认识，不是受动的，而是能动的。而且，认识是作为人类为了要生存的社会的实践中新包含的一种因素。只有实践才是产生认识的基础。这样地把认识和实践结合，认承其能动性，也是形成唯物辩证法的重要特征之一。……人类的知识总是由实践得来，由实践往深处试探的。……行动产生知识，知识更成为新的实践的指导。实践产生理论，理论更成为新的实践的导线。所以在这里，实践是对理论经常有着主导的作用。……认识是由社会的实践而发展的。……马克思说，知识是人类的头脑所翻译的，改作了物质——存在。这存在和思惟，主观和客观的统一，只有在人的社会实践之中才能得到。……布尔乔亚的认识，要由怎样赚钱来规定。他们所有唯一的认识基准，是为了赚钱的实践。从这个实践出发，布尔乔亚的确实现了光辉的生产力的发展。……

① ［美］孟太格著，施友忠译，《认知之方法》，商务印书馆，1934年2月，第278–279页。

来到某一阶段时，便用自己的手来压止了那更向前的发展。……[①]

1943年，辅仁大学教授柴熙著《论理学大纲》出版，书中写道：

认识

“认识”（cognoscere to know，cognition），最普通的讲起来，乃是“意识到某事物”。……在这意识的作用上，暂可辨别三个要素：“自我”；“事物”；“自我同事物的联络”——意识作用。……[②]

1949年，柴熙教授再著《认识论》出版，书中写道：

认识之不可缺少的要素有三：第一，它须（需）要一个自我作自己依存的主体，只要把狭义的认识论和感觉经验相比，便可看出它的主动性质。第二个要素是对象。无论什么事物——外界的或内界的，实在的或理想的——自我都能认识它们。这是人类的一种坚定信念。至于对象是隶属于认识，抑或是实际上独立存在的东西，这乃是认识论的基本问题。第三，认识自身是人的思考作用，更具体地说，乃是判断。人在认识时，须在思想上表现事物和某限定之积极或消极的关系，并予以发表。判断的内容是否能合乎实在的事物，这是关乎认识的真实性的问题。……语言虽是人类思想的表示，但并非认识的必要原素。……[③]

1950年，李仲融教授出版他1943年在华中敌后根据地的讲义，名

① ［日］德永直等著，包刚译，《新哲学讲话》，上海杂志公司，1937年5月，第69–82页。
② 柴熙，《论理学大纲》，辅仁大学，1943年9月，第2页。
③ 柴熙，《认识论》，商务印书馆，1949年8月，第10页。

曰《哲学概论》，书中写道：

关于认识的起源问题，辩证唯物论和以前的哲学上的一切唯物论的成果一致，承认人类对于现实的物质世界之认识，开始于感觉，即这种感觉是客观事物对于我们感官的作用的结果。辩证唯物论认为不仅感觉的能力而且思惟的能力，都是高级有组织的物质的特性。只有那具备着相当复杂的神经系统的社会人的头脑，才具有这种特性。我们对于现实的事物的认识，除了感觉机官外，别无认识的泉源。然而感觉的认识，只给我们以最接近的物质环境和表面上有限联系之偶然的经验的知识。它不能使我们从客观世界之各方面的关系上，从它的内部联系上和完整性上去认识它。但对客观现实的认识，最重要的乃在把握它本身所包含的规律，因此我们的认识却不能停留在感觉的认识，必须走到更高的阶段，即渗入事物的本质里去找出事物的相互关系来。这一认识的更高阶段的达到，决不是与感觉的认识无关，相反的，而是根据我们和客观现实的相互作用过程中，经过一番改造和一般化而达到的。我们从感觉认识所获得的材料，在我们的意识中经过一番改造和一般化的结果，就产生了概念。这已经是逻辑认识或理性认识的因素了。……[1]

以上是十几位中国学者所介绍的关于“认识”的说法，其中多是从西方学者见解中翻译而来的，也有加上自己的见解。从观念上看，一些人是从纯粹学术角度分析；一些人则为“政治斗争”需要而“上纲上线”，不过确实是在中国年轻学者的求知背景下，“认识”获得长足发展。关于认识的起源、本质、历史、分类、可能、目标、方法以

① 李仲融，《哲学概论》，文光书店，1950年8月，第122页。

及认识的哲学性质、心理性质，尤其是西方各种关于“认识”的理论、派别及运用等，都有详细的说明。总之，都承认“认识”在近代中国启蒙运动中起到很关键的作用。而作为了解“认识”的概念，则是差异颇多，各人各派的说法，语言的差异颇大，有些恐怕只能理解为个人的观念。笔者这里仅是引述一部分文献，恐怕已经让读者喊头痛了。因而，“认识”问题依然是现代人们所面临的问题，需要人们不断地深入探索，既做实践的探索，也做理论的探索。

二、辞书上的“认识”

近代辞书上所给出“认识”定义，则平和许多。这里选择数例。

1923 年，唐敬杲先生编《新文化辞书》出版，书中条目有：

【认识论】Epistemology（英）；Erkenntnistheorie（德）

有普遍妥当性的判断或判断系统，是叫做“认识”或“知识”（Cognition of knowledge；Erkenntnis），以和心理学上所说的认识作用区别。论认识底可能及其起源和本质（妥当，价值）的，叫做“认识学”。以故，认识论可说是认识实质的原理之学，和为认识形式的原理之学的论理学（和本着二者的方法论）相合，叫做“知识学”。关于认识底可能，有直截地承认其可能的独断论；拒斥其为不可能的怀疑论；和预想其可能，更进而根究怎么才可能的批评论。关于认识底起源，有从心理学上考察，而以为本着理性的理性论（纯理论）；有以为从经验来的经验论；也有论究认识底妥当性本着什么的先验论（批评论）。关于认识底本质，有主张和认识相对应的认识主观外之存在（实在）的实在论；有否定认识主观以外的存在，而主张认识之观念性的观念论。至对于可能、起源、本质各问题的解释，诸说纷纷，见解互异。认识问题，虽然在哲学史上早已发生，但把这问题和哲学上别的诸问题分离，当做独立的学问，起初论究的，是始于英国陆克（Locke 今译为洛克），故通常称他为认识论底鼻祖。……①

1926 年，樊炳清先生编《哲学辞典》出版，其条目有：

认识　英 Cognition

法 Connaissnce

德 Erkenntnis

①从心理学上，以广谊解之，与言“知性”同。指多含的要素之心的过程，与“感情”“意志”等相对为言。即感觉、知觉、表象、想像、思惟等之总称。此时从复合的精神要素中，抽象而名之。其实非有纯粹之认识作用，与夫情绪、情操等之称为“感情”，冲动、欲望、执意等之称为“意志”，不拘其含有他要素，而姑称以情意者，其旨一也。

②从狭谊，则不用作知性之总称，而但指感知对象之当时状态。此对象，不论指事指物，不论属内属外，若迂回言之，宁指由认识而得之结果。所以别乎知觉者，云“认识”，是早已领会对象之内容，且伴以确实性之意识；云“知觉”，则不必其如此。陆克曰：“认识者，就各个的观念之一致，或不一致，而知觉之之谓。”

③仅指高等知的作用，即含有判断作用在内者。若感觉、知觉及孤立之观念等，俱不以认识论。然感觉、知觉等之高等认识作用，不能不明画界限，既云认识，其含有感觉、知觉等以为素质，无俟论矣。从此谊，则认识与“知识”（Knowledge）一语，无甚分别。哲学上所云认

① 唐敬杲编，《新文化辞书》，商务印书馆，1923 年 10 月，第 294–295 页。

识，即此种用法。惟凡云知识者，率指系统的确实的之认识。而但云认识，则范围较广。斯宾诺莎尝分认识为三类：以意见及观念为第一类认识；以普通概念即完全之观念为第二类认识；以直观的知识为第三类认识。而谓："第一类为虚伪之原，第二三类，则真确而必至。"是则别知识于认识而用之者。①

1928年，中华书局编辑出版《中国教育辞典》，书中有条目：

认识 Cognition

（一）心理学上之认识有广狭二义：（甲）广义指知的要素最为显著之心理历程，与感情、意志对称，即感觉、知觉、相像、思维等之总名；（乙）狭义指感知对象时之状态，不问其对象为事为物，属内属外，但已领会其内容而伴之以确实性之意识耳。（二）哲学上之认识，指含有判断作用之知的作用，与"知识"之义相似。所异者，知识乃系统的确实的耳。②

1946年，平生、执之、乃刚、麦园合译俄文《辩证法唯物论辞典》出版（自日文转译），书中有条目：

认识（Cognition，Connaissance，Erkenntnis）

在意识以外而独立存在的客观事物在思惟上的反映，称为认识。我们的认识事物，是我们的认识作用及活动经过长期过程的结果，并非一下子就完全认识的。认识根本要因如下：感觉、表象，以至概念——事物最完全的包含整个规律性的认识。认识的过程，如以为是直线的过

---

① 樊炳清编，《哲学辞典》，商务印书馆，1926年5月，第856-857页。

② 王倘等编，《中国教育辞典》，中华书局，1936年3月三版，第926页。

程，即从认识的一种要因向另一种要因不绝运动的过程，那是不对的。刚刚相反，认识过程，乃是曲折的复杂的过程，我们不能在认识的任何一种要因上停住，以为这就是终局的、完满无缺的、绝对的认识了。新的认识的各个阶段，至多成为我们可赖以为前进的根据，我们要更完全地认识事物，非更前进不可。但是认识的各阶段，在某种程度上或多或少的（与经验的印证全相符合的）总是事物的客观的知识。①

1940年，孙冶方先生翻译苏联罗森塔尔和犹琴合著的《简明哲学辞典》出版，书中有条目：

认识论（Gnosiology=Theory of Knowlege ）

研究人类认识实际事物和接触真理的能力的哲学理论；研究事物的来源（感觉、理性）以及研究实行认识的形态（知觉、表象、概念、判断、推测和其它等）——关于环绕我们的世界的认识——对世界本身的关系是怎样。对于这一问题的观念论的或是唯物论的解答便成了一切认识论底起点。唯物主义的认识论所根据的见解是说：在我们以外，跟我们各自独立地存在有诸种对象、事物、物体；我们的感觉，在事实上是外界底肖像。观念论的哲学断定人类底认识或者只是观念底反映（柏拉图、黑格尔）；或者是……；在马克思主义的哲学中，没有特殊的认识论这门科学：揭示了自然界、社会和思考底共同规律的唯物辩证论也就是唯一科学的认识理论。唯物辩证论“本身包含有现今许多人称为认识论的东西”（列宁）。②

① ［苏联］Mitin、Ishchenko著，平生等译，《辩证法唯物论辞典》，读书、生活出版社，1946年4月再版，第316页。

② ［苏联］罗森塔尔、犹琴，孙冶方译《简明哲学辞典》，华北新华书店版，1948年9月，第230–231页。

这个说辞很“霸道”，硬是将“认识论”给驱逐出“马克思哲学”圈，当然也就与马克思哲学背道而行了。自封“唯一”是很不科学的“帝王”词语。

而在心理学工具书上面，如 1947 年，张耀翔教授书中，则有条目如下：

认识（cognition，recognition）

亦称“觉知”“知识”。（一）属于知觉之一切作用的总称。从直接觉知其环境内事物起，到各种理解止。与“情绪”及“意志”相反。旧日心理学家将一切心理作用分为“知”“情”“意”三大类，此其一类。（二）任何可达到事物知晓的过程。与“纯粹感觉”有别，后者只受刺激影响，不含认识作用。知觉、认识、理解、相像等，都是知的过程。[①]

显然，辞书上的“认识”条目语义，是与学者们有共识，也就是把“认识”概念在中文里展现了。

① 张耀翔，《心理学》，世界书局，1947 年 6 月二版，第 147 页。

第三节

“心灵”一词的概念史

中国古代学者是认同“心灵”一词的，使用也较多。这里仅举数例：

幸有心灵，义无自恶。——（南朝宋）颜延之

凡斯种种，感荡心灵。——（南朝梁）钟嵘《诗品》

心灵一开旷，机巧眇以疏。——（唐）权德舆

汝之心灵，一切明了。——《楞严经》

推极神道，原本心灵。——（南朝梁）沈约

（苏小小）早生得性慧心灵。——《西湖佳话》

香姐心灵手巧。——（清）孔尚任《桃花扇》

当西方语言来到中文对译，早在1822年马礼逊编的《华英字典》和1866年罗存德编的《英华字典》中，就将soul对译为“灵魂”“魂魄”等。直到1908年，译科进士颜惠庆主编《英华大辞典》才将soul对译成“灵魂”“心灵”。①

---

① ［英］马礼逊编，《华英字典》，澳门，1822年，第400页；［德］罗存德编，《英华字典》，香港，1866—1869年，第1637页；颜惠庆主编，《英华大辞典》，商务印书馆，1908年2月，第2144页。

一、学者诠释

而将“心灵”作为学问来研究，则要到19世纪末期颜永京教授在上海圣约翰大学开设“心灵学”教程，他在1889年翻译出版美国人海文的书，名之曰《心灵学》。书中写道：

心灵学，系推明心灵之形用，及形用之凭何理。……有曰：人之心灵，难以考究，故心灵学终难得。此言谬矣。……无能讲求禽兽与植物之性，岂人之性与其意念、情欲之显然形用，不可讲求者乎？在彼禽兽植物，吾不过将见闻之实事，充类其统理，而禽兽学、植物学于是乎得，在心灵固无异此。……我不知心灵之为何？所知者只凭其现然之形用，或为我所见闻，或为我所内悟。夫心灵之能思、能觉、能达知、能记、能辩实、能爱、能欲、能立志，皆我所经历、所见闻者，我知心灵以阐明之。是凭以上诸事为材而已，余外别无所有。……心灵学在何处寻求，则大半在我内衷，不似物质之全在我身外。以故考究形用者，是我心灵；被我所考究者，亦我心灵。不同者此也。虽心灵学因此而难，实甚简易。……国必富足，有余暇，有教化，然后能重心灵诸类之学，兼能酬此学者之劳。……言语之美备、确切、激励，何等奇妙，然而，创设言语之心灵，不益加胜乎！……心灵学与医学有关涉，……心灵学与口才学有关涉，……心灵学与肄业法有关涉，……心灵学有关本人，……心灵学于磨炼人心有关涉，……夫心灵有权能做某事、发某气、有某施。此为三用，其用与用之法、用之地，繁而有别。心灵用之繁而有别，即有诸项心灵才。心灵者，纯一而不能分，……如此之知，为直达以知，由此而得之知识，是为直遂之知识，是识知现时迩近之事物。……[1]

---

① ［美］海文著，颜永京译，《心灵学》，益智书会，1889年，第1–9页。

1898年，京师大学堂总教习美国人丁韪良著《性学举隅》出版，书中写道：

问：体骨不亦觉而知之乎?

答：欲知心灵，则以觉悟直达。欲知身体，则虽有觉而无悟，仍无由以直达。体骨疾则觉之，其数若干，其形若何，则不能觉而知之。盖身体属外物，非我也，乃我所用之机、所居之庐而已。

……

答：其互相关涉极多。因身魂一若至亲，一生不相离，且时刻有相感。身体无心灵以主之，则如木石之呆质。心灵无身体以应之，即无以接外物。心动而身应虽为常，但亦有反是者，盖情欲心思，每由身发耳。……

问：心灵之能用体骨，若何?

答：灵如将军，以脑为帐幕，借筋络出令，而百体听其调动。筋络又分二种：一、由肌肤内通于脑，能将外情达知于灵；一、由脑发外通于肌肤。其自外发者，不由我。自内发者，则我得随意使用。至筋络之功用，古人尝取其妙不可测之意，以精神名之，实则类乎电线，因体内实具电气以通信通力，新式探电机验之不难也。①

这位在中国多年的总教习，居然想出以“电线”“电气通信通力”等新词来解释“心灵”作用，真难为他了。

不过，这“心灵学”一词后来还是被“心理学”所取代。

---

① 〔美〕丁韪良，《性学举隅》，上海广学会，1898年；转引自《丁韪良基督教作品选粹》，台北橄榄出版社，2013年，第377页。

二、辞书上的概念

近代辞书上的“心灵”条目，要比一些学者的见解准确得多。例如：

1915 年，《辞源》上有条目：

【心灵】

谓人心中自有的知慧也。《隋书》：“诗者所以到达心灵歌咏情志者也。”旧亦译心理学为心灵学。详心理学条。[①]

1925 年上海协和书局编译英国人俄珥编《圣经百科全书》出版，书中有条目：

【心灵】Mind　　来文 U：Ʊ　　lēbh

希腊文 ν ο ῦ ξ ，δ ι ά ν ο ι ά

皆作才知解。用辞各殊，未见有近世所谓科学的整齐划一。其实不外包括知觉（或理解）、思念、与意志三者而言。若仅拘于心理的分析为规定，则似不合理，……①作心解；②作灵解；③作神或灵解。……名儒某以心为中心焦点，为道德生活的光线所由放射而出者，其主要方向有三：（一）感觉力或感情；（二）活动力，即冲动的企望，抑即经中所谓尽力之意，或作意志亦通；（三）智的能力、默思或解析力，即经中所谓尽意。夫心犹干也，感情、意志与了解，三者为枝。道德出于心，借此三种活动的方式而发显于外；向上主方面之冲动，由心而发，借意志而得

① 商务印书馆编，《辞源》，1915 年 10 月，第卯集 2 页。

实现。盖人之志，确能使上主之志，多所成就，又借智的方面之对于上主于在凡百事工之用意，追寻而理会之，乃妥。此皆某儒所主张者也。[①]

1926年，樊炳清编《哲学辞典》出版，书中条目：

心灵　英 Spirit　法 Esprit　德 Geist

心理学家，有假定一种精神主体，以为意识作用之所从出，而名此主体为心灵者。其意以为人方无意识时，此主体亦潜存常在。凡理想的、直观的，以及宗教道德种种能力，胥发原于是。问此主体，毕竟何指？则是派学者中，并无一定解说。但能曰：吾人意识所从出之本原而已。故此语之用法，甚为暧昧，姑约之为三项：①谓任何意识皆出于所谓心灵之主体，而于意识之种类，不施以限制者。②谓惟有人格的统一性，而其意识能前后联属者，始有心灵的存在，始得以之为意识之主体。③又有专以心灵为高等意识之主体者。所谓高等意识，即能营灵妙作用而殊于寻常意识之意。但即以此义言之，其中尚稍有分别：甲、指能营理性作用及选择作用者，但兼有其他心意作用与否，可无关系。乙、惟指能营理性的认识之主体。此盖谓感性知觉，恒为误谬之根原，独理性能有永无过失之认识作用，故此所云心灵，即目为真正认识之主体，而能不为迷罔（惘）的认识所扰累者。又从此谊，而活兼含人格的统一性言之，或则不尔，诸说亦不尽同。丙、指具有圆满意识作用之主体，即视此种意识，为优越无上，而惟从心灵以出者。要之，此与灵魂（Soul）一语，其实无甚分别。惟对肉体言，则称灵魂；对作用言，则称

① ［英］俄珥编，《圣经百科全书》，1925年，第午下集1259-1260页。

之以心灵。且灵魂之语义，尚有对他方面而立区别者，故或别乎心灵而用之也。但近今之心理学者，多不认有精神主体，故不复设心灵与精神之别。参阅精神及灵魂条。①

1928 年，王倘等编《中国教育辞典》出版，书中有条目：

心灵　Soul

亦作灵魂，为离身体而可独存之实体，自有其统一性与个性，而各个体质精神生活则其显现也。

近年有一派心理学者，常标举心理学不需心灵之说，视为行动派。其说以为心灵不过物理的与化学的元素之极复杂的演变耳。而泛心论（Pansychism）则谓心灵之存在为唯一真实的存在，一切物质（身体亦然）皆为心灵显现的一种形式。

生物学上称有机体之个性为隐德来希（Entelechy）。新生机论派（Neos-Vitalism）如杜里舒（Driesch）者，常用此辞。杜氏谓有机体皆为谐和而维持均势的体系，其机能的性格则受节制于此个性原理，即所谓隐德来希者。有机体各部分活动之分配，以及全部健康之维持，皆由隐德来希主持之。持心灵说（Soultheory）者，每采此说之某种形式以为其生理学的基础。心灵说认定确有离身体而独立之心灵。麦独孤（McDougall）谓心灵为主持一切能力，使其从事心意活动及心物互动之主体。即其显例。（参阅“生机论”条）

心灵论　Psychism，Imaterialism，Spiritualism

---

① 樊炳清编，《哲学辞典》，商务印书馆，1926 年 5 月，第 58-59 页。

哲学名词，有广狭二义：（一）视精神或意识为实在体，而以物质为现象者，是为广义的心灵论，含义与主观的唯心论同。以莱布尼兹、柏克立（今译贝克莱）等为其代表；（二）专指法国比伦（今译比朗）（Maine Biran）一派之哲学学说。比氏以为论心意现象，不当专从受动方面立言，而当注重其主观之能动性；并谓在意识中吾人于“自我”之活动与“非我”之抵拒，得同时经验之，故应以反省作用为哲学之门径。以内的经验为一切精神科学之根柢。[①]

以上辞书中的条目，都基本上给出了关于“心灵”的概念，补足了古代人的随意使用，而缺乏定义的状况，也与世界的理解同步了。

① 王倘等编，《中国教育辞典》，中华书局，1936 年 3 月五版，第 98–99 页。

第四节

"心理、心理学"的概念史

"心理"一词在古汉语中同样在使用，例如：

凡人之心理不相远，其所不安，古今一也。——《后汉书·左雄传》

养色含精气，粲然有心理。——（东晋）陶渊明

是以联辞结采，将欲明理；采滥辞诡，则心理愈翳。——（南朝梁）刘勰《文心雕龙》

此区区心理合一之体，知行并进之功，是以异于后世者，正在于是。——（明）王守仁《传习录》

同样也是仅有运用，没有相关的概念说明。

西方自古希腊以来，形成了对心理学研究的氛围。不过这不在本书研究范围内。这里仅简述西方的心理学概念传来与中文结合的一些情况。

1822 年，马礼逊编辑的《华英字典》中，并没有 Psychology，只有：

Soul——对译为"魂魄、灵魂、精神"等。

Spiritual——对译为"觉一点灵光"。①

① ［英］马礼逊编，《华英字典》，1822 年，第 400、404 页。

到1866年，罗存德编的《英华字典》中，出现：

Psychology——对译为“灵魂之学、灵魂之智。”①

“灵魂之学”这样的专用词，当时中国人并没有理会，而日本学人注意到了西方词语的新概念，在1870年，西周先生在他的书中使用了“心理学”这个词。到1881年，东京大学井上哲次郎教授编纂《哲学字汇》书中，对译：

Mental Philosophy 心理学　Mental science 心理学②

“心理学”一词才得以推广运用，当时中国留日学生就将此日本词搬运到中文中。留美的译科进士颜惠庆在1908年主编出版的《英华大辞典》中，出现：

Psychic ——对译为“心灵的、心理的。”
Psychology——对译为“心理学、心灵学。”③

到此，“心理学”一词才被中国社会认同，并由此开拓了心理学在中国的激荡发展。

---

① ［德］罗存德编，《英华字典》，香港，1866—1869年，第1397页。
② 转引自［日］佐藤亨著，《幕末·明治初期汉语辞典》，东京明治书院，2007年，第494页。
③ 颜惠庆主编，《英华大辞典》，商务印书馆，1908年2月，第1788页。

一、学人的诠释

1902 年，日本元良勇次郎著、王国维译《心理学》出版，书中写道：

心理学，研究所谓人者也。夫人有身体，有精神，而精神恰如海中之孤岛，以无意识之物质世界围绕之。各人之精神互相孤立，而其作用只现于心中，不能使他人直接知其实际，唯由外面之徽号现其一部分耳。则见颜色之如何，而知其人之喜怒哀乐，非直接知精神之状态，唯不过由徽号与推理而察内界之心像而已，此察他人之精神界之事也。若但自其身体观之，则人不过一动物，受外面之刺激而反动者耳。故身体与精神互有亲密之关系。……①

1902 年，日本广岛秀太郎著、田吴炤译《初等心理学》出版。书中写道：

心理学者，讲究此心活动之学问也。……讲究心理学，在明心的活动之规则。……然修此学之人，先当以己之心为材料，而与本书之讲究，同求进境，静而观察己心之变化，即心的活动，如古歌曰："不由心惑，心乃我心。"即不惑心，与心不惑，已分为二流。故视察己心之心，与被视察之心，亦当分为两流。当静以视察心，研究被视察心之变化。……②

---

① ［日］元良勇次郎著，王国维译，《心理学》，教育世界社，1902 年；转引自《王国维全集》第 17 卷，浙江教育出版社，2010 年，第 1 页。

② ［日］广岛秀太郎著，田吴炤译，《初等心理学》，移山堂丛书，译者例言写于 1902 年 2 月，第 1–2 页。

京师大学堂教习服部宇之吉在1902年开讲“心理学”，在1905年成书《京师大学堂心理学讲义》在日本出版，由他的助教范源濂译述。书中写道：

今心理学之题目，曰心。心理学者，即就心之发动作用，考求其理法，而与以关于心之发动所由统一的知识者也。……《中庸》亦曰：未发之中，今心一动，即随生千态万状。心理学者，即随此心发动之迹，考求其理法。凡所谓未发之中与不动之前，皆非心理学者所得而知也。《乐记》曰，物至知，知然后好恶形焉。知与好恶，虽同属人心之发动作用，而其性不同。《大学》曰，心不在焉，视而不见，听而不闻，食而不知其味。见闻及知味之三者，皆心之作用，属于知者也。《孟子》曰，心之官则思。心之作用，虽不止于思，然思即心之作用之一，亦属于知。《乐记》曰，好恶无节于内，知诱于外，不能反躬，天理灭矣。其文中之知，乃兼欲字而论，与我所谓之知异。而其所谓反躬，及孟子所谓之思，其义同属于我所谓之知。……有知而后有情，是为心之常。……有知情而后有意，物之至，心知之。知之然后好之或恶之。好之故又欲得之，其欲得之心，即所谓意志也。……知情及意之三者，均为心之发动作用。心实其统名也。即综此三类之作用，谓之曰心，是即心理学所谓心之义也。……[①]

1907年，丹麦海甫定著、英国龙特英译、王国维重译《心理学概论》出版，书中写道：

---

① ［日］服部宇之吉著，范源濂译述，《京师大学堂心理学讲义》，日本东亚公司版，1905年11月。

心理学者，精神之科学。……心理学为论思、感且欲者之科学。……而心理学之不必说明精神之为何物也。……精神果为独立之一物，而与物质异其根本否？亦在所不论。吾人所要求者，在视心理学为纯粹经验之一科学。……①

1908年，京师大学堂毕业生韩述祖著《心理学》出版，书中写道：

心理学者就心之发动作用，所考求之知识，以理法系统之也。若约而言之，可云：心理学者，研究心之现象之科学也。……惟今日之心理学，与古代之讲心学者迥异，不可不稍辨之。盖古代之讲心学者，欲就心不动之时，考究心之本体为何物。如希腊及印度学者之所道，皆不外论究心之本体为如何。释道二教之论心，亦莫能外之。即吾儒古代之言心，亦云未发之中。是知其研究之目的，亦在心体之学。至宋儒最重心性之学，然就其所言考之，如周子之太极图说，邵子解之曰：心为太极。又曰道为太极。盖其视心之本体为道所在之地，故均以太极名之。……至今日之心理学，其研究者专在心之发动作用。故所谓未发之中，与夫心象未呈之前，皆非心理学所与知。而际夫心既发动之后，呈于内界之现象者，千变万化，丛连复杂，乃皆心理学所当研究，而求得其理法者也。……故古代所研究者，可谓心体之学，而不得谓之心理学。……②

以上是百余年前，中国学人著或翻译外国学人著的关于心理学的

---

① 〔丹麦〕海甫定著，〔英〕龙特英译，王国维重译，《心理学概论》，商务印书馆，1915年6月再版，第1页。

② 韩述祖，《心理学》，日本东京日清会社印，1908年，第5-6页。

定义，他们用当时的古汉语对应新概念，还要加上中国古代对于“心”说法，来作对比，力图让新的大学生们能够理解、掌握，真是很难的工作。何况当时还有旧儒家、新儒家也关切这样新的学问，利用他们所曾掌握的旧语文，尝试对于“心理学”这样的课题，也来表述他们的见解。例如，刘光汉先生在1905年创刊的《国粹学报》上连载《周末学术史序》，其中就有一篇“心理学史序”，其中写道：

夏商以还，学者始言心理。《商书》汤诰之言曰，惟皇上帝，降衷于下民，若有恒性。是为孟子性善说之祖。《商书》仲虺之诰曰，天生民，有欲无主，乃乱，惟天生聪明使乂。是为荀卿性恶说之祖。殷周之交，性学渐明。东周学者言性各殊，惟孔子性近习远之旨，立说最精。盖孔子之意为，以人生有性，大抵差同，因习染而生差别。……[①]

如此的写法，今天的读者恐怕绞尽脑汁也难以将之与心理学联系起来。

1912年，日本长尾槙太郎与中国蒋维乔述《心理学讲义》出版，书中写道：

心理学研究精神现象之科学也。……心理学所研究者，吾人心意状态如何？其作用中一定法则如何？是也。……精神现象，则行住坐卧，须臾不与我离，故饮食也，行步也，谈论也，喜怒哀乐爱恶欲之发也，皆无不可为研究材料。即将此等时地之心意状态如何，详加研究，以知其中定理，乃为心理学应行之事。故志于心理学者，内省诸己，外察塔

① 刘光汉，《周末学术史序》，《国粹学报》一期开始连载，1905年，第2–3页。

恩举动、社会风俗习惯之关系，有余师矣。……①

1918年，北京大学教授陈大齐著《心理学大纲》出版，书中写道：

心理学原名，在英文为Psychology，出自古希腊语，德文法文亦同用此字，不过其语尾略有变易。希腊语Psyche，此言精神；然考其字义，不过曰呼吸，曰气，其精神之气，乃后知引申者，非其本义也。……太古人既以精神为与我身暂时结合之一物，出入任意，来去自由，于是灵魂之说起焉；印度之轮回说，埃及之灵魂复归说，胥由是出，至今犹能维系一部分人之信仰，而未坠其势力。……心理学之定义，不一其说：或曰，灵魂（Soul）之学也；或曰，意识（Consciousness）之学也；或曰，行动（Behavior）之学也。……近今心理学家咸摈弃是说，不复用之。……今为最普通最简单之定义曰：心理学乃研究心作用之科学，即研究精神作用之科学也。夫用之为名，对体而立，既有用，似必有体；然心之有体与否，为哲学上争论之问题。内省所及，则但见心用，未见心体，但见喜怒哀乐思想欲望诸作用，未尝于此诸作用外，见有思者、欲者、喜者、怒者之体也。……心理学即就此精神作用，研究其结构之状况，活动之功用，发达之程序，而为之立普遍法则者也。……②

1924年，东南大学陆志韦教授著《社会心理学新论》，书中写道：

论到近代心理学上的改变，最大的也就在这种基本观念上的。心理学的“知意二分法”，或“知情意三分法”，至少有了一百几十年的

---

① ［日］长尾槙太郎、蒋维乔述，《心理学讲义》，商务印书馆，1916年6月六版，第1–2页。

② 陈大齐，《心理学大纲》，商务印书馆，1933年国难后一版，第1–4页。

历史。……从大陆的“理知论”与英国的“联念论”，一变而为现在客观心理学的“习惯论”，不能不算是心理学上一大进步。……不过“客观”“现象”只是现代心理学所祈望的目的。能达不能达，能应用不能应用，仍须看研究的人能细心分析、实事求是呢？还仍是应用本能与习惯做两块哲学的盾牌，凭空演论理的武艺呢？中国人惯讲“法禁”，写“礼论”，强诬人是性善性恶，又加他一些“礼乐行政”的赏罚，这样从客观的行为而论仁、管理人，虽比知情意的解剖法更为近理，然而免不了抽象的毛病。其结果就是看人都是一式的，都是同等的材料，都是一个机关的产品。而这个机关总不外加在天性上，或加在习惯上。加在天性上，就说“食色性也”“性犹杞柳也”。加在习惯上，就造作种种居高临下的威权。可惜现在的心理学一部分仍是儒家法家的口头禅。一面先抽象的讨论本能；一面又根据了抽象的结论，造出种种惊人的政治学说与教育系统。……[①]

1926年，曾任燕京大学校长的陆志韦教授翻译美国亨德著《普通心理学》出版，书中写道：

一种正在发展之学问，非可拘缚于一界说之内，而须视热心研究者与之所之。心理学之大概目的，向来总以为在能明了人类之性情与动作。惟在十九世纪中叶以前，心理学敬重理智，故每视为哲学之一部，而尤其与知识论之问题有关系。故其所研究者为心，为意识（Consciousness），为灵魂，而其最广之范围，亦因此数者之界限而定。然自1830年以后，德、法、英诸国已渐见实在科学性质之趋

① 陆志韦，《社会心理学新论》，商务印书馆，1933年1月国难后一版，第1–2页。

势。……自诸家倡始以来，人类经验之各方面，渐一一归入试验考核之范围。……心理学之内容，可分为两大类，一为意识之事，一为动作（behavior）之事。此两种现象关系至密，然其分别又足使心理学上各树理论之系统，且互诋他说之不可能。今兹所述，则见心理一科须兼攻此两种事实；此证之实验室内实在发展之情形可知也。……心理学之试验事业目的，在能控制意识（如视觉）或动作（如养成习惯）所以变化之原因，以使此两类事实之种种形态之所以然，均得有正确之记述。……[①]

1926年，高觉敷教授出版《心理学论文集》，书中第一篇为“心理学的对象与方法”，书中写道：

旧心理学的对象以意识为限，至于新心理学则扩充范围而兼及潜意识了。新心理学者谓意识仅占心内极小的部分，而潜意识则范围很广；而且人们的行为表面上虽多受意识的指导，骨子里却多为潜意识所支配。……新心理学之所谓潜意识，除前意识外，还有原始的下意识（the primary unconscious）和福鲁特（今译弗洛伊德）的下意识（the secondary unconscious）。……新心理学者以为人究竟是骄夸不过的动物。他们的行为本来受到潜意识的支配，却偏要说自己是理性的动物，一切行为都受到理性的指导。明明受性本能的驱使，却偏要说是审美。明明为自我的意绪所支配，用种种手段保住自己的位置，却偏要大放厥辞（词），以为社会尽义务，为国家谋幸福。明明是群的意绪在那里指挥着，叫他们盲目地仿效群众的动作，却偏说这是自己思考的结果。他

① ［美］亨德著，陆志韦译，《普通心理学》，商务印书馆，1929年7月三版，第1–5页。

们之所以有这种自欺欺人的遮护，大半是由于掌握的意绪、性的意绪、群的意绪，都深埋在心之组织的下层，虽然在那里有相当的活动，可常在直接经验之外。还有一层，无论什么人，都不愿承认潜意识的势力；假使人的行为，都受潜意识的支配，那么理性动物的头衔就不免取消了。……人们的思想、言论、行为，固然多受潜意识的支配，但是他们总不愿意承认它的势力。隶属于一政党下的政客，讨论国事，虽免不了受党见的暗示，而限制他们的思考力，但是他们却总以为已经考虑各方面的利害，所以才有最后的主张。这种自欺欺人的遮护，在新心理学内叫做理由化作用。因为人们自认为理性动物，因为他们作了一件事，定要举出那件事的似是而非的理由，因为下意识都埋在心之组织的下层，而为直接经验所不能及，所以现在若发现那隐在背后的真动机，或被抑的意绪，那就不免有些困难了。发现那些被抑的意绪的方法，叫做心之分析（Psychoanalysis）。……[①]

1927年，汪奠基教授著《科学方法》出版，书中写道：

心理学的对象，为意识的事实之科学。它用描写与分析方法，确定意识事实的性质：先标明现象各群的特征与其中各有的变异；再由意识状态所表明的感觉群，应与情感的群能明白分叙；再次，则各感觉应行分别研究。此外，心理学家应该研究怎样简单心态始能产生复杂心态，随什么方法实行其发展？又由有机体的生理机能，与物理现象和社会现象中，个体的感觉思考行动，以确定心态间心理发展的关系。……心理学的方法，……（1）主观法，或名内观法：为直接的、立时的，专为

① 高觉敷，《心理学论文集》，商务印书馆，1926年12月，第19–28页。

心理学所有。(2)客观法，或名外观法：所研究的材料，标在心理学家以外，……与自然科学家的研究对象相同。……(3)实验法，能导心理学于自然科学范围，……凡天地间的事物，只要是已知的，皆为心理学的资料。它包摄人类生活与禽兽生活中极普遍的事实，文明社会中之高等数学、科学、宗教，或复杂的表现皆是。所以心理学的问题能就各种态度，用各种方法。……①

1931年，美国巴特里克著、朱然藜译《心之新解释》出版，书中写道：

心理学显然要包括生物对于环境底一切本能底激动、冲动即兴趣了。……心理学就须包括生物在适应物资的及社会的环境时之一切智慧的、情绪的和意志的生活了。……心理学是研究生物适应他们底环境，以求达到他们底幸福的那一种行为。……心就是心理学所研究的一切作用和活动底总和。……②

1933年，谢循初教授翻译美国武德渥斯（现译为伍德沃斯）著《心理学》出版，书中写道：

现代心理学，试用别种科学已经证实极有功效的科学方法，研究一种极其复杂的、当初好像非科学所能问津的现象。此种现象便是个体的活动（activity of the individual）。最重要的个体当然是个人。……心

① 汪奠基，《科学方法》，商务印书馆，1928年9月再版，第165–192页。
② ［美］巴特里克著，朱然藜译，《心之新解释》，商务印书馆，1933年10月国难后一版，第18–22页。

理学是一门介乎生理学与社会科学之间的科学；生理学与社会科学虽然都也是研究人类的活动，但生理学却专论构成个体的器官，社会科学却专论由个人所构成的团体。生理学说明目、脑、肌肉、腺及其在个人的活动上彼此关系；而心理学却把个人看作整个的东西，说明整个的个体的活动。社会科学说明制度、仪式、风俗及民众的行动，而心理学却着眼于参加社会活动的个人。此种种科学间的界限，犹如友邦间的界限一般，许可往来通商。心理学自然要知道邻邦中有何发现。个人说话，是一件心理的事，能专就个人作一种精密的研究，不必请教邻邦。儿童学习说话，语言之成为社会交通的媒介，语言助长记忆及思想，以及语言上的疾病，都能专就个人研究，不必提出关于舌、喉及脑的问题；然而凡对于语言心理极有兴趣的人，无不想知道一点语言生理；这两门科学能互相助益。又一方面，研究心理学的人，要忽略了儿童是采仿其社会的语言、土话及声调的事实，便大错了。个人所生在的社会环境，有语言、风俗、道德，有住所、家具、工具——这都与个人的活动有重要关系。无社会环境的个人，是个抽象，其不真实，与无器官的个人相等。所以心理学一面要明了个人内部的器官，一面要认识个人外界的环境；但心理学自己的特殊工作，却在研究个人所行所为；且这项工作，足够一门科学担任。……我们说心理学研究个人的意思，不合适承认心理学专门研究个人间的差异。个人差异及其原因的问题，实在占据了现代心理学的一大篇幅，但它决不是心理学的全部。我们也要研究各个人的活动如何相同。我们须要探求行为的、学习的、思想的、情感的、动作的共同定律。①

---

① ［美］伍德沃斯著，谢循初译，《心理学》，中华书局，1933年四版，第1–2页。

1934年，美国卫尔德著，张绳祖、朱定钧译《心理学之科学观》出版，书中写道：

经验心理学对象之流行的定义，可归为四类。第一类以精神的现象（Mental phenomena）为意识的现象（Phenomena of Consciousness）。至精神的现象是否离机体之行为而独立，则视作者之定义而定。此类心理学之系统，如此立义，故应称之曰意识的心理学（The consciousness psychologies）。第二类，屏绝一切主观的经验（Subjective experince）对立，立定其对象为整个生物的机体之行为。此类心理学称之曰行为心理学（The behavior psychologies）。第三类，不赞同将心理学全囿于意识之现象或有机体之行为，规定心理学之对象为人类或动物之个体，对于环境之反动或反应。此种个体反动之方法有二——即意识与行为。故特标此类心理学为二重反应心理学（The dual-reaction psychologies）。第四类下心理学定义所用之名辞，即从来所称之感觉经验或感觉内容（Sensory experince of content），并兼及某种活动之特征，乃在整个的“心体”个体（A total “mind-body” individual）之“作为”或机能（Performance or functions），可称之为心身作为心理学（The mind-body Performance Psychologies）。……

心理学果能自成一智识之系统，而合于其他批判的科学之特征欤？试分析言之如下：第一，心理学之事实与常识所言者显然不同；心理学之事实为无意义的，即除本身而外，不再另有所指；至于常识则生长活动于一意义之世界之中。心理学之事实又为可以传达并印证者。心理学的试验早已明示吾人在相同之物理的与生理的条件之下，无论何人有相同或相似的心理的经验，且能明显地叙述之，以告他人。……第二，心理学之问题与批判的科学之问题相同，即为叙述。心理学不试为解释，亦不过就所观察之事实归纳为定律而已。……第三，现实心理学既采取批判的科学之态度，自然不会将其观察法与常识之“观察法”相混淆。现实心理学之方法亦与其他科学之方法相同。……最后，现实心理学之目的乃与批判的科学之目的相同——即为了解现实世界本身之故。……心理学之对象，为意识之现象，身体之行为，与兼具意识的与身体的反应或机能。上述各种现象，均为一种活动，而动力为心，（或有心之自我）或为生物之机体，或为一整个的心物个体。……①

1939年，美国波林等人著、傅统先教授译《心理学》出版，书中写道：

传统的心理学，是两元论的，而且对于心身的关系，尤其是主张心物平行论的。……行为主义是美国的华生在1913年创立的。……格式心理学创于1912年，……最近心理学的趋势是倾向于调和方面的。今日心理学已蹈入刺激反应一类名词的陷阱之中。现在的心理学只就现象事实的本身来讨论现象。不然的话，它也只用有鉴别作用的行为来解释现象。新的心理学多用动物的观察，少用内省法，其主要的工作是研究神经机能的生理，而心理学和生理学已经没有多大的区别了。学派的区别也慢慢的（地）消逝了。实验的研究已大为增加。心理学家的目光都注视在事实方面，……②

1940年，美国夫来也尔、亨理著，鲁继曾教授译《普通心理学大纲》出版，书中写道：

---

① ［美］卫尔德著，张绳祖、朱定钧译，《心理学之科学观》，商务印书馆，1935年6月再版，第18、19、46、47、48页。

② ［美］波林等著，傅统先译，《心理学》，1947年2月再版，第6–7页。

“多数思想家有一个信仰一位归根只有一个包罗万象的科学，并且要完完全全地知道一件事物，就非先知道万事万物不可。这样的一种科学，倘使实现了，就是哲学。此刻距离其实现之期尚邈乎其远；我们尚不能有一种综合的科学，因此在许多不同的地方，我们制成了若干知识的初恍，并谓实际便利之故，使其彼此之间各有鸿沟相隔离，直待将来的发展，它们方始可以统合于真理之大成……心理学同其它科学一样也是以同样片面的和临时的方式去处理事务的……”——詹姆斯言

心理的事件是各有其原因的。……心理学是将善恶置之度外的。……心理学是接受假设或学说的。……心理学曾被称为“对于心之研究（the study of the mind）”，这虽是无可疑议的，然而这个定义会引起对于心之性质和存在之哲学的讨论。这样的讨论是徒劳无功的，因为我们不能知道什么是心，直到我们搜集了关于心之一切的事实，而心理学的研究就是为着这个原故。我们需要一个实用的心理学的定义。有人提出了下面的定义：“心理学是关于人性之研究。”我们似乎能够理解这个定义，因为它是实用的，并且适合我们的常识之胃口。然而“人性”这个名词，其漠忽是不灭于“心”的。我们难于同意什么是人性，恰如我们难于同意什么是心。……之一初步的定义：“心理之科学研究生物之大量的活动。”它所关切的是动物或人类之联合的活动，它是将这些活动作为一个整体或一个单位而加以研究的。这些活动不论表现于意识，或表现于行为，都是心理学家所兼收而并蓄的。①

1940年，德国柯奈斯著、林传鼎教授译《新心理学》出版，书中写道：

---

①〔美〕夫来也尔、亨理著，鲁继曾译，《普通心理学大纲》，商务印书馆（长沙），1940年7月，第1、14、15、16页。

“旧”心理学已经无用了，正在发展的“新”心理学才是真的科学。旧心理学的特征可以说是与现实生活隔离，而新的心理学能负起人生问题的使命。……理论科学为人所未闻的进步，以及它在实际应用上的大成功，似乎给这些说法一些理由。所谓“准”科学所用的方法，好像是一切科学唯一的法定方法。加里尼欧（Galileo，今译伽俐略）所说：“量一切可量之物，使一切不可量之物可量。”变成这一期科学的灵感。……康德以为人生有三大问题：“我能知何物？”“我应做何事？”“我敢有何希望？”他并没有问到第四个问题：“我是何物？”但这个问题就是我们今日所要问的，同时我们是非这样子问不可的。因为生命之无保障，知识之不确，以及社会中种种威吓的变化，无一不使我们有如此要求。二千年来这问题有个答案，其主意始终未变，它就是宗教的答案。许多新思想家以及新心理学的信徒们，对于本问题曾贡献许多新的答案。……固然人们心里对于科学的信念有些动摇了，但是很多人还相信生活的组织应当根据科学律，而心理学似乎就是为要达到这种目的的第一个科学。……心理学变成一种权力了。它是以然能在近代生活中获得如此中心的地位，完全由于它能从实验室中的“旧”心理学，变成研究人类真正心理的“新”心理学。……①

1946年，孙本文教授著《社会心理学》出版，书中写道：

我们知道，人有乐群心、同情心、好奇心、好安全心、是非之心、好善恶恶之心、为正义或真理奋斗之心等等“正常”的心理特质；同时也有成见或偏见、误会或误解、暗计或暗算、嫉妒或猜疑、强凌弱、众

① ［德］柯奈斯著，林传鼎译，《新心理学》，辅仁大学，1940年10月，第1–8页。

暴寡等“非正常”的心理特质。同理，人在民族宗教职业等方面，亦有各种静态心理特质，依何种团体的性质、历史与文化关系而有不同。社会心理学不仅欲了解这种静态心理特质，而且要了解这种心理特质的来源或形成的过程。普通心理学告诉我们，人的心理特质，有的是与生俱来的——非学习的；有的是生后在社会上渐渐学习的。……从动的方面观察，所谓社会心理，是指社会中各个人互相感应的动态心理而言。……不仅要了解这种动态心理的机械，而且还要了解这种心理动态的背景。……①

以上是一些中国和西方学人对于心理和心理学的概念介绍，他们都把握住了心理学这个学科的基本特征和内容，让中国年轻学子大大受益，从传统心理观念进步到心理学系统的知识概念中。我们更可以看到，在这短短几十年间，心理学的思想原则、方法和内容，都已经发生巨大的演进，20 世纪初期与 20 世纪 40 年代的说法和内容，就已经很不同，特别是实验心理学的引进，对于中国知识界具有重大的影响，也会让中国年轻人问上一问：“我是何物？”

二、辞书上的条目

1911 年，东吴大学教授黄摩西编《普通百科新大辞典》出版，书中有条目：

---

① 孙本文，《社会心理学》，商务印书馆，1946 年；转引自《孙本文文集》第二卷，社会科学文献出版社，2012 年 5 月，第 4–5 页。

心理学 Psychology

研究知情意等心作用之学。近日用自然科学之法，颇有进步。实验心理学，用器械研究心之内部。生理心理学，考脑及神经等与心之关系。社会心理学与民族心理学，考社会及民族之集合意思。又有儿童心理学，动物心理学，则比较成人与儿童，动物与人类，心理之同异。[①]

1915 年，商务印书馆编纂《辞源》出版，书中有条目：

【心理学】Psychology

研究人心之感觉、情意、欲望等各种现象之学。派别甚多，大要分哲学的心理学、经验的心理学。前者专由直观，说明精神之作用；后者专由经验，说明精神之现象。旧亦译心灵学。[②]

1926 年，樊炳清编《哲学辞典》出版，书中有条目：

心理学 英 Psychology 法 Psychologie 德 Psychologie

以希腊语之 ψγχη 及 λδγοε 结合而成。前者，精神之意；后者，论也、学也。始创是语者，盖在十六世纪末年，顾未为学者所采用。自有华尔富保奈之著书，而 Psychologia 一语，始渐流行。其简单之定义，可云："以科学方法，研究精神作用及其条件之学。"斯学之流行，略分为二大纲。其用思辨法以研究之者曰哲学的心理学，亦称思辨的心理学。……反之，用通常之科学研究法，专就精神现象之本身，假

① 黄摩西编，《普通百科新大辞典》，上海国学扶轮社，1911 年 5 月；转引自钟少华编，《词语的知慧》，贵州教育出版社，2000 年 10 月，第 58–59 页。

② 商务印书馆编，《辞源》，1915 年 10 月，第卯集 4 页。

定若干简单要素，而但由此要素之结合以说明之，是曰科学的心理学，亦称经验心理学。……或以近日之心理学，注重精神作用之发生的活动关系，而务从感觉及运动两面，施以迥互的说明，特谓之机能心理学（Functional P.）。因谓综合派之说，但务取各要紧，捡审其性质，以合成全体者，曰构造心理学（Structural P.）。又最近有专以可以观察之行为（包括筋肉腺作用）为心理学对象者曰行为派（Behaviourism）。①

1928年，王倘等编《中国教育辞典》出版，书中有条目：

心理学　Psychology

精神问题（如心之性质、起原、心物关系等问题），古代多用玄学方法研究之。至近代心理学始成为独立科学。其发达有三种路径。……研究心理学之方法有三：（1）观察法，（2）内省法，（3）实验法。观察法者，即任一切现象自然发生，不加人力支配，研究者立于旁观者之地位，以考察其种种现象生起之变化消灭，并寻求其中之必然的法则也。内省法者，观察自身之心意状态，以发现内心状况与外表举止之关系者也。他人之心理，往往不易直接知晓，研究时，只可用自己省察之所得，以比论他人，故内省法为不可缺少之基本方法。但内省之范围太狭，不足以尽心意作用之变异。实验法，用人力设一定的情况，以引起一定现象而观察之。换言之，即假助于各种仪器，以支配各种刺激，且即就其所引起之反应而加以研究也。此法广行，心理学之研究方日即精密。可与自然科学并驾齐驱。但实验法并不排斥内省，惟其内省须在一定情况之下耳。

---

① 樊炳清编，《哲学辞典》，商务印书馆，1926年5月，第60-63页。

心理能力　Mental Ability

包括心理活动之速度、广度、辨别力、知觉、意像（象）、记忆、概念等而言。凡天赋而不受环境影响之能力，统称曰心理能力。（一）各种心理能力逐年增加。（二）各人能力增加之速率与迟早互不一致。（三）增加高度各人不同。（四）已增加者绝不后退（后获者除外）。（五）智力高者心理能力发达较早，低者反之。……①

1930年，葛祖兰教授编译《日本现代语辞典》出版，书中有条目：

【心理】しんり（日）

感觉、感情、欲求等之百般的心的作用及其方向。

【心理学】しんりがく（日）

译自英语之Psychology。研究人们精神现象之学问也。分析剖解意识精神之活动，寻出其要素而求其共通之法则，以明其全部精神活动、意识生活之真相。即将精神现象分成感觉、单一感情、观念联合、感情、意志等，且推论到人格之意义。又，心理学因研究方法及对象之如何，大别为普通心理学、特殊心理学。特殊心理学更分为实验心理学、儿童心理学、青年心理学、动物心理学、社会心理学、变态心理学、精神分析学等。②

1933年，莫斯科中山大学毕业生沈志远编《新哲学辞典》出版，书中有条目：

---

① 王倘等编，《中国教育辞典》，中华书局，1936年3月五版，第100–103页。

② 葛祖兰编译，《日本现代语辞典》，商务印书馆，1940年3月四版，第272页。

【心理学】(Psychology)

研究人类思维过程——有机体之一种动作过程的科学，称为心理学。辩证的唯物论，不同意心理学中的主观派的偏(片，后文同)面观，后者视心理过程仅是主体之内心生活，而把它与生理过程隔离开来观察；同时马克思主义也反对心理学中的客观派，即所谓“反影心理学”的偏面观，她企图把心理现象与生理现象完全视为同一，今日行为主义(Behaviorism)的心理学，就属于此派。

从辩证唯物论底观点来看，思维——心理——是特殊地组织着的物质之特具的质量，是物质之相反方面；心理活动是生理活动之相反方面。所以，主观过程(即心理过程、思维过程)的研究，是不能与生理过程之研究相脱离的；必须把它们看作为一致体，这就是马克思主义的心理学的任务。

社会心理(Social Psychology)即人群之未形成为一系统的诸情绪、意见、观点等等的总合。这些意见、观点等等，是由这批人所处的各种生产条件来决定的。在阶级社会中，社会心理很明显地表现着阶级性。生产条件发生变化，社会心理也就随之而改变。由此可知，社会心理是由社会“基础”来决定的；由社会心理而产生社会思想或社会意识，后者也是由“基础”(Basis)来决定的。①

1949年，胡明教授主编《新哲学社会学解释辞典》出版，书中有条目：

心理(Psychics)

是说意识或思维活动的总和。参阅【思维】条。

① 沈志远编，《新哲学辞典》，北平笔耕堂书店，1933年9月，第25-26页。

心理学（Psychology）

是关于人类有机体最高神经活动的科学。一切心理现象的基础是感觉、感触、记忆、思维，是脑子和感觉器官的最高神经的活动。唯物论学者们，尤其巴夫洛夫的工作和实验证明了：僧侣们和唯心论哲学家所说的任何“灵魂”都不存在。人的心理活动是在反映着外在世界，即是在反映着自然和社会。人类心理的内容，是被人们的社会关系所规定。

心理主义（Psychologism）

哲学上的心理主义，就是主观唯心论。阅【主观唯心论】及【唯心论】条。①

以上是一批对于心理问题的关注，以及在中国开拓心理学的研究而表述的内容，这些学人所给出的心理学概念，是相当成功的，完全不是古代仅仅注意到有各种心理现象而已。从文字内容看，这些关于心理及心理学的介绍，有些是来自西方心理学体系，有些来自苏联政治体系。当时出版心理学专著数十本，发行心理学刊物，许多大学建立了心理学系，有专职教授传授教学，更有许多心理探讨的成果。明眼的年轻人当时自可选择、理解和判断，这对于中国心理学的建立都是很有帮助的。近代中国人也得以开展一门新的学科，中国认知科学的发展主流正是通过建立心理学来形成基础的。

① 胡明主编，《新哲学社会学解释辞典》，光华出版社，1949 年，第 57-58 页。

第五节

“认知”一词的概念史

“认知”一词在古汉语中使用的情况，笔者借钱锺书前辈所开创的文献数字库——扫叶库——检索，仅得一处，是宋朝范纯粹在1087年写的奏折文如下：

其无丁壮识认者，各已召蕃部情愿权行收养，仍取责交认知在文字，置籍钞记，……①

显然，古代人运用“认识”“知识”“知道”等词颇普遍，而需要更精确运用的“认知”就很少出现了。到1907年，中国人从日本搬运回来许多新词，其中也就有了“认知”一词的重新运用。在1907年出版的《日本法政辞解》辞书上就出现条目：

认知
确认其事实之意也。例如私生子之认知。……②

---

① 范纯粹，《论交换生口事奏》，原载《续资治通鉴长编》，卷406。
② ［日］田边庆弥等汇集，朱树森等编，《日本法政辞解》，东京并木出版，1907年2月，第735页。

而在上面所讲的“知识”一词的与英文know接轨中，颜惠庆的《英华大辞典》中，也已经使用“认知”与know对译。

可以说，在近代中国社会上这个词的流行也不广。不过，有几位哲学家注意到这个词的重要性，他们运用这个词来诠释他们的见解，是相当到位的。1920年，刘以钟教授著《哲学概论》出版，书中多处使用“认知”一词。

夫吾人当认知自己以外有精神之存在时，其先导的原理安在？曰类推之论法是已。吾人所能直接认知之精神的存在，唯有自己的意识已耳。……他人有何等思考，吾人无由直接认知之，可直接认知者，唯物质的事实而已。……斯宾塞所谓本体之发展，于广延及意识二属性之下，为吾人所认知，是也。……实在的唯理论，谓吾人虽得认知事物之真相，然非凭知觉，实理性为之也。……观念的经验论，谓吾人认知事物唯赖知觉而已。……观念的唯理论，……先天的认知世界之事物，然其所得知者，非实在之真相，不过表现于吾人之现象而已。……梦幻觉、错觉等普通所认知之感官知觉的迷误。……康德以为吾人认知自然界（包括内外界），必不可无何等之因缘，即所谓过境的实在者（谓之物或称本体），触发吾人之感官。然若吾人所认知自然界之时间性、空间性、因果性、本体性等，决非属于实在，实为主观所赋与者。……论者曰：“吾人唯得认知自我之现象（即精神作用）而已，自我之本体（即精神之体）如何不可得而知也。是说者果有何等之根据乎？”……然精神现象之背面，果确有此不可认知之本体乎？……吾人得认知自己内的生活之真相与否之问题。……吾人外的现象之认知，与内的生活之理会，其间实有奇异之关系存，即认知愈多者理会愈少；而理会愈多者认知愈少。无机物之作用，吾人所最容易认知，可以数理的计算之。至

于生活作用则不然，……①

1931年，张东荪教授著《哲学》出版，书中引用并且给出他对于“认知”的理解。他写道：

知识论是研究我们的认知作用的一种学问。甚么是认知？这事很易明白。例如我看见一个黄的，圆的，嗅之是香的，我知道这是桔子。这个知道就是所谓认知。若我知道这是皮球，则我的认知便是错了。因为我的认知有错了的时候，所以方有问题可供研究。认知是一个三角关系，是其问题必是属于三方面：有些属于能知的主观；有些属于被认知的客观；有些属于认知作用的自身。……何以我的认知是对的，而你的认知是不对的呢？这便是真假如何判别的问题。……

认识果真可能么？这是关于认识论全体的先决问题。这个问题是问认知究竟能成立与否？……第一种学说，后人名之曰独断论（dogmatism）。这种学说是无条件地承认认知有可能性。这种学说其实就是世人的普通常识。……他以为他这个认知就是真知道外界事物，丝毫没有改样。他的意思就在表明我们有认知外间事物的充分能力。这样不加思考地承认认知的可能性，所以是独断论。第二种学说是怀疑论（scepticism）。……这种学说是否认认知的可能性，以为认知是不可能的。第三种学说是实证论（positivism）。……他对于认知的范围先下一个分别。他知道认知确是一个容易错误的事情，所以依此说，以为认知的可能性是有限的。换言之，即其可能性是只有一部分，还有一部分是不可能的。……即是认知惟于现象为可能，而现象背后的则不能知

① 刘以钟，《哲学概论》，商务印书馆，1920年，第49–100页。

了。其前半段名曰现象论（phenomenalism），其后半段则名曰不可知论（agnosticism）。第四种学说是批判论（criticism）。批判论所研究的乃是认识自身所固有的根本方式。他从经验上研究，他虽知道一切认识都是从经验而来；认知自己所具的格式却非经验所产生。……[①]

1934年，范锜教授著《哲学概论》出版，书中写道：

……山与水固为认识之对象，而知其为山与为水，则为认知之意识，但该意识与对象，究有若干关系哉？此岂非难于解答之问题乎？然人类必思所以解答之，不惟不畏其艰苦，且视此以为乐，……此盖人类穷理尽知之表现。……认识之问题，又以认知之意识与认知对象之关系，为认识中心问题矣。……[②]

1937年，温公颐教授编译《哲学概论》出版，他大概是当年使用“认知”一词最多的学者，该书第一卷第一章名曰：认知之诸路。其第一节：认知与信念。第二节：推理之认知。第三节：直接之认知。第四节：直观之认知。第二章：判断为认知之方式。其第一节：认知与意义。第二节：判断之认知。第三节：认知了悟信仰判断。第三章：判断为认知方式之基础。其第一节：推理之认知惟判断作用。第二节：直接之认知亦为判断的。第三节：直观之认知亦为判断的。书中还具体写道：

本章之所论乃常人普通设想的几种认知程式。……认知与信念之

---

① 张东荪，《哲学》，世界书局，1934年9月三版，第52、54、55、56页。

② 范锜，《哲学概论》，商务印书馆，1934年3月，第46-47页。

区别，吾人之所熟知。…… 区别之关键何在，略省便知，此即由于二种认识方式之逻辑要求不同也。…… 认知之要求与信念之要求就逻辑之要求言，并不列于同一阶段；吾人普通设想认知之要求更为确定，故较信念之要求为更易受逻辑的规则之整理也。…… 推知为认知之一程式，乃普遍公认者也，…… 直接之认知似已见诸感官知觉中，…… 直接认知之对象者，显有三类，即“特殊”“普遍”与“意识状态”是也。对于特殊之直接认知，通常称为“感念作用”（Perception），而称如此认知之“特殊”为感念（Percept）。对于“普遍”之认知，则称为“概念作用”（Conception）；而其认知之对象则通称为“概念”（Concept）。对于意识状态之直接认知，则通称为“内省”（Introspection），而意识状态则常当为一种经验也。…… 直观之认知，乃指下列三种认知活动之一：即确定之直感；诠解命题之单刀直入的卓见；一种“同情的”透视（Sympathetic insight）。…… 直接性与紧密性为“同情的”透视之直观之重要特色，此正如直接之认知然。故直接认知与直观之认知，均与推理认知之为间接的及推证的不同。至于直接认知与直观认知之主要分别，则显然在其对象之复杂性；直接认知之对象实较直观认知之对象为更简单，且其特性亦较显明也。……

认知之对象为何是也？“知识”一辞甚为含糊，其所指几如“两面锋的剑”：一方指认知之历程；他方又指所知。在普通用法中，二种意义均不分；然若考核知识之严重问题，实须清楚分别。…… 故知识问题之讨论，必包罗认知之对象及认知之历程的二问题也。

此唯一之认知方式，最好称为判断之认知。…… 认知，乃一种认识的活动，吾人凭是而得知悉某事者，此在开始讨究时已可断言，…… 夫谓认知惟识别某事之活动者，实无可怀疑，…… 方人之知也，必有其所知；严格言之，人不能知而无所，“所知”通称为知识之对象。…… 此“所知”之共有特性即意义之特性。…… 吾人认知事物即由于意义，所知之对象必为有意义的。无意义的则不可知，欲其可知，必须在意义状态之拟议下，……认知某物，即是判断某物之为如此如此；而判别某物之如此，正无异于解释其性质为有意义的，是故判断者乃认知之一方式也。……故无论何处，于判断中可有“认知”（Knowing）及“知彼”（Knowing that）之区别，故判断在原则上乃两种认知方式之合一也。

认知与了悟之基本不同，或可区别于下：即认知者，其所判断之意义，为属于情态的或物体的意义；而了悟者，其所判之意义则为论述情感或物体之命题的意义也。如此区别亦不能严格划分，……了悟此命题之意者，并不即由是而得认知之，倘欲认知之者，则尚有须加以补充焉，此则须将命题所指情态之意义加以判别之，……

认知与信仰之区别，似乎在于二者之性质上，认知之确信具有充分之证明，此即已得逻辑的证实；而信仰之确信则并未有如是之充分证明。……认知为确定的判断（Certain judging），而信仰则否。

使认知为解释意义之活动者，则吾人至少可说判断为认知之唯一方式。推理之认知即为判断之作用，直接之认知亦然，……亦可谓直观之认知为判断作用。……①

本章简略介绍了与“认知”一词相近、相关的五个词的概念史，粗略地由古今中外扫描一遍，给予我们一个新的开始清晰的印象：第一，“认知”问题是近代中国人十分关心的问题。传统中国思想，长期受封建封闭凝固，以致表述思想的语言都定格在固定模式中，很难有认知的创新，而当近代世界变革的潮流席卷至东方，中国有心人开始引进大量新思想、新词语，通过这些学人的认真梳理，发现居然有如

① 温公颐编译，《哲学概论》，商务印书馆，1937年4月，第41–79页。

此多的内涵。仅是一个“认识”，一个“知识”，就可以解剖分析成论，可以写出几十部专著；一个“心理”，更是涌出一门学科，成为我们不可或缺的“心理学”，进而涌现出一批哲学家、心理学家，他们在大学中传业授课，培养出无数专门人才，在社会上形成对于我们的社会、我们的人生、我们的认知等方面的探求和追求，求知和认知成为新文化运动的主要诉求之一。

第二，“认知”问题的复杂性。西方的“认知”研究已经有两千多年的系统整理和发展，当传入中国时，在翻译上就已有很大的差异，在理解上更是困难不小。当时的学人尽力了，他们按照自己的理解，在困难环境中尽力翻译并出版，留给我们后人十分珍贵的文献。现在更是需要清理、发掘，顺着前辈脚印继续向前认知。

第三，“认知”的精彩内容让中国人着迷。“认知”“知识”“认识”以及“心理”的现象和实用性，都是如此有吸引力。年青一代明白了，要想在20世纪取得个人成功，以及认知世界，这些知识内容恰当其时，学进去是很有眼前的利益和长远的好处。中国人学进去了，这些迷人的“认知”知识，也让中国人掌握了先进的思想工具，让20世纪前半叶中国学术发展与世界同步，我们的第一代哲学家、心理学家的成就与影响，至今犹存。

第四，近代相关“认知”的内容，在近代突出是在哲学和心理学两类专门著作中，其实，远远不止于这两类专著中。另外，我们在许多社会科学、人文科学、自然科学的著作中，同样发现许多关于“认知”范围和内容的探求，我们只是缺乏整理罢了。对于今天的年轻研究者，这是必须要清楚并重视的。

第五，当年由于翻译所造成的中文用词不统一的情况，对于当年初学者是头痛的事情，而对于今天的研究者，则可能是幸事。因为不同的中文字词和我们的了解过程，铺开了我们今天“认知”的视野和方法，需要研究者全方位地捡寻，在古今不同专业的中文里遨游，也就能更全面协调东西方“认知科学”的进步。

第六，当年有几位哲学家，在他们的专著中使用“认知”一词，这应该是他们敏锐的思想注意到“认知”与“认识”“知识”是略有不同的，而用“认知”能更精确、更清晰地把握住中文的相关含义。“认知”能够包含“认”的意思、“认识”的意思、“知”的意思，以及“知识”的意思，这给予今天的我们更好的提示。

第　二　章

知识史纲要（西洋部分）

Chapter 2

人类在地球上生存演进几百万年来，之所以能够在今天达到如此高智商程度，让人类能够在地球上舒适活动，其实就是一代又一代地不断求知、认知，并且再把知识不断地传授下去。今天的成就，其实就是历代知识的积累与演化才能够实现的。这些知识的涉及面已经广袤无边，仅是目前已知的知识内容，现代一个人尽其一生精力也学习不完，连学习知识的方法都掌握不完；更不用说大量的没有经过科学验证的常识。这些杂乱无序的常识极可能提供新知识的生长点，也可能成为扰乱知识进步的绊脚石。

笔者 30 年前曾对“人类知识发展史”这个课题深感兴趣，一直盼望有前人能够提供一些相关的文献。在一些大型的全球通史、世界历史的宏著中，知识内容埋在历史学的山脚下；而那些“知识论”专著中，则多为“知识论的发展史”，缺乏物质和精神实证的内容。而知识发展史的研究，则是现代人认知所必须掌握的一环。因为有史才有鉴，才能够知道在有文献的两千多年间，人类自己已经尝试过什么，思考过什么，实践体验中何时何处是成功的，或是失败的，思辨的过程中有谁讲出一些真知灼见，而又是谁瞒天过海、假话连篇，这对于我们今天的认知就可能有履痕可以参照。正如伟大的科学家牛顿所言：“我们不过是站在巨人肩膀上。”

那如何在一章中表述如此丰富的人类知识脉络呢？笔者长期困惑，直到见到黄凌霜教授在 1932 年出版的《西洋知识发展史纲要》，才松了一口气。由于他的辛勤劳动和独特的见解，他在80多年前，就已经凝聚出精彩的西方知识发展史纲要。他的想法，正如他自己在“序”中所写：

现在无论那（哪）种学问，都趋向专门的探究，如今想回到亚里士多德时代，以一人而兼治自然、社会、哲理的学问，当此百学并兴之际，不特为时间所不许，个人精力亦做不到。纵横两方看来，均有密切的相互关系。在今日而研究学问，虽不必“陶冶万汇，目穷八方”，以赅博为极，但综合的观点，不能没有。基于上述的理由，我很想编一本西洋知识发展史，来供这种需求。……这个纲要的内容，实在一部思想史，不过根据这本纲要所指导的路线做成的思想史，现在还是罕见。……我们如今所谓西洋知识发展史，就是概括以上关于思想史方面的著作，以至科学史、技术史合一炉而冶之，以记载西洋一般思想界意见的变迁、精神的态度和人类的估价之思想史。……这种根据西洋近来所谓“新史学”的精神和方法，来建设的“史学综合”，总可以说是西方学术界对于史学最鲜明而又最有价值的呈献。所以有些历史哲学家竟承认这些方面的研究，为西洋文化展开上的活动和影响之逻辑的组织，而且采取什么“综合史观”，深信任何时代的一般知识情况，决定科学上技术上进步之可能度，而科学和技术的状况为创造当时经济制度的基本元素，经济制度复产生社会的上层结构。由这样立场看来，自然以为知识发展的研究，是了解西洋社会进展的唯一途径。……本来培根在三百年前已懂得这种历史探究之无上重要，然而他的长足的进步，则发轫于二十年来的新的动的综合的历史观念。……我在美国的时候，……得闻鲁滨逊先生之造诣，惊其赅博，所以这几年来，很想根据他的计划，编成一部纲要。这本册子，就是此种过程的一个小结晶。不过这种

综合的学问，范围太广，浅学如我，自不能窥其涯涘。……[1]

黄教授的见解，笔者很是赞同，他根据近代“新史学”的浪潮，明白“综合史观”的需要，因此编出了这本“小结晶”。书中引述虽然是80多年前的史料分析，但旧史料和新思想并不矛盾，其参照价值依然存在。因此，笔者决定本章就以黄教授的《西洋知识发展史纲要》为蓝本，略有省略地引用。（以下沿用上海华通书局1932年黄凌霜著《西洋知识发展史纲要》，内容略有改动。）

① 黄凌霜著，《西洋知识发展史纲要》，上海华通书局，1932年9月。

第一节

知识发展史的背景

一、知识发展史的目的和史学史之进展

（1）历史是记忆的扩大，它也和记忆一样，能单独来解释现在。

（2）人类不能解脱过去的羁绊，而历史就发生延续性，其原素（今作元素）可析为二：

①过去的活动和信仰都是延续的。在不同的时代和环境，这些历史的遗产便成“时代的错误”（anachronisms）。

②历史延续又保存在：A. 经济状况；B. 社会制度；C. 宗教；D. 时代精神之内，故历史的时代是不能分割的。

（3）哲学史是对于哲学家的思想之记载，或系统的解释。

（4）知识史是对于一般哲学家和他们的思想所引起的评论之一种记载。

（5）西方知识发展史之目的，就是想给西方过去和现在的思想以一种发生的说明。

二、心理学史——论心的本质

（1）进化生物学和人类学与知识史的关系。

（2）心理学家说人类现在还保存动物的心或其遗留。

心字有两种解释：①脑经学的基础（neurological，今译神经学）；②文化上的内容（cultural content）。

（3）相信进化论的理由。

（4）浮罗德（今译弗洛伊德）（Freud）与“非意识的心理学”。

（5）合群的本能：群的冲动为社会进化和文明之基础。

三、人类学史

四、人类的原始理性发展概略

（1）人心是历史的产物。

①人类过去的一切遗传和经验，都给了我们深刻的印象。

②所谓“文化心”（cultural mind），就是长期的冒险的进程之结晶。

（2）人类最初的思想。

①人类最初是迷信的，所以早就发生对于事物的经验之观念。

②言语为引起及改变思想的最重要之工具：

A. 言语把经验综合起来，使人能够把个人的经验传给别人。

B. 我们的思想多半倚靠言语，尤其是成文的言语。

C. 单字是很容易积聚的。

D. 但言语有时是进步的障碍；空言尤其为避免实行的方法。

③灵魂观念的发生。

④禁忌的观念。

⑤万有有生论——相信神权。

⑥图腾教——以动物为部落的标志。

⑦梦的逻辑——对于事情的不合理的推论，为一切初民实行之最重要者，也许由于无意识的联想发生出来。

⑧从前有许多人相信魔术和科学有密切之关系，但最近的人类学者相信初民的科学是由于日常的经济生活发生出来。

第二节

希腊文化及其传入罗马帝国

一、希腊之东方文化的遗产

（1）科学。

数学、测量、天文、炼丹术、圆周度（率）、阿拉伯数码（字）、小数法、纪年法。

（2）东方商务的方法。

簿记、合同、债券、银票、商法、银行。

（3）建筑。

圆柱、弓形建筑物、大庙、金字塔。

（4）字母、文学、纸、墨水。

（5）政治组织，尤其是权力的管理，集权制和帝制的管理。

（6）实际的技术。

①一切蓄养之方法。

②马和有轮车子。

③铜器技术。

④铁工。

⑤绵织和刺绣。

（7）农业产品。

①谷类。

②家畜。

③鸡。

④水果，例如桃之始源于波斯。

⑤香水。

⑥宝石。

（8）宗教。

①东方之星象学。

②东方之神怪学。

③东方之宗教。

④希腊宗教之东方原素。

⑤波斯之二元论。

⑥密士教（Mithraism，今译密特拉教）。

⑦耶稣教。

⑧回回教。

⑨公历一千五百年以后之批评学和比较宗教学。

（9）其他。

①Assurbanipal 亚述巴民拔的图书馆（前 668—前 626）。

②叙利亚的经学。

③新发现的亚真（Agean，今译爱琴海）文化。

（10）埃及发明字母最早，但其古代文学之性质，多半注重实际，如说："身体的褒扬是今生的事，灵魂的思虑是来世的事。"

二、自由思想和哲理肇端于希腊

（1）希腊思想渊源于伊安尼城（Ionian，今译爱奥尼亚）及意大利的殖民地。

（2）苏格拉底以前的思想。

①泰罗斯（今译泰勒斯）生于纪元前640年。

A. 他是数学家、工程师、商人。

B. 预言纪元前585年之月蚀。

C. 旅行埃及，把几何学输进希腊。

D. 他的宇宙论：相信水为万物的根本原素。

②早先数学家之物理的和宇宙的哲学：

A. 泰罗斯以水为万物之本。

B. 安尼斯美里（今译阿那克西米尼，纪元前6世纪）以空气为万物之本。

C. 希诺芬（今译色诺芬）以土为唯一之原素。

D. 何力古立多士（今译赫拉克利特）以火为最初之原素。

E. 安璧杜卡里（今译恩培多克勒）把这些元祖综合起来，因为宇宙是地水火风组成的。创造和死去是由于先存的原素之联合和分散而发生。

F. 亚里士多德也赞同此说。故近代物理学家、化学家，以此说是物理、化学之基础。

③伊利亚（今译爱利亚）派的哲学家。

A. 伊利亚是意大利南方的小城。

B. 希诺芬和批评学及玄学之产生。

a. “摩士”（Morss）的观念。

b. 关于神的性质无确定之观念。

c. 人神同形的观念已经普遍。

d. 物质变化和变化之法则。

C. 巴岷尼得（今译巴门尼德）和“先验论”之兴起。

a. 否认何力古立多士之“流动说”。

b. 宇宙的指导者是永久不变的实体，故相信“恒”为真相，“变”为幻觉。

c.“似是而非说”之发展。

D. 西诺（今译艾诺）。

a. 辩证法的始创者。

b. 他的“似是而非说”（例如：无是不能存在的，空间是无；所以空间不能存在，空间是运动不需要的；运动不能发生，故万物是密接的、不动的，我们的感觉是骗了我们的。他根据此种原理，来证明宇宙之不动、不变）。

E. 密里学派和伊利亚学派为演绎法与归纳法、玄学和科学的论战之先导。

④费多古里学派（今译毕达哥拉斯学派）。

A. 费多古里约以 550 年生于小亚细亚岸旁之沙芜岛。

B. 以“数”为万有之本。

a. 这个“数”的神秘概念影响深远。

b. 这是我们在数学上关于精神训练的宗教信仰之基础。

C. 发见了音乐的和谐，全靠音阶的数学的比例。

D. 是几何学的有力的倡导者。

E. 以地球不合适宇宙的中心。

a. 宇宙中心是火。

b. 地球和天体环绕其周围。

F. 领导一种伟大的情绪的宗教复兴，发展灵魂轮回的观念。

⑤刘西巴士（今译留基波）发见元（原）子。

A. 用元子说解释一种元素变成别种元素的问题。

B. 元子的大小各有不同，且易趋于分离。

⑥德漠克利特。

A. 进一步发展元子说。

B. 终极的实体是元子，或不可分割、不可毁灭，而非感觉所能觉到的“极微”。

C. 这些元子的形状大小各有不同，同在真空活动。

D. 创造是元子的偶然的凝聚。死是元子的分离和拆散。

E. 这些古代的元子论与近代的原子论实无关系。

⑦安尼斯哥拉。

A. 评判的思想家。

a. 怀疑希腊诸神的实在。

b. 以组成地球的原质和组成天体的相同。

B. 宇宙之目的论底解释——宇宙原始是一种杂乱的元素，后来以智慧或心的能力，把他们分配好了，各有各的位置。

C. 他是居住在雅典的第一个哲学家。因思索天体的原因，被驱出境。

a. 以太阳只是一团热烘烘的物质。

b. 以月亮只是一团土和石所造成，本身无光，不过反照太阳的光罢了。

⑧何力古拉多。

A. 以火为万物之原（源）。

B. 他最大的贡献就是以为宇宙无静止的境况，只是永远变的流转。

C. 他是哲学家的进化论之始祖。

⑨希柏古力和希腊的医学。

A. 他是古斯人，约生于460年。

B. 四种液质说：

a. 血、痰、黄胆汁、黑胆汁。

b. 康健纯靠这些液质的适当的调和。

c. 液质和元素有关系。

d. 也和星象的影响有关系。

C. 医的认识哲学之概念——有许多人不注意医药有害的方面。

D. 诊断之重要和病理的危机之断定。

三、哲人派、苏格拉底、柏拉图

（1）哲人派。

（2）苏格拉底（前469—前399）在知识史的位置。

①他完全用辩证法。

②当时流行的观念谓道德和正谊都是习俗的事件，在不同的环境有不同的道德及正谊之观念，他很受这种理论的刺激。他以为道德和正谊本质上无论在何时代及何种环境，必然同样。故事物之本质不可与定义上所赋予之意义及偶然之特性相联合。

③他是主张有最高道德律，或自然律的观念之先导者。

（3）柏拉图（前427—前347）在知识史的位置。

①他的《对话集》是历史上保存的最有价值的人类文献。

②柏拉图的方法，每择一未有决定性质的根本问题，使问难者自相矛盾，然后得到一种结论。

③他的哲学：

A. 他的著作很像戏剧，平浅饶兴趣。

B. 他是不根据任何的学问权威者，所以他的论辩无武断之弊。

C. 他的神学偏于不可知主义。

④他的“观念”或“观念论”。

A. 这是想找出一种普遍标准后事物的本质的企图。

B. 这也是想找出什么是感觉背后的终极的实体之企图。

C. 他以为在我们可以感觉着的事物世界之外，还有别的永远不变的形式或性质之世界，无论在什么东西，都有一种本质或最后不变的实质，和那纯是物质的“巧合”的不同。“观念”就是宇宙中的真正永远的物质。此是唯实论和唯名论争论的原始。

D. 这种组成宇宙内部的实质，为真知识的唯一的对象，只可以用理性去了解，而不可以感觉去窥见的。便叫“观念”（或译意象）。

E. 柏拉图以灵魂是永远不变的观念之世界，和生死轮回的平常世界之链子，组成这种轮回的个人不合适永恒的，在这种轮回中为动的原素的灵魂却是没有起讫的。

四、亚里士多德在西方知识史的位置

（1）亚里士多德是最初作教科书的人，其书为中世纪各大学所沿用，且为经院派思想之基础。

（2）亚里士多德论本质。

①本质论与他的唯实论之关系。

②抽象观念不是离开具体的实例而成实体，独立存在。

③然而具体和个别之所以有价值的，在乎能为全类之例子。

④普遍的意念联合他们的对象之各种主要属性——普遍和特殊的——而成为整个。

⑤物质存在而无式者，只是可能性，形式是可能性的实现。

（3）亚里士多德四原因说。

①物质——什么做的——例如砖。

②形式——形式是什么——例如屋。

③效能——什么人做的——例如建筑匠。

④终极——为的什么——例如居住。

（4）变和异是世间才有的。

①月以下的一切形体是由地、水、火、气四种原素造成的——所以不是永远固定而是可以消灭的。

②在天国上面，一切都是完全的、永远的，是由第五种原素——不灭的真如造成的，每个题也是全般的唯一的代表。

③天和神：天是永恒的一个例。它是由“以太”组成，“以太”之动是圆形的，故无止境。月以下的东西，是向直线前进的，故有终点。每一种东西都有找它的位置之趋势。例如：火之上升。

（5）亚里士多德以神（上帝）是“宇宙底不动的动因”。

（6）亚里士多德论动。

①动与一切的变是相等的。

②变的种式：实体的（原始和凋谢）；分量的（形体大小之变）；性质的（由一种物体变为他种物体）；地方的或空间的（地点之变换）。

③他反对元子论者所主张之机械论，而主张变质目的论。

（7）光与重自原理。

（8）亚里士多德的天文学。

①地球居宇宙的中心，为一种固定的球体。

②在地球之周围，有五种集中的光的球体，而月亮、太阳、行星都在其中。

③神使大球运行，而大球使集中的球体运行。

④大球之外，便是固定的星辰。星辰和神接近。

⑤圆周的运行是神圣的、永久的。

（9）亚里士多德之人生哲学。

①人生是一种美术——道德是快乐的方法，然而道德的性质是相对的，不是绝对的。

②智慧的潜思之人生是最快乐、最神圣的。勤俭和有道行的实际

之人生是次要的、人道的。

（10）亚里士多德之神的观念。

①亚里士多德之所谓神，是一个“理性的爱的神”，神常以自己是至高可能的论题。

②神必是常勤，不然便如人之长睡而消灭了。因为他勤，所以必然在一切东西之上。

③高过一切的东西是思想。

④最高式的思想便是论神的。

⑤故神常思想本良。

⑥神是元（原）始的动因。

五、亚里士多德以后的希腊思想之四大派

六、知识权威由希腊转移亚历山大里亚　希腊后期之科学

（1）亚历山大里亚的图书馆和博物院。

（2）亚历山大里亚的主要科学成果。

证明圆锥体是圆周圆内的圆柱体三分之一；光之反射；发见地球循轴而旋，且环太阳而旋转；得到地球的体积接近数目关于水平线、辘轳和浮体的机械理论；创立三角学，创立星宿目录等。

七、罗马人对于希腊思想之吸收

希腊文字；拉丁文字；西文大楷创自罗马；大量诗歌、戏剧、散文、史学、科学等著作问世。

八、希腊文化在西欧之衰落和灭亡

第三节

后罗马帝国构成的中古的知识遗产

一、耶稣教文学之兴起

二、“耶教史诗”“兼容主义”宗教在知识史上的位置

三、罗马帝国中的宗教特性　希腊化的异教和新柏拉图主义

四、波斯的兼容教，密士教，摩尼教

五、犹太教如何成为欧洲宗教的背景：希伯来圣经

六、新约如何成为欧洲知识遗产之一部分

七、禁欲主义与寺院生活

八、综论后罗马帝国传给西方的人生观与世界观

（1）教父派时期之宇宙学和自然科学。

①当时自然科学内容，其价值在于表见上帝给予人类的途径。魔术比较有用，因为它可以预言未来、医病、造金。

②《自然史》及相类的作品，都用作道德的和精神的指针。

③其对生物之解释，离奇怪诞，甚属可笑。

④教父派的自然科学综论：目的是想给人说明上帝的道路，毫无科学兴趣。对于化学，多半是冶金术和宝石的叙述，说明它们的魔术意义；对于地理学，知之甚少，没有距离的比较知识，自然现象之有神论观；对于天文学，多半是占星术和迷信；神迹流行，任何奇异的

事情，都是源于上帝的干涉。

⑤希伯来的宇宙学为自然科学进步之阻碍。

⑥当时的来生论，即替代近代科学和社会进步的观念之位置。

⑦神学为知识活动的最高形式 —— 所谓“科学的皇后”。

九、中古早期的知识的停滞

第四节

中古大学之兴起和中古化的亚里士多德之流行

一、阿柏拉德和神学教授方法系统化之发达

二、法律和医学的研究之复兴

（1）罗马法。

（2）教会法。

（3）中古医学之兴起。

①希腊的医学。

②罗马的医学。

③拜占庭的医学。

④亚拉伯的医学。

⑤在黑暗时代的欧洲医学。

⑥经院哲学时期之医学。

三、中古大学之起源

（1）知识革命的第一种现象就是产生大学——论理学或辩证法之注重；神学之系统化；教会法与民法之兴起；医学之研究。

（2）中古大学之教授七艺与中古教会学校及寺院学校一样是错

误的。

（3）不在中古大学文科内研究的课程——实验科学；近世语言学；社会科学；历史学；希腊及拉丁文学。

（4）大学在中世纪为研究希腊罗马文学之障碍。

（5）这些事实指出文学与数学和学士课程或学士学位有密切之历史关系的论调，完全没有历史的根据。

四、亚里士多德的著作之拉丁译本成为文科课程的基础

（1）亚里士多德的著作输入西欧。

（2）经院哲学的兴起。

（3）亚里士多德之崇拜对知识进步是一个绝大的阻碍。

五、十三世纪大学课程的性质和范围：经院哲学

六、中古科学的主要状态：占星术、冶金术、魔术

（1）希腊的物理哲学。

（2）占星学。

占星学的根本观念——初民的万有有生论相信万物均有生命，找出他们中间的潜隐的关系而可加以利用，便是魔术的目的。在特殊上，星宿对于世界的影响是不能否认的。每天太阳的出没不是发生热与冷，光与黑么？四季的变迁不是与天的某种状况相应么？那么，人类由归纳得到的结论，以星宿和它们的结合，与自然的现象和人类生活的事故有某种关系，有什么奇怪？在早先时期，就发生天知形状与地质现

象相应的观念。天上与地面的各种东西是不断变迁的，故人们以神在天上的运行与地下的变更相对，这是占星家的根本观念。

（3）炼金术在知识史的位置。

①基本概念——金属变质之观念。

②哲学家的石头之性质，也许有如亚里士多德的“精粹”（Quintessence）：

A. 他不但可以把金属炼成金或银，而且增进健康，长生。

B. 还可增进智慧，保全德行。

（4）魔术在中古知识史上的位置。

七、丹德（今译但丁）及其世界——丹德代表中古的最高之非宗教的文化

第五节

经院哲学之没落

一、年代学问题之剖视与辩证

二、十三世纪的发见：实验科学的开展；罗哲培根

（1）中古地理的发见：

①引起这些发见的主要力量：十字军的宗教运动和以后的殖民地传教企业；东西的通商；科学的好奇心；冒险的精神。

②伟大的游历家和探险家：

马可波罗（1254—1324），在1271—1292年游历中国、印度、波斯及其他地区。1298年他在监狱里，把自己的经验默诵出来，遂成他的名著《马可波罗游记》。……马可波罗是头一个游历亚洲的人，也是头一个叙述那时北京的华丽的宫廷，表露中国的地大物博，详记西藏的内情，告诉我们以缅甸、安南、交趾、日本、爪哇、苏门答腊，以及其他的海岛等的实况；……他也说道人迹罕至的西伯利亚和北冰洋，摹述通古斯人民的风俗。

（2）中古的科学。

千年来科学没有什么进步；这个时期的知识却由阿拉伯人加以扩大、保存和传递；战争和教会使得科学暂时中止。

（3）实际的发明。

透镜；罗盘；炼金术；纸（先是草莎纸、羊皮纸，后由中国传入纸）；钟表。

（4）数字的始源。

（5）印度的科学。

（6）近代科学之始源。

（7）罗哲培根与实验科学之兴起。

①罗哲培根的态度：

A. 罗哲培根是攻击经院哲学的方法之先锋。

B. 罗哲培根承受中古的主要信仰；圣书的整个真理：默示的宗教及其武断的结论之绝对的确实性；以及那时最普遍的意见，谓一切科学的目的在于替他们的皇后——神学服务。

C. 然而他憎恶经院哲学的方法，因为他的天才之督责，所以主张观察和实验。

D. 罗哲培根希望由实际的实验科学得到结果，其关于这点的著述，在人类知识史上没有他人能够与他相比。他不相信中古的文科课程，而反对亚里士多德只是反对不良的译本。

②罗哲培根所谓当代错误和愚昧之四因：

A. 以薄弱和无价值的权威为根据。

B. 根深蒂固的风俗。

C. 愚蠢的群众的意识——圆通。

D. 强不知以为知。

③罗哲培根所提倡的改革：

A. 研究外国语言，特别是希腊和闪族语言。

B. 研究那些以数学为锁钥的科学，数学对于神学极有用，因为它可以帮助人们审定天堂和地狱的位置，解释圣经的地理，订立年代学。

④罗哲培根关于应用科学的预见：

在一封“关于自然和艺术的潜隐的力量和魔术之空洞”的奇怪的

信上，培根预言应用科学进步，必会产生许多奇异的功绩。“我将枚举艺术如自然地奇异的结果，因为这些结果会使一切的魔术变成微乎其微，而且没有价值。人们将来可以制造航海的机器，虽无使用荡桨之必要，而巨大的轮船，航行河海之上，只有一个人为之指导，总比满船人荡桨快；人们到了那时亦可制造车辆，虽不用动物拖拉，而速率出乎可信之外。人们可以制造飞机，形如飞鸟，只需一人司机，便可飞行空中，往来自如。……”

5. 达芬奇——世界最伟大的天才。

A. 以绘画和雕刻著称于世。

B. 不仅是意大利著名的米兰教堂之雕刻师，而且是一位著名的拉琴琴师，配景的完成者，伟大的艺术批评家。

C. 并且是一位伟大的工程师，计划各式的机械、隧道、炮台、水路及其他。

D. 也是一位伟大的理论机械学的学者。

E. 并且是一位有技巧的解剖学者，他的解剖学的绘图，是我们现在所有最佳之一种。

F. 他创造一种植物学的分类，而且是个伟大的地理学家和数学家。造成许多的飞机模式，几乎发见水的化学的结合。

G. 创造了一架造绳的机器，一种由后部装入弹药的大炮及其他。

H. 了解化石的意义、蒸汽扩化和汽船。

I. 他相信地球是动的，而且并非宇宙的中心。

J. 他的日记簿每天都精思地暗示，但它的具体的造诣并不很大。他提出的许多改革的新计划，及身未能见诸实行。他也许是世界仅见的最独创的天才，可惜当时没有几个人知道他的著作，故不觉得他的重要，因而对于科学史也没有什么影响。……

三、社会制度批评之始源杜步亚和巴士臣

四、潘脱拉与人文主义

（1）关于文艺复兴的性质之新观念。

（2）“人文主义”是指对于罗马和希腊文学的热情崇拜的名词，这种主义在意大利当14世纪时才开始发展。

五、十五世纪的意大利之学问

（1）意大利人文主义的阶段。

（2）重编古书。

（3）意大利人文主义者之文学的造诣。

（4）人文主义在西欧知识发展史的地位。

①人文主义自然把将要失传的拉丁著作保留下来，但其最重要的贡献，却是把存留的希腊文学，表扬于世。

②人文主义恢复文学的嗜好，引起若干的批评，但没有复兴希腊文化。

③人文主义以“古典”的研究替代陈旧的亚里士多德课程，最后为自由教育供给一个新基础。

④人文主义对于16世纪早期的知识生活之非宗教化之产生，当然有所贡献。

⑤人文主义不能脱离新柏拉图主义和神秘主义的影响。

六、人文主义播及亚尔卑斯山（今译阿尔卑斯山）以外特别传至德国

七、伊拉斯莫斯北方人文主义的启蒙之含义

八、印刷发明以前的书籍之制造

（1）纸质制造。

（2）活字之发达 。

（3）古字学的研究。

（4）印刷发明前代书籍之制造。

九、印刷发明及其在文化上的影响

（1）印刷的重要影响实在不容易估量，世界史上没有几件事像它那么重要。

（2）近代民主政治的伟大的进步和科学精神诞生，可以说是由它创造出来。

（3）宗教和知识的庙堂之帐幕本来是相同的，现在呢，教士和缮写官的场所，已经揭开给一般人民尽饱眼福了。

（4）自此以后，读书界变成了高等审判所，一切案件都要经过他们的讨论。

（5）一切斗争——意见和政党，特权和自由，科学和神学，都由少数特权的、职业的、宗教的小团体之密室转移到读书界的广场来了。

十、新教徒反叛的一般性

十一、新教徒反叛与知识进步的关系

十二、近代早期的巫术

第六节

现代科学精神的诞生

一、宇宙的广大和系序之发见

（1）希腊的和耶稣教的天体机械学。

（2）布鲁诺——1548年生，1600年2月17日受焚刑于罗马。

①他完全相信太阳中心的体系。他的特点在于以大无畏的精神，说明哥白尼学说之涵义。他说：

A. 天是无限的宇宙。

B. 如果宇宙是无限的，那么就不能有两个无限；现在世界的存在就不能否认：是故上帝与宇宙是一，和同物。

C. 他相信哥白尼的体系。

D. 布鲁诺的世界的体系的涵义：

a. 宇宙在体积上是无限的。

b. 上帝和宇宙是证同的。

c. 世界或宇宙没有固定的中心或限度。

（a）无固定的球体。

（b）天体在空间上自由运行。

d. 空、时、动一切相对。

e. 物体在宇宙的关系和位置常常变动。

f. 光和重也是相对的。

g. 自然在各处本质是相同的，世界是殊多的。

②布鲁诺区别世界和宇宙。

A. 上帝是无限的有，或宇宙是世界的原理或永远原因。

B. 世界是它的结果（或）现象的整体。

C. 在旧日的体系中，其他在宇宙中的球体只是世界的附属物，现在我们知道世界是殊多的。

③布鲁诺的上帝——世界的灵魂。

A. 宇宙（无始亦无终）。

B. 世界（有始亦有终）。

C. 上帝存在于万物之内，万物都在上帝之内。

D. 万物有生论——一切自然都是生动的。

E. 转型——一切自然的法则和历程。

F.（上帝）他是现在草叶之边，谷粒之内。

G. 他是无处不在的，因为他是不可分割的。

④真理乃一切原理之最伟大者生存的最高目的。

A. 真理支配一切。

B. 真理乃宇宙的唯一永恒的物质。

（3）现代科学的兴趣。

①法郎士·培根是现代科学诞生的先驱。

A. 培根在 17 世纪开端的两种根本理论：

a. 科学的进步是不能继续的，除非先把倚赖过去作家——特别是亚里士多德——的权威之假伪的方法先行打倒。

b. 自然的观察乃是发见真理的唯一渊源。自然比任何论据较为巧妙。

B. 但培根太忙了，他不曾把所提倡的方法应用于实际的研究，所以要让意大利人去推进这种运动的最早的状况。

② 17 世纪的物理天文学的研究和发明。

A. 哥白尼恢复古代希腊圈的旋转的观念，谓地球和其他行星绕着中央的火旋转（1543 年）。这种观念引起许多论战，经过很多年方才平息。

B. 伽利略制造望远镜，可以扩大 33 倍，因此能够看见月亮上的山，金星的状态，太阳的黑点及其他。

C. 牛顿（1643—1727）—— 牛顿运动三定律。

D. 17 世纪数学的进步 —— 笛卡尔；微积分。

E. 17 世纪的其他科学的发见 —— 气体原则；浪动说；光的曲折学说；人体血液的循环；氧气的本质；彗星回归的测定；对数；气压计；显微镜；科学学会。

③ 17 世纪科学进步的一般估量。

A. 科学虽非文明的全体，但是它在近代进步的基础上，比任何其他元素更为主要：工业革命是由它所引起的。

B. 这个时期的进步，可以由培根的新机关至牛顿的原理论结合地表现。

C. 13 世纪是一个“天才的世纪”，许多的思想家以他们合作的力量，用公共的法则表达空间奥妙，这种发见人类普遍的和永久的知识渊源。

二、欧洲向外扩展的知识的反应

（1）对于思想的一般刺激。

①好奇心和兴趣之发生，引起哲学的和科学的探究。

②信心和相像的觉醒，对于诗、戏剧、小说、艺术均有影响。

A. 两种重要的探求——新世界的发见，到达旧世界——亚洲——的新路线之发见。

B. 新世界的发见，关系非常重大。——把不相及的人类生活之潮流，汇合起来；不同文明的民族晤见。

C. 到达东方是“好望角”路线发见之影响。东方学成为欧洲一门学问。

D. 这些知识除了欧洲人心理中的许多偏见和愚昧，新的大胆的思想发生了，扩大知识的界线，伸张探讨的精神。

a. 为人类的利益，而互相交通。

b. 看见了新的风俗、新的人民、新的动植物，欧洲思想上的新问题涌现。

c. 自然科学的进步，把整个宇宙圈都包在研究的范围。

③工业、商业、财政，以至知识的和艺术的天才的中心，都转向大西洋海岸的国家去了。

（2）对于欧洲各国的知识刺激——葡萄牙；西班牙；荷兰；法国；英国。

①旅行日渐容易，游历家、科学家均注意各种地方和人民，结果乃成欧洲数百年来向外扩张的形势。游历变成了娱乐或教授的一种方法；科学的探险变成了增加知识的一种方法。

②对于绘图学之研究及刺激。

（3）对于史学著作的影响。

（4）对于政治哲学的著作之影响。

①政治的和社会起源和进步的学说之进化，暗示欧洲情形是可以改造的。

②托马斯著《乌托邦》。

③人性在全世界都是同样的。

A. 野蛮人的状态不必比古典时代低下。

B. 高贵的野蛮人亦有他们的创造观念，并且有趋向综合的进步的证据。赞扬野蛮人的风气，起自卢骚（今译卢梭）。

C. 东方的游记表明欧洲的道德不见得比其他人民高明。

D. 18 世纪的东方文化对于欧洲哲学也产生极大的影响。

（5）海外扩张对于国际法之影响。

（6）海外扩张对于 17、18 世纪经济著作的影响：

①关于商务和殖民地的书籍，出版甚多。

②关于工商业上的保护政策，以及侵略海外国家的计划，赞否殊不一致。

③经济学家对于政府的保护政策和殖民地的限制，旋即施以攻击。

④ 18 世纪下半期的最大反动：

A. 经济学家渐趋于主张放任。

B. 排斥限制工业的政策，以为对于生产者殊多妨碍。

C. 指斥禁止食品出口的法律，以为对于生产者殊多妨碍。

D. 反对殖民的制度，以为在对于国内的资本和人口均有重大损失。

E. 法国经济学者谓生产和交换都是受某种自然法则决定的历程。

5. 亚当・斯密著《原富》（今译《国富论》）。

（7）18 世纪后期人类学和人种学的始源。

（8）比较语言学的始源。

西欧国语的兴起，是由于两种力量——把圣经语言规范成国语；海外的长途旅行。

①不用拉丁文。

②欧洲航海的人不是学问家，不受学人的言语——拉丁语——的束缚。

③几乎一切游记、史学、地理学的著作，都是用国语写作的。

④采纳非欧洲的字到欧洲的语汇里，各国言语之互相采借。

⑤研究非欧洲言语，——例如中国语——的还集中著作出世了。

⑥言语的比较的研究的兴趣之唤起。

（9）比较宗教学之始源。

①由17世纪起，叙述中国的新书——中国哲学——相继出版。

②对于中国发生很大的兴趣。

③“自然宗教”为人类所共有的“自然神教说”之兴起。

④承认教父派的中古见解，完全是耶稣教所独有的。

⑤找寻宗教系统的适应性，以及自然的或社会学的原因的努力之开始。

（10）自然科学之始源。

（11）航海科学的发展。

（12）海外扩展对于植物学、动物学和医学的影响。

（13）海外扩展对于相像的文学、诗、戏剧、小说的影响。

（14）对于艺术的影响。

①对于艺术的影响，多见于装饰图案方面。

A. 书籍和地图的插画——多半是新发见的动植物。对于远地和人民的寓言的表达。

B. 对于中国裱纸、雕刻、竹帘、艺术等之模仿。知识阶级羡慕中国美的雕刻。

C. 18世纪，英、法、德均模仿中国瓷器之制造。

②助攻艺术对于花园和装饰之影响。

三、蒙泰尔（1533—1590）

四、培根

（1）培根对于学问的态度。

①深知科学知识长进的阻碍，不是魔鬼，而是传统的观念。

②阻碍知识的四偶像（可与罗哲·培根的学说比较）。

A. 洞穴的偶像——观念上的缺点，特别是个人方面的偏见。

B. 种族的偶像——观念上的缺点，为一般人所共有的，例如群众本能、梦的逻辑。

C. 市场的偶像——观念上的缺点，起于议论太多，或表达困难——语言或修辞的困难。

D. 戏剧的偶像——观念上的缺点，起于众口纷纷，莫衷一是，或甘奉古人之言为金科玉律，不自求真理。

③培根是从真正的知识的背景之发展上观察人类，这种态度与早先的作家如阿奎那的比较，确实是较新的。

（2）培根的“我们是古人”说。

①某一个时代的人物总比从前的较古，因为他的后面有较多的传说的权威。

②权威的力量，在分析之下，永不能站得住。

③培根和笛卡尔所创始的伟大的运动，集中于排斥权威上面。

④一切事物都是平等的，一个近代的见解比古代的见解优越。

⑤培根著作反对经院哲学。

⑥他的时期展开一个簇新的世界；一般人的意见渐渐集中于具体而非抽象的对象。

⑦培根谓过去只是向前发展的发端，他相信应用科学为未来的最大希望。

（3）归纳的方法。

①过去的失败由于缺乏一种真的方法。

A. 经验派——又如蚂蚁——只是堆积（杂然堆积，漫无头绪）。

B. 武断派——又如蜘蛛——只是结网（偏于理性，推断一切）。

②哲学的真正工作，却为“蜜蜂的方法”——即为内法——对于所搜集的事实，加以组织整理的工夫，而求得新的结晶品。如蜜蜂之采集花蜜，加以制造，予以融化，而酿成芳香甘美之蜜。

③新方法。

A. 经验主义——与经院哲学的迹先的三段论的推理相反。我们有必要把预存的观念扫除，如扫除偶像一样。

B. 我们由特殊的事实发端，经过渐进的历程，最后达到概括。

C. 由经验的殊相之归纳，所以是科学的一般方法。

D. 要得到一种避免错误的确定的方法。新方法既把心中一切预存的假定排除以后，第二步便是把资料搜集和仔细制表（比较和排列的历程）。

E. 培根的思想之结果，不能与他的前提所主张的相提并论。换言之，他是一个提倡科学的哲学家，不是一个真正的科学家。

F. 培根输进“人的王国”之观念，与奥古斯丁的“上帝与魔鬼之城市”的观念相反，他不注意来生论和魔鬼论。培根的主要呈献不在任何特殊的方法，而在于他所给予具体领域上的新活动之一般刺激。

G. 培根著《新大西洋》，描写南美西岸有一个社会，其高度的进步是由于科学的活动造成，其活动的主要中心就是一个科学搜讨的学院（所罗门馆）。皇家学会就是根据这书所提倡的模式而建立的。

H. 培根利用他的思想和文学上的才能，传播近代科学进步的精神，使人们不复相信古代的权威，这是值得大书特书的一件事情。

I. 在形式上，他以神学在科学上占最高的位置，对于最后原因，以为出乎科学搜集的领域之外，这样就避免了宗教的批评了。

J. 培根论知识——他很注意知识史，以为我们应该把每个时代的学问之一般情形，描写出来，有如人们之表达自然史、政治史、教会史一样，不然则世界的历史诚如画龙之不点睛而已。

五、笛卡尔（1596—1650）和科学的哲学

（1）哲学方法。

①数学的——清晰地承认科学的精神。

②个性和主观性的原理；个性的存在为他的一切建设的努力之基础。

③他的二元论：心和身；数学的属性和外延。

④他主张特立独行，从新做起，其心规条如下：

A. 永不相信任何东西为一种真理，除非自己清晰地知道它是如此。

B. 把每种困难分为许多可能的部分，或需要来解决它的部分。

C. 思想之指引或递分，要由简单而至复杂。

D. 要有完备的枚举，赅博的考阅，庶几可免遗漏之憾。

（2）他著的《方法论》（1637 年）。

①要避免一切的权威——要由干净、清洁的心做起。

②要由最简单和最清晰的观念，进到较复杂的观念。

③要把思想排列为有系序的观念。

（3）存在和知识的问题。

（4）宇宙和有机体的机械观。

（5）数学——方程式论；解析几何之创立。

（6）他注重排斥权威。

（7）几乎他的一切形式哲学和心理学都是错误的，非科学的，但有如培根，他的主张（即是独立和独创、藐视权威）都是重要的。

六、十七、十八世纪的科学复兴

七、容忍的发展和思想自由

（1）不容忍的心理。

①恐惧，“既得之利益”，对于传袭的和习惯的安逸状态之不愿改变。

②对于心观念之不愿领受，均为不容忍的心理基础。

③容忍之情绪的和批评的基础——评判的容忍是一种自觉的模式。

④把自由主义和容忍混合的基本错误。

（2）天主教的不容忍。

①这是它的类似国家的组织和目的之一种自然结果。

②对于有罪的不给予拯救和同情的观念是不容忍的基础。

③教会以异端和罪恶同样是大逆不道的。

④对于异端的手续——教会定判，国家执行刑罚，下刑具强迫招供。

⑤怀疑和错误均视作罪恶——教会视魔鬼为怀疑的主要渊源。

⑥信仰和理性的关系——教会相信信仰不能合理地说明时，信仰超越理性。

⑦新教的不容忍。

（3）君王复位后的英国情形。

（4）对于出版检查的面面观。

（5）斯宾诺莎（1631—1677）。

八、对于神迹的信仰之没落：英国自然神教派和耶教史诗的崩溃

九、法国哲学家

（1）伏尔泰（1694—1778）。

（2）法国《百科全书》的编纂。

①由理性派的立场把无限的事实编纂起来。

②其目的是科学的，但它的撰述者大部分都是法国的伟大批评家和理性主义者。

③本书之编纂，为一切新学术和新态度之普及化的起点。

A. 为专门家的绝好的著作。

B. 也注重和平的艺术和工业。

④政府的反对是由教会鼓动的。

⑤共收35卷，有插图。计划由1751—1780年，经过许多困难才完稿。

⑥对于当时的一般事项产生最伟大的影响——这是第一本最伟大的理性主义的编纂。

十、进步的观念

（1）什么是进步？人间有没有进步？

（2）教父派以至中古的信仰，以人类由最初的极乐世界没落下来。

（3）进步观念之兴起。

①康德。

②孔多塞。

③圣西门（1760—1835）。

④孔德（1798—1857）。

A. 社会动力学的创造。

B. 社会进步的阶段论。

C. 知识的发展 —— 三阶段的法则。

D. 创立社会学。

（4）经济的悲观主义和马尔萨斯之兴起。

十一、对于十八世纪思想之反响

（1）哲学的反响 —— 浪漫主义。

①休谟如何使康德由武断的睡眠中醒来。

②赫德批评法国哲学家的精神。

③孟德斯鸠的《法意》，本质是守旧的。

④卢骚对于返乎自然和简单生活的主张。

⑤德国的浪漫派哲学家。

⑥黑格尔及其《历史哲学》。

（2）神学的反动。

（3）现代早期的政治学说。

十二、十八世纪的科学

（1）18 世纪的科学发展没有 17 世纪那么广博和有趣，17 世纪给予18世纪科学探讨的程序。

（2）科学会社之建立。

（3）18世纪的科学乃牛顿的后继者。

（4）18世纪的电学也有切实的进步。

（5）自1700年以后，人类发展的两种力——热和电力——对于工业的贡献，非常伟大。

（6）蒸汽机。

（7）热力说。

（8）博物史的科学。

（9）近代化学之始源。

（10）近代式的生物学之全部，可以说是起源于1800年。

第七节

现代知识和生活的主要新元素

一、现代知识生活的史的基础：进化学说

（1）进化学说的开展。

①亚里士多德的有机生命之递升的系列说。

②伊壁鸠鲁派的自然派的进化观念。

③法郎士·培根的物种变易说。

④莱布尼兹的物种变易说。

⑤康德的物种同源的关系说。

⑥蒲丰由环境的影响，陈述进化的一般含义。

⑦达尔文的逐渐发生和适应说。

⑧“获得性”说。

⑨歌德的废退器官说——注重环境、生长、力量。

⑩辰伯兹在1844年著《创造的自然史之遗迹》，曾把以上的学说集合起来。

⑪斯宾诺莎的哲学的进化论。

⑫来伊尔的《地质学原理》——他是不是一个进化论者，但他指出地球和化石的悠久的历史。

（2）达尔文。

达尔文的贡献：

①把动植物是由低等形式进化的学说，传播到一般知识潮流之上。

②把这种学说应用于特殊论题——即人种由来。

③阐明进化的诸种因子——天择；性择。

④表见生命的解释——有机体的相互关系。

⑤总而言之，近代思想界的一件伟业，是达尔文学说的出现。他的《物种由来论》把这个时代的思想改变了。他的学说之要点，是一切生物都是进化的。生物进化的原因是生存竞争。照他说的，世界上的生物，各有个性，一个枝上没有两个相同的叶，一棵树上没有两个相同的果子。这种特点，达尔文称之为变异性。这个变异性，又从遗传来的。他因读马尔萨斯的《人口论》，而悟“天择”的道理，马氏谓人口以等比级数增加，食物以等差级数增加，假定人类在25年增加2倍，1000年后，一个人的儿子，在地球上也容不下了，可是事实上，生物生存的数目，并不是这样，只有最便利于生存竞争的特性才能生存。这种生存竞争的特性，遗传于子孙，他的子孙亦唯如此，才能繁殖，竞争的结果是优胜劣败，适者生存。达氏不但证明了事物是进化的，并且证明一物种起于天择，起于生存竞争里最适宜的种族之保存。他这种思想对于自然科学和社会科学的影响，实不容易予以适当的估量。

（3）进化论的辩护者——赫胥黎；赫克尔；斯宾塞。

（4）进化的论据。

（5）进化的含义。

①世间无永远不变的物种——打破了柏拉图的观念。

②一切都是变的，倾向更高的发展。

③“进步”由此便得到牢固的基础。

④一般的思想，此后便采取了“发生的观点”。

⑤人：

A. 采取乐观的观点——“人类上进”观。

B. 觉得人是值得研究和改善的。

C. 增加人的努力之“冲动”。

⑥有机的进化和社会的进化：

A. 达尔文的态度，注重有机进化。

B. 较旧的比论——如孔德的论调。

C. 社会有机的比论，之近代生物学派的社会学而达到高度，但双方的进行方法则不是证同的。

D. 社会达尔文主义或战争生物学。

a. 采用最适者生存说为论据。

b. 人类是独自残害同类的生物。

c. 末流所至，便以生物学的观念来替代强权主义，帝国主义的辩护。

d. 达尔文自己主张进化由于竞争和合作两种因子。克鲁泡特金著《互助轮》，真理益复彰明。克鲁泡特金为著名之科学的无政府主义的理论家，他主张自然界的动物，除了互竞的法则外，还有互助的法则。

二、近百五十年来的自然科学

（1）自然科学和应用科学之关系。

①自然之数学的综合。

②工程上对于物理学原理的应用。

③蒸汽机和内燃机的使用。

④交通和运输上的电力之利用。

⑤化学——综合化学；废物利用；农用化学。

⑥生物学和动植物学。

（2）近代文明和科学的一般关系。

①真理的发见在西方社会不是大学所能包办的。大学的贡献，多在于训练搜讨的方法，以及形成和教导后来发明的基础原理。

②工业进步原于真理的发见：

A. 人类幸福的增进固然因为文化物质的进步，而进步则又因为欧美各大学教授对于科学原理的形成，新文化物质的创造使然。

B. 我们在实验科学、观察科学及其应用中，都可以举出无数实例。

C. 农业和卫生因真理之发见而进步。

（3）康健和医药的实施——人的身体健康之重要。

①关于疾病的知识——巴斯德和科克。

②预防——种牛痘及预防注射。

③外科——麻醉药；X 射线。

④疯狂症与佛洛依德（现译为弗洛伊德）等人的梦的心理研究。

⑤遗传和优生学。

⑥公共健康卫生。

⑦医学和心理学在工业上的应用。

（4）19 世纪的医学。

（5）……近今自然科学的趋势。

① 20 世纪以前的自然科学，是被马克斯韦尔的电磁说，达尔文、陆谟克的自然淘汰进化说，牛顿的绝对空时间，陆化西的物质不灭、能力不灭原则等统治着的，那时候的科学家相信一切自然现象是“连续”的，且隶属于因果的必然法则之下——生命的精神，也同物理物

质一样，不能逃脱这空命的铁链。

②新的物理学肃清了一切旧观念，同时，因其方法与理论的进步，使其他科学也纳入新的方向，自然思想因此激起大革命。

A. 电子的假设代替了太阳系的概念，因之物质的结构，遂如“弹子”同样。爱因斯坦取消了旧的绝对的信仰与绝对运动，指示出新的测量方法。测量全靠观察者的地位，这可以说是新的神秘的方法，解释了旧问题；将一切“实在”置于人类的“推理的架子”中了，既然接受了这原理，便没有所谓批判主义，犹之乎普遍或变异。这种新物理学的产生，把人类提高到极处。

B. 物理公式的结果，遂成为更抽象、更概念的秩序，只有符号与方程式的解释，得到了数学上的精细与正确。符号与方程式，只有解释，而不能反射，故宇宙犹如实在的经验了。经验包括行为、共动与观察的演进历程；若自然是一个全体，则它更从经验开展而成为普遍的变化。相对论承认只有意识去发明及认识外界的价值，而以心为构成且实践宇宙的唯一要素。故心理物理学的最终结论，便将宇宙成为一个可经验的宇宙。

C. 自 1900 年博兰克创立量子说，经萨满福特与波耳的发展，至 1925 年后，由斯鲁丁干与海森堡等之修正，于是满意地成了“倒置的世界”；高深的研究，从此我们得到了自然的终极行为，并不如旧观念的“Natura Na Facit Sal Um”（自然不跳跃之义）而是非连续的或波动的运动，由此构成的“无定原理”，遂成为自然科学哲学上的新认识论。电子之为微粒或波浪，乃依各人观察期“动作之类别”而起，我们且不能正确说出波浪之速率及指出微粒去到何处，这样一来，公认的因果原理毫无意义了。新物理学赋予“倒置世界”的原子中之量子数以个性，而且认为它们有多量的自由，于是只有意志问题，在物理世界复活了。

D. 当今的生物科学与心理科学，也因新物理学给予人类以新知识，而进入新的亮光中。遗传学上的“基因”，其体积虽远大于物理上的量子，然其行为，却与量子无殊。我们由此对于生命的特性遗传，新种的出现，皆可在实验室中用数学计算得之。实验胚胎学与生理学，亦因物理、化学之功，前者指示我们生命发展的主要特性，后者告诉我们理化历程对于生机体各部及全体的机能之限度。生命的概念，不管机械论与生机论二派之互相争辩，而新进的生物学家，已组成一种新的生机观念，以明释生命在自然界的实在性了。心理科学，本来比较幼稚，开始研究者自能虚心，乐于接受他种自然科学的理论方法，所以显示了成功的可能性。行为主义派努力使心理学成为生物学的一分支，否认人类行为之主观的重要，但这种学说不能如人意，于是始有全形论者，应用相对原理，作行为的综合研究，考拉尔教授以为全形是一种“能”的秩序，在感觉场中成为全形，与物理上电磁场之成为全形相等，每种全形有“终点”的倾向，任何行为向目的之倾向，是表示终结的倾向。此在心理界正与精神相同，因此，明白有目的之行为，不纯粹与物理的历程等了，精神的实在及其在自然里的地位，也始得明确的认识。

（6）近今自然科学突进的两要素。

①数学家应用数学于各科科学：

A. 数学的追求：一种人类精神的神圣创造。其追求的历程如下。

a. 纯粹数学的说理，不使其中致有错失。

b. 使预定假设所持的一切抽象情境，十分确定。

c. 使我们的抽象假定，在问题中为特殊情形而把住。

B. 物理本质的数学综合：由马克斯韦尔、吉勃司、爱因斯坦、爱定坦及其他诸人的天才与努力，成为最显明而有趣的人类理智之成功，或者这几乎可以算是人类将来的最大影响了。……然近代数学最重要的方面，并不在于数学本身的进步，而在于应用到物理科学中的数学的探险。

C. 物理学如永远守着本分，则理论物理学绝无出现之日；故理论物理学亦称数学物理学。物理学上两大学说——相对论与量子论之成功，其精密伟大的特性，与夫使人难解之点，盖在于学说本身，即为今日最高深的数学。今天我们已无勇气来说机械师可由其材料造成世界，但我们能希望数学家由其材料而造成之。故数学家之高于机械师，毫无疑义。我们相对论所应付的一个大规模世界与量子论的一个小规模世界，以及波浪力学所解释的上面两个世界的关系，都是象征的性质，唯有数学家才能运用其符号的象征，明白表示出来。

D. 在生命世界，自数学哲学家怀悌黑提出修正“生机体”的概念，德国生物学家道克珊力言组造理论生物学的必要。……生物学家如能把数学应用于生物学之事料，则理论生物学自然产生。

E. 自然科学的惊奇进步，数学的应用，实为最大的关键，科学界的空气已经大变了，数学家能旁若无人地去写道：“时间，空间，物质，以太，电，力学，生机体，全形，结构，组织分子，机能等一切，皆须重新解释。”近数年来，一般欧美的大学生，都已致力于数学的研究。

F. 精神生活的研究，正在开始去运用由数学产生的相对论原理，而理论之完成，或有待来日。

②促进自然科学在短时期有可惊的进步之第二要素，要推进科学家对自然现象的“探究”之努力。

A. 物理学上的相对论与量子论，遗传学的基因论，几乎成为今天自然科学一鼎的三足。我们知道这三足能使我们竖立在新知识的鼎上，初由于微小问题而深入“探究”。因迈克尔森与摩黎的实验，不论以最有力的正确测光方法之应用，终不能证明旧物理学上所说的地球运动对于光传播之影响，换句话说，就是不能证明绝对空间的存在，于是始产生取精用宏气象万千的爱因斯坦之相对论。其次以测量及计算黑体放射价值间之差异探究，因而构成量子论。至基因论，则由于生物学家摩根教授精深的探究小小的果蝇，而秦吟斯教授竟以此来释人性的基础问题。

B. 今日自然科学中的探究，深入方面已十分紧张。每科学部门的迅速前进，颇有使一般科学者感到“望尘莫及”之概。普遍方面，近 30 年来，有两种方式：

a. 探究自然的神秘之责任，不特在大学教授与青年学生的身上，大学外面，也有各科学的嗜好者，自动组织研究团体。

b. 今天的科学的探究，已应用于医药、技术与工业的范围中去。故近来许多先进的大工业——如矿业或交通——大都设立实验室，这样使科学、技术与工业联络起来，发生更直接的关系。

（7）各科学的互关与自然的系统。

①培根在他的科学的著述中曾说：“各科学是相关的，互助的，好像同一身体上的各部分，各部分的尽职，不为自己，而为其他。”可惜他的高见全给大时代的中世纪淹没了，未曾产生什么结果。一直到几世纪后的今日，他的预言才成为实现的事实，且亦因此使自然科学获得惊奇的成功。

②今日自然科学研究问题的范围之狭隘，于方法之精深，是从来没有的。在 17 世纪如莱布尼兹或牛顿可以做一切自然知识的主人公，在 19 世纪的 70 年代，一个有才能的学者，还能够管理一门多部分的科学，如化学、物理学、生物学之类。现在就大不然了，无论哪个才富力强的人，只能在物理、化学、生物学下的极微小的一部分中去求发见，因研究的范围小，本可以应用精深的方法。同时，问题也随之愈加深入。各科学的研究深入结果，于是各科学间彼此交互的复杂关

系，也益加密切。最后我们从千差万别的科学分支研究，转眼来看自然科学的整个计划，立即会发见自然科学已经成为各部分科学及各方面科学合作的事业，而显露出不期而获的“自然的系统”。

③各科学的互关，我们可以追溯到19世纪，……那时的各科学的互关，虽摸捉可见，然亦并不怎么显明。到了20世纪起，这种趋势，才成为事实：

A. 天文学已失去从前叙述的性质；我们除地球外，欲知别个任何大小星球之实情，只有星光是唯一可靠的研究的，然光的研究，一部分是物理的，其他部分是化学的。由物理、化学的进步，天文物理系始得迅速的发展，我们的心宇宙——一个是世界向着溶解为透明无物的放射光方向走的宇宙——才告生产。

B. 研究地球的是地质学。这是科学的主要点，一部分是属于天文学的，因为地球本身是星球的产生物；别部分研究它的构造，与物理、化学有深切的关系；此外，又因地球是生命栖息的摇篮，故有生物地质学。

C. 物理学是研究物与能的问题……

D. 关于研究物质结构的科学，称为化学。……我们知道生物之生死，只不过化学状态之差异而已。生物的生死，我们几乎可以用化学的变化历程之公式来表示。生理化学不特启示了成为生命的基本化学行为。而内分泌学且指出人类行为中，特别是情绪与华学制约的根本关系。

E. 今日的生物学，已成理化实验中的一部分，生命的基本物质、生长、死亡、演变诸问题之解决，唯有借理化研究的帮助。生物科学的新进部门如遗传学、细胞学、原生动物学、实验胚胎学，无不以理化实验为基础。至于进化论，自X光线轰染色体后，导入宇宙放射光时时轰着染色体而产生特殊的进化种族之理论，于是又在生物学上发见一种新的研究之光。

F. 自实验心理学出世，心理的研究才获得根据。生物的心理能力，初发生于生物与简单生理机能，到高等生机体，才有特殊的器官——如脑之类——专司这种生理机能历程。所以行为心理学者，便承认心理作用只是生理的理化机能的表现。如干龙等人，且已在心理作用与化学历程间找出相互关系。虽然心理现象是一种更复杂、更后出的产生物，其历程决不能仅由生理上的理化解释得到满足。心理科学因为研究的对象，所以难于把握。几十年来，虽可以看到它发展的途径，但我们实在不敢说，已达到了成熟之境。到了最近几年，心理学因理论物理学上相对论原理的影响，于是出现全形论（或译完全心理学），客观地指示生命的行为，是向着目的，部分的心理作用为心活动的全形而有价值。这样一来，心理科学就与高深的物理原理发生直接的关系了。复有如物理科学的方法，在某种严正心理学范围，而确立正确的试验技术者，是为慧博尔、铁青男诸人发展的心理物理学。心理科学的前途，必因此种新异的结合作用，将放出更炫耀的光彩来。

三、工业革命

（1）工业革命在人类发展史上的意义。

①法国大革命对于人类生活和社会基础，没有产生很大的影响。——即使在欧洲的民主化进程上，也没有广大的效果。在 19 世纪中，我们近代生活样式的革新、民主的进步，泰半是工业革命的结果。

②现代人类社会的转变是工业革命的结果：

A. 欧洲的一般生活方式，没有很大的变迁。

B. 机器在历史上占有一个很重要的位置，因为机器改变了不少帝国的命运。通常所以不注意机器者，因为机器的地位似乎太平常了。其实在人类发展史上没有什么能够与工业革命相比拟的。柏格森在他的《创造进化论》上说，这是人类思想史的伟大的事象。这话也许是对的，因为人类思想的业务在于适应环境的达到，而工业革命是这种历程中最伟大的步骤。只有工业革命才把人由使用工具的动物，转变而为驾驶机器的动物，才完全改变了人类的观点。

a. 由注意过去进而注意现在。

b. 由古旧的、传袭的、因循的、覆演的体系，进而到簇新的、动力的、世界的机械体系。工业革命带引出来的这种变迁，比人类发展史上任何其他变迁较为伟大、较为新鲜。

C. 西方文明的整个基础，自 1700 年以后的变迁，比由人类发展史是开始到 18 世纪中叶为更甚。这种变迁由于工业革命与应用科学的奇伟的发展造成，而应用科学可以算是工业革命的一部分。

（2）工业革命在英国发生于 1700 年至 1825 年之间，由 1815 年起已逐渐传播全欧洲及新旧世界。

（3）工业革命的两种基本因子：

①机器之发明已集齐对于矿务、制造、农业和运输上之应用。

②工厂之建造，其主要的原素：

A. 原动力，可以使机器转动，如水、火、风、煤、蒸汽、电力。

B. 组织：集中资本。

（4）机械发明的历程。

（5）发明的精神。

①发明的精神就是打破束缚、固定和覆演，否认原有系统之神圣，大胆企求新事物，创造新系序。

②美国当代史家萧威尔论工业革命在人类社会的位置：

A. 现在许多人，仍停留在一种野蛮状态之中，其原因当然是由保守主义和因袭主义造成。文明是少数创新家和少数冲破过去之藩篱的人们之故事而已。

B. 冲破过去传说的几个伟大阶段：

a. 东方时代的数学之发明。

b. 克里特文明在地中海东部的散布。

c. 印度哲学的诞生。

d. 希腊人在西方是唯一的知识的臆测者。希腊思想也是孤立的思想，有如中古受着种种的制约，至于把人类生活实际适应环境，希腊便有许多弱点了。

e. 罗马重演希腊的例子，保存过去的传说；对于实际事件不甚注意。

f. “中古”实在是由克卢毘斯从新做起，正如古代由亚吉曼农做起一样。教会把一种东方宗教与希腊哲学混合，要认明信仰。那时的和尚便是主要的农夫，中古思想在性质上是覆演的，不是创新的。城市和商务由东方开始发展，欧洲在1300年时正如希腊在公元前600—前400年一样。

g. 十字军以后尤其是哥伦布以后世界贸易开辟了无数的新市场，遂展开一个新世界。从1450年至1750年西方的转变，比由野蛮人侵入欧洲以后的一切世纪还要快。商业革命打破世界的孤立状态，产生今日西方的中产阶级。

h. 工业革命不只是制造的革命。它是科学的发展，改变旧日行动和思想的路途，所以是人类思想和行动历史的最伟大之事象。它给予文明的新基础，使一切故旧的风俗、传说、权威相继崩溃。工业革命的真意义，实难予以适当的估量。自1750年以后的进步，使变迁变为今日的常态。这是“发明的精神”之真意义。

（6）工业革命的成果。

①经济的：

A. 机械发明的直接的结果，见诸：工商业之扩大；城市之发达；财富之增加；帝国主义之向外侵略。

B. 资本主义与工厂制度之兴起；工业集中和地方化；分工增进；工业历程趋向专门化。

C. 社会阶级之新分化：有产阶级与无产阶级之对立；劳资问题；失业问题；童工与女工问题之产生；劳工组织之成立。

②社会的：

A. 人口的迁徙；城市时代及城市的社会问题之发生。

B. 19 世纪人口之骤增。

C. 财富增加与贫困情形之对比。

③文化的：

A. 物质文化之伟大的增进。

B. 东西文化接触的影响。

C. 现代的商业主义、物质主义的问题。

D. 近代物质文化的变动性与心理适应经济变迁之困难。

四、民族主义与国际主义

（1）民族主义是近代很复杂的情绪，本来包括两种极古的现象即“民族”（nation）和“爱国主义”（patriotism），但民族主义（nationalism）却是近今的现象。

①民族主义的含义：

A. 代表一种历史过程，其目的在于把一个“民族”作每个政治的单位，造成近代所谓“民族的国家”（national state）。

B. 代表一种学说、原理或主义，而且也包含历史过程的内容。

C. 近代的政治现象，如“爱尔兰的民族主义”。“中国的民族主义”，实是一种特殊政治理论在实际的应用，故包含历史的过程和政治的学说。

D. 表示一个民族或民族国家中的份子之心的情绪。

②民族的成因：

A. 有人说人性或群性是民族的成因，如果这话是对的，又何别于宗教团体及其他？

B. 有人说地理环境是民族的决定者，但英国却有四种民族。

C. 有人说种族是民族的决定者，但近代人类学家说，民族是混合的种族构成的……

D. 或又一位民族的特质是“人民之魂”。心理学家说，人的行为在群中与个人平时不同，然则所谓“民族心理”也许是有的，但“民族心理”与“人民之魂”恐怕不是同物吧？

E. 民族的基础，不在于固有的精神差异、种族的遗传、物质的环境。民族是文化或文明的一种属性——不能单用环境或遗传为之说明。生物学的现象要用生物因果解说，所以文化现象便要文化的因果解说。

③民族的确是文化的一方面，其特性可分析如下：

A. 言语——言语与民族有密切的关系，各种独立的民族均有特殊的言语。……言语所以重要的原因：

a. 发展共同的心意。

b. 供给相同的主义和文辞。

c. 发展群的自觉心。

d. 经验共同的兴趣——言语是现在和过去的摆渡。

B. 历史遗说，以民族是历史的人格，这种人格化有时用国旗、国徽为代表。

C. 民族的份子组成特殊的文化社会，每一个民族均有其特殊的文化模型——如制度、风俗、艺术等。

D. 民族因有共同的言语，共同的历史遗说，才组成特殊的文化社会，其中宗教、政治制度也许是成因，但却非必需的条件。

④民族自觉的经过：

A. 这种心理起源于“中古”及“十字军”时代，但那时有两种阻碍民族主义进展的因子：

a. 世界的宗教，天主教之存在。

b. 文字与国语不统一。

B. 15—17 世纪为民族主义的进步时期。

⑤法国革命对于民族主义的贡献。

⑥工业革命与民族主义。

⑦民族主义与浪漫主义。

⑧民族主义的宣传。

⑨民族主义的理想，后来流为狭义的国家主义，其害有三：

A. 视国家主义为新宗教，崇拜国家。

B. 国家主义为国际战争之导火线。

C. 国家主义为军国主义之张本。

⑩结论：

A. 民族主义，从好的方面看，是提高民族自尊的精神，主张由民族解放到国际主义。

B. 从不好的方面看，是主张严格的统一，精神狭隘，不许批评，无宽容态度，并且为国际战争及帝国主义之先导。

（2）国际主义。

①假定民族的分歧，要求国际的契合。

②早先的企图之失败：

A. 战后废战的提议。

B. 自由贸易和世界和平的梦想。

C. 和平主义之虚幻。

D. 海牙法庭和仲裁之失败。

③国际联盟。

五、政治的和社会的民主政制之进化

（1）政治的民主政制——性质和历史。

（2）民主政制的性质。

六、社会改革之进步

（1）工业革命以前的改革。

（2）工业革命以前，虽然有许多人提倡社会改革论，但空谈多而成功少。

（3）工业革命和经济自由主义。

（4）工会。

（5）社会主义。

（6）无政府主义。

（7）工团主义。

（8）基尔特社会主义者的综合。

（9）亨利乔治（Henry George）及其土地国有论。

（10）国家社会主义。

七、新兴社会科学

（1）20 世纪社会科学的培植之必要 —— 社会科学上真理之发见。

①社会科学的进步，靠物理学和生物学的发见。

② 20 世纪科学上的进步而使社会获得最高之效果者，也许不在自然科学而在社会科学。

③我们最后也许看见“对于人类的适当的研究者就是人”。

A. 西方学者最近始注全力于以下数种的研究课题：

a. 人类的全体生命之研究。

b. 人是社会和政治的动物，其性质若何？

c. 探索人类在历史上的总成绩之见于言语、文学和制度者。

B. 西方学者近代大抵公认现在流行的史学、经济学、政治学、社会学、心理学、美学、教育学、人生哲学、人类学和宗教学的教科书，须重新估定及改编。

④自然科学之研究与社会科学之研究：

A. 自然科学之研究，已足以使人类适应物理的环境，唯社会科学之研究尚未发见同等之真理，使人类适应社会的环境。

B. 人类到了现在还没有找到共同快乐的工作制度，也没有达到“家给人足、大户不闭”的社会状态。

C. 社会科学之幼稚，可以发见，如战争之不能废除，政治上争权夺利之不能避免，城市上罪恶之未能消弭。

（2）近代知识的环境和社会科学。

①近代知识环境最适宜于社会科学之进展：

A. 西方十八九世纪之自然神教论者和哲学家打破旧式的神学的人类学，确定人在世界上的位置。

B. 批评学和自由主义勃兴后，对于社会制度之分析，不复成为一桩危险的事情。

C. 知识之一般进程，足以鼓动社会科学之长足的进步。

D. 现代社会问题之数量和速度之增加，为社会科学之强有力的推进机。

E. 达尔文之进化论打破静止的社会系统之观念。

②近代社会科学在资本主义的社会制度之下，因受资本主义的压迫，不能自由发展，故社会科学尚不能与自然科学之客观性相比论。

（3）社会科学之发生和分化。

①自然神教论和唯理论的观点之重要。

A. 法国哲学家蒙达尼以哲学的目的应该是教人们怎样正当生活，不适合教人们怎样逃生。

B. 英国哲学家培根以人类应该注重人界的研究，不应该注重神界的探讨。

C. 自然神教的观点就是把人当人，而且把人的权威提高。

D. 孟德斯鸠、布加里、卢骚（今译卢梭）、孔多塞、圣西门均注重人道观念和改革精神，圣西门并且主张社会改造论应成为一种科学。

②社会科学之兴起。

A. 18 世纪以前，社会科学仍为未分化之科学，统名曰：“政治哲学”。

B. 自 1750 年以后，各种社会科学次第成立。例如孟德斯鸠之于政治学；伯兰斯顿和边沁之于法学；福开森、孔多塞和圣西门之于社会学；巴利门勃之于人类学等，均有大刀阔斧独辟蹊径之功。

（4）政治科学之进展。

（5）经济学的发展。

（6）社会学的进展。

（7）人类的发展。

（8）现代史学研究的趋势。

（9）新心理学。

（10）哲学上的新进展。

（11）文学和社会。

八、如何使教育适应新知识和新需要的问题

九、知识史光下的保守精神

（1）这个问题在今天的重要。

（2）急进主义和保守主义的心理学之研究。

①有人认为急进派是神经病，企图逃避生活上的实际困难，故以批评现在的制度促进新制度作为唯一的办法。

②有人则承认保守派是神经病，因为他们不肯接受社会变迁的事实，并且以现在的制度为最良的、不变的，而企图加以合理化。

③这两种意见都包藏若干真理，但所说明的恐怕只有疯狂的急进派和顽固的保守派才是如此。

（3）史家所见的这个问题之背景。

①新观念不易为一般人所接受。

②福特说："历史是废话。"

A. 就实际论，历史的大部分确实如此。

B. 历史是值得研究的，只在乎它能增进我们的才能，使我们可以了解现在和企图较好的将来。

C. 客观观点所见的史学之价值。

a. 白芝浩说过：我们把一件事情公开讨论，这件事情便失却它的神圣不可侵犯之特性。

b. 但真理却是人类不大注意的一件事情。

c. 一般人所希求的，在于把他们的偏见和预存的观念证实化。——急进派和保守派都是如此，或以为只有保守派是武断的、不容忍的，这也是错的。

d. 复次，史学家也犯着人类公共的弱点。

③心理史观之见解。

A. 精神历程之重要。

B. 历史是变换的态度 —— 集群心理骤变 —— 之一种记录。

C. 下意识的动机：

a. 精神活动的机括：心结，补偿机括，保护机括，转移，替代，逃避实际及其他。

b. 我们很少懂得自己“行”的是什么，更少在“行”时而加上“思”的。

（a）多半的臆说，如不是次要的合理化，便是拥护其一方的面学说。

（b）一切自传、回忆等的著述，特别在动机上，总是靠不住的。

（c）关于一般的运动，以及个人的行为和思想，也不能逃出这个定则之外。

D. 这个定则，与史的证据的关系：

a. 我们已经知道了，许多历史的材料乃明白的或有意的说谎者之产品。

b. 我们现在也知道有许多人以为他们自己所讲的是真话，其实是假的。

（4）保守主义的心理学。

①群众心理的支配。

②社会信条的进化与变易者之排除。——进化不会保存最能干的，

或最良好的型，所保存的只是妥协的中庸派。

③普通人民对于“群众”只有柔顺与服从。

④试拿本能的和情绪的质素与知识过程比较，便知前者是根深蒂固的，后者特别是最近才发生的理性的、批评的、创造的思想，是不确定的。

⑤多半的保守派都是服从社会现状的，但有些是机谋派。

⑥逃避实际与社会变迁。

A. 社会和文化均有怠惰性。

B. 假使以事实的研究根据，保守在实际是不可能的。

（5）急进主义的心理学。

①急进派通常是不能忍受群众本能之压迫之人。

②急进派的头脑比较敏捷，故不能随随便便与世调和。

③通常的急进派，都是那些感觉社会制度之不平等、不公平的人。

④有些对于现在的状况不能投合。

⑤有时有些研究某个社会制度，得到的合理的结论，却以为这种制度应该加以彻底的检查。

⑥少年人偏于急进主义，老年人偏于保守主义的问题。

（6）以上的理论之应用。

①科学和工业的革命与当代社会的起源。

A. 自 1750 年以来的伟大的变迁，乃工业革命的结果。

B. 文明之洪水猛兽观：

a. 动物的人类与科学家、技术家的人类能够携手同进吗？

b. 西方人没有把道德的、社会的、经济的观念和制度放在技术学问同一的水准之上的才能，会不会使现代的文明没落和灭亡呢？

②应付新状况的若干之必要。要排除以一切制度的形式为神圣的、永续的、不变的旧观念。

A. 文化史家知道一切制度都是人造的，故能够由人为之改进。

B. 若干在过去看作神圣的制度，如人类相食、俑、卖淫、奴隶等的习俗，现在已为世人公认为错误的了。

C. 通常一般人批评别国的制度、习惯，比较容易，对于自己的制度便不然了。

③社会变迁的科学之创造与需要：

A. 现在社会最重要的不是研究我们怎样达到这个境地，而是研究怎样脱离固定的状态。

B. 有目的底改造社会，需要一种应用到社会学或“社会变迁的科学”为之先导。这种科学现在未免太幼稚了。

C. 综论史学对于当代社会的使命。

a. 研究历史所以知道社会的固守、变迁的缓慢、做事的笨拙，哀悼保守派反对一切改善的努力。

b. 研究历史所以知道过去一切进步和建设的力量之趋势。

c. 历史之最大教训，确实让我们不去崇拜过去，不致受陈死人之羁绊。由整个而论，我们现在能回答当代问题的能力，总比过去的聪明和良善。

d. 然而“现实”在从前既非圆满，在未来也许永远不会圆满。

e.“未来”应该要科学地指导着。

今天我们重读黄凌霜教授在80多年前写的书，确实是领略到知识在西洋的漫长的发展之来之不易，仅是其纲要脉络就已经令今人受益满满。更难能可贵的是黄凌霜教授已经忧心忡忡地提出从学术角度，人类将应该如何应对社会所面临的巨大的挑战。君不见，今天全世界有识之士，依然还在为人类生存与发展探求目标与出路！

如果要笔者表达对于黄凌霜教授著作的受益点，那就是：

第一，求知与认知，才是人类发展的核心关键。

第二，认知的同时，就是辨别，要承袭那些真知灼见，要扬弃那些阻碍认知的思想和方法。培根的话，依然有效。这样辨别，知识与常识也就需要区分。

第三，认知的道路漫长且杂乱，存在机遇，存在陷阱，存在不确定性，只有有心人不懈努力进取才可能攀登高峰。

第四，为人类认知前途而尽心尽力，是我们一代又一代人的目标。

第五，我们中国近代许多学人，虽然还没有“认知”这个词做总目标，但都在各自学术领域为“认知”而奔忙，并取得骄人的成绩。

第　三　章

中国近代学人之认知追求

Chapter 3

近代中国处在一个激荡的时代，全民族进行了几千年没有经历过的激变，在中西文化巨大的交流碰撞中，取得了伟大的进步。中国学人走在时代的前沿，在空前庞杂的社会科学、自然科学和人文科学中，都有中国学人思考、尝试、体验的身影。特别是为着“认知”的诉求，做出各种各样的思考并取得了研究成果。为了粗略地勾画出前辈们的成果，给我们后人认知的一个参照，笔者尝试将他们的成果以横向综合的方式简略描述。这种方式，是 1982 年笔者机缘巧合得以向茅以升老人请教的时候，他给予笔者的指教。笔者将之运用到此，虽然难度颇大，但应该是合适的，因为需要涉猎数十门学科，并且简明扼要地指出其中“认知”的思想和实践。

回想 19 世纪末至 20 世纪初期的一般中国人，他们被封建思维方式、初级农耕生活方式、帝王与奴才统治方式已经禁锢千余年了，完全不知道原来他们仅是世界的一部分，完全不知道还有工业生产方式，完全不知道人需要通过“认知”才能够解放自己。当西方文化潮流席卷而来，给每一个中国人都带来疑惑与伤痛，他们开始了各种求知的实践，特别是当自己的尝试失败后，当甲午年（1894 年）我们被日本打的一败涂地后，痛定思痛，打开大门，全面求知与认知，学习新知识就成了必需的原则！这种“认知”思想，至今仍然是我们民族前进的主流。本章仅是选取其中部分具体学科的“认知”进展，以明示其史实和前辈们的功勋，更希望为后人提供点经验、提供点路径。

第一节

哲学界之认知

一、贺麟教授之总结

中国自先秦以来两千余年的文献中，记录有许多哲人，他们曾发表过大量智慧的思辨式言论，很为后人景仰，也被后人整理成“性学”“理学”“心学”“国学”等名称，形成一种中国特色的学问。但是一直没有使用“哲学”这个专用名词。17 世纪传来中国的西方哲学专著中，也一直没有将“philosophia”对译成“哲学”。直到 19 世纪后期，中国留日学生才将日本学者西周先生翻译使用的日文“哲学”搬运回中国，成为中文词。

但是，近代中国人学习哲学知识，运用哲学知识，却是热情有加。他们除了请外国学人前来讲学传授，还在许多大学成立哲学系，出版的哲学专著有 400 多部，还有专门的哲学杂志，许多第一代中国哲学家曾出国深造，也在大学登台讲课，他们撰写的《知识论》《认识论》《哲学概论》等专著，颇有深度。到 1947 年，北京大学教授贺麟著《当代中国哲学》，较为清晰地整理了近代中国哲学界的概况。他写道：

……人人都表现出一种热烈的“求知欲”，这种求知欲也就是哲学所要求的“爱智之忱”。我们打开了文化的大门，让西洋的文化思想的各方面汹涌进来，对于我们自己的旧的文化，如果不是根本加以怀疑破坏的话，至少也得用新方法新观点去加以批评的（地）反省和解释，也觉得有无限丰富的宝藏，有待于我们的发掘。尤其足以逼迫着我们，使我们不得不努力探求新知的地方，就是我们处在一崭新的过渡时期，社会、政治、文化、思想信仰均起了空前急剧的变化。其剧变的程度，使许多激烈趋新的人，转瞬便变成迂腐守旧的人，使许多今日之我，不断与昨日之我作战的人，但犹嫌赶不上时代的潮流。我们既不能墨守传统的成法，也不能一味抄袭西洋的方式，迫使我们不得不自求新知，自用思想，日新不已调整身心，以解答我们的问题，应付我们的危机。因此，这五十年来特别使得国人求知欲强烈的主因，是由于大家认为哲学的知识或思想，不是空疏虚幻的玄想，不是太平盛世的点缀，不是博取科第的工具，不是个人智巧的卖弄，而是应付并调整个人以及民族生活上、文化上、精神上的危机和矛盾的利器。哲学的知识和思想因此便被认为是一种实际力量——一种改革生活、思想和文化上的实际力量。

所以，欲了解我们近几十年来的哲学思想，我们必须特别注意：（一）推翻传统权威和重兴（新）解释哲学思想之处；（二）接受并融会西洋哲学思想之处；（三）应用哲学思想以改革社会政治之处。

有许多纯粹研究中国哲学的学者，他们没有直接受过西洋哲学的训练，然而他们却感受到了西洋文化思想的震荡，而思调整并发挥中国哲学，以应新时代的需要。他们的心理分析起来，大约有几种不同：有的人对于中国的文化有了宗教的信仰，而认为西方的文化有了危机，想发扬中国文化，以拯救西方人的苦恼；有的人看见西洋思想澎湃于中国，中国文化有被推翻被抛弃的危险，抱孤臣孽子保祖宗产业的苦心，亟思发扬中国哲学，以免为新潮流所冲洗，荡然无存；有的人表面上攻击西洋思想，而不知不觉中，却反受西洋思想的影响；有的人表面上，虚怀接受西洋思想，然而因不明西洋思想的根柢，他所接受的乃非真正的西洋思想，而仍然回复到旧的窠臼。前一种人，他的思想中本来有新的成分，甚或从守旧眼光看来有些离经叛道的思想，然而他仍说他是直接孔孟。后一种人，喜欢用他自己也不全懂得的新名词新口号，喜欢作翻案文章，抬出些他们尚未镕化的西洋某派学说或主义，来攻击古人，然而细考其思想言论，他并未能将中国哲学向前推进一步。

中国哲学在近五十年来是有了进步。这进步的来源，可以说是由于西学的刺激、清末革新运动的勃兴、从佛学的新研究里得到方法的训练和思想识度的提高与加深。……可以值得我们大书特书：（一）在这几十年中，陆王之学，得了盛大的发扬；（二）儒、佛的对立，得了新的调解；（三）理学中程朱、陆王，两派的对立，也得了新的调解；（四）对于中国哲学史有了新的整理。

西洋哲学传播到中国来，实在太晚！中国哲学界缺乏先知先觉之士及早认识西洋哲学的真面目，批评地介绍到中国来这使得中国的学术文化实在吃亏不小。这不能怪中国人的精神生活太贫乏，对于西人精神深处的宝藏，我们缺乏领略掘发的能力。我们在文化方面，缺乏直捣黄龙的气魄。我们只知道从外表、边缘、实用方面，去接近西洋文化。……最后在新文化运动的大潮中，才彻悟到别人还有高深的学术思想。我们才真正明确思想改革和研究西洋哲学思想的必要。然而，我们学习西洋哲学的经过，仍然是先从外表、边缘、实用方面着手。功利主义、实证主义、实验主义、生机主义、尼采的超人主义、马库斯的辩证法唯物论、英美新实在论、维也纳学派等等，五花八门，皆以应有尽有，而代表西洋哲学最高潮，须要高度的精神努力才可以把握住的哲学，从苏格拉底到亚里士多德，从康德到黑格尔两时期的哲学，却仍寂然少人问津。

使得西洋哲学在中国不能盛大发展，还有两个原因：第一，治中国哲学者，尚不能打通西洋哲学；而治西洋哲学者，亦尚不能与中国哲学发生密切的关系。第二，治哲学者缺乏科学根柢，研究科学者，不理会哲学。最有趣的是，民国十二三年（1923—1924年）时，丁在君与张君劢两先生关于科学与人生观之论战，一个注重意义与价值的认识，主张建立有哲学根据的人生观；一个提倡科学，认为须应用科学方法，以解释并处理人生问题。然而他们老朋友竟会争辩得不能调解，而那时思想界的人士也大都参加了双方的论战。这只是表示科学和哲学在中国还没有达到分功互助的阶段罢了。……但无论如何，……我们研究西洋哲学业已超出杂乱的无选择的稗贩阶段，进而能作有系统的源源本本的介绍了；并且已能由了解西洋哲学，进而批评、融会并自创了。[①]

贺麟教授的总结比较公允，让我们明白近代中国哲学家们的所思所为，他们让中国传统哲学从凝固中走出来，并对它进行新的解读；让西洋哲学在中国人心中生根；并且尝试利用思辨武器来解决中国近代所面临的巨大挑战。今天的我们，依然还是要循着此思路继续深刻认知。

二、蔡元培先生之开拓

作为教育家的蔡元培先生，他早年注意的知识主要是哲学。他在1903年就翻译过德国学者科培尔在日本的讲学稿，出版了《哲学要领》，他在“序”中就写道：

---

① 贺麟，《当代中国哲学》，胜利出版公司，1947年1月，第1、2、3、26、27页。

吾生而有涯，而知也无涯，此哲学所由起也。……初学者不得正宗之说以导之，将言惟物而诋纯正哲学之蹈空，言惟心而嗤物质文明之为幻；言有神而遂局古代宗教之范围，言无神而又以一切家教为仇敌。门径既误，成见自封，知之进步，于窒息矣。①

到1915年，蔡先生编纂《哲学大纲》出版，书中写道：

哲学家之所谓认识，以论理之认识为限。所谓正确之判断者如何乎？其证有四：一曰感情之相应。如赵高指鹿为马，而群臣和之。此感情与判断之不相容者也。……二曰经验与思索之调和。……三曰意识之明了。……四曰人情之契合。……凡正确之判断，必为思索及经验之调和。……人类虽有此实现世界之认识，而尚不足以餍其好知之欲望，常欲由此实现之内容，而更求其内容之元始。由此画一之规则，而更求其规则之根极。于是有一问题焉，曰：超轶吾等意识中实现世界以外，更有所谓本体世界否乎？于是有互相对待之解决法。……②

后来到1924年，蔡先生又编纂《简易哲学纲要》出版，书中写道：

哲学是从怀疑起来的，所以哲学家所得的解说，决不禁人怀疑。而同时怀疑的，也决不止他一人，就各有各的解说。……哲学常常与宗教相掺杂。老子的学说，被神仙家利用而为道教；孔子的学说，被董仲舒等利用而为儒教；希腊柏拉图学说被基督教利用而为近于宗教的新派；亚里士多德学说在欧洲中古时代，完全隶属于基督教麾下。……文艺中

---

① ［德］科培尔讲，［日］下田次郎述，蔡元培译，《哲学要领》，商务印书馆，1903年9月。
② 蔡元培编纂，《哲学大纲》，商务印书馆，1926年6月十版，第17–25页。

兴以后，欧人爱好自然地兴会，重行恢复；遂因考察；试验的功效，而各种包含于哲学的问题，渐渐自成为一种系统的知识，而建设为实证的科学。其初是自然科学，后又应用自然科学的方法于社会科学，而社会学、经济学、心理学等，均脱离哲学而成为独立的科学；……所以，欧洲哲学的进步，得科学的助力不小。我们古代哲学家，用天、地、水、火、雷、风、山、泽八种卦象，说明万有……并非不注意于自然现象。但自五行说战胜八卦说以后，就统宰一切；用以说明天文，说明灾异，说明病理药物，说明政制，说明道德，遂不觉得有别种心说的必要。最早的哲学家老子，是专从玄学的原理，应用到人事；孔子虽号为博物，然而教人的学问，止有德行、政治、语言、文学等科；农圃等术，自称不如老农老圃；读诗，又但言“多识鸟兽草木之名”；可以看出对于自然界的淡漠。……所以汉以后学者从没有建设科学的志愿，……朱考亭一派，以即物穷理说格物，对于自然现象即动植物等，也曾多方的试为解说，而终没有引入科学的门径。在欧洲应有古代炼金术而演成化学，我国也有淮南子、抱朴子等炼丹术，而没有产出化学的机会。欧洲因有医药术，而产出生理、地质、植物、动物等学；我国也有铜人图、本草等，而没有产出生理、生物等学的机会。所以我国的哲学，没有科学作前提，永远以“圣言量”为标准，而不能出烦琐哲学的范围。……[①]

蔡先生讲得颇为中肯，纵观古今中外，分析到位。

① 蔡元培编纂，《简易哲学纲要》，商务印书馆，1924年8月，第4-8页。

三、马相伯先生之努力

马相伯（1840—1939年）先生是近代中国的百岁学人，一生关切中国人的思想进步，总想唤醒民众。他在1925年（85岁）时，著《致知浅说》出版。书中写道：

致，推极也。知，犹识业。推极吾之知识，欲其所知无不尽也。殆即西洋所谓Philosophia（非牢骚非阿）译言爱智学者欤。……后人遂以爱智名其学说。说见《明理探》。窃谓惟其爱也，故欲推极之。和译曰哲学，似泛。不如《大学》曰致知，兼含为学工夫。与希文更切，名义犹醒。况致知章既亡，则礼失求诸野，正可取西庠之说以捕之。……西哲言知：惟能了别事物之所以然者，方足以称。不知者，必询其所以所由，何因何故。不得，则心不安焉。……何贵有知，知此，乃可以诠致知学。曰：明通万物最后只原因，因性光以得之；明谓有所明了，通谓博通庶物，推极之工也。曰万物原因者，盖物物有所性，性性有所禀，为因为果，与人以研寻者，此天也。则万物万汇，讵无可汇之标准，或汇而万之，对望有相关。或万而汇之，天禀有大同。可以参详而识别之者，亦天也。……至于无共者，万品万汇之最大原因也。至于无别者，一品一汇之最上原因也。……于是吾之知识，乃通明夫万物。……以故学者须认定致知，即所以明我明德。明德在我，明知者我，以我明理之能，明我明德，非由外铄我也。……[1]

马先生的努力相当不易，但古汉语的表述方式已经让后人难以解读了。

---

① 马相伯，《致知浅说》，商务印书馆，1926年1月，第1-8页。

四、景幼南教授之见解

1932年，景幼南教授著《哲学新论》出版，其中专门提出有“知识哲学”一章，讲述他对于“知识哲学”的解析。例如他写道：

知识如何而发展？曰：由心心相感而发展。易言之，由众生相互刺激而发展。官感的知识，色声香味等，由吾自心、身体、外物三者交感而起。此其一。遇有利害关系时，则趋利避害应付环境的知识分途并进。此其二。语言、文字、教育、文化之传播，皆与知识相为因果、为进退者，而皆起众生之合群或从事社会的生活以后。社会的生活，心心相感之大端也。此其三。

诡辩派之菲薄知识，其动机或理由，不外下列四端：其一，自恃聪明，能颠倒世间之是非，遂谓世间无是非。……其二，思致不清，不能明辨世间之是非，遂亦谓世间无是非。……其三，人之知事物也，不能不假官感与思维。官感固属主观，思维尤属间接，如是则事物之自身，或自相，终不能为人所知，知识之不足恃于兹可见。……其四，此派又谓世间知识每为相对的或部分的真实。……

怀疑说之最易惑人者在是……一、此派谓一切思想不足恃。果何所恃而知其不足恃乎？果无所恃之理由或思想，而迳谓思想不足恃，不啻自认其武断或无理。果有所恃之理由或思想，不啻已自认此理由或思想为足恃者，尚安得谓一切思想不足恃？……二、思想之代表事物及其关系，为知字之本义，舍是别无所谓知。……三、感官或官感之自身，无所谓足恃与不足恃，视恃之者何如。……

修证派之菲薄知识，其动机或理由：……其一，以知识为一切痛苦罪恶纷争之源泉，遂主绝圣弃智，返于自然，所谓自然主义是。……其二，以智慧或理性的知识之不能尽知一切相叶，转而诉诸感情、意志、直觉、实证或启示的知识。启示智慧之进步无穷，虽不能尽知一切相，而不害其所知之日益加进。求知之士，舍此莫由。……

是非同异之知识，或真妄之判别，自有其普遍之准则，根于“此心同，此理同”之事实。然此所谓同与普遍，是比较的。若有人谓是非同异，并无普遍之准则，根于“此心异，此理异”之事实，与上所言可并行不悖，相反而相成。缘上所谓普遍，是比较的；而此所谓普遍，是绝对的故也。……符合实际者，吾人之知识或思想及其间关系，能代表实际事物及其间关系之谓。此说可谓为是非真妄之文字的注解，而不足为准则，是解释问题，而非解答问题者。缘“符合”“能代表”其义与同异之同，是非之是，并无二致。符合与不符合，能代表与不能代表，其准则若何？仍是问题。此问题非他，仍即是非真妄之准则问题。……经验或实验只足为推知之根据之辅佐，而不足为推知之准则明甚。

实用派所叮咛致意者，知识与生活，或苦乐利害之关系。正确之知识可以指导生活使志达意满，渐入佳境，此则有之。若迳如狭义的使用说明，以能改良生活与否为知识正确与否之准则；以苦乐利害关系，带是非同异关系，实有大谬不然者。知识之有价值与否是知识与人间之关系，其正确与否是知识与事物间之关系，划然两事，宁可并论？……①

五、傅统先教授之知识程序

1933年，傅统先教授著《知识论纲要》出版，他在书中列出了“整个的知识程序”：

① 景幼南，《哲学新论》，南京书店，1932年5月，第10-40页。

整个知识的组织中，我们承认了主观能知道的心灵和客观被知道的物体，但是我不是赞成二元论，也不是多元论者。我以为它们两个就是一个，一个就是两个。总之，它们是知识一体的两方面而已。外界物质之所以发射出影响来，必定要有吾心的活动。吾心之活动之所以接受之，也必须外界有映入的影响。……知识是经验许多的层次组织而成，前节已经有一个纲领，兹列表说明如下：

神心（Divine Mind）

我心活动（My Mind activity）

判断（Judgement）

概念（Conception）

保持和记忆（Retention and Memory）

知觉（Perception）

感觉（Sensation）

官感张本（Sensory data）

物体之影响（Advenient influent）

一切知识的基础就是外界的物体所发射出来的影响。我们是秉着“天然是虔诚承认外界物体的存在。外界物体的本质乃是存在我们之知识范围之内。”……我们所知道的，就是凡我们知识一件对象，对象乃是一种映入的影响。从这影响而组织成了官感张本。所谓官感张本，就是由影响所发生的官感以作为感觉的原料。由多数官感张本组合拢来，于是成为感觉。感觉的集合又成为组织知觉的原料。……从许多的知觉中表现许多相同的现象，许多普遍的性质。这些从知觉而来的普遍性质就是组织概念的原料。对一件东西的概念就是对于许多同类的东西所含的普遍性的认识，和几个不同的概念加以布置，加以关系，然后产生所谓判断。聚所有之判断而有我心。集人类的心的活动互相交流，互相通译，而体觉有神心之存在。神心乃一切知识的焦点，包括一切的知识，

而有一切知识所不能知的心性质。……[1]

傅教授的见解有可商榷之处，笔者这里仅是介绍他的列表方式。

六、温公颐教授之认知方式

1937年，温公颐教授编译《哲学概论》出版，书中写道：

推理为“认知”之一程式，乃普遍公认者也。吾人设想由推理得睹环境之各面，即通常所谓吾人之知识是也。如是云云，乃属常识之事，决无争议之理由或见解之不同者。惟“推理”本身并非清楚之概念，至少有数种不同字推理样式。关于此点实有叙明知必要，盖普通并未明白认识之也。（A）先由“事实”之观察而后得结论，此推理之一方式也。……大多吾人之常识经验及所有自然科学均以此类推理为基础；此即通称为归纳的推理，或简称归纳法也。与此相反之另一种推理程式，即通称为演绎法是也。……归纳推理与演绎推理之重要差异，即在于二者有不同之出发点。二者均为由某事以推得另组某事之推理过程。结论之真理均由前提之真理推得。惟归纳前提之性质与演绎之前提异。在归纳推理中，其前提为一组假想之事实，或由观察得来之一组事态；而在演绎推理中，其前提为公理或定义，或为假定之某事，此即在推理过程中所默认之前提也。此种差异初看似不甚巨。然至少已足为二种推理之显著分别矣。……（B）与归纳推理及演绎推理之区别密切相联者，即

① 傅统先，《知识论纲要》，上海华丰印刷铸字所，1933年5月，第120-121页。

先验推理及后验推理之区别。……先验推理者即通常所谓绝对独立于直接经验之外之一种推理也。……后验推理则完全异是，盖此乃直接以观察之经验为基，且步步依靠于是也。……

另有一种认知的方式，其形式与推理之认知不同，此即直接之认知是也。……直观之认知……。

认知之对象必须具有意义之性质，且此意义之性质又为参考的及系统的。……即普通所谓判断作用至少为认知之一方式，盖判断作用乃公认为认识活动之一种，此即能无疑底透视意义之一种认识的活动也。……将此严格应用中之判断进程为精密之审核，即可发见进程之全部实均为鉴别意义与解释意义。审判者为了解当前待决之争议，必须有鉴别案情双方之意义；假案情能成立者，则争议双方所呈之冲突的要求，依其各自之权利必有意义，审判者在未进行作任何断结之前，必须对于每方所含之意义加以了别。复次，为进行断结计，审判者必须分别所求之有关于无关，重要与不重要的方面；如此对于要求之分析，实无异理解双方所含之意义。最后，审判得到之断结，争议之审判，实即为审判者对于案情所含意义之充分透视。最终之断案既得，则问题之意义已获完满之鉴别，其解释亦已完成。如是，则在如斯严格应用之判断进程，全部均不过为意义之鉴别与解释；起始时，意义之鉴别带疑难性；而到结局时，则意义已有充分之鉴别或解释也。……故无论何处，判断作用即是意义之鉴别与解释。此即吾人通常所称为认知也。认知某物即是判断某物之为如此如此；而判别某物之如此，正无异于解释其性质为有意义的。是故判断者乃认知之一方式也。……故无论何处，于判断中可有“认知”（Knowing）及“知彼”（Knowing that）之区别，故判断在原则上乃两种认知方式之合一也。……

历史的意义乃由历史家以表现之，或任何人想像的置身于过去的时代，因而了解其重要之特性者，亦为此义之表示。无论何时，人苟欲采取过去时代之观点，或了解过去时代之文化者，即须实施历史的意义。惟须注意者，即过去之参考并非此种心态之惟一要素，对于当代文化之了解，甚或与友人之谈论时，亦可表现历史之意义。……实质言之，历史的意义者即欲采他人之观点，或取相离甚远之观点，以为己有之唯一的机能。而此义之实习即一种想像的实验，由此想像之实验，历史之意义乃得完成。由上所述之意义言，则历史的意义确为认知之一方式。而且十分重要。所有一切了悟均含有此义，且假离此义者则理智之事业亦不能成为社会的。惟此认知之方式甚难称为非判断的。反之，其实仍为判断的也。置身于他时代或他人之观点，是即无异了别他人观点所含之意义。故谓学历史者能同情的领略过去之文化者，实则言彼能充分了解过去时代之意义；而且利用手头可得之材料，依分析与解释之法以领悟之。至于领略对话时友人之观点，原则亦与此同。于此亦须有了别与解释之作用。总之，凡能举为历史意义之例证者，其性质均与此同。由此推论之结果，似可不证无论何处之历史意义均为判断之方式。故若谓历史之意义惟绝对与判断不同之认知方式者，实无理由也。

美的鉴赏为人类最可宝贵之领有，当无容疑。……严格言之，实不能成为认知。自然，在鉴赏中可包有知识，如在复杂之情形时然。如是，则美的鉴赏当然包括判断作用；职是之故，美的奖赏可谓相当之保护，且可以相当的培养而获得之。然若仅为物象之欣赏时，则甚难称为认知事物也。……虽然，创造的相像似有不同之立脚点。无论如何，在伟大文艺家之所示，创造的想像力乃一种深入情境内部之透视，由是乃得生活之智慧与兴奋；依此此例证言，则创造的相像亦可名为认知之方式。然如是，又必决然为判断的也。例如诗人确为意义之推敲，注意其章节而且评价之。诗人之眼光乃由浓厚情感之言词表之，然此又不能抹杀下列事实，即其眼光之构成无论若何自由，然其了别意义则实与散文家无异。故其间必有判断活动之存在当下可言。盖内心必有所得，而且宣示其意义。至其所解意义之或真或误，于此无关，重要点则在意义之解释必为判断的耳。……然诗人之想像实为判断的。其实诗人及科学家之理智活动间有亲密之联系在。二者均运用想像之力，此无论何力均为判断的也。诗人之“把握”固不能变为科学家的，因科学家之研究乃更为辛苦的分析；然科学家之发见其领导的假设，则只有运用彼之创造的想像力。……

所谓神秘的眼光，当然不是其为非判断的。神秘家常言有一种“神秘之道”，以达于最后之光明；且此道显然为辛苦的。神秘家且告吾人以“神秘之道”必经若干阶段，决非容易通过，且以普通之辞描述之，虽详细处各家所述不同。惟有一点为各派之所同者，即以神秘之道非常识与科学之道，而为事物之直接与亲密的了悟之道。由直觉之修养与扩充，于是，与其所谓“绝对”或“究竟之义”冥然为一。其中所要之工作非判断意义、了别意义与解释意义之工作，乃为直达事物内心之精神的透视的工作。……①

温公颐教授强调并论述认知的多种方式，包括推理的认知、演绎的认知、直接的认知、直观的认知、判断的认知、历史的认知等，更讨论了美的鉴赏和神秘之道，包括各种例证。让读者从中获得许多学习认知的新概念，区分人们常见的一些思想误区。

七、张东荪教授之“知识即价值”论

1946年，张东荪教授著《知识与文化》，书中写道：

---

① 温公颐编译，《哲学概论》，商务印书馆，1937年4月，第44-77页。

我们的知识始终是“有所为”的，即英文所谓“Knowledge for”是也。断没有“无所为”的知识，英文知识本身自然而然是必有所为。详言之，即感觉是为了把细微的刺激变为一整片而起的，这样便较为便利。(即适应起来便利些。)知觉是为了把感觉上的单纯性质配合成意义而起的，这种便可使我们轻视感觉而特别注重于其配合中的意义。概念作用是为了把知觉所现的意义使之固定化而起的，这样便可使我们把意义移用于大体相同的其他地方。这样便与他人的心打通了。可见知识完全是为了便利与交通。便利就是有价值。至于交通亦是由便利而方办到。……须知外界并无固定的性质，外界亦不是一个东西；人们以为外界有固定的“性质”，是一个有条有理的东西，乃是出于误会，这个误会由于比附而起。外界只是若干“限点”而已，这些限点却都现于知识内，并不在知识外。所以我们可以说外界已就是可知的了。至于在知识方面，事由感觉起来作第一次的构造，再由知觉起来作第二次的构造，概念起来再作第三次的构造。所谓“心”，只是连续的构造而已。详言之，即感觉是由混合而成的构造品。这些构造品种即暗含有外界的限点。因为它们若与外界的限点相冲突，则它们自己就造不成功。是从它们能造成而言，即不啻表示外界限点是容许如此。所以我的知识论不是唯心论亦不是唯物论(实在论)，而只是一种多因交互主义。质言之，即主张外在者、感觉、知觉、概念，四种东西各有各的独立性质；却又四者混合在一起，不可分开；同时又是互相作用的，是互相影响的。即外在者左右感官知觉，感官知觉又左右概念，反之，概念解释感官知觉，感官知觉又混括外在者。我因此名之曰互相作用主义。这是讲四者互相影响，互相作用。但须知究竟感觉离外在者为近。知觉离外在者虽较远，然仍必含有感觉在内，故离不开外在者。至于概念作用不然，就是因为能以移用于他处，所以仍是腾离。即对于外在者真离开了。因此之故，我们可把四者互相作用而成的知识勉强分为二类。一类是“对物的知识”，亦可名为“实验知识”；另一类可名曰“非对物的知识”，或“非实验的知识”。……大概来说，对物的知识是由外而投入；而非对物的知识是由内而投之于外。虽则二者本来杂在一起，互相影响，但我们未来便于说明起见，把前者归至于经验，后者归至于文化。于是我们只有两种知识，一是个人经验上对物的知识；一是由概念有固定性可以入于他人心中遂致成为“非个人的”，即因此大家交互造成的文化知识。因为知识是为了便利，固然是为了本人的便利，然本人与他人打通，成为一个共同的，即只有对于本人更为的便利些。所以知识之有社会性，乃从知识的本性自然而演进以成的。在此，我要把五个观念连合在一起，即一为知识，二为生命，三为社会，四为文化，五为价值，这五个在根本上不啻一件事。须知知识是为了便利，而便利却就是为了活着，可以说就是生命。愈求便利当然愈求推广其范围，自成为社会，造成文化。这乃个人生命的放大。愈放大乃愈有用，即是愈有价值。所以这五个观念只是说明一件事。

我在哲学上有下列看法，即我相信宇宙确有一个自然之流，而个人生命亦即是这个流中之一流。所以生命可以说是个永久不断的逝去。至于这个逝流是否即是宇宙本相，我暂存而不论。不妨仿照斯宾塞名之曰“不可知界”，须知并不是真有那样的一个界，只是一个极限概念而已。但须知“生命”与“活着”是两件事。（于此把生命与活着都视为历程，并非实体。）生命是不断不停的逝去，而活着却是想在不断的逝流中稍稍停住。亦可以说这是相反的两个倾向，一个永逝，一个抗住。知识却与活着同一倾向，亦可以说知识就是代表活着。活着是想抗这个逝流而得稍住，则必须把流去的握着，使化为固定。这个作用却正就是知识所作的。所以知识乃是对于这个逝流中有所“抓着”（grasping）。所谓握着（即抓着），乃是说主观把客观摄收着了，因客观稍住遂致主观亦得稍住。乃是借有所握住而得自住，自住是“活着”，而所握着的则是知识。可见必须以知识表现生命。二者虽非同一，却是生命借知识为显现。我的此说和柏格森却颇有相同之处，但根本点又不一样。就是他把知识视为“智力”而不代表活着，以为是与生命相反的一个倾向。我则以为那个永逝永流的生命是无法讲的，只可置之不可知界，而不妨即以活着等于生命。

且须知把永逝不住的而使其稍住稍停，这亦就是价值。这是我们东方人对于价值的观念，而与西方不尽相同。但西方人普通所谓“Worth-While”，在字面上亦未尝无这种意思。所以知识本身就是价值。换言之，即有两个相反的倾向，一个是永逝长流，而绝无停住；一个是抗这个逝流而要有所握住。知识是后一个倾向，或可说，在后一个倾向，知识亦究代表活着。如果活着即等于生命，则知识与生命便是合一，不过不是那个逝流的那一方面罢了。换言之，即一个一个的知识由继续或堆积即表现活着。我这种握住说颇与怀特海所谓“objectification”相同。就是一个事物为其他事物所由成的成分，我们的知识没有对象是不会发生的，但不是描写对象，乃只是用这样的摄收对象来组成我们自己。故我主张知识即是所谓客观化。其实乃是用客观以造成主观。……

原来知识可以从几个方面来看。第一是把知识作为“历程”。这是心理学对于知识的看法。心理学把知识当作一种“动作”以研究之。……第二是把知识作为“评定”，这是哲学的观念，因为哲学对于知识不仅是要讲其性质，还必须讲其“实效”。所谓认识论其中心问题即在于此。……第三是把知识作为“产品”。须知所谓产品便不是只在当事者一个人的心中了。知识到了这步田地便成了“传具”（vehicle）。由你传给我，我又传给他。这一方面却可由社会学来研究之。……所以本书既不是社会学的知识论，又不是哲学上的知识论，更不是心理学的智力论，乃是会合哲学心理学社会学而成的一个知识论。[①]

---

① 张东荪，《知识与文化》，商务印书馆，1946 年 12 月再版，第 39–42 页。

张东荪教授在书里，不但诠释了他对于知识基本理念的认知，更难能可贵地创立了自己的知识论。笔者特别注意到他讲述的三点：

（1）我的知识论不是唯心论亦不是唯物论（实在论），而只是一种多因交互主义。质言之，即主张外在者、感觉、知觉、概念，四种东西各有各的独立性质；却又四者混合在一起，不可分开；同时又是互相作用的，是互相影响的。即外在者左右感官知觉，感官知觉又左右概念，反之，概念解释感官知觉，感官知觉又混括外在者。我因此名之曰互相作用主义。

（2）知识之有社会性，乃从知识的本性自然而演进以成的。在此，我要把五个观念连合在一起，即一为知识，二为生命，三为社会，四为文化，五为价值，这五个在根本上不啻一件事。须知知识是为了便利，而便利却就是为了活着，可以说就是生命。愈求便利当然愈求推广其范围，自成为社会，造成文化。这乃个人生命的放大。愈放大乃愈有用，即是愈有价值。所以这五个观念只是说明一件事。

（3）我相信宇宙确有一个自然之流，而个人生命亦即是这个流中之一流。……须知把永逝不住的而使其稍住稍停，这亦就是价值。这是我们东方人对于价值的观念，而与西方不尽相同。……

我相信张教授的思想财富，能够给予后人以启迪。尤其是他自信地总结为“东方人的价值观”，是以他研究表达的中国传统哲学思想为基础，确实是了不起的思想。

八、金岳霖教授之《知识论》

金岳霖教授在 1948 年完成手稿《知识论》，这部近千页的巨著后来终于出版，表述了金教授对于“知识”的认知。书中写道：

知识底对象大致说来有两种，一是普遍的，一是特殊的；前者是普通所谓“理”，后者是普通所谓“事实”。……知识底内容也有两种，一是普遍的理，一是特殊的事实；但是因为对象与内容不同，也许我们要称普遍的为理念或念理，特殊的为意事或事意。我们求知有时能达，达则有所得。在普遍的方面有得实即普通所谓明理，在特殊的方面有得即普通所谓知事。知识底对象和内容底不同即前者与达或不达不相干，达是对象，不达也是；后者靠达，达然而有所得，此所得的才是内容。

任何学科都承认知识是可能的，任何学科都蕴含有知识底理，任何学科都至少有“假设”这一知识论。……知识论与任何学科都不同，它不仅承认有知识底理，它还要承认有一至当不移的知识底理，但是，它不假设任何一知识论。

学哲学的人似乎习惯于鄙视常识。常识底靠不住及无条理，我们当然承认，常识底需要修改，我们当然也承认。各种学问日日在修改常识中，我们也承认。可是，我们要请注意以下两点：（一）常识不能完全否定；（二）最初修改常识的仍为常识本身。说常识不能完全否认，也就是说我们不能完全抹杀常识。任何学问都不能凭空而起，它底出发点总直接或间接地利用常识。……如果我们完全抹杀常识，我们不会有出发点。常识确须修改，但修改常识最初利用的或最基本的工具仍总是常识。我们总是在常识中以某一部分的常识去修改另一部分的常识作为学问底出发点，或者利用常识中所有的意念产生常识中所无的意念。最初的懂似乎是常识地懂。……①

金教授呕心沥血之作，只为给年轻人一些认知的知识。他详细区分各种思想上的问题，给出了他的答案。

---

① 金岳霖，《知识论》，商务印书馆，1983 年 11 月，第 1–18 页。

九、学者们对于中国传统哲学思想的梳理——以胡适《中国哲学史大纲》卷上为例

近代中国哲学家们除了大量吸收西方哲学的体系、思想和方法之外，还进行了一项重要的梳理工作，就是梳理中国传统哲学思想的方方面面，出版了相当多的研究专著，有百余部以上，以阐述他们对于自己老祖宗思想言行的看法，热闹得很。他们以“中国哲学史（或思想史）”名义下的专著就有很多，这里仅能选列如下：

谢无量著	《中国哲学史》	1916 年 中华书局
胡适著	《中国哲学史大纲》卷上	1919 年 商务印书馆
梁启超著	《中国古代学术思想变迁史》	1925 年 群众图书公司
钟泰著	《中国哲学史》	1929 年 商务印书馆
冯友兰著	《中国哲学史》	1934 年 商务印书馆
孙其敏著	《中国学术思想史》	1932 年 世界书局
杨东莼著	《中国学术史讲话》	1932 年 北新书局
杨大膺编	《中国思想》	1934 年 世界书局
蒋维乔、杨大膺编	《中国哲学史纲要》	1934 年 中华书局
范寿康著	《中国哲学史通论》	1937 年 上海开明书店
向林冰著	《中国哲学史纲要》	1939 年 生活书店
金公亮著	《中国哲学史》	1940 年 正中书局
侯外庐等著	《中国思想通史》第一卷	1947 年 新知书店
赵纪彬编著	《中国哲学思想》	1948 年 中华书局
蔡尚思著	《中国学术大纲》	1931 年 上海启智书局

还应该加上几本日本学者的研究成果：

高濑武次郎著，赵兰坪编译	《中国哲学史》	1925 年 暨南学校
渡边秀方著，刘侃元译	《中国哲学史概论》	1926 年 商务印书馆
宇野吉人著，王璧如译	《中国哲学概论》	1936 年 正中书局
武内义雄著，汪馥泉译	《中国哲学思想史》	1939 年 商务印书馆
秋泽修二著，郧由译	《中国哲学史》	1941 年 三通书局

显然，这种古代中国哲学思想文献的整理是很困难的，正如当年胡适博士在书中写道的：

哲学史有三个目的：一是明变，二是求因，三是评判。但是哲学史先须做了一番根本工夫，方才可望达到这三个目的。这个根本工夫，叫做述学。述学，是用正确的手段，科学的方法，紧密的心思，从所有的史料里面，求出各位哲学家的一生行事、思想渊源沿革和学术的真面目。为什么说“学术的真面目”呢？因为古人读书编书最不细心，往往把不相干的人的学说并入某人的学说；或把假书作为真书；或把后人加入的篇章，作为原有的篇章；或不懂得古人的学说，遂致湮没了；或把古书解错了，遂失原意；或各用己意解古书，闹得后来众说纷纷、糊涂混乱。有此种障碍，遂把各家学说的真面目大半失掉了。至于哲学家一生行事和所居的时代，古人也不留意。老子可见杨朱；庄周可见鲁哀公；管子能说毛嫱、西施；墨子能见吴起之死和中山之灭；商鞅能知长平之战；韩非能说荆齐燕魏之亡。此类笑柄，不可胜数。《史记》说老子活了一百六十多岁，或言二百余岁，又说孔子死后一百二十九年，老子还不曾死。那种神话，更不足论了。哲学家的时代，既不分明，如何能知道他们思想的传授沿革？最荒谬的是汉朝刘歆、班固说诸子的学说都出于王官；又说："合其要归，亦六经之支与流裔。"诸子既都出于王官与六经，还有什么别的渊源传授可说？以上所说，可见"述学"之所以难，正为史料或不完备或不可靠。……[①]

何况，即使是文献理顺了，写作思想、方法与语言依然是决定性的，作为当时北京大学校长的蔡元培先生，他在给胡适教授书写的序中，就特别点出这些关键，以及他的见解。他写道：

先生到北京大学教授中国哲学史，才满一年。此一年的短时期中，成了这一编《中国古代哲学史大纲》可算是心灵手敏了。我曾细细读了一遍，看出其中几处的特长：第一是证明的方法。我们对于一个哲学家，若是不能考实他生存的时代，便不能知道他思想的来源；若不能辨别他遗著的真伪，便不能揭出他实在的主义；若不能知道他所用的辩证的方法，便不能发见他有无矛盾的议论。适之先生这大纲中，此三部分的研究，差不多占了全书三分之一，不但可以表示个人的苦心，并且为后来的学者开无数法门。第二是扼要的手段。中国民族的哲学思想远在老子、孔子之前，是无可疑的。但要从此等一半神话，一半政史的记载中，抽出纯粹的哲学思想，编成系统，没有穷年累月，是不能成功的。适之先生认定所讲的是中国古代哲学家的思想发达史，不是中国民族的哲学思想发达史，所以截断众流，从老子、孔子讲起，这是何等手段。第三是平等的眼光。古代评判哲学的，不是墨非儒，就是儒非墨。且同是儒家，荀子非孟子；崇拜孟子的人，又非荀子；汉宋儒者，崇拜孔子，排斥诸子；近人替诸子抱不平，又有意嘲弄孔子。这都是闹意气罢

① 胡适，《中国哲学史大纲》卷上，商务印书馆，1926年1月十二版，第10-11页。

了。适之先生此编，对于老子以后的诸子，各有各的长处，各有各的短处，都还他一个本来面目，是很平等的。第四是系统的研究。古人记学术的，都用平行法。我已说过了，适之先生此编，不但把孔墨两家有师承可考的，一一显出变迁的痕迹。便是从老子到韩非，古人画（划）分作道家和儒墨名法等家的，一经排比时代，比较论旨，都有递次演进的脉络可以表示。此真是古人所见不到的。以上四种特长，是较大的，其他较小的长处，读的人自能领会，我不必赘说了。我只盼望适之先生努力进行，由上古而中古、而近世，编成一部完全的《中国哲学史大纲》，把我们三千年来一半断烂、一半庞杂的哲学界，理出一个头绪来，给我们一种研究本国哲学史的门径，那真是我们的幸福了！①

笔者选择以上9位中国第一代哲学家们的论述，正是明示中国哲学家的求知、认知精神。他们脱离了以往桎梏的思维模式，摆脱了凝固的“金口玉言”的牢笼，他们畅所欲言，丝毫没有“话在嘴边留三分”的恐惧，反倒是凭着自己所学习到的知识，畅快淋漓地把新知识表述出来。从历史角度来看，这些新知识确实是中国人特别需要学习和掌握的，对于现代中国的文化建设起到了掌舵的作用。同时，他们在掌握新的研究方法、新的语言表述的背景下，又以空前的规模对于几千年来的中国哲学思想进行学习和梳理，获得空前的新认知，虽然这个梳理由于问题太复杂，至今依然在进行中，但已经让年轻人得以粗略把握，并且继续推向前进。

---

① 胡适，《中国哲学史大纲》卷上，商务印书馆，1926年1月十二版，第1–3页。

第二节

语言学界与辞书界之认知

世界上各民族的语言文字在历史社会长河中，都有一种“趋易”“趋利”“趋时”的倾向，为的是与时俱进。当然这并不等于纯然好事，在漫长的时光验证下，各自有各自的收获。中文作为最古老的语言文字之一，既成为民族凝聚力的一项因素，又成为民族对内对外交流的工具，更是人际间清晰准确表达情感的主要工具。任何一种语言文字，都可以分别从字形、字音、字义三方面进行安排，也就是追求“书同文”“字同音”“字同义”。中文在两千多年前被秦始皇提出“书同文”的要求以来，中文的书写也历经篆书、金文、隶书、楷书、草书等变迁；至于中文字音，历代皇帝也多有雄心，想规范中文字音，出版多种韵书。我们把唐、宋、元、明、清各代的韵书读音排在一起，也就发现其在不断地变化；而中文字义的关注规范则相当缺乏。最具有代表性的是1716年，以皇帝帝号署名的《康熙字典》出版，其中规范了中文字47035个，包括字形、字音、字义。这是中国封建时代语言学的代表作，但是其缺点也是明显的。它适合于儒家上层知识分子间作诗、写八股文、考试等使用，而对于已经在中国民间东南西北各地多年流行的中文字形、字音、字义全然不顾。也就是说，民间流行的中文已经是很不相同的了。我们拿1815年英国人马礼逊在澳门编辑出版的《华英字典》内容比较，就明白其中差别之大了。马礼逊的《华英字典》体例，除了部首214个不变，47035个字顺序也不差外，以英文读音代替中文反切音读，更关键是其字义和例句使用了大量当时中国民间常用的解释和说明，而且连排列也变成自左至右的横向排列，中文和英文平等排列，这就大大方便了当时和后来想要学习的中国人和西方人。后来在1866年，德国人罗存德在香港编辑出版《英华字典》，更是丰富了马礼逊的《华英字典》。只是可惜当年的中国人几乎没有人去学习和掌握，而来华人士则获得双向通道的话语权。

这种情况，正如政治家孙中山先生在1919年撰文提出的见解：

中国文言殊非一致。文字之源出于言语，而言语每随时代以变迁，至于为文，虽体制亦有古今之殊，要不能随言语而俱化。……汉后文字，踵事增华，而言语则各随所便。于是始所歧者甚仅而分道各驰，久且相距愈远。顾言语有变迁而无进化，而文字则虽仍古昔，其使用之技术实日见精研。……往往文字可达之意，言语不得而传。是则中国人非不善为文，而拙于用语者也。亦惟文字可传久远，故古人所作，模仿匪难。至于言语，非无杰出之士妙于修辞，而流风余韵，无所寄托，随时代而俱湮，故学者无所继承。然则文字有进化，而言语转而退步者，非无故矣。……中华制字以象形会意为主，所以言语随殊，而文字不能与之俱变，要之此不过为言语之不进步。而中国人民非有所阏于文字，历代能文之士，其所创作，突过外人，则公论所归也。盖中国文字成为一种美术，能文者直美术专门名家，既有天才，复以其终身之精力赴之，其造诣自不易及。惟举全国人民而范以一种美术，变本加厉，废绝他途，如上所述，斯其弊为世诟病耳。……夫有文法以规正言语，使全国习为普通知识，则由言语以知文法，由文法而进窥古人之文章，则升堂入室，有如反掌，而言文一致，亦可由此而恢复也。[①]

---

① 《孙文学说》，1919年，转引自《孙中山全集》第二册第三章，上海光华图书公司，第21–23页。

一、语言学界之认知活动

时光的演进，延续至鸦片战争后，更由于中国甲午海战之战败，激发中国一些有识之士，鼓吹变法维新。由于时代变革的急需，传统中文的字形、字音和字义都桎梏着交流的顺利进行，繁体字之复杂，官话与方言之纠缠，考试八股文之死板，都让学习者难上加难。于是变革整个中文体系被提到日程上来，自19世纪末期至20世纪初期，希望并鼓噪中文变革的声音就愈演愈烈，有识之士已开始尝试提出各种变革中文的具体方案。经过朝代转换，终于在1913年2月15日，以“国音统一会”为由头，在北京聚集开会，与会者80人，其中延聘员30余人，部派员10余人，各地代表30余人，选举吴稚晖为“会长”，王照为“副会长”。共开会97天，每天按照吴稚晖订的“九项进行程式”进行，由一人唱出某一音，大家评议，然后投票以多数人准。共审定6500多字音，音节单位共有477个，这就是“审定读音”。然后经过“归纳母韵”“采定字母”，再呈报教育部，获得批准。就这样，近代的这几十位学者，用了3个月时间，破天荒地通过民主协商，同时又是激烈的争论，为汉字的发音统一做出了伟大的贡献。虽然具体发音与使用中，新困难及问题很多，也不断地在整理改善，并且在学界中论辩之声不断，但是他们提出了注音字母作为汉字发音的统一标准与“拐棍”，为全民族的语言文化交流打开迅速发展的道路，为扫除民众中大多数的文盲提供了方法，也就为民族文化大发展建立了全新的基础。他们后来名之曰“国音”，成为国家法令，教育部公布“注音字母令”，随着学习中问题不断增多和改良，后来还演变成“国语罗马字拼音法式”，在全国推广，尤其是进入中、小学学习教材中，于是迅速在全国民众间得到认可并使用。[1]

随着“国音”之认定和推广，这些学者们更加热情高涨。1917 年元旦，黎锦熙、陈懋治先生等共 86 人，在北京成立“中华民国国语研究会”，以蔡元培为会长。该会以“研究本国语，选定标准，以备教育之用”为宗旨，陆续进行了大量的活动，即在全中国掀起“国语运动”。全民族自上到下，不管是主动或被动，需要交流的男女老少都卷进“中国语文改革运动”的洪流中，该运动分别从语言和文字两大角度进行改革，其情景如海啸般激荡不已。其内涵，可以用倪海曙教授当时写的书中表解来介绍如下：

- 中国语文改革运动
  - 语言的改革
    - 笔头语的口头化
      - 白话文运动：市民语代替贵族语
      - 大众语运动：大众语代替市民语
    - 口头语的共通化
      - 民族共通语运动：发展方言；建立普通话
      - 国语运动：指定标准语
  - 文字的改革
    - 汉字改良运动
      - 限制汉字的字数：平民千字课—基本汉字
      - 减省汉字笔画：简体字—简字—俗字—草书—手头字—复合字
      - 便利汉字读音：音节字—唯声字—新形声字—注音汉字—别字
    - 拼音文字运动
      - 教会罗马字运动
      - 切音字
        - 中式：速记系—假名系—篆文系—草书系—象数系—音义系—杂系
        - 西式：各家拉丁字母切音方案
      - 注音字母运动
      - 国语罗马字运动
      - 拉丁化中国字运动[2]

---

① 钟少华，《中文之变革》，广西师范大学出版社，2017 年 4 月。

② 倪海曙，《中国拼音文字概论》，时代书报出版社，1948 年，第 22 页。

显然，这个表所表示的，已经涵盖近代中国语文的方方面面，也确实在其间出现过大量争论和行动，并且确实取得了丰硕成果，当然也留下一些问题，但难以在此展开全面研究，这里仅简单介绍几个方面的变革情况。

（一）白话文和文言文

在古代没有白话文与文言文的问题，只有实践的需要。两者间产生的问题，是近代中文里出现的问题，辩论得相当复杂。《新青年》杂志的同仁们为了鼓吹“国语的文学，文学的国语”，并且要“打老虎”（《甲寅》杂志），就大张旗鼓地硬将白话文与文言文区分成势不两立的敌对势力，占据论战的制高点，引经据典，为民请命，令人眼花缭乱，其实就是把白话文与文言文这两个亲兄弟硬搅成互相排斥的“非我族类”。而且争论至今，似乎争斗的兴趣正浓。但是平心而论，到底白话文与文言文之间有没有问题，需要不需要如此讨论，在今天看来似乎也是问题。依笔者愚见，白话文与文言文是中文表述的两种形式，全用中文写，全表述作者的语义，因此它们是亲兄弟般的血缘关系。只是它们表述的特点不同，有各自不同的要求。在19世纪中叶以前，中文里连“文言文”“白话文”这两个词都没有，只有“文言”“白话”这两个词。只是汉以后（元代除外），多数统治者选用“文言文”为官方主选，并且运用在考试制度中，导致中国书生们穷年白发于其中，八股文章固然做得越来越漂亮，但也就把自己的思维凝固住了；而民间民众由于识字比例颇低，为了交流清晰，大家只能在生活中逐渐发展成“白话”和“白话文”。虽然积累下来的也有颇精彩凝练的史料，但经常缺乏修辞和文法，这样就常常被“高级知识分子”看不起，“白话”和“白话文”就很少进入“正史”。在不知不觉中，封建文化就把中文的运用方式区分成“上下”有别了。

由于时代变迁的需要，在19世纪末20世纪初，一些有识之士就运用“白话”来对民众宣传。可以举几个例子：1898年，裘廷梁先生创办的《无锡白话报》出版，后来将之汇编成“白话丛书”。裘先生为该丛书作序，名为《论白话为维新之本》，把“白话”与当时的国策“维新变法”扣在一起了。他写道：

独吾中国。有文字而不得谓智国。民识字而不得谓智民。何哉。裘廷梁曰。此文言之危害矣。……文字者，天下人公用之留声器也。文字之始。变化而已矣。……朝廷……文告皆白话。而后人一位佶屈难解者。年代绵邈。文字不变而语言变也。……后人不明斯理，必取古人言语与今人不相肖者。而魔（模）仿之。于是文与言判然为二。一人之身。而手足异国。实为二千年来文字一大厄。……请言白话之益。一曰省日力。……二曰除骄气。……三曰免枉读。……四曰保圣教。……五曰便幼学。……六曰炼心力。……七曰少弃才。……八曰便贫民。……[①]

1902年，英敛之先生在天津创办《大公报》，他将报中的白话文文章，汇集成《敝扫千金》出版。其第二集的序，是后来做“教育总长”的傅增湘写的，全文也是白话。他写道：

前日大公报主人送我一本书 名叫做敝扫千金 翻开来看 才知是大公报后页积年的白话 其中也有看过的 分为 开智 辨邪 合群 劝诫缠足寓言 五类 第一本先把开智一门印出发卖 不足十数天 几千本全卖完

① 裘廷梁编，“白话丛书”，1901年，第1-13页。

了 现在大公报主人恐怕看书的人 单看一类 易于厌烦 又把各类中捡好的印成第二本 要我作篇序言 我尝佩大公主人为人有气概 办事有血性 今要我作序是不能推辞的 但是这书明白浅显 妇孺皆知 为将来普及文明的张本 我要作一篇文章 长篇大牍 未尝不可 但文字越高雅 看的人越少 因此也仿做一篇白话 说与诸君听听 助攻要求富强 有说要开学堂 有说要练兵 有说要兴农工商矿诸事 平心而论 这都是极要紧的事 但我有一句总话 若民智不开 任凭你办什么 都不会好的 ……①

1906年，北京也有《正宗爱国报》类似汇集成一月一小本的白话文《暮鼓晨钟》出版。有人统计，清末十年间，全国各地出版的白话文报刊百余种，还有各种各样白话文体的文艺宣传作品。民国（1912年）以后，各种用白话文撰写的新知识的书、报、刊更加踊跃出版，以迎接新文化运动的新高潮。这自然引起一些自以为忧国忧民的国学大师的忧虑，典型的如林琴南先生发表致北京大学校长蔡元培的责难信，其中主要内容就是“一曰，覆孔孟，缠伦常；二曰，尽废古书，行用土语为文字。”于是蔡校长也在1918年公开回答挑战，以仔细考察北京大学教授们的新学术成果，以严密的逻辑和中外史实，给予林先生所代表的顽固观念全面而强有力的批驳，也就让全国读者得知，新型高等学府中出现了历史上从来未曾有的新科学、新民主，以及新语文的新风气。其中关于“白话”和“文言”之争的考察，蔡校长写了三条批驳的见解：

请先察“北京大学是否已尽废古文而专用白话？”……次考察“白话是否能达古书之义？”……又次考察“大学少数教员所提倡之白话之

---

① 英敛之，《敝扫千金》二集，傅增湘序，天津大公报社，1904年，第1-4页。

文学，是否与引车卖浆者所操之语相等？”

然后，他用三句话就总结道：“白话与文言，形式不同而已，内容一也。”[①]

蔡校长还曾讲过：

国文典问题，最重要的，就是白话与文言的竞争。我想将来白话派一定占优胜的。白话是用今人的话来传达今人的意思，是直接的。文言是用古人的话，来传达今人的意思，是间接的。间接的传达，写的人与读的人，都要费一番翻译的工夫，这是何苦来？……有人说：文言比白话有一种长处，就是简短，可以省写读的时间。但是脑子里翻译的时间，可以不算么？有人说：文言是统一中国的利器，换了白话，就怕各地方用他的本地的话，中国就分裂了。但是提倡白话的人，是要大家公用一种普通话借着写的白话，来统一各地方的话，并且用“读音统一会”所定的注音字母，来帮助他，哪里会分裂呢？要说是靠文言来统一中国，那些大多数不通文言的人，岂不屏斥在统一以外么？……[②]

不过，掀起文白之争的源头，应该是胡适教授。他在1917年的《新青年》杂志第二卷上发表了《文学改良刍议》一文，在文中提出了中国文学改良的“八事”，一年后，再修订为“八不主义”——第一，不做“言之无物”的文字；第二，不做“无病呻吟”的文字；第三，不用典。第四，不用套语滥词；第五，不重对偶——文须废骈，诗须废律；第

---

① 蔡元培《答林琴南书》，胡适编，载《中国新文学大系建设理论集》，上海良友图书印刷公司，1935年，第165–170页。

② 蔡元培《在女子高等师范学校演讲》，胡适编，载《中国新文学大系建设理论集》，上海良友图书印刷公司，1935年，第97–98页。

六，不做不合文法的文字；第七，不模仿古人；第八，不避俗语俗字。

接着他又提出四条肯定鼓励的要求：

一，要有话说，方才说话。这是“不做言之无物”一条的变相。二，有什么说，说什么话，就怎么说。这是（二）（三）（四）（五）（六）诸条的变相。三，要说我自己的话，别说别人的话。这是“不模仿古人”一条的变相。四，是什么时代的人，说什么时代的话。这是“不避俗语俗字”的变相。这是一半消极一般积极的主张。[①]

他还解释道：

读者不要误会：我并不曾说凡用白话做的书都是有价值有生命的。我说的是：用死了的文言决不能做出有生命有价值的文学来。这一千多年来的文学，凡是有真正文学价值的，没有一种不带白话的性质。没有一种不靠这“白话性质”的帮助。[②]

他的呼吁立即引来文学院长陈独秀的大声响应，发表《文学革命论》，将学术探讨上升到革命层面。而在全国各地积成深入的讨论和行动，众多学者参与讨论，更多的年轻人进行白话文实践，反对的声音也不绝于耳。终于造成语言文化的大变革，扩展出中文运用的空间，涌现出空前的白话文、白话诗等一系列作品，对古汉语的研究也用上了新思想、新方法和新史料，短时间内，就让全民族的语言文化走上新道路。

---

① 胡适《文学刍议》，载王世栋选编，《新文学评论》，上海新文化书社，第54–55页。
② 胡适《建设的文学革命》，载王世栋选编，《新文学评论》，上海新文化书社，第57页。

（二）简体字和繁体字

“繁体字”是20世纪才产生的新词，但该词所指，却是中华文化数千年来的结晶。这就让它承受了难以评估的重任，恐怕是连评估的标准也难以一致。首先是承认不承认中华传统有精品与糟粕之分；其次是承认不承认任何一个民族的文字，都会在漫长的岁月中自我进行字体、字义、字形、字音的调整或变换。要知道，被调整掉的，不一定就是糟粕。因此，我们认真讨论中文字体等问题时，有必要取得讨论者之间的共识。要不然，就只是添乱而已。

以往一般说法，中国文字是象形文字，古人每造一个字，其中都含有深意，所谓“仓颉造字鬼神泣”。这样说的根据是，东汉许慎所宣布的中文造字六法：象形、指事、会意、转注、形声、假借。其实这样说是有问题的，清朝人王筠就查过《说文解字》，明白数过《说文解字》中的九千余字，其中象形字264个，指事字129个，共393个，约占4%。后来到了《康熙字典》的47035个字，象形字就只占1%，如果勉强将会意字（1254个）也说成衍形文字，加起来多算一点，也就仅占6%。[①] 那么，我们应当说，象形字是汉字起源时期的一种造字方式，后来明显不够用，就用其他方式发展演变成新的字形。许慎并没有错，后人新造字也没有错，错在我们后人的诠释上面，硬是主观认准前人的某一判断，就“按指示办”了，永不变形或不变其诠释。至于说造字有深意，那看你如何理解“深意”了，有这么一个漫长的文化发展过程，没有深意才怪，但又能深到哪里去？深到中国人都不认识、不理解吗？重要的是，难道因为你理解或不理解的深意，就不允许再造有新义的新字、新词吗？我们能不能找一找中文字其中的变革

① 钱玄同，《减省现行汉字的笔画案》，载1922年教育部国语统一筹备会第四次大会；转引自黎锦熙，《建设的“大众语”文学》，1934年，第21页。

轨迹或模糊的规律呢？

事实上许多汉字一直在发生变形，其中深意也一直在发展变化中，正如在1892年首次提出汉字切音新字的卢戆章先生，他的文章就是从这里做起的。他写道：

字体代变，古时用云书鸟迹，降而用蝌蚪象形，有降而用篆隶八分，至汉改为八法，宋改为宋体字，皆趋易避难也。①

这“趋易避难”四个字，应该是世界各族语言变革中的普遍趋势或规律，显然也是近现代人的共识，只是不能绝对化，因为也有少数弃简用繁的实例，那是有其具体历史文化的缘故的。所谓“繁”“简”，只是一种相对的说法，根本无须上纲上线作原则问题。回看当年讨论此问题的语言专家们，他们的呼喊才更惊人呢，例如1926年由半官方的“国语统一筹备会”宣布的《国语罗马字拼音法式》引言上面，就大力批评传统造字的说法，文中写道：

我中华民族真是大大的不幸！不由“象物”（即象形）“象事”（即指事）进而走“象声”（即拼音）的顺路，乃被鬼挡墙，盘旋不进，牵强“形声”妄为拼合，竟弄得形既不像，声亦不谐，夹七杂八，不三不四；至所谓“比类合谊，以见指㧑”的“会意”办法，捕风捉影，胡乱拉扯，那更无聊已极，幼稚可笑了。造字之法，既已铸成大错，至于“转述”“假借”的用字方法，所谓“建类一首”和“依声托事”也者，也不过是走入牛犄角胡同以后的撞墙办法罢了。假使早经觉悟，此路不

① 卢戆章，《中国第一快切音新字》序；引自《清末文字改革文集》，文字改革出版社，1958年，第1页。

通，抹过头来，用了拼音文字，则那些单音之字，只统摄于几个声音之下，便用不着“同声相假”，也不必“辗转互训”，再不像那“初哉……始也”“皇上……君也”的麻烦了。那单音字自然不会“孳乳渐多”得奇形怪状的没人认识；复音词尽量发达，然也绝不会像“委蛇”“蜿蜒”同“科斗”“疙瘩”那样，一个语根会翻出几十个不同的写法来的。从前尽管削足适履的强言就字，生把活泼流利的复音语词，弄得呆滞死板，毫无生气。像咱们口里说的 Gulu（轱辘），文中偏要写用“轮”字，说的 Hulu 竟会沿用“壶”字；就这么违异主人的演讲，而有意无意地造作记录，试问遇到这样不忠实的速记生，主人翁能否容忍？……[①]

而胡适教授在 1923 年就写出更深刻的分析：

这二千年的中国的小百姓不但做了很惊人的文法革新，他们还做了一件同样惊人的革新事业：就是汉字形体上的大改革，就是“破体字”的创造与提倡。例如“萬”字改作“万”字，“劉”字改作“刘”字，……这些惊人的大改革，处处都合于“经济”的一个大的原则。胡适曾说过：“改变的动机是实用上的困难；改变的目的是要补救这种实用上的困难；改变的结果是应用能力的增加。”（《胡适文存三》，页三四）那几句话虽是为白话文法说的，但我现在用来褒扬破体字的改革，也是很正当的。小百姓总算尽了他们的力了；现在又轮到学者文人来做审查与追认的一步工夫了。[②]

---

① “国语统一筹备会”制定《国语罗马字拼音法式》，载《中国文字改革问题》，白占友编，天津南洋书店，1934 年，第 102–105 页。

② 胡适，《〈国语月刊改革号〉卷头言》，载《建设的“大众语”文学》，黎锦熙编，中国大辞典编纂处，1934 年，第 25–26 页。

在20世纪30年代，黎锦熙教授恰好曾在电台讲述简体字运动的情况，这里仅引述部分内容：

一、简体字的来源和名称

简体字的来源更早，可以说，中国自有文字以来就有简体字。……

二、简体字运动的经过

简体字运动，向来就是一个改良工具的小运动，并不是一个改造中国文字的大运动。这个运动，不过是让社会上的做教育的人，一致承认那些“不登大雅之堂”的俗体字、破体字等等，也有一天能够“登大雅之堂”，和正体字站在同等的地位，让那些大多数受教育的人，写起字来节省一点儿光阴；并不是主张把汉字一个一个地都要改造为简体字，因为那是做不到的，而且是不必要的。清朝末年，商务印书馆的高梦旦先生，就提议过这件事：他们出版的《教育杂志》，第一卷第一期就有陆费逵先生的一篇文章，题目是《普通教育当采用俗体字》。那时候还是宣统元年（1909年），那篇文章可以算是简体字运动的第一声炮。……这种麻烦，这种矛盾，是有一个大原因的，就是一千多年以来科举制度的余威，就是一百年以来赶考的生童和秀才们，奉为金科玉律的《字学举隅》那本书的余毒。《字学举隅》那本书是清道光咸丰年间一位翰林，广西人龙启瑞所著的书，书里规定许多字的写法，要怎样才是正体，写错了一笔半画就算破体，破体字要是误写在卷子里，不怕文章做得顶好，也是不取录的。……《字学举隅》规定的正体字，实在有许多是不古不今，无情无理的，早已被文字学家所讥笑，只因为它在这一百年之中，成了科举制度之下的写字工具的金科玉律，到现在还有无形的权威。……

三、简体字表的公布

民国二十四年八月二十一日，教育部正式公布第一批简体字表，这才使清朝末年到现在的简体字运动告一段落。

四、简体字应用上的原则

（一）简体字是已经在社会上通行的字，不是政府和学者们能够创造的；政府的公布，不过是表示“追认”。

（三）简体字的目的，在便利书写，不在便利阅读。便利阅读的乃是注音汉字，并不是简体字。

（八）……无论古今中外，凡文字都是两体并行的：一是印刷体，一是手写体。……对于简体字，偏重在写的训练，并不必把看到读到的书都照改；对于繁体字，偏重在看和读的训练，并不必教他们记住笔画、写得出来，要写就写简体字好了。……[①]

这里还有一处文献需要提到，那就是造成简体字运动提案本身，也明示当年学者对于汉字笔画的认知。那是在1922年，由钱玄同教授提出的“减省现行汉字的笔画案”，提出了减省笔画的理由和具体办法，其中写道：

现行的汉字，笔画太多，书写费时，是一种不适用的符号，为学术上、教育上之大障碍。……我以为改用拼音是治本的办法，减省现行汉字的笔画是治标的办法。……治标的办法实是目前最切要的办法。……应该从历史上证明减省汉字笔画的办法，是顺着自然趋势的事，是绝对的可能而且绝对的应该的事。……我们还不该急起直追，来干这减省汉字笔画的事业，以继续昔贤未竟的工作，减少今人无益的苦痛吗？……[②]

---

① 黎锦熙演讲稿，教育部教育司编，《教育播音讲演集》第二辑，商务印书馆，1937年，第66-73页。

② 钱玄同提案，见黎锦熙著，《建设的“大众语”文学》，中国大辞典编纂处，1934年，第20-26页。

此提案当时就被那些研究语言、研究教育的先生们通过，并且成立了“汉字省体委员会”。他们在十几年间做出了一些简体字谱、常用简体字表等，将几百个古代正字俗字的笔画统一成简体字，使其可以正式在书面上运用，但也留下了“后遗症”。

究其根本，近代突然冒出来的简繁体字之争，并非仅是为中文笔画多少，其背后是中国文字的命运与前途之争。当年就有许地山教授做出令人信服的评论，他写道：

文字有形音义三个成分，最初的文字都是表形的，由形解义，造字底任务已经完成。但是形无穷尽，纵然巧者可画，常人或不能尽解，于是象声象意底文字出现了。……文字底功用在记事，文化越高，超象的事越多，所以形穷于应付，而不得不用声音。可惜中国字停顿在象声上，未进到用音标或字母底途程。此种最大的原因在历来视文字为圣人所作，它底本身是神圣的，写过字底纸帛都要敬惜，更不敢谈改革了。其次，中国文字是视觉型的，人一读起来，便认得那字所代表底意义，因为视觉与文字底关系比听觉较为直接……中国字所以能维持这么久，这也是最重要的一个理由。……以今义解古书是最大的错误，而且很危险。研究文字学底人应以古义解古书为事。……现代的知识范围比二三百年前宽广到几十倍，必令人人深究六书然后为学，则势有所不能。因此我们不能不原谅写白字或手头字底人。我们写作，从时间计算起来，是比拼音字慢得多。拼音字可以用机器来写……假如汉字打字机底速率与面积可以同拼音字机一样，我们便没要求更改汉字底必要。而事实上，我们对于各种知识都要急求，慢钝的文字，怎能满足我们底需要呢？汉字底命运现在已走到一个不敷应用底时期。……固然我们舍不得抛弃了好几千年用惯了的东西，但是历来被我们和我们底祖先所抛弃底好文化遗产也有好些。文化大部分，是寄在语言文字上底，只是要记得所寄底是由语言文字所发表底概念，而不是死底语言文字本身。……我们底文化核心还是与孔子时代一样，是属于汉族底，中国底。所以从表义字进而为表音字，是不足怕的。……我们先要统一用词，换句话说是统一国语，才能统一国音。这一件事得等待知识底传播才办得到。所以我们不但要扫除文盲，并且要扫除愚暗。汉字在两种工作上，依我们的经验，是有点担当不起。最后一句话，文字是工具，在乎人怎么用它。如果用来寄寓颓废的概念，就是汉字也得受诅咒。我们要灌输知识给民众，当以内容为重，区区字形上底变更，有什么妨害呢？①

许教授心胸开阔，语重心长地给出了中国文字的乐观的命运，在20世纪40年代就预见到汉字打字机，即今天的中文电脑，会在中文的应用、规范和变革上所应该承担的重任，实在令人钦佩。

（三）标点符号

标点符号是公允的符号，写作者通过它将自己的语义尽量表述清楚，也让读者能够尽量准确明白作者的语义。这在古汉语中即使略有自行运用，也难以全面推广。明朝《永乐大典》，是按照皇帝的要求编纂抄写的，统一使用了一个符号，应该是刻好的小圆圈，沾朱砂盖印似的，盖在每一句之间，可当点断之用。到了清朝，皇帝要求编纂《康熙字典》时，连这小圆圈也撤掉了。后来，来华的一些外国人，在他们编辑翻译的一些中文书刊中，开始使用一些标点符号。而决心公开讨论中文标点符号的第一人，恐怕是王炳耀先生，他在1897年出版专著《拼音字谱》，书中专门列出“句义表”，列有8种标点符号。至于通过学术

---

① 许地山，《中国文字底命运》，载《国粹与国学》，商务印书馆，1947年，第129–136页。

讨论，并且力图在全国推广之、利用之，那已经是1916年，胡适教授撰文《论句读及文字符号》，发表在《科学》杂志2卷1期上面。他写道：

文字符号与句读，非一事也，剖文成句，析句尾读。《马氏文通》曰："凡有起词语而词意已全者，曰句；未全者，曰读。"是为句读之学。凡以示句读所在及其区别之符号，曰句读之符号。

文字之所以达意也，故凡可以使文字之意益达，旨益明者，皆所以补文字之功用，而助其进化者也。符号自兴，亦本此理，乃势所不获已。今世界文明国之文字皆有一定之符号，以补文字之不足。独吾汉文至今犹无规定之文字符号耳。今人皆知教育之必要；而不知教育非有适用之文字不为功，而文字非有符号者，而不能施诸庸众初学之士。至于童蒙，更无论矣。……不可不明无符号自害，及有之之利。（一）无符号则文字之意旨不能必达，而每多误会之虞。……（二）无符号则文字之用不能及于粗识字之人，而教育决不能收普及之效。……吾国人读书，盖有四难：吾国文字源出象形会意，无有字母，于其初学，已效他国为难，一也；字典不完备，不易检查，二也；此二难已足阻文明之进步矣。又况书籍无有句读符号，断句为艰，三也；其有符号者，又不完不尽，不足为助，四也。……①

接着，钱玄同教授、陈望道教授等人起而呼应，当时出版的一些新杂志中，多采用各种文字符号。于是，在1919年11月的国语统一筹备会上，由6人提议，胡适执笔提出："请颁行新式标点符号议案"，1920年2月教育部以《训令第五十三号》形式，发至各学校按照使用。这样，几千年的中文终于有了体系的标点符号。

① 胡适，《论句读及文字符号》，载《科学》杂志2卷1期，1916年1月，第89–121页。

（四）大众语文

20世纪30年代中期，中国社会上突然出现一个热词——大众语。在短短3个月时间内，在沪宁一带的许多报纸刊物，全都辟专栏来发表各种关于大众语的文章，有200篇左右。发表看法的有语言学界人士、政界人士、影艺界人士、民众代表等，上至教授名流，下至普通记者、社会闲人。其内容在今天看来令人目不暇接，就像今天网络上某个热词所引发的讨论，妙句丛生。这是我们民族文化的新思想，一种解脱枷锁、激情迸发的表现，当然也是当时文化发展的需要。

"大众语文"成为问题被提出来，是由于1932年宋杨先生发表的文章:《大众文艺的问题》。文中写道:

> 现在中国文字的情形是同时存在着许多种不认得文字的问题。……大众的语言事实上已经产生一种中国的普通话，以这种大都会里各省人用来互相谈话、演讲、说书的普通话，才是真正的现代中国语……总之，一切写的东西都应该拿读出来可以听得懂做标准，而且一定要是活人的话。①

后面接着各抒己见的学者可就多了，拙著《中文之变革》中就引述了陈子展、胡愈之、聂绀弩、陈望道、夏丏尊、傅东华、叶圣陶、寒白、陶行知、胡绳、丹枫、唐纳、许幸之、冯执中、吴稚晖、鲁迅、黎锦熙等一大批人的论述。这方面的争论可以说至今未断，本节只能从略。

---

① 宋杨，《大众文艺的问题》，载《文学月报》第一期；转引自聂绀弩，《从白话文到新文字》，上海大众文化出版社，1936年，第54页。

（五）国语运动

近代中国改革家们总算看明白，中华民族进步的根本在于将孩子们的教育推向与世界接轨的新方式、新内容。新方式就是不再死读书，科学安排时间与进度；新内容就是以“国语”的语言来学习人类知识遗产。于是在19世纪末，中华民族在面临空前巨大危险的压力下，做出一个伟大的举动，就是把实行了1000多年的科举制，以八股文录取人才的旧教育制度，连根拔去。到1905年，科举制被废除。这并非八股文本身之错，而是全民世纪进步的急需。

这样一来，中国的教育也就发生巨大的变革。1902年，梁启超发表《论教育当定宗旨》一文，他提出：

> 教育之意义，在养成一种特色之国民，使结团体，以自立竞存于列国之间，不能为一人之才与智云也。①

由此，新教育成为近代热议的大问题，并不断地在社会实践中改变。其中关键还是用什么语言、什么文字。“国语运动”就是适应时代认知需要的手段之一，它让全民族都得到学习的新机遇，从高级知识分子到不识字的平民都获得能共同利用的新工具，其普及的程度是空前的，其实际运作效果是良好的。到1920年，教育部令（第8号）宣布：

> 第四条　国语要旨，在使儿童学习普通语言文字，养成发表思想的能力；兼以启发其德智。首宜教授注音字母。辞授以单语词句之读法，

---

① 梁启超，《论教育当定宗旨》，载《饮冰室文集》卷29；转引自陈翊，《最近三十年中国教育史》，上海太平洋书店，1930年，第62页。

书法，作法。渐授以篇章之构成，并采用表演、问答、谈话、辩论诸法，使练习语言。读本宜取普通语体文，避用土语，并注重语法之程序。其材料，择其适应儿童心理并生活上所必需者，令记述之，以明敏正确为主。书法用字体，为楷书及行书。凡语言文字，在教授他科目时，亦宜注意练习。遇书写文字，务使端正敏捷，不宜潦草。[①]

但是胡适教授还是不满意，他提出一个理想的原则。在《中学国文的教授》一文中，他写道：

究竟我们期望中学毕业生的国文到什么程度？民国元年《中学校令施行细则》第三条说：国文要旨在通解普通语言文字，能自由发表思想，并使略解高深文章，涵养文学兴趣，兼以启发智德。这一条因为也是理想的，并不曾实行，故现在看来还没有什么大错误。即如“通解普通语言文字”一句，在当初不过是欺人的门面话，实在当时中学的国文与“普通语言”是无有关系的，但是到了现在国语进行的时候，这八个字反而更有意义了。又如“并使略解高深文字”一句，当日很难定一个界说，现在把国语和古文分开，把古文来解“高深文字”，这句话更容易界说了。元年定的理性标准，照这八年的成绩看来，可算得完全失败。失败的原因并不在理想太高，实在是因为方法大错了。标准定的是“通解普通语言文字”，但是事实上中学校教授的并不是普通的语言文字，乃是少数文人用的文字，语言更用不着了！标准又定“能自由发表思想”，但是事实上中学教员并不许学生自由发表思想，却硬要他们用千百年前的人的文章，学古人的声调文体，说古人的话——只不要自

① 黎锦熙，《国语运动》，商务印书馆，1933年，第76–77页。

由发表思想！事实上的方法和理想上的标准相差这样远，怪不得要失败了！我承认元年定的标准不算过高，故斟酌现在情形，暂定一个中学国文的理想标准：（1）人人能用国语（白话）自由发表思想——作文、演说、谈话——都能明白通畅，没有文法上的错误。（2）人人能看平易的古文书籍，如《二十四史》《资治通鉴》之类。（3）人人能作文法通顺的古文。（4）人人有懂得一点古文文学的机会。这些要求不算苛求吗？[①]

不管学者们的各种争论，事实上，国语运动在几十年间，席卷全中国，获得空前的成就，广大民众获得新式的学习机会，广泛运用语言文字工具，涌现出丰富、精彩的语言文字遗产，至今还在流通，更不用说年轻学者们受益了。由于内容太多，本书只能割爱。这里仅引建功先生（魏建功）的一篇短文，就可见一斑了。这篇短文是他于1925年所写，题为《摘译文体雅洁的教育总长停办北京女子师范大学呈文》。文章通过把章士钊总长的铿锵文风直译成白话文，加上一点说明，让新一代读者明白章总长古文内的腐朽思想。这里仅选后一部分：

（原文）其中流以上之家。凡未成年之女子。殆无不唯家长阿保之命是从。文质彬彬。至可爱敬。从未见有不受检制。竟体忘形。啸聚男生。污蔑长上。家族不知所出。浪士从而推波。伪托文明。肆为驰骋。谨愿者尽丧所守。狡黠者毫无忌惮。学纪大紊。礼教全荒。如吾国今日女学之可悲叹者也。

---

① 胡适编，《中学国文的教授》，载《中国新文学大系建设理论集》，上海良友图书印刷公司，1935年，第240–260页。

（译文）那中等以上的人家，凡是没有成年的女孩子，大概没有不是专门听从家长和女先生的命令的，她们那种文质彬彬的样子，很可以叫人爱怜敬仰，从来没有见过不受管束，忘记了自己是什么形体，喊招男学生聚在一起，看不起长辈上人，家族不晓得是谁生的（这句诗遵照“不知所出”四个字译的，附记），无赖汉从中推波助澜，假托了文明的名目任意瞎搅，老实的人把操守都丢尽了，浮滑的人没有一点忌惮，学校的风纪大乱，礼教完全抛荒，像我们中国现在的女学校那样可悲可叹的。

像上面这几段，哪里是教育当局应该说的话！村妇市侩互相诟骂，有时也还要有点分寸，而所谓堂堂教育总长的呈文竟是这样的“肆意诋諆”起来，这是雅洁吗！他骂白话文，但我们知道白话文是赤裸裸的真情文字，是有分寸有伦次的人话，不是表面文雅而内容扩鄙的“虎”话。……我始终懊恼，我不值得做这件翻译的工作……[①]

（六）新词语涌现

任何一个族群出现外来的或因外来而产生的新词语，都是族群的需要，也是交流进步的需要。中国作为古代文明大国，语言的滚动和积淀是十分明显的。当近代西方或东方新文化知识涌进来时，所形成的新字、新词、新概念，让全社会中的语文实用，新词义与旧字义混杂交流，实在是难为当年的学者们如何认知，这种状况是到现在也没有研究清楚，到底是有多少新词语被中国人接受，这些新词语的词义、词源如何。至今也只有少数几个学者在潜心研究，但离能够全面梳理清楚，恐怕还很远。例如罗常培教授就曾经分析过其中原因，他写道：

① 魏建功，《摘译文体雅洁的教育总长停办北京女子师范大学呈文》，载《国语周刊》第12期，钱玄同等主编，1925年8月30日，第9–10页。

第一，在闭关自守时代，中国一向以天朝自居，抱着内诸夏而外夷狄的态度。固有的哲学、宗教、艺术、文化，四裔诸邦很少能领略接受，因此语词的交流至多限于一些贸易的商品或官吏的头衔。第二，中国向来对于外国语不屑于深入研究，遇到有交流意见的必要也不过靠着几个通译的舌人，到底有若干语词流入异域，从来没有人注意过。第三，自从海禁大开以后，西洋人固然翻译了不少经典古籍，可是除去专名和不可意译的词句很少采取“声音替代”的借字法，就是有些借译词或描写词也容易被一般人所忽略。第四，汉语的方言太复杂，从一种方言借出去的字，说别种方言的人不见得能了解。因此就不觉得它是中国话。①

新词语的涌现，促进新文化表现和新社会的建立，形成五花八门、光怪陆离的语境，中国人是如何将外来字词译成汉字的呢？罗教授曾将之区分为：

（甲）发音的替代（Phonetic Substitution），就是把外国语词的发音转写下来，或混合外国语音和本地的意思造成新词。细分起来，再看列作四项：（1）纯译音的；（2）音兼义的；（3）音加义的；（4）译音误作译义的；……。

（乙）新谐声字（New Phonetic-compound），外国语借到中国后，本国的文人想把他们汉化，于是就接着原来的译音再应用传统的“飞禽按鸟，水族着鱼”的办法，硬把他们写成谐音字。在不明来源的人看，简直不能发现他们的外国色彩。这种办法由来已久。……

（丙）借译字（Loan-translation），当许多中国旧来没有的观念初从

① 罗常培，《语言与文化》，北京大学出版，1950年，第33页。

外国借来时，翻译的人不能把它们和旧观念印证，只好把原来的语词逐步直译下来，这就是所谓借译。这类借字大概以抽象名词居多。当佛法输入中国以后，佛经里有很多这一类的借译词。……

（丁）描写词（Descriptive Form），有些外来的东西找不到相等的本地名词，于是就造一个新词来描写它，或者在多少可以比较的本地物件上加上“胡”“洋”“番”“西”一类的字样，这就是所谓“描写词”。这种借字的方法从很早就有的。……[①]

罗教授的见解很到位，可以引用。只是其中一个缺点，就是对于近代新词语来源占多数的从日本汉字搬回来的词语没有介绍。日本在近代利用汉字词创造出大量对应西方新词语概念的词语，这说明汉字词本身具有巨大的生命力，能够在复杂变化的世界文化交流中充当桥梁作用，只是我们民族没有及时利用自己的词语去与世界词语交流罢了。清末留学生以梁启超为首，从日本搬运回来大量日本新汉字词，尽管其中字词的词义已经与传统汉字语义有区别，但是囫囵吞枣地搬进来，好处与缺点都有，其中内涵情况如何，至今也还是鲜少研究。例如谭汝谦、林启彦翻译实藤惠秀教授著《中国人留学日本史》中，罗列中国人承认的从日本引进的新词是844个。但是据上海作新社在1908年编译出版的《东中大辞典》中，内收字词“三万五千八百余语，凡日本现用之雅语、俗语、新语、古语及政治、经济、哲学、伦理等形而上之术语，理化、博物、天文、地文等形而下诸学之术语，以及日本书报、华译新书中散见之语，莫不广

① 罗常培，《语言与文化》，北京大学出版，1950年，第29–32页。

加搜罗，罗列篇中”。[①] 显然，844 与 35800 的数字差距太大了，研究其理难度较大。

而在近代社会中，则是滥用一气，有谩骂的，有挖苦的，有乱用的，也有力图考察的，有力赞的，等等。清政府曾经成立学部编订名词馆，任命严复做总纂官，负责审定各科中外名词。后来在民国成立国立编译馆，总共也才规范了 150 种专业中英文名词，不足以被社会运用，离解决新词语的内涵还很远。而且至今还是难以明晰。本书只能选择一段当年用例，不足以为代表，权当笑话：

民权之现象

有曾为县令者。既罢职乃至上海。见新学家每每谈民权自由之说。曰。泰西强国，莫不重民权。唯中国无之。此中国百姓之所以哭也。亦中国国势之所以积弱也。此罢职之县令。瞠目而视曰。汝等不讲官权。专讲民权。叫汝等去做几天官。才知道这个难处呢。且中国何尝无民权。只怕中国的民权。比外国还厉害呢。众问中国之民权安在。对曰。我做知县时。有一班抗粮的顽户。凭你比煞。他总不肯来完钱粮。你说他的权大不大。[②]

（七）中文新文法探讨

中国字的结构是以单个方块字为基本，它的单字字义在漫长的历史中发生了各种变化。但当我们用中文字组词、组句的时候，其灵活性是其他古老文字难以望其项背的。我们不需要语尾变化，就可以很

---

① ［日］实藤惠秀著，谭汝谦、林启彦译，《中国人留学日本史》，香港中文大学出版社，1982 年。

② 《民权之现象》，载科学社图书发行所编，《俏皮话》，汇通印局，1909 年，第 3 页。

轻松地在一个字前面和后面加上一个字，就似搭积木，立即就出现另一个具有很大区别的词义。如果再多加几个单字组成一句话，那几个单字就能组合出更多不同的词义、句义。写出来会有不同，念出来更会有变化。因此，古人玩弄辞藻得其所哉，也就无须以文法来规范、约束自己的表述。不过，这样的遗产对于后来的读书人来说，就成为沉重的负担，一生苦读背诵也难以准确把握古文中的种种文义。

虽然在古汉语中，像“文法”“语法”“文典”“修辞”等词早就出现。但系统研究汉语文法，却是西方人自16世纪中叶开始的，到19世纪已经取得很多成果。如德国学者甲柏连孜（Georg von der Gabelentz）在1881年出版《汉文经纬》巨著，书中已经对于古汉语语法建立了科学的分析系统。[①] 正如1895年的美国驻华使馆代办何天爵（Holcombe Chester）在他的书中提道：

汉语是迄今为止世界上最古老的一门语言，……自从汉语形成以来，不管在其语音的结构或者书写方式等方面它都没有经历过重要而本质的变化。正如其他民族的语言一样，汉语也有一个不断自我发展、新陈代谢的过程。新的内容要求有新的文字表达符号。一些字由于其表达意义的变化或者流失而不再通用。然而这个民族勤劳节俭的习惯似乎也表现在它的遣词造句方面。他们在不断创造和使用新字词的同时，旧的字词并没有被彻底抛弃。其结果，便造成了一个没有人能够数得清的异常庞大丰富的词汇系列。……中国人有着一种迂腐的卖弄学问的习尚，具体表现在他们喜欢寻章摘句、堆砌辞藻，引用一些久已为人们所遗忘的字

① 〔德〕甲柏连孜著，姚小平译，《汉文经纬》，外语教学与研究出版社，2015年10月。

词以故作高深。……这种做法极大地增加了学习和研究汉语的困难，使它变成了一件无边无际的苦差事。……研究汉语的外国学者不仅学习用汉语讲话和进行思考，他还可以通过汉语而认识和理解讲汉语的这一民族的思想观念、价值标准等。每个字都是一幅它所要表达概念意义的逼真图像。……造汉字的另一种方法便是将这些简单的表示事物的象形笔画（文字）进行合成，以表达抽象的思想和概念，而不是实际的事物。……所幸的是汉语的语法没有给外国学者带来什么麻烦。其语法相当简单，就像根本不存在一样。其中的词汇好像随着岁月的流逝和长期的使用已被消磨得溜光圆滑，几乎可以随心所欲地让它们充当句子中任何成分，并赋予它们所需的词性。只要使用者喜欢，他可以随手拈来，让一个字充当名词、动词、副词或者形容词，或者其他的任何辅助词性。时态、语气、人称、性和数在汉语中都不存在。而正是由于汉语中没有动词的时态变化、没有前缀后缀以及一整套的情态动词，因此同英语相比，其独特之处便格外引人注目。在汉语中，单独的一个字只能代表其基本含义，其具体的、特殊的意义要视上下文的内容去研究。……虽然汉语能够表达各种各样的具体和抽象的内容，以及各种各样复杂微妙的措辞和语义，而我们也可以说，汉语里许多对不同意义内容的精确表述在英语里是难以做到的。但是在另一方面，英语民族的许多事物在汉语中也根本找不到它们的影子——我们的许多概念在汉语中根本没有与之对应的表述。造成这一现象的根本原因在于，那些概念对于中国人来说是完全陌生的，它们根本没有接触过其具体内容是什么。比如我们的科技语言。①

① ［美］何天爵著，鞠方安译，《真正的中国佬》，光明日报出版社，1998年，第36–43页。

1898年，马建忠先生著的《马氏文通》出版，以实字和虚字来作为汉语字的两大类，逐渐形成对于古汉语文法研究的一个系列。但是在实际运用语法中，按照此思路却是问题很多。近代汉语语法的基本建构，是章士钊先生在1907年于日本出版的《初等国文典》中开始。1909年，该书改名为《中等国文典》，经过学部审定，成为中学和师范学堂的课本，在国内影响广泛。书中对于汉语语法的用词和内涵，多有说明。到了1924年，黎锦熙教授著《新著国语文法》出版，则是开创了白话体文法的运用。而在其先后，以“修辞学”名义的汉语文法书也陆续登场。于是，汉语文法的研究与运用，就形成“古汉语文法学”“白话文法学”“修辞学”三大系列，各说各的。但深究的话，文法的最终目标是修辞，而修辞的最终目标是文法，应该是一回事，但却又在使用中一直未能统一，可见汉语的文法研究依然前途漫漫。

二、辞书界之认知活动

中国古代有一些字典类型的工具书，以1716年出版的《康熙字典》为代表。从明朝至清朝，还有一系列“类书”出版。到了近代变革时期，这两类工具书已经远远不能满足全民族对于认知的探求，于是涌现出辞典、辞书和国语字典这样的新型工具书。几十年间，如果不统计其中中外双语辞书数量，笔者统计到的近代新式中文辞书，有450部左右，学科内容涉及哲学、语言学、自然科学、工程技术、社会科学、百科等方面。其体例是吸收西方辞书的原则，超越传统字典的框架；其条目的编写是以公允性和工具性为基本，排除封建性；其知识面是人类知识的全面阐述，而且十分丰富；其词义的诠释也是白话体为主的新知识，其实用工具性十分明确。由此也就涌现出一批编纂和编译辞书的人才，获得民众的欢迎，让全社会获得一个新知识平台，也就形成几千年来也没有出现过的辞书学界。

百科辞书的工具性和公允性是辞书质量的保证，需要主编们具有深厚的学术知识和学术的自律精神，当然也需要出版商们的魄力和眼光。由于每一个字词条目的产生，就是一个语义的估定，即一些观念经过整理升华成为概念，这是对于条目撰写人的学力的考验，更是需要掌握知识的作者的辛勤劳动，才有可能获得每一个字词的公允性概念。同时，一部辞书的整体结构需要主编们的独到眼光，安排整理的知识要科学、准确和全面，才有可能获得时代的认同，并引领民众学习、运用。百科辞书实际上等于是在整体文化基础上浓缩的新产品，也就是全面提升民族知识的新工具。近代辞书的涌现，是对传统字书的突破，它已经能够全面对汉语字词的形、音、义给出新的符合时代需求的定义及规范性范式，更大大增加了新知识的数量和质量。

百科辞书的条目内容，从哲学角度看，基本上就是概念；从语言学角度看，就是词义、语义；从辞典学角度看，就是条目的编写。如此撰写的小文章，在古代中国学术中是很少出现的。古人的八股文是格式化的，不用说了；古人的小论述文，也是以抒发情感为主，个人的政治观念为主，而非知识的准确叙述。而条目的概念的清晰、准确，则是近代辞书条目的生命线。笔者曾写有两部专著：《人类知识的新工具——中日近代百科全书研究》和《中国近代辞书指要》，它们已经介绍了这些辞书的方方面面，包括国音字典辞典、语言类辞书、自然科学类辞书、社会科学类辞书等，这里就不再细述。仅略介绍四部近代中文辞书，以见一斑。[①]

---

① 钟少华，《人类知识的新工具——中日近代百科全书研究》，北京图书馆出版社，1996年12月；钟少华，《中国近代辞书指要》，商务印书馆，2017年5月。

（一）《普通百科新大辞典》

东吴大学黄摩西教授编，15 册 2 函线装，宣统三年（1911 年）五月，上海国学扶轮社印行。该书总类分为政治、教育、格致、实业四大类，下面再分成 63 门，涵盖近代新旧知识各方面，共收词条 11865 条，约 60 万字。每一个条目皆有编号，并注明专门分类。其内容广录博取，科学概念准确，重视国内外新知识，并且反映编者思想倾向，可谓接近近代文明水准。黄教授在书中“凡例”写道：

凡例一：本书搜集一切学语，调查种种专门学书籍为基础，中外兼赅，百科并蓄，以适用于教员考检，学子自修为宗旨。

凡例一：吾国新名词，大半由日本过渡输入。然所用汉字，有与吾国习用者相同，而义实悬殊者，又有吾浑而彼画易涉嫌似者，皆随条分析。①

下选一个条目：

龍　十七画　動　二一三

吾国理想上之一种动物，相传能自由变化——兴云布雨——穿金洞石。或言有目击者，未知系幻觉否。惟中外记载，皆有龙之名。释典谓龙有胎卵湿化四生，而研究地质学者，每于地层发见大动物，与所谓龍者相似，故亦以龙名之。特今已绝种，则安知吾国古所谓龙者，不同此例。或退化而失其变化。（西报载船过南洋，有十余丈之黄色四足蛇随行数日，安知非即黄龙夹舟故事耶。）故龙有无之问题，尚难解决也。

① 黄摩西编，《普通百科新大辞典》，上海国学扶轮社，1911 年 5 月。

又古者，龙雷并称，谓龙之作用，亦系由一动物，鸡爪豕首而人身，此则断不可信矣。①

（二）《辞源》

陆尔奎等人率商务印书馆同仁约50人合编的《辞源》，在1915年初出版，收录单字13000个，组词约10万条，排列仍按照《康熙字典》的214个部首。其就有甲乙丙丁戊五种版式，书后还附有表格数种。该书编纂耗时8年，为20世纪中文辞书树立了一个好榜样，沿用至今。书前仅有陆尔奎先生写的《辞源说略》8条，明晰他们编书的思想。这里仅选部分（原文无标点，现在加上）如下：

辞书之与字书　积点画以成形体，有音有义者，谓之字。用以标识事物。可名可言者，谓之辞。古谓一字曰一言。辞书与字书，体用虽异，非二物也。……凡读书而有疑问，其所指者，字也；其所问者，皆辞也。……非胪举而尽列之，无以见其义，亦无以尽其用。故有字书不可无辞书，有单辞不可无复辞。此书仍以《新字典》之单字提纲，下列复辞。虽与《新字典》同一意向，而于应用上或为较备至。与字书之性质，则迥乎不侔也。

辞书之与类书　……辞书以补助知识为职志。凡成一名辞，为知识所应有。文字能达者，皆辞书所载也。举其出处，释其意义，辨其异同，订其讹谬，凡为检查者所欲知，皆辞书所当载也。供一般社会之用，非徒为文人学士之用，皆辞书也。

辞书之注释　普通辞书注释，必以简明为主。然辞有引申假借，有

① 黄摩西编，《普通百科新大辞典》，第15册，上海国学扶轮社，1911年5月，第29页。

沿革变迁。举甲不能遗乙，有委不能无源。往往一辞而有数义，一义而有数说。且法律名辞、科学名辞、各家著书，率自标定义。因范围之广狭，遂生术语之异同。欲调停众说，即难免辞费，至形容实物，并及其性质功用；叙述故事，并及其因革源流。窃谓辞书既以解释疑义，必使阅者疑义尽释，方伟尽职。

编纂此书之缘起　癸卯甲辰之际，海上译籍初行，社会口语骤变，报纸鼓吹文明，法学哲理名辞，稠叠盈幅。然行之内地，则积极消极，内籀外籀，皆不知为何语。由是缙绅先生，摒绝勿观，率以新学相诟病。及游学少年，续续返国，欲知国家之掌故，乡土之旧闻，则典籍志乘，浩如烟海，征文考献，反不如寄居异国，其国之政教礼俗，可以展卷即得。由是欲毁坏一切，以言革新。又竞以旧学为迂阔，新旧扞格，文化弗进。……因纵论及于辞书。谓一国之文化，常与其辞书相比例。吾国博物院、图书馆未能遍设，所以补充知识者，莫急于此。且言人之智力，因蓄疑而不得其解，则必疲钝萎缩。甚至穿凿附会，养成似是而非之学术。古以好问为美德，安得好学之士，有疑必问。又安得宏雅之儒，有问必答。国无辞书，无文化可言也。……①

“国无辞书，无文化可言也。”说得多么好呀。

（三）《王云五大辞典》

王云五先生编著的《王云五大辞典》，商务印书馆在1930年出版，有1600多页。这是一部影响颇大的辞典，主要是因为王云五先生所发明的四角号码检字法。他将汉字笔画分为10种，各以号码来代表：

---

① 陆尔奎等编，《辞源说略》，商务印书馆，1915年10月。

号码：0 1 2 3 4 5 6 7 8 9

笔名：头 横 垂 点 叉 插 方 角 八 小

胡适教授特为此在该书的封面上作“笔画号码歌”：

一横二垂三点捺，

点下带横变零头；

叉四插五方块六，

七角八八小是九。[①]

王云五在序中写道：

《辞源》的编辑在新学兴起以后，应时势的要求，于单字以外，搜罗新旧必要的词语：旧的方面，注其出处，以举例为解释；新的方面，注其意义，为简单的说明。这真是既有用的一部书，无怪其风行全国，取《康熙字典》的地位而代之。但是该书的检查方面仍依《康熙字典》部首，卷首虽附有难字检查表，实际上仍不免有许多困难。……本书的编辑，也就是本着《辞源》诸君的初意。自从第二次改订四角号码检字法出世以来，两年之间，采用的人多至百万。……我以为一部理想的词典应该具备下列三条件：

（一）检查便捷；

（二）取材充分适宜；

（三）解释明白切当。

① 王云五编著，《王云五大辞典》，商务印书馆，1930年7月。

本书还有一种特点，为中外各种词典所无，就是附入极多的参考表。此项参考表计三十种，共一百五十四页，任何科学，任何知识，均括入其中。[①]

(四)《辞海》

舒新城等百余人编纂的《辞海》，中华书局在1936年12月出版上册，1937年8月出版下册。该书是可与《辞源》并驾齐驱的大型辞典，收单字约15000个，词目10万多条，检索目录还是依照214个部首，也用切音，不用国音和拼音，也有附录。黎锦熙教授在序中写道：

整理国故，吸收新知，最系统化的工作，就在编一部大类书；正名辨物，赏奇析疑，最具体化的工作，就在编一部大辞典。……辞典重在考释名物或语词在语文上的变迁。我借用了从前经学家底一个成语“正名辨物”和文学家一个成语“赏奇析疑”，试来说明辞典底性质和任务，似乎可以包括得尽。“正名辨物”是偏就名物字说的。物必有名，古今方俗用语不同，必须先就实物采定一个比较通用的标准名称，这就是“正名”。然后集合同物的异名，或异物的同名，考证辨明，确是某物，便注以该物的标准名称，这就是“辨物”。辞典中名物字最多，假如编大辞典没有这样的准备工作，那就只能类比旧说。有许多“名”终于不知道是什么“物”。或彼此缴绕，或前后冲突，概不负责，“纂诂”而已。……我臆定了考释旧籍中一切名物的公例六条：

一、实物类别，准现代科学专家所定。

二、古人疏于正名，故诸名纷歧，应视为方俗异文，只就声韵通转。

---

① 王云五编著，《王云五大辞典》序，商务印书馆，1930年7月。

三、古人疏于辨物，故诸说冲突，应视为见闻不同，只按时代排列。

四、若下断语，须审本文。

五、若行归纳，须按事实。

六、若证今俗，须广调查。[1]

掌握了哲学思想做指导，把握住语言文字的工具使用，各个学科的学人都迅速将自己的认知成果展现出来，也就有了今天的成功。

① 舒新城等编，黎锦熙序，《辞海》上册，中华书局，1936年12月。

第三节

自然科学界之认知

一、明清时期科学之引进

古汉语中有“科学”这个词，是“各科之学”的意思，与西方的“science”的语义相差很远。[①]不过中国一些古代哲人对于自然知识的好奇探求却是不断，我们只需看看英国李约瑟著的《中国科学技术史》，就能领略一二。古人的“致知在格物，格物而后知至”思想很是精彩，但一直没有找到致知的实践和实验方法。以王阳明为代表的“格竹子”的史实，就典型地说明了思路与方法的错误。王阳明对于“格竹子”失败的总结是“圣人是做不得的”，这样的误导更让后人却步。

而西方科学知识则早在明朝后期就较为清晰地传入中国，可以以利玛窦与徐光启合作翻译的《几何原本》为标志。出现了徐光启、王徵、李之藻、宋应星、方以智等学者，他们多与西方来客合作，编译出版各种科技书籍，笔者统计共有145种：数学38种；天文历书64

① 钟少华，《从近代书籍看中西科学技术交流》，后附《西方科技东流书刊目录（1607—1911年）》，原载法国《欧亚学报》第二辑，1987年；台湾清华大学《中国科技史通讯》，1993年第6期至1996年11期连载。

种；应用科技14种；地学7种；其他22种。其中不少还曾收进中国官方出版大型类书中，例如《崇祯新法历书》137卷、《天学初函》52卷、《数理精蕴》53卷、《历象考成》26卷、《仪象考成》52卷等。

可惜这种正常的交流被长时间打断，到200年后的洋务运动中才重新启动。例如李善兰与英国人伟烈亚力合作翻译《几何原本》后9卷，恰好在徐光启和利玛窦之后25年，奠定了新的数学知识在中国的基础。而美国人傅兰雅在江南制造局内，与徐寿、华蘅芳、李善兰等人合作，翻译出版了数十部新科技书籍，内容涵盖数学、物理学、化学、军事、地学、生物学、医学、农学、技术等方面。他还在上海创办“格致书院”，作为传播与交流的基地；并主持大型科学杂志《格致汇编》的编纂出版工作，成为中国第一部大型定期科学刊物。据统计，江南制造局在1868年至1879年之间，共出版译书98种，其中大多数为科技书籍。而清末一些中国学者，也写出一些科技书籍，如刘光照写的物理、杜亚泉写的化学、沈敦和写的兵书、王先谦写的地理、罗振玉写的农学、黄摩西写的百科等。笔者统计：清朝末年出版的科技书籍有1798种，其中数学212种，天文学61种，物理学109种，化学38种，兵学297种，地矿学206种，博物生物学88种，医学182种，农学206种，技术170种等。到清朝末年，新成立的许多大学中，就开设有各种专门科学技术课程；并且也有一些学人，组织成专门的科学团体，如“中华工程师会”“地学会”“农学会”“博医会”等。他们还编辑出版专门杂志，如《亚泉杂志》《科学一斑》《科学世界》《地学杂志》《博医汇报》《农学报》《武备杂志》等。

这里略引清末出版的部分科学知识书籍，以见一斑：

《几何学》　谢洪赉撰，1904年，商务印书馆

《代数学》　棣模甘撰，伟烈亚力译，华蘅芳笔，1883年，江南制造局

《代微积拾级》18 卷　伟烈亚力译，李善兰笔，1859 年，墨海书馆

《中西算学大成》100 卷　陈维祺撰，1897 年，博文书局

《机器算学》　梁和撰，1851 年

《谈天》19 卷　侯失勒著，伟烈亚力译，李善兰笔，1859 年，墨海书馆

《格物质学》　史砥尔著，潘慎文译，谢洪赉述，1894 年，基督教育会

《重学》　艾约瑟译，李善兰笔，1866 年，金陵书局

《电学》6 本　傅兰雅译，徐建寅笔，1879 年，江南制造局

《镜镜詅痴》5 卷　郑复光撰，达筠簃丛书本，1846 年

《化学新编》　福开森著，李天相译，1896 年，金陵汇文书院

《化学工艺》10 卷　能智著，傅兰雅、汪振声译，1898 年，江南制造局

《工学精义》　雷德邓尼著，陈逸儒译，1903 年，武昌繙译学堂

《地学浅释》38 卷　雷侠儿著，玛高温译，华蘅芳笔，1873 年，江南制造局

《人生地理学》　世界语言文学研究会编，1907 年

《瀛寰志略》10 卷　徐继畬撰，1848 年

《中国江海险要图志》22 志　伯利特辑，陈寿彭译，1900 年，上海经世文社

《金石识别》12 卷　代那著，玛高温译，华蘅芳笔，1872 年，江南制造局

《中国矿产志》　顾琅、周树人译编，1903 年

《博物新编》3 集　合信编，1855 年

《天演论》　赫胥黎著，严复译，1898 年

《物种由来》　达尔文著，马君武译，1903 年，开明书店

《天演学图解》2 册　霍德著，吴敬恒译，1911 年，文明书局

《生理学讲义》　宫入庆之助著，孙祖烈译，1911 年，上海医学书局

《动物学新编》　潘雅丽撰，基督教育会，1893 年

《植物学》8 卷　韦廉臣译，李善兰笔，1858 年

《全体新论》　合信、陈修堂编，1851 年

二、近代科学思想之躁动

西方科学思想与中国传统“格致”思想有很大的不同，原本古代中文里的“科学”一词在近代才被日本人利用，然后又以新概念出现在中文里，才具有了我们现代汉语所理解的“科学”一词的意义。由此早期“science”多译成“格致”，并普遍为中国学者们接受，科学思想借着“格致”这个词顺利进入中国，并不是“格致”变成了科学。

明末徐光启就曾经写道：

更有一种格物穷理之学，凡世间世外，万事万物之理，扣之无不河悬响答，丝分理解。……①

他写的“格物穷理之学”，应该就是16世纪西方的自然科学与哲学的混合体（natural philosophy）。那时候西方的科学基本上还是哲学奴隶，也不是中文“格致”的意思，但是开始注意科学是一种学问，而且很重要。

1877年，英国人慕维廉将培根的名著《新工具》翻译成《格致新法》，在《格致汇编》第二卷开始连载，接着成书出版。他在《格致新机重修诸学·自序》中写道：

曾子作大学一书，为初学入德之门，明明德之功，必以格物致知为先，而诚意正必修身继其后，千古遗传，大矣备矣，然犹未及乎天地，犹未赅乎物也，朱子所谓推及吾之知识，欲其所知无不尽，穷知事

---

① 徐光启，《〈泰西水法〉序》，1612年；转引自徐宗泽，《明清间耶稣会士译著提要》，中华书局，1949年2月，第308页。

物之理，欲其极处无不到，盖人之心灵莫不有知，而天下之物，莫不有理，若不因其已知之理，而求其未知之理，循其而造乎极，则必于理有未穷，而于知有不尽矣。今余译格致新机一书，揭其未知之理，穷其理而造其极，于是其道赅矣，其本得矣，扩充大学明德之功，益广格物致知之理。惟华人沾沾于诗书六艺之文，不究夫大本大原推下，而赅于格物，若能格物穷理，推原及本，则道日新，获益无穷矣。……[①]

1885年，英国人艾约瑟写成《格致总学启蒙》出版，书中针对67个科学问题，给予论证与分析。如第十一节“格致之学，即由各种测试辩论得知，绳束万物之理”，其中有这样的话：

凡世人所共知者，均应归于格致学纲领条目下耳，……格致家审察事理之美备法，既需圆满周到，复宜亲切详明，兼使无据之推测无机混淆于内。试验之法，可谓佐人审察事理之美辅助。……格致家之揆度物理，审察事情，每先将若许端事故，聚集一处，细为探索研求，繁琐也而使之简约，杂乱也而归一纯正，将其堪为提絜纲领者选拔出，以为应接其同类事物之准则。世间人之揣度物理，殆均不外乎是。……[②]

1905年，日本学者中岛力造著、田吴炤译《哲学新诠》出版，书中许多章节是讲述科学问题，仅标题就有：科学结果之总合与其批评；科学之起源；关于生物现象之科学进步与哲学问题之关系；哲学与科

① ［英］慕维廉译，《格致新机重修诸学·自序》，同文书会校订，1888年，第1页。
② ［英］艾约瑟译，《格致总学启蒙》11节，1885年；转引自上海著易堂再版，1896年，第9–11页。

学有密接之关系；科学之定义；科学之智识；科学之假定；科学者自身之实在；科学之分类；吾人当取之科学；科学遂入于哲学问题等。这里录部分：

科学者，第一乃先备认识之具，由是认识万物之活动，其事乃能出，乃假定，乃信种种之知识为确实，乃信吾之所知觉，为无空想之事实。……又科学者，以物体存在于天地间，与假定天地间。……又科学者，虽曰其物体中有因果之理法管辖之焉。……

科学者攻究心之作用，或物的事项之学。乃以是等之现象，为其对象也。反乎是而有哲学。……

吾人译为科学之语，英语谓 Science。此 Science 语，由腊丁语之 Scio 而出，即知之谓也。以前谓无论如何知识，皆包含者也。日常知识与科学的知识，虽有差别，决无后者非真实，前者非谬误之意也。……[①]

1902 年，严复作为一代师长，将科学理念运用到政治上，在他的《上皇帝万言书》中就写道：

陛下闻格物之说乎？格物家之言理也，以谓一物之完而不毁坚而离破也，必其中质点爱力至多，如磁铁吸铁然，互相牵吸维持，而后有以御外力而自存。及其腐败也，则质之爱力渐无抵制支持，而其物遂化。今中国之质点，亦可谓无爱力矣。以此而当外洋，犹以腐肉齿剑也。虽然陛下慎勿民智无良心，亦自反其所以附民者而已。夫附民之要，在得

---

① ［日］中岛力造著，田吴炤译，《哲学新诠》，原载上海《万国公报》9 年 10 卷，1897 年 11 月；转引自《新学汇编》卷 1，上海广学会，1898 年，第 26-30 页。

其心，心之精微，必不可以美言文具取也。[①]

而王国维先生则翻译《势力不灭论》一书，介绍能量守恒问题，文中写道：

此乃最广大之自然律，而一切自然力之动作，及其互相之关系，罔不遵之。其相像上之理论，与学术上之应用，皆极有势力而且紧要者也。

艺术之进步，所负于自然科学者不少。自欧洲中世之末，机械之学，借数学之助，而为一最优秀之学问。其为学之性质，自与近世不同。人震于其成功也，以为天下之物，无所能出其范围者。于是达至繁难之问题焉，即冀造自动之器，而拟人与动物之功用者是已。……

我等由各种之自然力，而使他动物，非特由一端而已。如红女之与织物也。诗有之曰：一步之发，千绪万缕。翼翼者梭，倏左忽右。经纬之迹，虽不可睹。一梭之击，万丝俱受。……

由此事实，我等乃知科学之结果，与古代人类亲属之传记，及诗人之所想像，其言若出一揆。……诗曰：渺矣吾身，支中之支。原始之夜，厥幹在兹。厥幹伊何，日暗而藏。一支豁然，发其耿光。高严之光，竞于太虚。索其母夜，与其故居。……

自前世纪之学者，欲求不息之动，我等乃得由暗黑中发见广大之自然律，而大放光明于宇宙之始终之长夜者也。我等种族之命运，必非不久，但非永远存在者。……然人类于生活之道外，尚有高尚的理性。人

① 严复，《上皇帝万言书》，载《侯官严氏丛刻》，上海书局，1902年，第14页。

类唯当以达理性完全之城为务耳，无事以扰运数为也。①

以上这几位先行者，都在认真地谈论科学定义、科学有什么作用、科学与人生的关系、科学史、科学与哲学等问题，形成时代的新声，也在社会上陆续引发躁动。但是也不能说解释得比较清楚。直到1914年夏，一批留美学生在美国创建民间学术团体“中国科学社”，他们的宗旨是在中国“振兴科学，提倡实业”。其成员在陆续回国后，更加大张旗鼓地展开各种科学活动，长时间引导着近代中国的科学事业发展。他们在1915年创办杂志《科学》，给中国人带来最新、最系统的科学知识。在其第二卷第一期上，发表了任鸿隽先生的文章《科学精神论》，他写道：

科学……属知之事，以自然现象为研究之材料，以增进智识为指归，故起学位理性所要求，而为向学者所当有事；初非豫知其应用之宏与收效之巨而后为之也。夫非豫去其应用之宏与收效之巨，而终能发挥光大以成经纬世界之大学术，其必有物焉为之亭毒而蕴（酝）酿，使之一发而不可遏。盖可断言，其物为何，则科学精神是。于学术思想上求科学，而遗弃精神，犹非能知科学之本者也……。

……凡现象事实参验云者，之科学已始之后言之也；吾所谓精神，自科学未始之前言之者也。今夫宇宙之间，凡事业之出于人为者，莫不以人志为之先导。科学者，望之似神奇，极致尽造化，而实则生人理性之所蕴积而发越者也。理性者，生人之所同具也。……

科学精神者何？求真理是已。……科学家之所知者，以事实为基，

① 〔德〕海尔模壑尔兹（今译赫尔姆霍茨）著，〔英〕额金孙译，王国维重译，《势力不灭论》，见“科学丛书”二集，教育世界社，1903年。

以试验为稽，以推用为表，以证据为决，而无所容心于已成之教，前人之言。又不特无容心已也，苟已成之教，前人之言，有与吾所见之真理相背者，则虽艰难其身，赴汤蹈火以与之战，致死而不悔。若是者，吾谓之科学精神。……

崇实。吾所谓实者，凡立一说，当根据事实，归纳群象，而不以称诵陈言，凭虚构造为能。今夫事之是不是、然不然、于何知之、亦知之事实而已。……

贵确。吾所谓确，谓于事物之观察，当容其真象，尽其底细，而不以模棱无畔岸之言为足是也。……

以上所说科学精神：崇实、贵确，单简甚矣。而迴顾神州学风，与科学精神若两极之背驰而不相容者，亦有数事，不拨而去之，日日言科学，譬欲煮沙而为饭耳。吾所谓学风之不利于科学者何也：（一）好虚诞而忽近理。自箕子以洪范陈教，所言多五行阴阳之说。而古人重祀崇鬼，祝宗卜史，列为专官。转相附会，遂成阴阳家之言。……五行胜克阴阳生死之说，羼满经籍。遂若世间于可察可觉之一切现象外，别有一不可思议之物，为世界一切物变之主宰。而究其所谓五行之说，以统物质，则匏落不不切实际，以诇世变，则纠绕为不近物情。盖于人之知识智慧，两无取也。夫润下何能作碱？炎上何以作苦？于至浅近之物理，尚未体察无谬，而以为得天地自然之窔奥，不复深加研究，此所以灵明日锢而学术不进也。嗣是道家者满，出而附丽之，则阴阳鬼神之说中于人心，至今为烈矣。（二）重文章而轻实学。承千年文敝之后，士唯以虚言是尚。彫文琢字，著述终篇，便泰然谓“绝业名山事早成”，而无复研究事实考求真理之志。即晚近实验之学输入中土，读者亦每以文章求之，以是多不为人所喜。夫“言之无文，行之不远”。吾非谓谈科学者，遂可以学术之艰深，文其文字之浅陋。然当时学者之所须求，究在彼不在此。今有某先生者，偶然出其“申夭回溯”之文字，移译数十年前天演说者之论文一二册，而海内学者已群然以“哲学巨子天演专家”奉之。不知达尔文之发明天演学说，盖其平生研究生物之结果。其他一时作者，如赫胥黎沃力斯莫非生物学专家。近如发明种奇猝现论之突佛利，与主张胚亶论之外斯曼，皆各有其根据之学理事实，非向故纸中讨生活者也。以故纸雄文而成天演学者之名，则亦适成中国之天演学者而已。（三）笃旧说而贱特思。……生古人后，诚有时宜利用古人所已知者以补岁月之不足。然非苟以盲从而已。初从事科学者，实验室中所行，皆古人作之于前，而学者复之于后。凡若是者，非但服习其术，亦不敢以古人之言未可信而足也。乃观吾国之持论者不然。发端结论，多用陈言。……人性怯于独行，称述易于作始，自古然欤。然怀疑不至，真理不出，学术风俗受其成形而不知所改易，则进化或几乎息。呜呼，自王充而外，士之能问孔刺孟者有几人哉！……①

这里长篇引述任先生的话，除了他给科学、科学思想以全新的说明外，还有他批评古人的非科学思想。任先生后来著《科学概论》一书，还重申他的见解。其时，还陆续有孙中山先生的秘书黄昌穀先生著《科学概论》（1921 年）、王星拱教授著《科学概论》（1930 年）、中国科学社编《科学通论》（1934 年）、卢于道教授著《科学概论》（1942 年）、石兆棠教授著《科学概论》（1942 年）、何兆清教授著《科学思想概论》（1944 年）、李书华先生等著《科学概论》（1945 年）、竺可桢等著《科学概论新篇》（1948 年），以及翻译英国汤姆生的《科学概论》（1933 年）等书出版，其中多是讲述共同的科学思想。科学思想，成为新文化运动时期“赛先生”的核心思想和内容，长时间为中华民族提

① 任鸿隽，《科学精神论》，《科学》杂志第二卷第一期，1916 年；转引自中国科学社编，《科学通论》，1919 年 3 月，第 1–10 页。

供前进的动力。

另外，还可以介绍生物学家秉志的见解，他写道：

> 科学之精神，则人人皆所宜有。倘人人皆有科学之精神，则国家必日臻强盛，其民族必特被光荣焉。科学之精神维何？一曰公。……研究科学之人，必须有公开之精神。……凡研究所得之重要结果，无不公之于人也。二曰忠。……研究科学者，稍存虚伪之心，必不免于失败。对于自己之本门，缺乏忠实之态度，势必至毫无所成。三曰信。科学以求真理为唯一之目的，所研究之问题，几经困难，得有结果，是即是，非即非，不能稍有虚饰之词。对于各种学理，各种事实，反复推求，得是乃止，毫不容参加意气，尤不容作伪矫强，自欺欺人。……四曰勤。……著名科学家，未有不勤勉所学，朝于此，夕于此，穷年矻矻，而能产出惊人之贡献者。……五曰久。……真正之科学家，对于科学，无论处何等环境，遭如何困难，必锲而不舍，一息尚存，不容稍懈。……吾人试观吾国人民近来之性情，乃无一不与之相反。……然公忠信勤久五者，在吾国本系固有之物。先哲明训，以此提命于吾人者，古籍之中，几于无处不有。……吾人欲振起国人之萎敝，唯有诉诸科学之精神，对症施药而已。盖今日世界人类，未有不恃科学以图生存者。其有反科学者，皆不能存于天壤之间。缺乏科学之知识及技能，其害固大，而缺乏科学之精神，其国家必日见剥削，其种族必不免于沦亡。救国家者，必以提倡科学精神为先务。……①

秉志说得很对，科学精神是与国家、民族的命运联系在一起的。

---

① 秉志，《科学精神之影响》，《国风》杂志七卷四期；引自秉志等著，中国科学化运动协会北平分会编，《科学与中国》，1936年5月，第13-19页。

近代中国谈论科学思想，与之相对的是迷信思想。于是也出现一些研究迷信的书籍，例如生物学家费鸿年编《迷信》（1933年）、胡山源著《打鬼》（1941年）、许地山教授著《扶箕迷信底研究》（1946年）、生物学家朱洗著《由迷信中抽科学》（1949年）、曹伯韩著《谈鬼神》（1949年）等。他们的分析颇有道理，如费鸿年教授就写道：

我们假使见了一件事情，觉得奇怪，就要起一种研究的心思，想去考察这事发生的原因以及他的真相。这就是科学发生的原因。但是研究的时候，心里一定不能有何种成见；全靠确实的经验，去觅出一种普遍的法则，再看与前人的法则是否相同，……科学因有这种怀疑批评的态度，故能日进一日。至于迷信则不然。迷信的人，见一件事情，不问迷信的合理不合理，就要将迷信凑合上去，毫不加以考察，而完全信用传统的迷信。所以富于迷信的人，在思想上完全受束缚，绝不能再求迷信以外的真理，这就是迷信妨碍科学进步的原因。……原来科学与迷信，虽正邪相反，而对于吉凶祸福问题，二者实异途同归。科学用有组织的合理方法去研究吾人周围的世界，亦莫非是为了想增进吾人的福利。所以科学家扑灭迷信的目的，就在引导一般民众到确实的增进幸福的路上去；迷信既真是为了求幸福，理当受科学的教训。……[①]

三、近代科学方法之认知

如果仅有科学思想，而没有能够操作的科学方法，那无异于缘木

① 费鸿年，《迷信》，商务印书馆，1947年2月四版，第2–3页。

求鱼。想要得到科学成果，必要的科学方法才是决定性的。中国古代早就有“方法”一词，早在《墨子》中就写道：“中吾规矩者，谓之方，不中吾规矩者，谓之不方，是以方与不方，皆可得而知之。此其何故？则方法明也。”唐朝诗人张籍也写道：“别从仙客求方法，时到僧家问苦空。”可惜，“方法”一词并没有形成系列的可操作的方法，也不是法则的意思。一直到 1903 年，蔡元培先生翻译德国科培尔在日本东京大学讲学的著作《哲学要领》，才有明确的解释：

方法者，英语曰眉妥特 Method，源于希腊语之眉太 μετα 及霍特斯 οδοζ。眉太者，后也、从也。霍特斯者，道也、法也。合而言之，为寻道遵义之义。是故哲学家以探讨比较之法为方法学。学者功效之良否，即于其方法之精确定之。方法学之关系大矣，吾读一哲学家之书，吾循著者所循之方法以求之，则其人之性质及功候自显。方法者，哲学家之威仪也。布福安曰：“人者如其威仪。”吾亦曰：“哲学者，如其方法。方法学者，非徒如他科学界之简质无苟，不熟玩其方法，而欲领悟其主义，不可得也。”……[1]

后来就有许多中国学者写专著讨论方法问题，笔者欣赏的最简明扼要的是金陵大学倪青原、葉叶琴教授合著《科学方法通论》，其中写道：

方法之性质

A 方法之意义

① 〔德〕科培尔原述，〔日〕下田次郎述，蔡元培译，《哲学要领》，商务印书馆，1914 年 9 月五版，第 5 页。

1. 字源意义：μ ε τ α+ο δ ο ζ =after an order，即有秩序有步骤之谓也。

2. 通用意义：谓办事之条理也。

B 方法之特性

1. 方法为决定科学之最后因子。

2. 方法显示自然界万变之条理。

C 方法之基本原则

1. 由简而繁，由浅入深。

2. 由已知求未知。

3. 有力证据之取舍。

4. 认清目标，确定进程。①

至于专门对科学方法的探讨，在五四运动前后，也是颇为热闹。1915 年，胡明复教授就写道：

科学之方法，乃兼和归纳与演绎二者。先作观测，微有所得，乃设想一理以推演之，然后复作实验，以视其合否。不合则重创一新理，合而不尽精切则修补之，然后更试以实验，再演绎之。如是往返于归纳演绎之间。归纳与演绎既相间而进，故归纳之性不失，而演绎之功可收，斯为科学方法之特点。……科学之目的，在求自然界之真。自然既无求于人，则人必就之。欲解释事变，则不能不根据于事变，然后实事与理解乃能契合。归纳之性，盖使理论与事实常相接触也。……精神为方法之髓，而方法则精神之郛也。是以科学之精神，即科学方法之

① 倪青原、葉叶琴编著，《科学方法通论》，金陵大学文学院哲学组发行，成都蓉城印刷工业合作社印，1943 年 3 月，第 13 页。

精神。……科学之惟一精神，曰“求真”。……返顾吾国，……斤斤焉于古人之一言数语，而不察于实事，似以为宇宙中之大道至理，皆可由此一言数语中得之。今日“复古”之潮流，犹是此心理之流毒。而此种寻章摘句之又一大恶果，则为其重于章句而忽于真义，是以往往言不由衷，言行相违，宛如两人。……①

1920 年，北京大学教授王星拱编《科学方法论》出版，他写道：

科学方法有以下四个特点：（一）张本之确切 知识最初的起源，都是由于器官的感触，不过当感触的时候，有个主观的“我”在里面认识罢了。浙西各处之所得，叫做感触张本。我们所有的不真实的知识，有许多都是由于这些张本之不确切。……所说的各种减少错误防备错误的方法，都是叫我们如何能得到确切张本的利器。……（二）事实之分析和选择 ……（三）推论之合法 ……（四）试验之证实 ……②

1927 年，汪奠基教授著《科学方法》出版，书中写道：

寻常科学研究的步骤分为四种：1. 先行孤立事实，然后因而叙述之，类分之；2. 再行限定性质，同时更为准确测度；3. 分别定律与原理；4. 建设理论。这四种经过，乃科学创造的系统组织。其分别如次：事实；定义；准量；假定；定律；原理；理论。

（甲）事实 我们官能由自然的个别性上，能使各种外观接触，活

---

① 胡明复，《科学方法论》，《科学》杂志二卷七期，中国科学社；转引自《科学通论》，中国科学社，1919 年 3 月，第 11–20 页。

② 王星拱编，《科学方法论》，北京大学出版社，1921 年 3 月再版，第 315–318 页。

动于时间空间限制内，变为事实或现象的表现。寻常知识与正确引伸的科学知识，能在这些事实之间，建出新结合或新分别；因此又在限定底范围中，由直觉粗浅分类，重创科学的普通设计。所以最初研究者，须“研究与检证最重要的事实。”不过这种重要事实，只有后天经验方法可以引起，专恃选择事实，搜集现存或表面类别的事实，决不能充足，必须实行整理秩序。……

（乙）定义 在有限事实中，分析的新发动，须抽象接近事实的重要性质，分别侥幸变化；用简单比较的名辞，发觉所要明白的关系；……不过定义的本身不能为绝对底标定，只能根据已定的元素，表明所有相系的关系。或者视为真正单纯明白的，能使人不用特别限定关系；……定义的方法，即是分析一观念内内包。普泛地说：即解释一字的意义，一物的本性。定义的结构，以由“种属”与“特差”得来的为完全。……

（丙）准量 科学方法的研究上，要将一切性质约为数量，将所有甄别结构的关系谱成度量的关系；……科学中定义的选择，完全以能通过测量的性质为标准。换言之，由同一自然的单个，可以用有定的数量表明。如数学上同类两元素的相等性与相加性：“准量就假设相等的存在；相等就假设幅员与重叠的存在。”所以人类的几何空间，为直接测度的惟一元素。重叠性的基本条件，只有几何空间能实用，而准量的工具，完全属重叠性的可能。如果这种测度的性质不是有而形空间的物理关系量，则为时间的空间量（或空间的时间度）。所以结果凡科学测度，应归几何形式。……

（丁）假定 试验科学中，假定先假设一预定的原因或定律来暂时解释一现象，直到后来事实能与此原因或定律适合或相应为止。假定就是假设的关系，其构造为归纳法；同时由观念联琐的直觉组成，更以演绎结合检证之。因此假定上实有逻辑与试验或理论与实用的两大作用。……

（戊）定律原理　科学方法由普遍与单纯性的要求上，得出异辞间相当关系的类推性，以语言记号适当的表明，合法的批评审定，组成所谓定律。自然科学中的类推，为有限因果性的普通关系；所以它的定律亦为因果的联络关系，能随因果原理的表现为更形普泛。……总之，定律与关系有同义。……由此向前推究，搜集各种定律的简单自然，合成一最少数的“原理”。以普通观念作思想经济的原素。……

（己）理论　理论为科学连琐与想像的新建设力，为用以类别、整置、通释各种定律的普泛假定。它在的律宗的类推关系，与定律本身关于事实的类推相当。实际比定律与原理更为普泛。……理论的科学价值，不仅在纯粹科学与哲学批评的简单与普泛解释上，最重要者，为能推证到未曾观得的定律。同时能及于不相似的定律；一方面引起试验者因理性以发现之；又一方面能指导试验者向发现的路上穷搜远讨底追进。……

所谓事实的科学（生理学病理学等），其方法与物理科学的颇能相通。如观察、假定、试验、归纳，都能续续不断的完全取用。……

所谓生物科学（动物与分类植物）的自然科学方法，与物理科学的略有不同。因为它不由事实到定律，而由变化到暂时的个体到普泛与永久的种类。……

心理学的对象，为意识的事实之科学研究。它用描写与分析的方法，确定意识事实的性质：先标明现象各群的特征与其中各有的变异；再则意识状态所表明的感觉群，应与情感的群能明白分叙；再次，则各感觉应行分别研究。此外，心理学家应该研究怎样简单心态始能产生复杂心态，随什么方法实行其发展。又由有机体的生理机能，与物理现象和社会现象中个体的感觉思考行动，以确定心态间心理发展的关系。……心理学的方法：……（1）主观法……（2）客观法，或名外观法；……（3）实验法；……（4）内观法；……（5）测验法；……

（6）询问法；……（7）汇问法；……

总而言之，定义为一切知识的结果，不能无变，亦不能限定。它由归纳与证明双方不停止的使科学家索究现象的本原。它是进步的，暂时的，如工程的虚构式；在工程告竣之后，则虚构即行消灭。所以定义为科学的目的，其对象为普泛永远的存在，不涉及变更的自然和个体。因为个体在自然中为类的区分，而定义则在搜集各种性质于一观念，同时集合个体于同一观念之下。……①

以上是汪教授的系统论述，那时候还有相关的专著，如：王星拱译英国罗素著的《哲学中之科学方法》（1921 年）、周梵公译日本平林初之辅著的《科学原理》、王刚森著的《开心论 ABC》（1928 年）、谷神译日本桑木严翼著的《科学中之哲学方法》（1931 年）、郑太朴译潘加勒著的《科学与方法》（1933 年）、徐韦曼译 Westa way 著的《科学方法论》（1935 年）、谭吉华译日本户坂润著的《科学方法论》（1935 年）、申自天著的《科学方法论》（1939 年）、石兆棠编的《科学的方法论》（1949 年）等，不再详述。

四、近代中国科学成果之认知

在新文化运动时期，掌握了科学思想和科学方法，再在数学、物理、化学、天文、地理、生物等学科中进行研究和试验的人，就是科学家。他们在“赛先生”的旗帜下，短短几十年间，在传统封建基础

① 汪奠基，《科学方法》，商务印书馆，1928 年 9 月再版，第 33–192 页。

上，创建了一批科学机构、科学团体、科学专业，甚至喊出“科学救国”的口号，为中华民族的长足进步贡献良多。他们所付出的心力，以及在基础科学、应用科学各方面的成果，都是今天中国认知科学的先锋。下面仅能介绍一二。

（一）科研机构

1. 国立中央研究院

1924 年，孙中山先生就有设立“中央学术院”的设想。1928 年 6 月 9 日，中华民国正式成立“国立中央研究院”，作为国家最高学术研究机构。其总任务是：实行科学研究，指导联络奖励学术之研究。首任院长是蔡元培，总干事是杨铨。该院前后共建立 13 个研究所，拥有 400 余名研究人员，多数为当时著名的科学家，在 1948 年还评议出该院的院士 81 人，其中数理组 28 人，生物组 25 人，人文组 28 人。该院长期执中国科学的牛耳，第一个重要的原因在于经费多，约占当时全国科研经费四分之一，拥有的设备亦居首位；第二个原因在于人才荟萃，学术素质接近国际水准；第三个原因是以蔡元培院长为代表的学术研究风气，推动了学术发展。

该院所属自然科学的研究所有 10 个，各所长与研究员多为留学并获得学位的专家，各自根据具体研究特点，制定一系列工作原则。各所内研究工作，大体可以分为基础科学研究、调查专题研究和应用科学研究三类。

在当时中国能够开展基础科学研究是难能可贵的。例如数学研究所拥有姜立夫、陈省身、华罗庚、苏步青等研究员，他们在拓扑学、数论、微分几何、级数论、抽象代数、数理统计等领域有不少贡献，那时他们所发表的纯数学论文达到 379 篇；以李春昱、黄汲清、李四光为首的地质研究所，对于全国地质调查多有成果。在地质力学方面，提出东亚地质构造的系统理论等；气象所拥有竺可桢、吕炯等研究员，他们在天气学及中国大气候的许多方面，都取得卓越成绩；动物学所拥有王家辑、伍献文、童第周、贝时璋等学者，他们着重对中国鱼类、昆虫及细胞遗传进行研究；植物学所拥有罗宗洛、邓叔群、张景钺、李先闻等学者，研究课题着重于中国植物分类、形态、病理、细胞遗传等方面；生理学所拥有汪敬熙、唐钺等学者，研究课题着重于动物学习问题、工业心理学、胚胎行为、比较神经解剖等方面；化学研究所拥有庄长恭、吴学周、曾昭伦等学者，研究课题着重于分子光谱、类固醇激素、蛔蒿素、酵素化学等方面，有颇多研究成果；还有天文研究所的张钰哲、吴大猷、陈遵妫等研究员；物理所拥有丁燮林、萨本栋、吴有训、赵忠尧等研究员，也有不少学术贡献。

世界科技的发展需要调查大量资料。在当时的中国，各种科技专业调查几乎是空白。因此，许多研究所内的专家长期进行着调查工作，其重点为中国环境资源，从天上到地下，从历史到现状，范围较广，内容丰富，调查程序科学。这是相当艰苦乏味的工作，但成绩很可观。其中以动物所、植物所、地质所、气象所的调查报告与采集实物为多。尤以地质所发现中国第四纪冰川遗迹，为世界所知。

发展应用科学是时代的要求，人民的需要。该院内外学者曾讨论过“纯粹与应用”的问题，最后倾向是赞成“科学的应用”，这其实也是中国实际所需要的。许多研究人员做了大量现实应用的研究课题，以供社会需要。例如工学研究所在周仁先生的领导下，专门从事钢铁、棉纺、陶瓷、玻璃等项目的研制；化学所有中药材研究；气象所有测候观天；天文所有测天授时；物理所有仪器制造；心理学所有工业心理学研究等。在抗日战争时期，工作环境尤其艰苦，但科学家们克服重重困难，使大量应用课题很快见成效。

蔡元培先生一向主张学术研究自由，第二任总干事丁文江曾说道：

“国家什么东西都可以统制，惟有科学研究不可以统制，因为科学不知道有‘权威’，不能受‘权威’的支配。……‘中央研究院’只能利用它的地位，时时刻刻与国内各机关联络交换，不可以阻止旁人的发展，或是用机械的方法来支配一切研究的题目。”这方针有一定的作用，致使不少学者潜心研究，固守岗位。

国立中央研究院有院刊，各研究所均有各自的学术刊物，多数还是用英文撰写，分别在国内外刊物上发表。

2. 国立北平研究院

该院在1929年9月9日成立。“为国立学术研究机构，学理与实用并重，以实行科学研究，促进学术进步为其任务。”院长李煜瀛，副院长李书华。该院先后建立9个研究所和数个研究会，拥有200余名研究人员。在1937年以前，年经费在40万元左右。各研究所内均有学术刊物。院内学者发表自然科学论文500余篇（不含地质调查所的论文）。

物理学研究所与镭学研究所，拥有严济慈、钱三强、饶毓泰、叶企孙等学者；化学研究所拥有周发岐、吴宪、王序等学者；药物所拥有赵承嘏、陈克恢等学者；生理学所拥有经利彬、朱洗、林可胜等学者；动物学所拥有张玺等学者；植物学所拥有刘慎谔、钟观光等学者；地质学研究所拥有翁文灏、谢家荣、杨钟健等学者。这些学者，多数曾留学法国并获得学位。他们的研究成果亦是可观。

3. 中央地质调查所

中央地质调查所，于1916年在北京成立，最初隶属“农商部”。所长先后有章鸿钊、丁文江、翁文灏、黄汲清、李春昱等学者，拥有110余名研究人员，在所内分为9个研究室和一个地质矿产陈列馆。该所曾经长期与地质学研究所密切合作，做了大量中国地质调查工作，涵盖中国矿产调查、古生物学、岩石、地文、工程地质、土壤等方面，成绩卓著。尤其是在北京周口店发现的“北京猿人”遗址，在世界上影响较大，地质学亦成为近代中国科学史上最有成就的学科之一。他们更出版数种专门杂志，颇有学术价值。

4. 中央工业试验所

于1930年在南京成立，原属经济部。所长顾毓瑔，拥有李尔康、伍无畏等数百名研究人员。所内先后建立17个研究室和11个实验工厂。该所以工业技术的研究改进与推广为主要工作，对于当时中国工业技术的进步有贡献，例如在工业原料分析、机械设计与制造、木材、电子与电工、胶体与制革、纤维、酿造与淀粉、陶瓷、油脂、化工药品、糖盐碱、纺织染料、塑料、热工等方面，都有具体成果。尤其在抗日战争时期后方的工业生产中，贡献良多。该所人员的发明创造获得专利达80种左右，占全国同期专利的四分之一。所内还办有学术刊物，该所人员发表论文450篇以上。该所还训练技术人员700余人，培养出国学习人员60余人。

5. 中央农业实验所

于1932年在南京成立，隶属“农林部”。所长谢家声，拥有冯泽芳、沈宗翰等多名科技人员。所内分成10个系，并在各地有试验场6处，共有实验园地16000亩（1亩=0.0667公顷）。该所以农业研究、调查、实验改良为主要工作，还有农业品检验、农情报告和人员训练。主要成绩有美棉引进华北、稻麦杂粮等优良品种的培育和推广、蔬菜与果园以及茶园的发展改良、蚕桑优化、药剂治虫、家畜防疫、化肥等，对中国近代农业发展有很大的贡献。所内也有学术刊物。

6. 资源委员会

资源委员会（简称资委会）前身为1931年创立的国防设计委员会。资源委员会于1935年4月在南京正式成立，先后由翁文灏、钱昌照、孙越崎担任委员长，拥有11个业务组，110个单位，数百家新科技的工厂和矿山，20余万名职工，其中技术人员占40%，3万余人拥有大学文凭，多数为管理专家和工程师。他们多安排在4个研究单位里，形成一支具有实力的科技队伍，为中国摘掉了一穷二白的帽子，建立了现代的科技和工业生产基础。该会总资产当时在18亿美元以上，产值在1940年占全国总产值15%，到1944年上升到40%。1949年，他们巩固了中国工业化的基地。

7. 中国工程师学会

该学会在中国近代科技史中有着重要的地位，成立早，时间长，范围广，影响大，人员最多。它的前身原名“中华工程师会”，是詹天佑先生在1912年创立的，当时会员数十人，以铁路工程师为主。略迟，一批留美学生组成“中国工程师会”，两会合并为一会，易名为“中国工程师学会”，主要成员有颜德庆、陈体诚、茅以升、吴承洛、顾毓琇、沈怡等人。到1949年时拥有会员16717人，各地分会50余处。该学会下分为专门的工程学会15个：化工、建筑、矿冶、纺织、水利、电机、自动机、机械、土木、航空、卫生、市政、造船、动力等。那时候几乎遍及中国的各个技术部门。该学会以“联络工程界同志，协力发展中国工程事业，并研究促进各项工程学术”为宗旨，在会内组织各种委员会形式，将技术专家具体意见与国家建设联系在一起。例如在材料试验、工程标准化、中国发明专利、统一度量、孙中山实业计划的实施、工程教育等方面，皆起了带头作用。该学会基本上年年有年会，主题多为国内技术的改造革新问题。该学会自1914年开始有会刊，后定名为《工程》月刊，主要反映中国工程师们的学术成果，影响颇大。至1949年，该学会共有会员1.6万余人，各地分会约50处。他们相对独立，又密切合作，交流信息，协同行动。后来历任会长有颜德庆、邝孙谋、胡庶华、韦以黻、萨福均、徐佩璜、李垕身、陈体诚、曾养甫、凌鸿勋、翁文灏、陈立夫、茅以升、赵祖康等人；顾毓琇曾长期任总干事；吴承洛任总编辑。

该学会影响也较大，学会规定每年6月6日（大禹生日）“为中国工程师节”，以提高工程技术人员的地位。其奖励学术的办法也多，学会颁发给中国技术佼佼者的“工程荣誉金牌”，为国内外人士注目。前后共颁发过9块金牌：1935年赠予侯德榜，表彰他对我国制碱工程的贡献和他所著《制碱工程》一书；1936年赠予凌鸿勋，表彰他领导建筑陇海及粤汉两铁路艰巨路段的成功；1941年赠予茅以升，表彰他领导修建钱塘江铁桥的成功；1942年赠予孙越崎，表彰他开发油田矿产的成功；1943年赠予支秉渊，表彰他在国内始创制造柴油机的成功；1944年赠予曾养甫，表彰他领导修筑飞机场的成功；1945年赠予龚继成，表彰他负责修筑中印公路及油管的成功；1946年赠予李承干，表彰他对兵工器材所做的重大贡献；1947年赠予朱光彩，表彰他完成花园口堵口工程。

8. 中国科学社

1914年该社在美国成立，首批会员35人，都是当时留美学者。社长任鸿隽，主要成员有胡明复、赵元任、杨铨、秉志、竺可桢、邹秉文、卢于道、茅以升等。该社以“联络同志，研究学术，以共图中国科学之发达”为宗旨。30余年间，确实为中国科学事业作出巨大的贡献。到1949年，该社已经拥有会员3776人，按专业分为12股，涉猎自然科学方方面面，并且在各地设分社10余处。该社社刊为《科学》月刊，自1915年创刊，1950年停刊，共出版32卷，是中国近代重要的科学杂志，其内容先进且丰富，编排也科学，在世界科学杂志中也占一席之地。其主要编辑为刘咸、张孟闻。另外，还办有科普杂志《科学画报》，以深入浅出、图文并茂的特色而风行于国内。该社还出版科学图书多种，并办有“明复图书馆”，藏书5万余册，对外服务。该社还设立“科学图书仪器公司”，办得有声有色。

社内还办有生物研究所，于1922年在南京成立，资金自筹。所长秉志，拥有胡先骕、钱崇澍、陈桢等60余名研究人员。所内分为4个部，以研究国内动植物情况为主。

9. 中华学艺社

1916年，陈启修（陈豹隐）、周昌寿、郑贞文、文元模、屠孝实等47人在日本东京开会成立“丙辰学社”（后改名为中华学艺社），以“研究真理，昌明学艺，交换知识”为宗旨，陈启修为会长。1917年在东京出版社刊《学艺》第一期。同仁回国后，继续展开许多科学研究活动，《学艺》上登载过许多偏重科学原理性的论文。1933年登记会员943名，未登记会员亦有700名左右。

10. 静生生物调查所

1928年在北平石驸马大街范源濂故宅成立，由尚志学会与中华文化教育基金合办，为的是完成范先生的遗愿，收集中国的生物研究资源。先后任所长的有秉志和胡先骕，拥有50余名研究人员。他们的足迹曾遍及国内大部分地区，共收集到动植物标本15万种，居全国之首。该所还创建了庐山植物园。

11. 黄海化学工业研究社

1922年，范旭东先生在塘沽创立此社，为中国第一个私办化工研究机构，这在军阀混战时期，是非常有魄力的决策。范先生认为：“中国如果没有一班人肯沉下心，不趁热，不惮烦，不为当世功名富贵所感，至心皈命，为中国创造新的学术技艺，中国决产不出新的生命来。”[①] 他以久大盐业公司负责人身份，聘请孙学悟为黄海化学工业研究社社长，该社拥有30余名研究人员，分为5个研究室。艰苦奋斗数

---

① 范旭东，《黄海二十周年纪念词》，《永利公司档案》；转引自《中国科技史料》，1983年1月，第57页。

十年，获得十分丰富的应用研究成果。该社明确作为“久大盐业公司”和“永利碱厂”的科技后盾，包揽生产中的技术问题，因而直接产生经济效益，形成“永久黄”工业集团。侯德榜先生能够在制碱方面获得世界瞩目的成就，是与黄海化学工业研究社的工作分不开的。该社的研究人员，对于菌类与发酵、肥料、水溶性盐类、铝矿、海藻等方面的研究，皆有良好效果。该社还有学术刊物。

在近代中国，当时还有“福建省研究院”“中国西部科学院”“中国地理研究所”“航空研究院”“矿冶研究所”“中央水利实验处”等机构。如果再在当时高等院校中寻找，可以找到各种研究所157个。这里不再列举。

这里仅以当年竺可桢教授的谆谆教导为小结：

了解得科学精神是在蕲求真理，……据吾人的理想，科学家应取的态度应该是：(一) 不盲从，不附和，一以理智为依据。如遇横逆之境遇，则不屈不挠，不畏强御，只问是非，不计利害。(二) 虚怀若谷，不武断，不蛮横。(三) 专心一致，实事求是，不作无病呻吟，严谨整饬，毫不苟且。……从现在看来，不懂实验科学的技巧，专凭空想是格不出物来的。……妄自尊大的心理，在科学未昌明时代，那是为各民族所同具的。我们自称中华，而把四邻的民族，称为南蛮、北狄、东夷、西戎，从虫到犬，统是鄙视的意思。……科学家的态度，应该是知之为知之，不知为不知，丝毫不能苟且。近代科学工作，尤贵细密，以期精益求精；与我国向来文人读书不求甚解，无病亦作呻吟的态度相反。这于我国古代科学之所以不能发达，很有关系的。……①

---

① 竺可桢，《科学之方法与精神》，载竺可桢等编，《科学概论新篇》，正中书局，1948年2月，第1–12页。

（二）科学普及

科学界给予社会的贡献，除了科学思想和科学方法外，还有就是科学普及。科普是民众启蒙的先导，只有掌握科学思想的人才可能进行适当的科普；仅有文学才能的人难以写出科普知识的著作。科普作品多是掌握某门知识的专家写给不理解此门知识的人的入门书。所以其内容不能如专门书那样严格定理、严格推理和证明，不能用一个公式就涵盖一切。而科普作品则需要用通俗化词语来表述深奥的科学思想和科学方法，用通俗例证来介绍专门知识的形象性，用生动的词语加上主观思考表达那些深奥的科学知识。既不失真，又吸引人，因此，写好一篇优秀的科普作品的难度是相当大的。

在西方历史中，自然科学各方面形成的同时，也导致科普著作与活动的兴旺。而在近代中国则有所不同，第一次鸦片战争以后，中国人被动地接受西方科技的实际成果，不管从哪一门知识看去，全都是当时西方已经实践运用的科技成品。这样，造成我们早期只是一味被动学习，也就相当苦涩，因为不是先有科学思想和方法，而是以学习西方科普知识成果，来促进中国现代化，包括建立中国的科技队伍。这样一种急迫又勉强的措施，对于将科普知识转化到国民生产建设的方方面面来说，则远非一帆风顺。不过，实际上近代中国的科普工作倒是进行得有声有色，颇为热闹，对于新一代人的启蒙教育起了巨大作用，科普知识出乎意料地成为中国现代化的先导。其中关于在大中小学里的科普教育，本文也只能舍弃，只能选择一些有代表性的科普作品，来简略表述近代的科普成果，以下分为五个阶段来介绍。

1.1840—1890 年

第一次鸦片战争持续了两年，中国的统治者和民众，恐怕对敌人是从哪里来的，有多少兵力和武器，中国怎么就打败了，都不太清楚。当年只有极少数有心人，才注意到要了解西方。“艾三年而蓄之，网临渊而结之。”[①] 魏源编《海国图志》和徐继畲编《瀛寰志略》，正是表达了这种愿望。魏源先生却由此书就想“师夷长技以制夷”，这只能说是一种政治口号。其实这本书不过是编译而成，只有一些世界历史地理知识和一点军事知识而已。但是这两本书在当时中国和日本知识分子间都引起很大轰动。不过中国人关心与讨论的是此书是否长了“夷”的威风，或者“师夷”与“制夷”是什么关系，而对于“师”或“制”的具体要求，则没有人去尝试把握；反以为西方知识之“长”，也就是书中所说的那一点点，更没有人谈论应当如何去理解西方。即使书中已经重新介绍哥伦布的历史功绩，但当时中国人已经没有哥伦布和郑和那样的求知欲了。

1855 年，英国医生合信著的中文书《博物新编》在上海出版了，此书平实通俗地介绍了热学、光学、天文学及动物学的知识，还附有图，描述也易懂，更没有神学或空话在其中，可谓西方人向中国人介绍的早期科普作品。[②]

到 1876 年，美国人傅兰雅在江南制造局主持《格致汇编》月刊出版，这可以说是中国第一份科普杂志，内容相当丰富，7 卷中包含物理学、化学、天文学、数学、生物学、医学、地理学、机械学等学科，以及各种专业技术设备、实验仪器等内容。基本上都是当时西方新的科学思想、方法和用途、用具的介绍，图文并茂，让中国读者耳目一新。可惜当时读者很少。

2. 1890—1911 年

维新变法运动带给中国人一个现代礼物，就是取消了千年以来的科举制度，改为考时论，这就使得中国教育进入现代。而科普知识就

---

① 魏源，《海国图志》，上海积山书局石印，1895 年。

② ［英］合信，《博物新编》，上海墨海书馆，1855 年，第 15 页。

有了用武之地。近20年间，编译出版的科普书籍有千余部，质量参差不齐，有一些还是可以的，例如《数学大全》《八星之一总论》《化学周期律》《中学万国地志》《地球之过去及未来》《天地奇异》《博物学大意》《泰西奇效医术谈》《自然科学余谈》等，还有范迪吉等人合作编译日本100部科普书，合称《普通教育百科全书》，内容由浅入深，知识面相当广。只是效果并不算佳，其原因大致有五点：一是自然科学本身并非是从自身文化中产生，科普只是天女散花，一时难以有效果；二是中国仍然缺乏有近代思想的科学家，因此难以吸收准确的科学知识；三是科普过程中偶然性大，没有协调和安排；四是文字障碍，半猜半译，用文言文来表述科学知识的难度很大；五是有些作者或译者本人的科学知识就半通不通，例如管斯骏编的《西学雕龙》，本意想将科学知识用中文古诗词形式来吟唱，可是有几位懂诗词的人能懂得此书的内容？

当时确实有一部科普书震撼中国社会，那就是严复先生编译的、介绍达尔文学说的《天演论》，加上接连出版的宣传进化知识的书，诸如《人群进化论》《动物进化论》《生物之过去未来》《天演学始祖——达尔文传》《天演学图解》等，它们组成一股强力的冲击波，配合当时社会上需要讲进化、害怕被天演淘汰的心态，形成人人关心优胜劣汰的变革思潮。该书普及了生物学进化观，导致中国加快现代化的需求，这恐怕是达尔文也预料不到的。中国人接受了进化观念，并且将其从生物学转用到政治和社会中去了。

当时还编译或编写出版了一批科幻小说，很受民众欢迎，例如吴敬恒先生写的《上下古今谈》。该书是他在伦敦写的，在上海出版。[①]

---

① 吴敬恒，《上下古今谈》，上海文明书局。

3.1912—1927 年

辛亥革命成功后，中国摆脱封建枷锁，鼓励推进现代化的进程，新文化运动成为一种象征，其中两个主要口号之一，正是“赛先生”。科学被尊为先生，也确实是时代的急需，以至连“科学救国”的口号也长响不懈。

而在实践中宣传科普最力者，则是中国科学社的早期同仁。他们在 1915 年创办的《科学》月刊，其首刊首页“例言”就写明：“本杂志专门以传播世界最新知识为职志，然以吾国科学程度方在萌芽，亦不敢过求高深，致深入难索。每一题目皆源本卑近，详细解释，使读者由浅入深，渐得科学上知识。”[①] 这些第一代科学家敏锐地察觉到，在什么是科学和如何使中国科学化等关键问题上，中国人仍然搞不清楚，于是他们著文广泛探讨科学性质、科学精神、科学方法，以及中国如何科学化等一系列根本性问题，共发表 38 篇在杂志上，为后来中国科学奠定了思想基础。《科学》杂志受欢迎，还有一个原因，即文章采用了中文横排和新式标点符号，许多文章明快通畅，让年轻读者得以挣脱文言拘束，容易吸收科学知识。

当时许多新成立的科学团体，也陆续各自出版各自专业杂志，例如《铁道》《电气》《博物学杂志》《中华医学杂志》《观象丛报》《卫生丛报》《矿业杂志》《中华药学杂志》《农学杂志》《水产》《数理杂志》等，其中含有大量科普文章。另外还有中华书局出版的“常识丛书”、世界书局出版的“ABC 丛书”、商务印书馆出版的“百科小丛书”和《儿童百科全书》，其中也编纂了大量科普知识读物。

梁启超先生去了趟一战后的欧洲，回来鼓吹“科学破产论”。这本来是欧洲人对残酷战争的一种反思，不料在中国却引发一场大论战，

---

① 《科学》创刊号首页，中国科学社出版，1915 年元旦。

即“科学与人生观论战”。几十位科学家和哲学家各抒己见，由陈独秀和胡适作总结，他们站在各自不同的立场作各自的理论探讨，但是有两点共识：第一，中国需要科学。正如胡适所写：

中国此时还不曾享着科学的赐福，更谈不到科学带来的灾难，我们试睁开眼看看：这遍地乩坛道院，这遍地的仙方鬼照相，这样不发达的交通，这样不发达的实业，——我们哪里配排斥科学？……我们当这个时候，正苦科学提倡不够，正苦科学的教育不发达，正苦科学的势力还不能扫除那弥漫全国的乌烟瘴气。……[①]

第二，论战是必要的、有益的。正如陈独秀所写：

文化落后的中国，到现在才讨论这个问题。……进步虽说太缓，总算有了进步。……把欧洲文化破产的责任归到科学和物质文明，固然是十分糊涂，但丁在君把这个责任归到玄学家、教育家、政治家身上，却也离开事实太远了。……[②]

历史证明，这场论战不仅提高了中国人的认知能力，还使科普工作的理论深化了。从此在中国，科学与哲学、社会也结下不解之缘，学者们做了许多科学思想的探讨工作。

4.1928—1937 年

这短短 10 年，中国科普运动可谓到了高潮时期，第一代科学家中也有多人参与写作科普图书，如张钰哲著《地球之天体观》、陈遵妫著

① 《科学与人生观》，胡适序言，上海亚东图书馆编印，1935 年九版。
② 《科学与人生观》，陈独秀序言，上海亚东图书馆编印，1935 年九版。

《宇宙壮观》、李四光著《中国地势变迁小史》、吴宪著《营养概论》、杨钟健著《古生物通论》、秉志著《竞存论略》、汪敬熙著《科学方法漫谈》等，他们也成了中国科普的先锋。

同时，专门以科普为己任的全国性大刊物也出现，如中国科学社办的《科学画报》；中华自然科学社办的《科学世界》；世界科学社办的《科学时报》等。其中最突出的是中国科学化运动协会办的《科学的中国》杂志，该协会的宗旨明示：

为研究及介绍世界科学之应用，并根据科学原理，阐扬中国固有文化，以致力于中国社会之科学化。[①]

该刊除了有精彩的科普文章外，每一期都有一篇关于中国科学化的文章，讨论中国科普的必要、特点、方法、过程等问题。这些刊物对助攻科普的影响，是难以计量的。这些科普文章的内容广泛，科学性和趣味性大增。在20世纪30年代世界科学普遍关注的各种现象问题，不论已经解决的或争论不休的，都可以在中国找到一点反响。比如相对论、超新星、地球板块学说、摩根学派、冰川说、点金术、心灵术等，真是五花八门，无奇不有，大大吸引了读者对于科学知识的追求，中国年轻人不再依靠问卜算卦去观察自然与社会了。中国千年传统的神怪问题、迷信问题，反倒成为学生们科学讨论的对象。浅显的趣味数学、物理、化学、生物学等知识，以及介绍生活中各种新技巧，年轻人看在眼里，记在心里，拿来就用，使得思维和方法都有长足进步。

由于中国语文白话化融进科普作品中，经常引用典故和古代科技

① 《中国科学化运动协会章程》第二条，中国科学化运动协会，《科学的中国》半月刊1卷6期，1933年3月。

成就，使读者倍感亲切，在不知不觉间增加了民族的自信心。例如中国科学社同仁编写的《科学的民族复兴》一书，该书广告自称为：“弱小民族的大补剂，东亚病夫的诊断书。”①

在20世纪30年代，中国还增添了一种时髦的科普工具，那就是无线电广播。当时的电台每周都会安排几次科学家谈科学知识，以满足听众的求知欲。内容印在每周出版的《广播周报》或《通俗教育讲演集》上，这种宣传效果相当好。

不过，在中国科普的最艰难处，还在于长期与反科学作斗争。有一个十分典型的案例可以说明：那是在1931—1933年间，在广州发生的“生物自然发生说”的闹剧。②

5. 1938—1949年

残酷的战争大量地消耗了中国的实力，却也锻炼了中华民族去迎接新的进程的能力。虽然在战争期间科普活动大量减少，但科普的质量却变得深沉熟练，还出版了一些关于军事知识的科普书，如《抗战与防毒》《化学兵器》《空军战斗实录》《新兵器知识》《飞机》《原子弹与雷达》《科学国防新知识》《二次大战秘密武器荟谭》等。另外，也有新科技介绍如《科学与世界改造》《科学发明的新阶段》《未来的原子能》等。而专著有钱耕莘著《科学趣话》、朱彦颜编《儿童的自然界》、高士其著《细菌与人》、顾均正著《和平的梦》等，著者们的眼光都是放在今后的中国科技建设上。

---

① 刘咸选辑，《中国科学二十年》，中国科学社，1937年5月。

② 钟少华，《中国科学史上的一场闹剧——罗广庭事件》，载《科技日报》1997年8月5日。具体文献：罗广庭，《生物自然发生之发明》，广州民安印刷厂印，1931年8月；罗广庭，《用真凭实据来答复进化论者》，《东方杂志》30卷8号，1933年4月；朱洗，《罗广庭博士的真面目》，《国立中山大学日报》，1933年7月24日三版；《生物自然发生问题辩论纪实》，《科学世界》2卷7期，1933年7月，第559-566页；《报告书》，《科学世界》2卷11期，1933年11月，第897-900页。

战争使得一些科学家来到西部地区，他们对开发西北、西南各地作出大量贡献，用实际行动把科学扎根到西部。例如重庆建立“西部科学院”，延安建立“自然科学院”，兰州建立“甘肃科学教育馆”等。

中国近代百年的科普作品桂冠，笔者认为应该献给中研究院朱洗院士，因为他一人写出一套8部“现代生物学丛书”，第一集6部：《蛋生人与人生蛋》《我们的祖先》《重男轻女》《雌雄之变》《知识的来源》《爱情的来源》，出版于20世纪40年代；第二集2部：《维他命与人类之健康》《霍尔蒙与人类之生存》，则延至1950年出版。朱院士在序中写道：

巴金、吴朗西、陆圣泉诸先生早就有意叫我编辑一部“现代生物学丛书”。目标要使学术大众化，要使那些深藏于实验室，专门文库，图书馆和博物馆里的生物智识，循着发展的次序，由浅而深，由简而繁，用畅达明确的文笔，写成有系统的丛书，不仅可作青年学生课外的补充读物——造成进求高深学问的基础，还能使一般读者和研究其他学问的专家（如哲学家，文学家，社会学家……）亦得借此明了现代生物科学的趋向及其已得的主要结果。他们这些高瞻远瞩的见地，他们这些为大众知识的努力，怎能不使我在钦佩之余，欣表同情呢！……①

该丛书原计划写12部，除此出版的8部外，还计划有《杀不死的生物》《器官的移植》《杂交的问题》《互助与进化》，可惜后来没有看见。该丛书中处处显示着朱院士渊博的学识、仔细的科学方法和生动的描述。

① 朱洗，《蛋生人与人生蛋》，上海文化生活出版社，1941年1月再版。

第四节

工程技术界之认知

工程技术是科学思想和科学方法的实践，符合就是成功的技术，不符合则不一定是科学的错误，因为工程技术是人工操作的，人的因素也强烈影响着工程技术的成功或失败。当然，工程技术的深入发展，特别是在精确、综合、大型、快速等指标上，也反过来促进科学思想和科学方法的进步。

工程技术也与人民生活水平密切相关。民众的生活追求促进工程技术的发展，促进工程师和工匠的工作日新月异，还不断改进着民众的新思想和习俗。同时，工程技术也是国家经济的指标。掌握先进工程技术的国家，一定是经济发达的国家；只有原始手工技术的国家，也只能是经济不发达的国家。

工程技术水准更是一个民族、国家生产力发展进步的标志。中国古代是农业自给自足社会，只有一些手工作坊做生产，手工制造的秦砖汉瓦沿用两千多年，根本没有工厂式的系统技术，可以说一直就没有工程技术界。直到 1865 年，清政府花大量银子买来了当时亚洲最大的兵工厂——江南制造局才算是中国近代工程技术的开始。但这也真是重重困难，经常压垮任何一个想做点实事的人，实际成果更难以夸口。筚路蓝缕 50 多年以后，孙中山先生深感民族发展的需要，提出《建国方略之二：物质建设》(简称《实业计划》)，1921 年他在中文序言中大声疾呼道：

此后中国存亡之关键，则在此实业发展之一事也。吾欲操此发展之权，则非有此知识不可。……惟发展之权，操之在我则存，操之在人则亡。……此书为实业计划之大方针，为国家经济之大政策而已。至其实施之细密计划，必当再经一度专门名家之调查，科学实验之审定，乃可从事。故所举之计划，当有种种之变更改良。……①

响应最突出的团体，正是中国工程师学会，他们成立“总理实业计划研究会”，订立各种实业计划，并且在各自的技术岗位上尽心尽力地开展工作。不过，对于时代的需求来说，依然还是不够。这里仅以1937年的统计表“中国工业产品自给程度表”（略有删改）略示实况：

中国工业产品自给程度表②

产品名称	生产量	消费量	不足或有余	自给百分率
棉纺织品	7785300公担	9859600公担	不足	79.0%
丝织品	43800000元	21906700元	有余	200%
砂糖	362000吨	897300吨	不足	40.0%
玻璃	6500000元	12260000元	不足	53.0%
纸类	25660000元	65790000元	不足	38.9%
橡胶类	22108000元	28940000元	不足	76.5%
植物油	88000000元	37000000元	有余	237.8%
钢铁	300000吨	600000吨	不足	50.0%
机器	20000000元	85000000元	不足	23.5%
车辆船艇	6104000元	37000000元	不足	16.5%
电气	269000千瓦	542000千瓦	不足	49.6%

① 孙中山，《实业计划》，新时代教育社，1927年5月四版，第1–2页。

② 罗敦佛，《十年来的中国工业》，载《十年来的中国》，商务印书馆，1937年，第181–182页。

以上窘境，在抗日战争时期更显困难。日寇将战火烧遍15省467个市县，中国军人伤亡330万人，民众伤亡1800万人，日寇侵略对中国造成的直接损失达313.3亿美元。[①]尽管中国得到世界主要国家的赞扬，列强过去强加的不平等条约即特权，已经在1943年全部废除，但是战争大大消耗了全民族的精力与财力，我国人均物质生活产品，较战前要少四分之一，早已降到饥饿线以下。而在这中华民族面临生死存亡之际，我们的工程技术在战争中确实创造出空前的奇迹，例如当时西部大后方的基本条件远差过沿海地区，只是依靠艰苦迁运来的600余家工厂，14万吨各种设备，以及珍贵的上万名技师员工，就奠定了西南、西北工业的现代基础，后来发展成千余家厂矿企业。例如孙越崎先生迁来1家煤矿设备厂，后来扩展成4家煤矿设备厂。他又领导开发了玉门油矿，以缓解急需的燃油问题。

至于“工程师”这个称呼，在近代才被使用。翁文灏先生曾给予很形象的评论：“中国从前只有两种人，第一种人在纸上做文章，第二种人在实地做工作。彼此几乎各不相通，说话都彼此不懂，不用说互相帮助，现在却要有第三种人，有知识更能实行，能做工还能研究，这就是工程师。工程师要有很高深的学问，但又能够把学问直接应用到实际问题上去。工程师是第一种人，因为他可以穿长衫，到专门学会内与博士教授们讨论学理；他又是第二种人，因为他们也能拿起斧头，到矿井底下与工人一起做工。”[②]而中国工程师学会中一位重要人物赵曾珏先生则曾著书《工程与工程师》，专门讨论这些问题。他写道：“工程师之使命——‘兴灭国，继绝世，为天地立心，为生民立命，为

---

① 《中国抗战时期财产损失说贴》，载《抗战胜利的代价》，台湾联合报社，1986年9月，第177-189页。

② 赵曾珏，《工程与工程师》，中华书局。

往哲继绝学，为万世开太平'之重大责任。"[1] 然后他继续介绍研究工程学术之基本方法：

世界上各项工程之伟绩，莫非人类控制大自然之表现，实有赖乎多数科学家及工程先进之苦心孤诣，殚精竭虑有以致之。所谓物质文明，乃人类控制自然界，明了自然界之物力，解决实际问题之结果。……第一，基本原理之应透彻了解；……第二，以基本原理为思考之出发点；……第三，养成分析理解之能力；……第四，构成物理之概念；……第五，研究公式之来源；……第六，富有实验之精神。科学发明，贵乎实验，继以毅力，方有所成，非如常人所能偶然倖（幸）致者。……[2]

由于工程技术所关注的具体内容，可以列举出几十种，每一种技术都十分具体、复杂，几十年间积累的成果太多，这里无法展开，只能略选小部分作代表，以显示第一代中国工程师们实干的认知程度。也许将来有《中国近代工程技术史》这样的书出现，才可以全面展示他们的成果。

1. 造船工程技术

1866 年 4 月，在南京边的长江上，中国第一艘火轮船"黄鹄号"开航了。它载重 25 吨，长 55 英尺，高压引擎，气缸直径 1 尺，锅炉长 11 尺，顺水时速约 28 里。全部花费 8000 两银子。该轮除了锅炉、转轴、烟筒系外国成品外，其余全是中国人自己设计制造的。其主要制造者为近代中国 2 位重要学者：徐寿和华蘅芳。华蘅芳负责绘图、计

① 赵曾珏，《工程与工程师》，中华书局，第 4 页。
② 赵曾珏，《工程与工程师》，中华书局，第 21–27 页。

算和动力；徐寿负责机器制造。此后2年，江南制造局的“恬吉号”才下水，它载重500吨，329匹马力，船长185英尺。

中国近代工程的出现，是以造船为先导。清政府在1860—1870年间，花费了400亿两规银，建立了19家近代工厂，它们曾拥有当时最好的生产条件，但没有发挥应有的作用。比如江南造船厂，它拥有干船坞3座，70吨的起重机，年造船能力可达3万吨。但是在1865年至1905年间，仅造船15艘，排水总量10490吨，长时间停产。第一代造船工程技术人员，几十年间仅有一次显示的机会，那是在1919年1月开工，用600名工人为美国制造4艘14705吨的远洋运输舰。在1920年6月，第一艘“官府号”下水，船长443英尺，宽55英尺，主机3400马力，试船时速13海里，较合同原定速度快3海里。到1921年5月，第四艘亦完工下水，由于质量优秀，美国政府深为满意，其航运部曾函监造人曰：“各船成绩优美，驾乎自造各轮之上。”于是得美金780万元，使工厂得以扩建。其早期造船专家有马德骥、叶在馥等人。后来在1946年造“民铎号”轮船，采用全电焊技术，废掉铆接。

2. 铁路工程技术

一个近代国家，如果有了基本的铁路线，就相当于人体大动脉畅通。这个浅显的道理，在清朝末期，却引起轩然大波，无知地纠缠了几十年。当英国人于1874年在上海开始修筑铁路时，愚蠢的清政府简直不知道如何对付，最后通过外交途径演出了一场滑稽戏——以28.5万两银子买回来。当1877年12月20日讲钱付清，最后一班车于下午1点开走时，中国官员当即乘轿子指挥（绝不肯坐火车），命工人挖起铁轨，平路基，拆站房，将全部设备沉入湖底。付出大量金钱，什么也没有学到，反以为胜利了，似乎很有骨气，实际上是延误了民族进步的步伐，实在是可悲。

但是生产力发展终究是决定性的，唐山开煤矿，必需铁路运输，最后总算在1879年11月建成1条逃脱拆除命运的铁路——唐胥运煤铁路，长18里，标准轨间距四英尺八英寸半（1英尺=12英寸）。自此到辛亥革命，共修筑铁路5449千米（外人所建不计在内）。当时中国年轻的铁路工程师们，已经开始崭露头角，他们除少数为留美回来的，大多数是从“天津武备学堂铁道班”“山海关铁路学堂”“芦汉铁路学堂”毕业，其中佼佼者以詹天佑为最。詹天佑先生是近代中国工程技术的旗帜，他讲得少，做得多，足迹踏遍当时全国铁路各线。自1905年开始，他带领中国铁路工程队伍修建京张铁路。他亲自勘查了3条线路，然后提出报告，对比英国人的设计，仅在隧道工程上就由3千多米减至1千余米；他修筑“人字形”线路，更是创造性劳动；在施工中，他又提出“花钱少，质量好，完工快”三项要求，终于在1909年9月24日完成这360里的铁路。詹先生出来筑路，还带出了中国铁路工程队伍，制定了严格的技术规范，创建了“中华工程师学会”，编著了《工学字汇》等，全是在给年青一代工程师奠定基础。1918年他的《告青年工学家》一文中写道：

莽莽神州，岂长贫弱？曰强，曰富，首赖工学。……而为我青年工学告者，厥有数端。……一、精研学术以资发明。……二十世纪之世界，实赖工学专家以左右之。近观我国工学界，则所见发明者，尚稀有所闻，岂智力不欧美若？而司梯芬生（今译史蒂芬森）、瓦特、弗兰克林、毛利之流，不能产生于中国耶？曰：否。唯怠于深求，研究不足所致耳。……二、崇尚道德而高人格。道德者人之基础也。学术虽精，道德不足，犹诸筑高屋于流沙之上，稍有震摇，无不倾倒。……三、循序以进，毋越范围。……工程事业，必学术经验相辅而行，徒恃空谈，断难行事。……四、筹划须详，临事以慎。……惟事必预谋，通盘筹算，临时方免张皇失措之弊。……以上所述，虽仅就修业、进德、守规、处

事，而举其大纲，实为青年工学家立身之要则……[①]

当时重要的铁路专家还有颜德庆、凌鸿勋、萨福均、韦以黻、华南圭、杨毅、石志仁等。

3. 桥梁工程技术

中国工程师学会会长茅以升在1945年写道："我国桥梁工程，古代巨匠辈出，其技术之精，工程之伟，不亚于宫城建筑。材料不拘竹木石铁，形式不问梁拱浮悬，坚固美丽，各有千秋。而创设之始，又远在欧西各国之前。迄今各地犹多古桥遗迹，如冀燕之安济卢沟，陕之淯浐，苏之宝带，闽之洛阳，陕之西津，以及其他有名大桥，率皆千百年前遗物，迄今多依然无恙。……惜以历代轻视工术、技工经验，仅由师徒口承，缺少文字记载，乃改良规成例，仅能默守，讫无进展。迨逊清末叶，欧风东渐，兴筑铁路之风大盛，始有新式钢桥出现。"[②]

到1935年6月，全国已筑成铁路桥总长达7万米左右，其中以平汉铁路黄河桥最长，达3010米，共用单式桁梁102孔，于1903年开工，1905年4月完工，用库平银265万两；津浦路黄河桥长1255.2米，共12孔，内有2孔为翅臂式钢桁桥，中孔最长为164.7米；津浦路淮河桥长574.55米，共9孔，均为69.6米孔径之下承钢桁等。

中国的桥梁工程师，以茅以升和罗英为代表，他们负责建造的钱塘江铁路公路两层桥使用至今。此桥长1453尺（约484.3米），内江上正桥16孔，每孔跨度67米，桥下层为铁路，上为公路。此桥于1935年4月开工，茅为局长，罗为总工程师，至1937年9月26日完工。

① 《詹天佑先生纪念册》，中华工程师学会，1919年4月；转引自詹同济编译，《詹天佑日记书信文章选》，北京燕山出版社，1989年12月，第153–155页。

② 茅以升，《三十年来中国之桥梁工程》，载《三十年来之中国工程》，中国工程师学会编，1946年8月，第119页。

该工程有几个特点：（1）钱塘江水与江底地质条件恶劣，采用“气压沉箱法”；（2）施工方法为“上下并进，一气呵成”，形成生产线，不搞“三步曲”；（3）工程处有意利用工程作为培养训练桥梁工程技术人员之地，除吸收29名大学毕业生来工作外，还利用2个夏天函请各大学工科生来实习，供给食宿，每年80人，期满发证书，这样就培养了一批工程人才；（4）由于工程内容复杂，经验宝贵，他们特别注重施工的工程记录，并由工程师编导，拍摄成电影，也编成《钱塘江桥》一书。此桥建成使用仅3个月，因日寇入侵而自行炸毁，抗战胜利后再修复，至今依然可以高速通行。

公路桥梁由于近代公路数量猛增而发展。到1940年12月，全国公路总长为21205.9千米，有桥梁7286座，共长86618.7米。湖南省由于建公路早，其永久式桥梁也最多，其中永丰桥的中孔长26.8米，创全国钢筋混凝土拱桥记录；而孔长33.5米的白竹桥，又为最长的石拱桥等。抗日战争时，集中建设川黔滇三省公路，黔滇路的盘江桥被敌机炸毁多次，中国工程人员也随炸随修多次。滇缅路的澜沧江桥是中孔长为123米的悬索桥。该桥因主持人钱昌淦先生遭敌机袭击而牺牲，后命名为昌淦桥。

中国近代城市桥梁，以上海为最早、最多，其外白渡之下承式钢桁桥为最大。天津新金刚桥建于1922年，为双叶开动钢桁桥，中孔长42.8米。南京中山桥为钢筋混凝土翅臂悬梁式桥梁，长61米桥中搁置单承悬搁梁一节，建于1928年。广州珠江桥为活动式双叶开动钢桁，中孔长48.77米，宽18.3米，于1933年2月15日通车。桂林桂江桥全长181米，宽14米，为钢木合组桁桥，于1940年通车。

4. 水利工程技术

中国自古重视水利，李冰父子的都江堰工程使用至今。但是水利与水患也一直困扰着中国人。近代中国水利问题的认知，却不是仅有新技术就能解决的，因为要立足于现实条件与历史积累的经验，才可能顺利。

中国水患以黄河为最严重。1933年大水灾后，才成立黄河水利委员会，李仪祉（1882—1938）为委员长，工作成效很大，主要有（1）测量工作：完成黄河下游全部地形及水准测量，并沿河设立水文站及水位站各十余处，对于黄河水温有了初步科学的研究并有研究计划；（2）河防工程、对河务整理工程、堤防工程、修防料物等皆做了大量工作；（3）堵口工程：从1914年至1940年，黄河决口30次，其中以抗日战争时期花园口决口成灾最严重，到1947年才堵上；（4）灌溉工程：完成关中灌溉工程；（5）虹吸工程；（6）植材：历年在堤岸上种树。

李仪祉先生也是中国水利工程师的代表。在1922年，他到陕西筹办"关中八惠"工程，得到杨虎城、邵力子的支持；在1930年10月开工建泾惠渠，1932年6月开始放水，当年灌地20万亩，后扩大到60余万亩。到1944年，有7渠修成，灌溉面积已达138万亩，年获粮食286万石，棉花28.8万担，共使用动力达975马力。这些都是李仪祉先生身体力行的一小部分，可惜他在世时仅见3渠，终因积劳成疾，于1938年3月8日病逝，他的遗嘱上写道：

> 开发水利事业，在中国极为重要，……切望后起同人，对于江河治导，本余之素志，继续致力，以科学方法，逐步探讨，其他防灾航运及水电等，尤应多予举办，次第实施。……[①]

① 《李仪祉遗嘱》，《科学》杂志22卷，中国科学社，第3-4页。

“扬子江水道整理委员会”于1922年成立。他们做过的工作有：（1）先后完成干流及支流的地形、水道及水准测量，并设有水文站247处；（2）完成吴淞江虞姬墩截弯取直工程，长2060米；完成太湖通江的白茆河节制闸、华阳河闸、金水闸工程；（3）疏通黄浦江，从1905年开始，河面放宽为700米，水深达9米，建导水堤等；（4）江堤修防；导淮工程等。

清末甲午科状元张謇，1910年在南通开展地文及气象水文的调查研究；1915年，他又在南京成立“河海工程专科学校”，这是中国最早的研究水利的学校；1935年，“中央水工试验所”在南京成立，于1937年，完成试验多种；1935年冬，在天津建成“第一水工试验所”，亦有大量试验完成。

5. 市政工程技术

由于中国市政工程学会、中国建筑师学会、中国卫生工程学会的工程师们的积极参与，近代中国城市和市政工程从服务于封建帝王，转变成服务市民工作和生活。这里仅略述北京和南京两城市的市政进步。

（1）北京市政。

北京作为首都已经有700多年历史，一直是中国政治文化中心。西方文明传来时，对北京有巨大的冲击，市政工程建设缓慢就是证明。①交通方面：清末仅修过部分石渣马路，1913年才拆除正阳门千步廊及瓮城，开辟城门洞。1920年在新华门前修成一条沥青马路，到1935年，才共有沥青马路66918米。环城铁路在1916年建成。有轨电车在1924年通车，共有6路电车，全长28.9千米。新式救火消防工作从1903年开始健全。②用水方面：用水水道总源为玉泉，但下水道早已长期阻塞，雨水、污水合流，地下渗水量每千米管线每日为2.5万公升。从前北京甜水井仅有5口，其他咸水井的水很难饮。1900年开始，工艺局内设凿井专科，推广机器打井。自来水厂建于1908年，从孙河吸水入城，日平均出水量为280万加仑，可供17万人使用，但水质不佳，常发现含有大肠杆菌。每月用水丢失2/3。③环境卫生方面：整治明沟，如最大的明沟共有4820米，自1921年至1930年才覆盖完毕。街道两旁植树，成活率18%。开放一些公园。④城市建筑方面：北京保留了很多古建筑，雕刻精巧，磨砖光细，搭架奇特，油漆彩画。近代新建筑则有：1912年建成的正阳门车站，1917年建成的北京饭店，1921年动工的协和医院，1924年的燕京大学水塔，1934年的北京图书馆和静生生物调查所等。⑤电灯电话方面：1905年成立北京电灯公司，到1937年发电总量为35035千瓦，市内常用电量仅为1万余千瓦。1905年亦收回外商电话设备，建立北京电话总局，到1924年有共电式电话1.7万余号，磁石式400余号。

（2）南京市政工程。

南京在明代曾为首都，也是近代建设的重点，工程师们亦多有贡献。南京市政府于1927年6月才成立，1928年开始测量城市土地，绘成市总图5种，1/2500地形图48幅，分区图212幅。用2年时间规划道路系统，原则上采用短矩式而避免放射式。全市无一交叉点有2路以上。到1936年6月，修筑各种道路113.57千米，维修各种道路2295593.58平方米，疏通沟渠880千米，安装管道沟29千米。从1935年开始下水道工程，城南区采用雨水污水合流制，另设截水管分之，雨水泄入秦淮河，河水由截水管通至水西门汉西门闸，再由抽水机输入江中；城北用分流制。1933年完成自来水工程，每日出水量达1万~1.4万立方米，埋水管160千米，用户有2800户。市内铁路早在1907年建成28千米，一直使用。市内建筑，在1930年完成范文照建筑师涉及的宫殿式原铁道部建筑；1936年完成“中央研究院”建筑；1932年由基泰工程师设计的中央医院动工；1935年建成赵深建筑师设计的原外交部；1933 年完工李宗侃建筑师设计的美术陈列馆；1929 年完成吕彦直建筑师设计的孙中山陵园等。

近代市政、建筑工程师，以沈怡、谭炳训、卢毓骏、过祖源等为代表。

6. 化学工程技术

中国近代化学工业杰出代表，公认为简称“永久黄”的工业团体最佳。几十年间，“永利碱厂”“久大盐业公司”“黄海化学工业研究社”取得一系列成果。他们的创始人是一批实干家，如范旭东、侯德榜、李烛尘、孙学悟等。早在 1914 年，范旭东不去做官，而在塘沽一个渔村里开始用平锅制精盐的试验，直接向 2000 余年来的盐政挑战。1915 年 12 月 1 日，久大精盐工厂开始制盐，到 1931 年已经有盐田 10 万亩，年产盐 400 万担。抗日战争中四川通过自流井制盐，运用枝条晒盐，节约能源，增加产量，并产生许多副产品。1920 年侯德榜博士回国开始设计碱厂工艺流程，1924 年 8 月 13 日正式投产。这是以盐来制碱的新进工艺，终于在 1926 年 8 月美国费城的万国博览会上，永利碱厂的红三角牌纯碱获得金质奖。抗日战争时期，侯德榜工程师分析过 2000 多种样品，做了 500 多次循环试验，研究成功当时世界上最先进的联合制碱法，既产碱又产氨。1941 年范旭东宣布其命名为“侯氏制碱法”，获得中国发明专利 10 年，侯先生获得中国工程师学会金质奖章，并在美国、印度、英国等国家获得各种荣誉。1937 年 2 月，永利硫酸铵厂投产，整个工程亦为侯先生主持。中国基本化学工业的“翅膀”基本形成，用盐制碱，用煤炼焦。这些生产的背后，有孙学悟主持的黄海化学工业研究社给予技术支撑。

7. 电气工程技术

中国古代缺乏电学知识，也就没有电气技术和产品。近代开始仿造一些电器产品，如“华生电器制造厂”的杨济川、翁存斋等人，在

1917年开始生产2000千伏安的变压器，在1924年生产电风扇，1926年生产200千伏安的交流发电机，1933年生产火车轮发电机等；“益中机器瓷电公司”的周琦等人，则生产3.3万伏的变压器；抗日战争中的“昆明中央机器厂”，试制成功200千瓦的煤气擎发电机；1939年，“中央电工器材厂”一厂生产铜电线，二厂生产一些电子管。

而在电气理论研究方面还是有成果的。如在1929年东京万国工业会议上，时年20余岁的顾毓琇发表《交流发电机之瞬变分析》；萨本栋发表《多向矢量代表多相电系之方法》；朱物华发表《电滤波之瞬变电流》。实验方面，如“益中公司”的周琦，致力于感应电动机的设计与制造；孟昭英制造了小型电子管；冯简和倪尚达建设广播电台；任之恭与林家翘在清华大学无线电研究所进行秘密无线电话的研究；赵曾珏与叶楷研究灯泡与电子管的制造；马师亮关于超短波的研究；陈中熙关于高压电的研究等。

8. 机械工程技术

工业革命的波涛在18世纪欧洲兴起，其中技术上的标志是纺织机和瓦特的蒸汽机。从此，人类手工操作方式和动力来源有了革命性的变化，机器作为人类智慧的结晶登上历史舞台，促使人类社会摆脱中世纪的愚昧和贫困的阴影，开始飞跃前进。中国错过了这一步，直到1864年，容闳先生为江南制造局买回来百余台机器，才在中国建立了近代机械基础。据1936年统计，中国能够生产一些动力机械、纺织机械、印刷机械，以及一些车床、刨床、钻床等。如“新中公司”支秉渊等人在1929年成功仿制狄塞尔型25马力柴油擎。在20世纪20年代，装配公差达到1英寸的1/50，就认为满意；到1935年，才开始在图纸公称尺寸上加注公差。

在1936年6月，由庄前鼎、杨毅、刘仙洲、顾毓琭等7人发起组成“中国机械工程学会”，进行机械方面的学术活动。

以上仅是一小部分自然科学界学人的认知状况，这里无法大规模展开他们的介绍，如纺织、土木、航空、建筑、矿冶、电机、自动机、射电工程、卫生、造船、印刷制纸、交通、轻工业、食品、医药品等方面的学人认知状况，以及其中各种具体史料，都只好割爱。

从 1865 年至 1949 年来看中国，将其归结为一穷二白的国家，那是故意骗人的话。我们仅看其间中国自然科学的认知和产品，再看看创造出这些成果的学人、科学家和工程师们，都应该成为我们民族的骄傲。笔者曾有幸在 20 世纪 80 年代录音访谈过当时年纪在 80 岁以上的自然科学界前辈百余人，包括茅以升（民国时期“国立中央研究院”院士、中国科学院院士）、孙越崎（民国时期“资源委员会”委员长）、刘咸、贝时璋（院士）、殷宏章（院士）、钱三强、赵忠尧、陈裕光（金陵大学校长）、冯德培（院士）、苏步青（院士）、黄汲清（院士）、汤佩松（院士）、潘菽、吴襄、顾毓琭（“中央工业试验所”所长）、赵祖康、柳大纲、朱玉崙（“矿冶研究所”所长）、张含英、陈章、施嘉炀、蔡翘、陈遵妫、胡焕庸、张作人、谭家桢、陈立等，能够静听他们畅谈当年为国家拼搏的情景故事，让人心情激荡，永志不忘。

第五节

社会科学界之认知

一、“社会科学”在中国的出现

中文“社会科学”这个复合词的出现要到20世纪20年代，可谓新词，而其内涵却承担了空前的任务，严格地说是至今还纠缠不清的任务，包含着人类社会中多不胜数的种种现象和问题，例如人类历史如何演进变化、人如何为人、人如何面对别人、人如何面对社会、男女老幼、生老病死、衣食住行等，都需要涉猎。到底什么是“社会科学”，“社会科学”对中国有什么用等问题，学者们的争论依然不绝于耳。而在之前的几万年间，人类一直关注人类社会的状况与前途，恰如当年杨幼炯教授所描写的：

开展在我们面前的历史事实告诉我们：凡是一种科学的诞生，都莫不为了人类的欲望。人类的欲望进展无已，科学的诞生也进展无已。人类的欲望，像跑路一般：自近至远；像登山一般，从低到高；像投石看水面的波动一般：其波纹自小而大，由简单而复杂，而且，要是这水的面积无限，这波纹也便进取不息。就在这个进取程中，为了要把各种不断的欲望满足，便产生了各种科学。因为各种科学是使各种欲望满足的唯一工具。由此，我们可以想见：宇宙间所有的一切科学，并不是同时一齐产生的，因为人类的欲望并非同时一齐产生；欲望的产生，是跟踪于历史的演进。在或（某）种时代，产生或（某）种欲望。由这或（某）种欲望的需要，再来产生满足这或（某）种欲望的需要的东西——科学。人类的欲望是在进化，故而科学也在进化……那么，在现代，我们可以承认社会科学比任何科学切要于人类的欲望是最妥当的，因为社会科学到临这人间世，还不过是近百年来才捣起的狂澜——至少，我们可以说：社会科学之所以得加“科学”两字的皇冕，还是近百年中的光荣。而在科学本身的功能上讲，社会科学也的确比任何别的科学切要于人类的诸般要求。……就是说：并非以前的人间没有社会科学这件东西，只是没有“社会科学”这漂亮的名称罢了。以前，社会科学是被摈斥于科学的范围之外的，谁也不想把它唤做科学，而只承认它是一种类乎玄学的东西罢了。其最大的理由，是因为社会科学所研究的是“社会现象”，而社会现象的定义是“人与人间的相互行动及其关系的发展。”关于这一点，西方人有一句熟话叫：“人不能自举其身。”这意思是说：社会科学研究的对象——社会现象既是“人”的单位，那么以“人”去研究“人”，无论如何也不能采取客观的态度，而去对社会现象作科学的探讨，于是进一层说：社会科学既无科学的态度，自然不能让它列入科学的队伍中去了。因此，从很久以前起，社会科学便长期地苦闷在科学的范围之外，彷徨于哲学的身跟……[①]

早在古希腊时期，亚里士多德建立的思想体系中就包括以政治为核心方法来说明人类社会现象中的种种问题，剖析社会中人们的种种现象，其见解长期在西方学术界中通行。直到1830年，法国哲学家孔

① 杨幼炯，《社会科学发凡》，大东书局，1933年4月，第1–3页。

德著书《实证哲学教程》，书中提出“社会学”这个概念，他给的定义是：“人类共同联合的科学”。他主张综合研究社会现象，包括（1）“社会静学”，即社会制度研究；（2）“社会动学”，即社会进化研究。其中就已经涵盖生物、法律、经济、政治、伦理、地理各方面的综合研究。他开创了社会学这个学科，并且也就奠定了社会科学历史的基础，因为历史学原则与自然科学原则有相通之处，既要有科学求证事物因果关系的原则，也要有实事求是的客观态度和方法。有了这两条，社会学就进入了科学行列，社会科学随后也能够进入科学行列。当然，这只是理论上的说法，在近代百年实践中，则发现有更多新社会问题、新社会现象淆乱着“理想人间社会”的出现。其中也有如高能物理学中“测不准原理”一般，由于“测者”的参与，其表现的结果出现多样性，可能是A，也可能是B；或者既是A，又是B；或者既不是A，也不是B等，让受测者、旁观者都无所适从。所以，到底这“意念”在社会中扮演什么样的角色？恐怕依然还是研究的关键难题，尚难以用“法则”“规律”这样的词来让别人信服。

1867年，德国马克思著《资本论》第一卷出版，该书则是从人类经济现象来深入研究社会现象。后来还有从心理学角度来研究人类社会科学等。

但是近代中国人对于“社会科学”这种说辞，在五四运动之后，没等有自己的研究结果，似乎就如获至宝。这里仅以高希圣、郭真、高乔平、（梅）龚彬4位先生所编的《社会科学大词典》上写的“刊行之词”，来做年轻学者的代表。他们写道：

现在是整个的世界，陷于骚扰和乱动的境域中！资本主义的高度发展，使人类社会划分为二大层：一方面是所有生产机关，垄断世界经济的资本家及其所属人员；一方是失去生产机关，以出卖劳动力维持最低最恶劣的生活的劳动者及其相同人员。前者是不劳动不工作而得过优美愉快生活的；后者是日夜劳动尚不得一饱的。然而，世界人类的百分之八十以上，是属于后者——劳动者的。换句话说，现在的世界，百分之八十以上的人类是过着悲惨恶劣的生活，更日日为生活而操心的！这是必然的，这样的现象是决不能持久存在的！

社会制度的变迁，是以经济组织的变革而转移的。人类社会的一切生产关系，构成社会的经济构成——基础构成；为社会上一切构造，如政治、法制、伦理、哲学等，都跟着经济构造的变化而变化的。人类的意志，也是跟着经济构造的变化而变化的。简易的说，我们虽知道现在的社会是极不平等的，这个社会必须要加以彻底的改造——只有彻底的改造社会，才能救出陷于悲惨生活中的这百分之八十以上的社会被压迫层！但是我们虽有这意志，如果社会经济构造还不到变革的时期，即社会组织尚能给生产法则以相当的扶助，不束缚它也不阻碍它，两者没有什么冲突，那么，社会组织依旧不能变革，现在的社会还是无法改造的。

但现在的社会组织，是否已到了可变革的时期？要回答这个问题，除了研究社会科学，简直没有第二方法。社会科学告诉我们：社会是怎样构成的，社会是怎样变革的；一切关于人类社会的现象，它都详细地告诉我们的。就是现在社会组织的不久就要变革，也有明白说明的。

因为这个原因，中国的学术界已热烈地拥护社会科学，研究社会科学，想运用社会科学，企图改造今日的社会。……

社会科学是一种内容最复杂的科学，所以在这本词典内容扼要的叙述：凡是材料新颖的，在历史上占重要地位的，在社会上有相当势力的，在学术上有伟大影响的，都一一列条说明；其他如无关学术的腐朽学说，这里都一概不提，免充篇幅。所以本词典内所叙述的，完全为我们所最有用的知识。……

现代的社会科学，已分成为有产者的和劳动者两方面的学说了。所以同是一个社会科学名词，就有不同的解说。因此，在本词典中，有时把各种学说都列入，有时则叙述一个比较最完备的学说。我们不论这个是那（哪）一派的，我们只是从学说本身的价值而决定的。我们知道：资产阶级方面必定要说这词典中混入了许多过激学说，实甚“反动”；而在劳动阶级方面则要说这词典中混入了不少资产阶级学说，实是“反动”。我们除了接受双方的责备外，我们别无他法。但我们自觉我们的态度是非常中正的。……[①]

编者们的情感与愿望跃然纸上，他们自身的困惑也纠缠显示。这也正是社会科学的研究障碍，至今依然没有公允的解答。

而杨幼炯教授更是已经忧心忡忡地提示道：

社会科学是推倒一切封建社会中神秘性文化的利器，中国以前很少有人注意社会科学的研究。近年以来，一时研究的趋势大盛，……常有种种的谬误：（一）只图为西洋原理与社会秩序的介绍，而不能实地地研究中国本身社会情形，甚且有不屑研究中国社会问题者。他们立论，是说中国社会秩序太坏，无从整理。其实这种论调，实是中国人惰性的表征。（二）抄袭外国材料，以外国学者片面的理论作根据。结果发表不少的误解。……（三）把社会科学当作哲学研究，不从事社会实地调查，对于民众思想与社会现象，尤漠不关心，缺乏科学家实验的精神，造成“闭门造车”的谬误，无补于社会。……我十二分诚挚希望有志社会科学研究的同志们，注意下列的三事：（一）社会科学的产生，是

---

① 高希圣、郭真、高乔平、（梅）龚彬编，《社会科学大词典》，世界书局，1929年6月，第1–6页。

因为现代社会有已解决社会问题之物质的基础，中国封建的宗法中，思想学术，都极幼稚，而且帝国主义的暴力，侵入中国社会生活中，一切社会现象，因之非常复杂。我们应该根据科学的方法，把中国目前的现象，作根本的考察，而求到一个正确的结论，并传播社会科学的基本智识，使民众明察社会现象，求解决中国社会问题的方法，抛弃其“苟安认命”的思想，而积极斗争。（二）社会科学既是解析现实社会现象及社会问题的科学，当然不尚玄想，我们应该拿社会科学的方法，解剖中国现代政治经济情状，而加以具体的讨论，同时并应该确定社会意识、兴奋社会情感，使民众精神上因之振奋。（三）最后一件要紧的事情，就是社会调查。社会调查是供给破坏与改造的实际材料。……①

而陈端志先生在他编的《现代社会科学讲话》的卷头语中，则是大声疾呼：

社会科学怒潮澎湃的今日，那些闪烁的浪花，已飞溅在大众的面前了。

在这新旧意识形态斗争得最猛烈的中国，社会科学的洪流，也已听见汹涌的浪声。为了国际形势的日益严重，农村崩溃的日益加速，世界划时代转变已展其序幕：许多文化运动者、社会科学家、自然科学家乃至革命家、政治家，各以探讨社会科学当做救世法宝，新兴的社会科学，几成了指导人们思想与行动的战斗的精神武器。……不过，在这新旧意识形态斗争期中，社会科学的遭际，最为不幸。不独疯狂的文化毁灭者，正在用中世纪僧侣们虐待科学思想家的高压手段，向新兴社会

① 杨幼炯，《社会科学发凡》，大东书局，1933年4月，第67–69页。

科学进攻；同时捍御旧制度的道学者，亦在毁谤与曲解各种社会制度和社会形态；更有投机取巧欺骗群众的书贩子，假借名目，标榜学理，把相反思想，蛊惑青年；遂使新兴的社会科学，终于不能从浓重的尘雾中显露真面目，即使有零星短篇的启蒙作品，而于进一步学习社会科学的人，就不容易获得一个正确的轮廓。

社会科学在中国的遭际，既如此不幸，结果是以言文化，仅有介绍而无创作；以言革命，仅有领袖而无群众。不论优良制度或崭新思想，一经移植到中国，便会脱胎换骨，本相全非，这固然有多方面的原因，而未能奠定正确的社会科学基础，也是一个很大的症结。

于此，可知社会科学可以指导人们思想与行动的战斗的精神武器，在另一方面，亦可以麻醉人们思想与行动的僵化的无形药剂。因为社会科学是历史演进的核心，是社会变化的枢纽，我们离开社会关系孤立的生活，当然是不可能的；离开社会关系探究社会科学，也是不可能的。人类最主要的任务，是认识历史的必然性，懂得社会进化的法则，然后用自己的努力，去实现历史上必然要到来的法则以后，才可以减少自己的偏见，才可以避免自己的盲从。

本来人类的一切观念形态，是现实社会生活的反映，人类的理想和一切历史事实，必须依照一定的历史条件和社会条件而实现，所以历史上尽管有许多乌托邦的思想家出现，却没有超脱现实社会形态的乌托邦思想家。在美国文化熏陶下的中国文化界中，对于超脱实现社会形态的乌托邦思想家的学者，已经算是不可多得的“中国超人”，站在领导地位的中国学者们既是那么样的人，一般中国的群众与中国青年，可想而知了。社会科学在中国的遭际固然不幸，可是真正不幸的，还是中国自己，还是中国人自己。

本书的编辑，就是要想使那沉湎在帝国主义时代的中国群众和中国青年，给予准确的新兴社会科学的一个指标。所以全书取材，重在基础知识的灌输，并无高深理论的探讨；凡是基础智识上尤其重要的地方，往往不避重复，反复说明。所以全书体系和普通社会科学书籍有些异样，因为本书是充饥的“黑面包”，不是调味的“白奶油”。……[①]

陈先生对于中国当时形势的估量妥否暂且不论，仅看他祈望“真正”社会科学可以救中国之热忱鼓吹，他的这块“黑面包”，恐怕反倒是庸医灌猛药，画了块黑面包在前面，就以为可以无往不胜了。而在他之前的十余年间，以及他之后十余年间，出版《社会科学概论》一类的书籍共60多部，其中冷静地思考、深入地分析中国社会科学研究状况的书，则恐怕是十年后的王亚南教授著的《社会科学新论》。王教授在书中写道：

任何一个稍有社会科学修养的人，只要他随时随地留意一下我们国内论坛上，有关社会科学范畴内的政治、经济、文化、历史等等无论那（哪）一方面表述的意见，他就会发现有最大一部分完全没有依照社会科学所要求的规则，而都仿佛是在乘驾无轨电车，“纵意所如”，沾沾自喜的高谈阔论。他们开始是谈论起来，不依据科学，或根本不知道何谓科学，然后再回过头来，说社会科学根本就不成其为科学，这样一种非科学的或反科学的作风，并不限于一般幼稚的青年作者，那些社会诸学科方面的专家们，也都不知不觉的充满了这种情态。这样，就不但造成了国内社会科学界的全面的精神贫困，……大家“入乎耳，出乎口”的在相互传扬着少得可怜，同时却一点也经不起科学考验的常识。不管这种精神贫困的险象是如何造成，但这种险象的存在，却是铁一般

---

① 陈端志编，《现代社会科学讲话》，生活书店，1935年5月三版，第1–3页。

的事实。我们时常听见国人诉说物质贫困，却似乎没有人注意到我们更严重的精神贫困。事实上，精神的贫困，是定然会赍来或加重物质贫困的。……

被自然科学和社会科学研究着的任何法则，都须具备这三种属性：规律性、系统性、实在性。……许多形而上学的观念论者，无疑曾在，而且还时常在他们脑海中，僭制出一个像是“自圆其说”的思想体系，而他们那种思想体系也许更能表现出一个规律系统的外观，但因为缺乏实在性，它就根本不能成其为科学，只不过是观念构成的玄学罢了。……

社会科学之被称为科学，并不是对于它所包括诸学科，如经济学、政治学、法律学等等，从外面曲加上的装饰，而且所有这些学科的研究成果，在本质上显出它们分别在不同程度上具有上述的科学性能。……

社会科学中任一门科学的研究对象，都带有变动不居的历史的特征。……人类社会现象的变动，或其历史的性质，则是通过一定社会关系必然导来的有关个人及其阶层之利害意识，不绝施作用或反作用于其间的诸社会事象之连续表现的发生、成长、衰落以至其完结的全演变历程。这种经由人类利害意识，或离人类利害意识而独立的历史变迁，正是自然发展史与社会发展史的分水岭，是自然现象与社会现象的大异其趣的基本事实，同时，也是社会科学对自然科学的根本差别所在。……

把握社会法则之规律性、系统性乃至实在性，常常不免受到它的特殊历史性的二重影响：一方面，社会现象比较太富于变动，它不易定型化，把它作为对象来研究，就似乎只能理解到它通过变动之流的某一瞬间的静态。……在另一方面，我们对于那些现象的认识，不能像我们对于自然现象之认识那样，完全不牵涉及我们关于它的利害念头，即不容易在认识中，完全排摈去主观的要素。这无疑是非常明白而真实的事情。……

对于社会科学上的法则，在时空方面都不免受到限制的说法，如果这种说法，不含有根本否定的意图，我们毋宁死是不赞同的。科学的历史方法论，根本就排斥学术或理论上的绝对主义与永恒主义。一种学说，或者一种社会法则的建立，即使是健全的，合于我们前述三种科学性能的，如其他的建立者乃至它的拥护者，把它的适用性，延伸到它的时空限界以外，如所谓“放之四海而皆中，百世以俟圣人而不惑”，那就根本忽视了社会科学的历史特征，忽视了社会现象的历史演变极则。

在社会科学的研究上，无论是关于财产制度、婚姻制度，或者关于其他任何一种社会制度，就其起源说也好，就其发展过程说也好，都不难找到许多相异的乃至互相抵触的解说，然而这并不能为社会科学的致命伤，反之，在社会现象具有社会的历史性格，它因此必然会显出相对的多样性与多变性的限内，我们倒毋宁希望或者要求，对于它那种现象的本质，能从多方面，多个视野去考察它，揭发它，理解它，能把问题任何一方面所应考察到的地方，都分别提出各种解说，然后庶几可以比较，究竟何种解说，能更包括，更有系统，更对现实具有妥当性。……

没有科学修养的人，往往不是止步于对某特定场合的现象或问题，强作常识的解释，就是对那些现象或问题，单作无关现实的架空的说明，像这样一类性质的解释或说明，并不曾，也不能分有科学的实在性妥当性，那至多不过由他们这些胡说乱道的见解的杂然存在，更显得定于一宗的科学研究系统的重要，以及那种研究系统，必须具有上述一种科学的性能罢了。

在这里，我也许需要理论到社会科学研究上的主观性的问题即社会科学研究的对象，都直接间接关涉到我们个人乃至个人所属阶层的利害关系，在那种对象须得我们通过主观去认识理解的限内，我们在认识理解的历程中，便难免不夹入利害攸关的情感，而由是影响到科学研究所要求的纯客观的精神。不仅如此，在社会科学所研究的对象，无论是那

（哪）一种社会行为，或那（哪）一种社会制度，其本身就渗透着人类意志，人类利害关系的限内，对于它的研究，也似乎无法像离开人类意识而独立的自然现象那样，能保持其纯客观的研究对象性。这两点，其一即研究者主观上不易维持客观态度；其二即被研究的客观难免不渗入主观因素。……就因此故，当经济学研究对象的资本主义经济，已经发展到从它内部造成了威胁其生存的劳动者社会阶级，并且这阶级已明目张胆的对它本身，对它所保育滋养的阶级，即资本家阶级，采取了各种威吓姿态的时候，与它的利害密切关联的经济研究者，或在这时候的经济学，其研究上成为问题的，已经“不是真理与非真理的问题，只是于资本有益抑有害，便利抑不便利，违背警章抑不违背警章的问题。超厉害的研究没有了，代替的东西，是领津贴的论难攻击；真正的科学考察没有了，代替的东西，是辩护论者的歪曲的良心和邪恶的意图”。果真如此，经济学上的研究，不是变成了完全不能照应着现实的矫揉造作的东西么？……

我只须指明，一切通过了人类意识而形成的社会行为、社会习惯、社会制度，乃至社会风气，当它们一经形成为社会的规模，被当作一种社会的存在物，而成为种种社会科学考察的对象时，个别个人的意识，不论它“在主观方面怎样超出周围的种种事情，他在社会方面总归是周围事情的产物”。社会科学无疑要把人类的各种意识形态，甚至他们的动机，他们的情感，他们的意志力加以分析。但所有这些，都是人类的、社会的、客观存在的。张三李四独特的胡思乱想，根本就不成其为社会科学考察的东西。然则人类的行为、风习、制度，一取得了社会的规模，不以离开个人意志而独立，从而，他不将失却其对这种方面的主宰，而变成被动的、宿命的么？许多人曾是而且还在这样耽（担）心着。但这是过虑了，人类如其能依据科学的研究，把每种成为社会存在的活动或制度，放在科学的考验上，由是认知其社会的因果关系，社会的存在基础，更由是判断其必然的发展演变动向，采取妨碍或加速促进的步骤，那正是科学研究所要求达到的成果。

不同科学接近的人，往往就会发生许多杞人忧天的幻想。我们社会科学研究的论坛上，正还普遍存在着这种幼稚的，但却不天真的常识大家。这是需要自我诊断，自我批判的。……

此外，我们还有一种特别便于研究社会科学的地方。真理往往是留在被压迫者一边的。我们前面已从反面说明了处在压迫他人的地位者，是如何害怕接近真理。我们民族是处在被压迫者的地位，不论在经济方面，政治方面，文化方面，我们一直在受着其他民族的钳制，为了挣脱这些方面的束缚，我们需要，我们有极多理由，应当努力对一切阻碍我们思想解放，从而，阻碍我们政治、经济、文化各方面解放的玄学，堕落哲学，金利生活的经济学，侵略主义的政治地理学、人种学、民族学、文化社会学等等，作无情的抨击。我们所处的地位，是必须而且应当这样作去的。……①

王教授以“认知”一词来对待社会科学，那是很关键的认知。

以上是几位学者对于“社会科学”的热忱鼓吹，以及他们的见解，仿佛如迎来一位新救世主般的欢迎，更使用了不少中文斩钉截铁的判断句，如在给真理下判决书。只有王教授理智地明示，他在批评有人“僭制出一个像是‘自圆其说’的思想体系”后，认为“社会科学”之所以能够是具备科学性质，是需要具备“规律性、系统性、实在性”，以及“特殊历史性的二重影响”，简单地说就是需要经过人类实践才能成为人类共识，而这20世纪百年的时光过去，基本上是可以给出一些

① 王亚南，《社会科学新论》，福州经济科学出版社，1946年12月增订版，第1–21页。

答案的，在中国土地上的实践同样适用。还是王教授说得对："一种学说，或者一种社会法则的建立，即使是健全的，合乎我们前述三种科学性能的，如其他的建立者乃至它的拥护者，把它的适用性，延伸到它的时空限界以外，如所谓'放之四海而皆中，百世以俟圣人而不惑'，那就根本忽视了社会科学的历史特征，忽视了社会现象的历史演变极则。"

显然，中国学者把"社会科学"与"自然科学"都认作同属于"科学"中，然后在口头上，将自然科学的基本理念与方法全都加到"社会科学"的研究中，于是仿照苏联哲学家那样，热衷探求"法则""规律"，以扣帽子的语言来自认"无产阶级的代言人"，而将论敌看作"资产阶级代言人"，洋洋万言，全然没有社会科学所必须的实证精神，更不容许反方的意见表述。这就难怪在1933年，戴行轺先生在写完的《中国社会科学思想史纲》一书后，就已经有这样一段"结尾"：

这憧憬里面，我们可以知道中国社会科学表面上似十分隆兴，但其内部切呈着薄弱，看有谁把毕生精力注意到社会科学上，看有谁把自己特殊的创造力献于我们之前，社会科学只是成立支离破碎而非整个，只是成了因袭成见而非创造，这样的社会科学上，自然有他的特殊背景。中国一向有形而上、形而下的划分，形而上是治世的学术，形而下是科学；治术虽是发达，科学因治术太发达而不发达，这样治术里面永不得科学的方法，使社会科学只是破碎支离着；同时又为了治术需要的热烈，使社会科学本身成了治术的圈内，因此只是因袭成见着。这是以前的事吧，今日是不同了。但是一部分破碎支离还是破碎支离，因袭成见还是因袭成见，不能和世界各国并驾齐驱呢！这是谁的过啊！？[①]

① 戴行轺，《中国社会科学思想史纲》，大东书局，1933年4月，第96页。

二、“社会科学”的义界（定义）

1924年，革命家瞿秋白先生在上海夏令讲学会的讲稿，在当年成书出版，名为《社会科学概论》。他写道：

社会科学是研究种种社会现象的科学：譬如社会学、经济学、政治学、法律学等。社会现象是人与人之关系及互动……父子、君臣、雇主佣工之间，各有一种特定的关系；买卖、劳作、征兵、审判、罢工、战争等，各是一种人与人之间的互相影响或互相动作。这些关系和互动便是社会现象：……现代的科学已经渐渐能够对于这些现象加以有系统的研究。所谓科学是什么？宇宙间及社会里一切现象都有因果可寻；——观察、分析、综合，因而推断一切现象之客观的原因及结果，并且求得共同的因果律，便是科学。……社会科学便是用这种方法去研究社会里人与人之间的相互关系即动作。社会科学与自然科学的区别在于研究的对象不同，而不是性质相异——决不能说“自然现象有因果，社会现象却没有，因此，社会科学不是研究因果律的。”这是因为人亦是自然界的一部分，人的本身亦是物质，人与人之间的关系也要有自然界的物质做中介。假使自然界现象都有因果，独有人的现象没有，那么，岂非人是一个大怪物，说好听些，“人是万物之灵”……

社会现象之中各个互动的分子（人）是自动的，有意识的，因此，自然现象之间的联系不能以自力变成有规画（划）的；社会现象之间的联系却能以自力变成有规画（划）的。……这种“有意作为”仍旧是遵循着客观的因果律。……人类所组成的社会生长在自然界之中；必须以劳力采制自然界的物质以为营养，人类社会方能存在。这种“以劳力探制自然界的物质”之过程便是所谓生产；社会中既有一种生产方法，各人分配在这种生产过程里，便成立某种的物质关系。因物质的经济关系之需要，社会中便渐渐发生各种精神关系（政治、道德等）。这些精神关系受那物质关系的支配。——这是研究社会科学方法中之“不二原则”——因为“人生长在自然界（物）之中”是一件绝无疑义的事实。既然如此，当然：物质的经济关系（生产）完全停止，则社会立即灭亡；物质的经济关系变，则其他社会现象亦变……[①]

1926—1927年，革命家萧楚女在黄埔军校，编述有油印讲稿《社会科学概论》出版，书中写道：

社会科学——即经济、政治、法律、道德、伦理、宗教……等以“人事界”所发生的各种现象，为其研究对象之科学。此等科学对象，大都是抽象的，虽显著如一国之政治组织、巨册之法典条文，以至买卖、征兵、罢工、战争等明明白白之事实，然皆要只可以的系中之思索，与表现思想之语言文字，以推求说明其理性质素之所在，却终不能入自然科学，可以视听嗅触诸觉及精微之仪器，以求得其香臭、甜苦、软硬、轻重、大小、黑白、高低等之具体的形质，故社会科学可以说是一种研究“无形质的事实或现象之科学”；研究社会上人与事之别的因生活而起的种种“关系”的科学。……

而“人”在社会现象中则有“自我之存在”与“我为某种或不为某种活动”之意识。……社会现象之间的联系，却能在一定的客观条件之下，以人的意志而成立某种“秩序”和规画（划）。

……唯心论者相信意志绝对自由，结果一定是英雄主义、个人主义；因而使自然要承认世上应有阶级、私有财产及某种权力应当存在，

---

① 瞿秋白，《社会科学概论》，霞社校印，1939年3月再版，第1–3页。

如柏拉图、孔丘、以至梁启超、章炳麟、国家主义的醒狮派都是如此。反之，有一种机械的唯物论者，亦是不革命而反革命的。他们把人事界的因果关系，看得和理化现象一样，……①

1928年，心理学家郭任远教授著《社会科学概论》出版，书中写道：

社会生活的现象，也是自然现象之一种，一切自然现象都为定理及定律所决定，所以社会生活的现象，也是为定理及定律所决定的。社会科学就是研究社会生活的种种现象，而求出它们的定理及定律的各种科学的总名。

社会科学所研究的对象是有定律的，是物观的，机械的，有精确计算及测验之可能的，这几点我们是不能否认的。社会的现象既然有他种自然现象的普通的特性，那么，要是社会科学家能够努力，多做一点精确科学的工作，多用一点精确科学的方法，将来社会科学的发达史未可限定的。使社会科学变成精确的科学，得登自然科学之堂，这是我们的希望。……②

1929年，杨剑秀先生编《社会科学概论》出版，书中写道：

社会科学是以研究社会现象为对象，……此等科学的对象，大都是抽象的，……然都只可以用思想与文字来推求说明其因果关系的法则性。……社会现象有极高的复杂性，这是谁也不能否认的，但是这复杂

① 萧楚女，《社会科学概论》，中央军事政治学校政治部油印，1926—1927年，第2-3页。
② 郭任远，《社会科学概论》，商务印书馆，1928年7月，第73-75页。

性能不能妨害我们去发见及规定它的法则性和选择寻出它的因果律呢？可说是绝对不可能的。……社会的发展里是不是有重复的社会现象？可以说是有的，……正因为有这些重复我们才能运用科学的方法发见出它的因果关系的法则来。……社会现象不是绝对的不能实验，只不过在实验的性质有所不同，一个是有意识的，一个是无意识的吧。[①]

1929年孙寒冰教授主编《社会科学大纲》出版，书中写道：

在这大世界中，除了自然的现象和事物外，还有别种事物也引起我们研究的兴趣，那就是，人类自己和由于他们结合所产生的一切社会的，文化的现象。对于这种现象和事物，做精密的，有系统底研究的，便是各种社会科学。……各种社会科学虽都以人事社会底诸种现象、事实和关系，做研究底材料，它们互相间底关系虽极密切，难划界限；然而它们对于同一问题的观察点和注重点，却各不同，因之使它们各自成为独立的而各有区别的学问。……

研究的人自己就是社会底一分子，他对于一件社会事实底结果应该怎么样，比了他底客观观察的兴趣来得浓厚。他把事实与价值，手段与目的，混淆在一起。结果，他对于一件事情的研究和解释，完全是受他对于那件事情“喜”“怒”的情绪的影响。他喜欢民主主义的时候，便依了主观的见解，说民主主义怎样好；他厌恶民主主义的时候，便尽量的诅咒民主主义。所以，同一事实，随一己之好恶而任意解释。……我不是说，社会科学家不可以有“应该”或“不应该”的观念和态度，但当他站在一个科学家的地位研究的时候，应该把事实的观察和价值的理

① 杨剑秀，《社会科学概论》，现代书局，1932年9月五版，第5-9页。

论分清楚。他应该把他底力量完全注意在事实底探讨和分析上。他当然可以，并且有时必须，发表他底“应该不应该”的意见，但那时他已是立在社会伦理学家，或是社会哲学家底地位了。……我们不应该把这些事实和科学混同在一起。当我们站在社会哲学家的地位时，我们必须注意到政体应该怎样改良？婚姻应该怎样改良？等问题。但当我们站在社会科学家的地位时，便应把所有的社会现象，当作“事物”来研究，把这种事物用客观的态度，素朴的叙述出来；我们应该完全根据事实，而不凭主观和臆断。客观的事实研究，非但应该和主观的价值判断分别清楚；后者底本身还须依靠前者，方才有效。事实是评判底根基；主观的价值论，不能任意损益客观的事实。我们对于一件事实的评判，若离开了事实的根据，这种评判便只是空中的楼阁，杜撰的幻想，非但无补于事实，而且有莫大的危险。然而现在一般研究社会科学的人，非但不把事实和价值分开，手段与目的划清；并且他们对于事物的判断，亦完全根据虚构的空洞理想。这样，我们怎么能希望社会科学的进步呢！①

1930年，革命家施复亮先生著《社会科学的研究》出版，书中写道：

社会科学是研究社会现象的科学。……社会现象都是有意识的，……社会现象都是有目的的。……从社会现象中抽出因果关系之法则的是社会科学。……社会科学是有它自己所残存的机能。确定成为经济现象，社会关系，法律现象，国家形态，和其他个别社会科学的研究对象之各现象的地方及互相关系，确定各现象中一现象的变化发达及于

① 孙寒冰编，《社会科学大纲》，黎明书局，1932年增订三版，第5、6、27、28、29页。

他现象的影响，发见并定立一贯这些现象的法则的，都是社会科学所应担负的使命。[①]

1930年，柯柏年先生编《怎样研究新兴社会科学》一书，书中写道：

我们之所以需要科学，是因为常识并非总是可靠的。……社会中的个人底自由，是很有限制的；他只能在自然的条件和社会的条件所容许之限度内自由选择。……社会现象并不是个人的意志之表现，但个人反不能不受社会现象所支配。……社会科学之任务，就是要从这些错综的社会现象中寻求出因果律来。……[②]

1930年，教官胡一贯编《社会科学概论》出版，书中写道：

……凡是实在的动作状态，以一种强制力压迫个人，使个人起有感觉性的，这就是社会现象。……人类对于社会现象的感觉，必须先通过脑筋。换言之，必须先通过人类的意识。……社会历史的运转，各有目的的痕迹。……资本主义的社会科学，是资本家及其走狗所主张的。他们常常是支配阶级，所以他们解释社会科学，有一个最后目的，就是怎样训练他们的顺民，怎样压迫反对者的暴动，怎样发展其阶级的利益，怎样维持现社会的秩序。要达到这个目的，所以他们把由现实所反映的观念，当做一成不变的东西，盖将以为观念既不可变迁，所以为观念本源的现实制度，也必一成而不变，这样就可以达到稳定不平等的现

① 施复亮，《社会科学的研究》，上海宏远书店，1930年4月，第1–3页。
② 柯柏年编，《怎样研究新兴社会科学》，上海南强书局，1936年四版，第1–11页。

状。所以资本主义的社会科学，常以不灭的，静止的理论，去解释社会现象。

社会主义的社会科学，是真理及其拥护者所主张的。真理的学者，主张社会制度常随人类生存的方法而变更。人类的生存方法不同，所以社会制度不同，所以由社会制度所反应的概念不同，所以观念是时空的结晶，真理是时空的产物。真理既非一成而不变，所以社会制度亦必有改变的时期。信仰这种学说的人，在现在多半是无产阶级。因为无产阶级受现在资本家的资本主义生产制度之压迫，常思所以破坏此制度于无遗。因此，他们信仰社会主义的社会科学，希望训练他们的同盟军，打破旧社会制度的秩序，实现他们自家的利益。所以社会主义的社会科学，常以变动的，生成的理论，去解释社会科学。……在中国的新社会中，社会主义的社会科学，不单遇不着压迫，而且合于时代的要求。……①

1931年，郭真、高圯书合著《社会科学的基础知识》一书，书中写道：

社会现象都是意识的，……社会现象都是有目的的，……社会科学所经营的机能还有得残留吗？自然，社会科学是有它自己所残存的机能的。确定为经济现象，社会关系，法律现象，国家形态，和其他个别社会科学的研究对象之各现象的地方及相互关系，确定各现象中一现象的变化发达及于他现象的影响，发见并定立一贯这些现象的法则的，都是社会科学所应担负的使命。②

① 胡一贯编，《社会科学概论》，中央陆军军官学校，1930年，第6–25页。
② 郭真、高圯书，《社会科学的基础知识》，上海东华图书公司，1937年6月再版，第1–3页。

1932年，陈豹隐教授著《社会科学研究方法论》出版，书中写道：

（一）从对象上看来，社会科学的特性有三：（1）社会科学的对象是社会，而社会却只是一种人类和人类间的关系，不但难于从形质上去捉摸它，并且这种关系还是时时刻刻不断行着巨大的变动的。所以社会这种现象不是有齐一性的，但只是具有大量性……（2）……社会科学的对象多带有实践性，会因社会关系上的斗争者的实践的努力如何而有转变。（3）……社会科学的对象的把握必须带有历史方面的把握。（二）从目的上看来，社会科学的目的也有一个特性——阶级性。这就是说，社会科学的目的，首先注重与阶级的利益有关的实际利用。……比较起来，还是代表被统治阶级的利益的研究者，较能少带这种阶级性。（三）从观点上看来，社会科学的特性在它必须使用唯物辩证论的观点。……[①]

1934年，陈端志先生编《现代社会科学讲话》出版，书中写道：

人类自己和由于他们给合所产生的一切社会的、文化的现象，对于这种现象和事物，做精密的，有系统的研究的，便是社会科学。……第一，社会现象，一切都是有意识的，……第二，社会现象，一切都是有目的的，……第三，社会现象中的劳动和自然现象中的劳动，形式各不相同。

所谓法则，只是相对的妥当的意思，绝没有永久的真理可寻。

社会科学既是反映阶级性的，所以当两个阶级对立的时候，那就各拥所属的阶级，认其必要而发生的社会科学为真理，其他均为邪说。在

---

① 陈豹隐，《社会科学研究方法论》，北平好望书店，1932年11月二版，第52-55页。

历史的历程中，阶级没有消灭过，即每一个时代，总有两个对立的阶级，也即在每一个时代中，总有两种对立的社会科学。因为社会科学是反映阶级性的，所以一时代的社会科学，必定是榨取阶级即少数人所拥护的社会科学，而下一时代，也必是上一时代被榨取阶级即大多数人所拥护的社会科学。社会科学演进的顺序，便是反映人类社会组织变更的幕表，可知现代的社会科学，不是短时间所可完成的，观察过去各时代推移演进的趋势，便可知未来的变革和方法。[①]

1935年，哲学家常乃悳（德）教授编《社会科学通论》一书，书中写道：

在号称为科学的各种学术之中，没有比“社会科学”这个名词的内容再复杂，再不确定的了。所谓“社会科学”是一个晚出的名词，它的内容包括有许多独自发展的科学，如社会学、政治学、经济学、比较宗教学、历史学等，这些科学各自有各自的研究领域，有各自的研究方法，有各自的独立发展的历史，本来可以不必强拉在一处并谈的，不过这些科学所研究的对象虽然不同，但是彼此之间确有一种联带的关系，就是所研究的都是有关于人类社会活动的问题，与自然科学之以自然现象为研究者不同，所以将这些科学联合起来加以“社会科学”的总名，是比较上可以给研究者以一种综合的印象，对于学术的会通方面，很有种种的便利。

社会科学既然不是一个单纯独立的科学，而是将许多在根柢上彼此有关的科学综括起来，加以研究，所以在叙述上非常困难。现在世界

① 陈端志编，《现代社会科学讲话》，生活书店，1935年5月三版，第9–17页。

上关于社会科学的综合叙述的著作并不多，普通的形式是将社会科学中所包含的各种科学，分门别类叙述一下。这样的叙述虽然简便，但是失掉了综合的精神，结果不过成为各种社会科学的分类概要。我们现在不取这种摘要式的办法，我们现在叙述社会科学，是要从它的综合的方面去研究，找出社会科学所研究的一致的对象是甚么？这种研究的对象其本身有无一定的理法？这种根本对象与各种派生出来的科学有何关系？如何形成一个一致的活动？这就是我们此地所要研究的社会科学。

社会学，这是对于社会现象为综合的，纯理的研究的科学。这种科学可以说是所有一切社会科学的根本。……

在这许多独立发展的社会科学之间，有没有一个共同之点呢？有的。第一个共同之点，就是它们都是以人为研究的对象；……第二，它们都是以人类的群生活为研究的对象。……

社会本身是一个有机体，循生物的法则以进化。一切政治、经济、思想、文化，都是社会有机体的自发表现，而其根本原动力则在民族性（即社会集团的个性）。……经济欲望的发展受民族性支配。……生产工具的发明及使用也受民族性的支配。……社会上经济制度的形式及演进程度也受民族性的支配。……经济思想及各种经济有关的社会运动都受民族性的支配。……经济制度与其他政治、宗教制度一样，同为社会的产物，因此也不能不同受社会集团性格的支配。一个民族因民族性的不同，有自由支配其本身经济制度的能力，世界上没有一个整齐划一的经济制度，可以通用于各国民中的。经济是社会的儿子，不是它的父亲。它与社会上其他势力，如政治、宗教等同为社会的上层建筑，而由整个社会有机体所自行凝聚成功的民族性，才是真正的下层建筑。……①

① ［德］常乃悳编，《社会科学通论》，中华书局，1935年2月，第1–6、96–99页。

1936年，孙本文教授进行了演讲，题目为《怎样研究社会科学》。文中说道：

就纯理方面说，研究社会科学，是得到了解人类社会生活现象的原理定律，得到推测社会生活现象发生的知识。他的目的，只在这种知识的获得，并不在获得这种知识以外，再求应用。……就应用方面说，不仅在得到推测社会生活现象发生的知识，还要研究怎样应用这种推测知识，到实际社会生活上去，控制社会现象的发生，以求社会的改进。……普通社会科学是研究社会生活的全般共通现象，即各种社会现象所同具的现象。……特殊社会科学是研究社会生活的各部分特殊现象。……叙述社会科学是叙述并研究社会生活的过去状况。把人类社会过去的种种活动陈迹，就时间方面加以一种有系统的分类与叙述，……应用社会科学是研究社会生活的实际需要，应用社会科学的学理，去谋社会生活各方面的改进。……[①]

1936年，平心先生著《社会科学研究法》，书中写道：

社会科学所要研究的，正是复杂无比变幻无穷的社会现象。它以现代的社会现象作为主要的研究对象，但也不忽视过去出现在人间的社会制度和各种社会形象，并且还要窥测未来的社会状态。但是，社会科学并不是要把无数的社会现象毫无遗漏地观察一下，叙说一下就行了的；因为社会现象在没有经过人们的正确的分析，整理成系统之前是以极紊乱的姿态显现在我们面前，或保留在我们的记忆中的。……在社会现象

---

① 孙本文，《怎样研究社会科学》，1936年10月15–17日，载《各科学习研究法》，王子坚编，经纬书局，1936年12月，第237–245页。

中，包含着许多和真实（本质）不同的甚至相反的假象（这种假象在自然界精神界也是同样存在的），倘使不经过鉴别，胡乱排列在我们的头脑中，就要使我们的目光盲乱，认不清各种社会以及各种历史的真正面目。因此，社会科学主要的职务，是要从看起来好像很紊乱的社会现象当中，找出一定的线索和秩序出来。用术语来说，就是要发见社会现象发生、变动、发展和消灭的因果规律和本质。①

1946年，王亚南教授著《社会科学新论》出版，书中写道：

……二十世纪而是一个一面昌明科学，一面又残害科学的时代。科学在这同一时代的不同遭遇，……最根本的，还当由同一时代同时存在着的各种不同性质不同形式的社会体制来说明。……社会科学是属于理解性的，它自身原无规律，它们的规律，须待我们依据一定“文化价值”，去加以编造，去加以系统的理解，这系统理解的结果，就是社会科学。我没有在这里指摘这种错误见解的余裕，……一部科学发达史，殆与一部社会进化史，保有平行的密切的关联。社会的进化，不是一条直线地经历着康庄坦途，……在社会科学方面的研究成果，亦直接、间接大有造于自然科学。同时，自然科学方面遭遇着社会的不幸，就应理解为社会科学的不幸，甚至加大社会科学的不幸。反之亦然。

理性与自由是社会进步的原动力。……如其它认真提倡自然科学，也同样没有理由限制社会科学。在科学是一体，科学尤其休戚相关，相互影响的关联的限内，即使我们垂涕而道之的，大声疾呼的嚷着自然科学的重要，并用各种方式或有效方法来奖助自然科学，但同时对社会科

① 平心，《社会科学研究法》，上海生活书店，1936年，大连大众书店翻印本，1946年1月，第4-5页。

学，对社会认识，却尽量用非科学的，玄虚的，神权的，教条主义的作风和态度，来加以蒙饰和妨害，其结局，在学校中，在一般社会中，随着只有窒息和令人不朝大处、深处想的浅薄主义与功利主义的氛围。单在这种空气下，自然科学的研究，已经不能令人提起精神来，而间接由那种作风与态度造成的社会经济政治各方面的后果，定然不会给予自然科学研究以何等有益的刺激与追求。……

但社会科学显然不能凭空直观地去考察，……而且，我们如其把考察的视野，转到国外，移到外国学术思想向中国社会注入的过程上，我们立刻就会发现社会科学其所以在中国比自然科学还要不易拿来应用，拿来与实践密切联系的道理。现代学术思想向中国的输入，和现代商品的输入，是平行的。即使我们把国际资本的文化侵略意图抛开不讲，我们向国外输入的意识形态，也显然只能是流行于各资本主义国家思想学术界那一些的属于末期的，一味掩饰现实或委曲现实的东西。……它们本来就是在“引人入迷”的意图上产生的。把社会的问题自然化，把本质的问题现象化，把基本的大问题零碎支离化，这是一切挽近资产者社会科学的共同趋势。我们把如此这般的学问，作为研究对象，显然无从收到应用的效果。……

但是，在“混乱”和“浮夸”的我们社会科学界，不还包含有所谓新兴社会科学的研究么？……新兴社会科学，比之一般传统的社会科学，是需要更高一层的理解的。它的发生，是由批判一般变为陈旧，流为庸俗的社会科学而来。……新兴的学说的研究，总难免不受到传统的或已经定型化的原有学说的妨阻。这两种不同性质的学说，必然会分别同实践相联系的限内，新兴学说除了遭受反对者的妨阻意外，这种学说的研究者自己，往往又不免把自己封锁在“自以为是”的樊笼中，不肯对他所反对的理论或科学，作踏实的客观的研究。……这种研究作风，就是不利于自己的研究了。……挽近流行于资本主义各国，从而，流行于中国社会科学论坛上的各门社会科学、经济学、政治学、法律学、法律学、教育学等等，未来避开现实，或者为了隐罩现实社会的阴暗面，一方面日益形而上学化，另一方面则日益常识化。常识的特点，是零碎枝节的讲个别社会现象。说价值是由需供关系决定，是由效用决定，这同一般人经济常识可以调和；说自然科学与社会科学的研究对象不同，因而前者偏于客观，后者偏于主观，这同一般人的科学常识也可以调和；说社会科学的研究，须通过以血统、性别、智能等等关系构成的社会形式，这与一般的社会常识也可以调和。在这种意识上，流俗的或至挽近始逐渐流俗化的社会科学，仿佛就能即学即用，而从反面证示新兴社会科学更不能应用了。……①

至于在工具书中，以1928年中华书局编辑出版的《中国教育辞典》为代表，有条目如下：

社会科学

研究人群现象之各种科学也。包括十种：（一）思辨的政治学，内分个人派与社会派；（二）柏拉图乌托邦以下之各种理想国；（三）历史；（四）农村经济；（五）商业经济；（六）人类学；（七）社会地理；（八）社会心理；（九）自然派伦理学；（十）美学。

因共同方法之缺乏，故其间关系甚为松懈。此外，虽有的社会现象为一整体而加以概括的研究者，但成功尚少。②

以上是十几位专家在20世纪前半叶写的对于“社会科学”的义

---

① 王亚南，《社会科学新论》，福州经济科学出版社，1946年12月增订版，第23-40页。
② 中华书局编，《中国教育辞典》，中华书局，1936年3月五版，第372页。

界（定义）节略，笔者虽然整理记录下来，却实在难以给出评论。因为越读这些术语词，越是难以搞清楚其中内涵是什么，此派的用词同样于另一派用词，但显然又是很不同的词义。另外还有十余本当时出版的同类的书，更是伤脑筋。例如 1938 年，吴黎平、杨松合编的《社会科学概论》，自说“自这本书出版以来，甚蒙全国出版界的称赞和推荐”，[①] 但是却连“社会”“社会科学”这样的词的义界（定义）都没有一句话，连义界（定义）都没有的“科学”还能是科学吗？真是读不懂。

其中王亚南教授所言，颇有深度，更具备清晰分析的语言，不论读来是否妥当，其逻辑分析还是值得现代人思考的。

三、研究社会科学的“立场问题”

1933 年，赵一萍先生著《社会哲学概论》出版，在自序中写道：

在全书的理论上，是极力要避免旧的机械论的观点，而符合唯物辩证法的理论。

然后在书中，特别强调道：

社会哲学并不是人类经验或断片思想之单纯的积集，它乃是基于已经发见了的和最完备最统一的科学方法上，将许多基本的社会现象，有

① 吴黎平、杨松编，《社会科学概论》，新华书店，1940 年 3 月增订本。

系统的放在一个统一的领域里面来分析，来解释。因此它不仅是要集各科学之大成，造成一个总的学问体系，而且要从各个社会科学的部门中，抽出为各科学所共通的中心法则，形成一座最精致的关于社会现象理解的结晶体。所以无疑的，社会哲学是居于一切社会科学的指导者的地位。社会科学虽然在多方面帮助社会哲学的发展，巩固它的基础，……一切的基本问题，不站在正确的社会哲学的立场上来解决，社会科学即使不陷于谬误百出的泥坑里，亦会不能向着一个统一的路线采取同一步骤进行。……①

接着在1934年，陈端志先生编的《现代社会科学讲话》中，出现如下的话：

每一种科学，首先必须解决它最基本的最中心的问题，才能确立一个健全的体系，社会科学既和自然科学在科学的领域中处于同等的地位，那就不论对于社会科学或个别的社会诸科学，不仅要认识该种科学的性质、作用和对象，而且首先要确立吾们研究的立场。研究的立场确定了，再进而确定研究的方法；研究的方法确定了，再进而探求该种科学的性质、作用和对象，完成一个健全的体系。……于是这研究的立场，乃是最基本最中心问题的先决问题。

研究的立场，吾们应当站在那个阵营中呢？……②

到1949年，高尔松、高尔柏修订著《社会科学大纲》出版，书中写道：

---

① 赵一萍，《社会科学概论》，生活书店，1934年8月再版，第14-15页。

② 陈端志编，《现代社会科学讲话》，生活书店，1935年5月三版，第40页。

> 资产阶级学者们常常说他们是什么纯粹科学的代表，他们以为一切地上的苦痛，一切利害的冲突，一切人世的盛衰，利润的追逐和其他地上鄙俗的事件都是同他们的科学，没有一点关系的。他们的想像是这样：学者好像是个神，坐着他的宝座之上，平心静气地观察人生社会的各种形式，他们以为那鄙陋的实际和纯粹的理论没有什么关系。这个概念当然是错误的，事实恰恰相反。凡是科学都是从实践中产生出来的。因此，社会科学是有阶级性的。每一个阶级都有本阶级的实践，本阶级的工作，本阶级的特殊利益，所以也各有本阶级的观点。支配阶级所最最关心的是在维护、延长、稳固并开展资本的支配。被支配阶级所最最努力的是在破坏资本主义的秩序，确保劳动阶级的支配，以及根本的改造全世界。……支配阶级的社会科学所以同被支配阶级的社会科学是完全不同的。①

这几位先生的高论，让笔者陷入迷茫之中，因为如果“立场”是先决条件，哪里还会有“科学”“社会科学”可言？只需要选好“立场”，其唯一的结论无须研究就已经凝固在纸上了，根本不需要“研究”和“社会科学”来走过场；而且谁如果在“立场问题”上左右摇摆，岂不是连结论也是“左亦一是非，右亦一是非”？这几位先生把“社会科学研究”强加上对所有人适用的“立场”判断，很难说是社会科学研究。

① 高尔松、高尔柏，《社会科学大纲》，上海平凡书局，1949年6月修正，第14页。

四、社会科学的研究方法

上面引述关于社会科学的义界（定义）是如此之多，而这些书中谈论社会科学的研究方法则相当缺失和简单。而研究方法之恰当与否，则往往决定“社会科学研究”能否见效。中国的社会科学研究方法，实在是太薄弱了。

1929年，孙寒冰教授主编《社会科学大纲》出版，书中有：

除了归纳和演绎一般的方法外，我们还可采用各种特殊的归纳法来研究社会科学。……（一）观察的方法，……观察法虽是一种基本的重要的方法，但只用纯粹的观察和简单的记录，来分析复杂而富于变化性的社会现象，是不可能的。……（二）统计的方法　就是用数量的形式来搜罗，分析和帮助说明社会事实的方法。……（三）比较的方法……比较的方法在实际的应用上，最容易有错误的危险。……（四）历史的方法……历史的方法其实就是比较方法底一种，……倘若我们拿这种不忠实的材料，做研究的根据，却是一件危险底事。（五）实验的方法……社会科学者当然不能把全社会底事实，放在他底权力之下，以供试验；就是最强横的专制君王，亦无此种权力。①

1930年，柯柏年编《怎样研究新兴社会科学》，书中写道：

……形式逻辑只是一种低级的方法。我们要研究社会现象，决不能单采取形式逻辑，但要采取着这高级的方法——辩证法……辩证法研究一切现象，都是从各种现象之变动的方面去研究的；……都是从诸现

---

① 孙寒冰主编，《社会科学大纲》，黎明书局，1932年增订三版，第16–21页。

象之相互联系去研究它们；……辩证法以为一切对立的事物，是结合于绝对的统一；……辩证法以为一切事物包含内在的矛盾性；……辩证法以为一切事物之变化是从量的变化进而为质的变化。……所以我们要用辩证法去观察一切事物。但是，我们还要知道：辩证法有唯心论的辩证法与唯物论的辩证法之分别。……①

1932年，陈豹隐教授著《社会科学研究方法论》，书中有：

社会科学研究方法论的内容，当然就是唯物辩证论的内容。……至少应包含：A、当作认识基础论的辩证的唯物论；B、当作认识的具体方法论看的辩证的唯物论；C、当作宇宙观点论看的辩证法的唯物论；D、当作思索方法论看的辩证的唯物论；E、当作实践方法论看的辩证的唯物论。……②

1934年，陈端志先生编《现代社会科学讲话》，书中写道：

唯物的辩证法是以历史为线索，以物质为重心，推求人类社会的变动法则和发展趋势最科学最经济的方法，他昭示我们以如下的态度和方法去研究社会科学——人类的社会现象：一、从变动的过程中探求社会现象发生的原因。认定人类的社会历史，乃是一串不断地破坏和构造的连续。二、从适应的过程中观察社会进行的历程。……三、从矛盾的过程中观察社会的发展倾向。认定人类社会是永恒地呈现出矛盾性的。……四、在人与人，物与物和人与物的关系中观察社会的结

① 柯柏年编，《怎样研究新兴社会科学》，上海南强书局，1936年四版，第14–23页。
② 陈豹隐，《社会科学研究方法论》，北平好望书店，1932年11月二版，第57–58页。

构。…… 五、从各种社会形态和社会现象的相对情境中观察某种社会形态和社会现象的性质。…… 六、从全部的社会关系，观察某种社会的生活形态的变动和发展。…… 七、从社会现象的数量和质量的关系中考究社会的变化，认定数量增加 …… 社会进化到一定的程度的时候，就会引起质量的急变 —— 社会革命。[①]

1936 年，孙本文教授进行了演讲，题目为《怎样研究社会科学》，其中有：

社会科学的研究方法，大致可分为两大类：……（一）书本研究法 …… 第一要选择；…… 第二要精读；…… 第三要析疑；…… 第四要比较；…… 第五要会通。…… 因为书本上所能供给我们的，不外乎下列三点：（1）各种社会思想家，对于社会现象观察与思考的结晶。（2）著作者实际研究所得各种结果的报告材料。（3）根据上述二种材料，使读者领略社会科学的全体领域，主要问题，基本概念与方法等，作为自己研究的基础。……（二）实地研究法 ……（甲）第一步，关于材料的搜罗 ……（1）观察法；……（2）调查法；……（3）个案法；……（4）历史法；……（5）统计法；……（6）实验法；……（乙）第二步，关于事实的分析 ……（丙）第三步，关于结论的取得 ……。而二者应互相补助，以期理论与实际相调和。……[②]

1939 年，刘学鸥先生著《新社会科学讲话》出版，书中写道：

---

① 陈端志编，《现代社会科学讲话》，生活书店，1935 年 5 月三版，第 42–44 页。

② 孙本文，《怎样研究社会科学》，载《各科学习研究法》，王子坚编，经纬书局，1936 年 12 月，第 251–253 页。

想做得出结论，我们研究事物的方法，就是：一、从对立统一与对立斗争的观点上去研究一切；二、进而由数量到性质之突变与新量的发展的观点去要将一切；三、再进而从否定之否定的过程的观点上去要将一切。总之，如能对于客观的世界的辩证律的真理有了正确的认识，那么对于以上的辩证方法论就能得到具体应用，其效力真无穷尽，可以使你把握客观的真理，可以使你解决一切的问题，故称它为“精神的武器”“无上的法宝”“最伟大的方法论”。这种方法真是开了文化史上的新纪元，无怪它之为全世界大众所拥护、所欢迎、所研究、所应用。①

刘先生拿喊口号当作方法，实在是自己也没有搞清楚。不过，总算还是有明白人，在抗战最困难时期，金陵大学教授倪青原、葉叶琴在成都编著《科学方法通论》出版，书中有一章题目是：“社会科学专题研究之方法”，目录如下：

第一节　专题研究之性质

（一）研究之意义

1. 为寻求事实之精细考验，或寻求原则批判之探究。

2. 为探究事物而作之勤勉研究。

3. 为寻求真理及恒久，精到，彻底，而有目的之探究。

4. 为真诚，彻底，聪颖之探求事实，意义及其应用。

（1）基本研究——为发展学术。

（2）应用研究——为解决目前问题。

5. 为一有系统而精密之思维技术，应用特种工具及一定之步骤，以达到寻常方法所不能完成之任务。其步骤则为：

① 刘学鸥，《新社会科学讲话》，上海新社会科学会出版，1939 年 5 月，第 53–54 页。

（1）问题。

（2）搜集材料。

（3）批判的分析。

（4）结论：需要创见，其目的在求真知而非在证明意见，注重数量之知识，故测量为其主要工具。

（二）反省思维、科学思维与研究

1. 权威之思想方法：

（1）困难之感觉。

A. 在缺乏适应之手段时。

B. 在确认对象之性质时。

C. 在解释意外事变时。

（2）界说困难是种问题。

（3）提示说明之出现——可能解答，猜想，假设，推理或理论。

（4）演绎推理。

（5）假设之实验证明。

（6）估定研究结果之价值。

……

（三）科学思维之步骤

1. 一种意见：

（1）搜集材料。

（2）分类及组织材料。

（3）概推原则及理论。

（4）证明概推——应用实验。

（5）报告研究结果，以待批评审定。

（6）宣布研究结果，以待应用。

2. 另一种意见：

（1）科学思维之要素。

A. 有目的之观察。

B. 分析——综合。

C. 选择回忆。

D. 假设。

E. 以推论及实验证明之。

F. 推理，应用。

a. 求同法。

b. 求异法。

c. 剩余法。

d. 共变法。

e. 求同异联法。

G. 判断。

（2）正确性之保证。

A. 必须正确。

B. 必须广博。

C. 必须改换条件。

D. 必须指出其主要因素。

E. 同异各点必须同等注意。

F. 发现例外时必须特别注意。

G. 必须有丰富的经验。

H. 假设愈多愈妙。

I. 推论必须经过测验。

J. 只可有一变数。

K. 材料必须作有力之安排。

L. 判断必须根据适当之材料。

M. 必须无偏见。

N. 必须公正。

O. 材料如不充足必须保留判断。

第二节　专题研究之步骤

（一）抉择题目

1. 决定研究之名称。

2. 解释名称之范围。

3. 预定研究期限。

4. 决定研究结果之应用范围。

（二）拟具计划

1. 区分问题要点之症结——研究之目的。

2. 区分问题要点之大纲。

3. 确定人力财力之供应。

4. 规定实施之步骤。

5. 规定时间自分配。

（三）搜集材料

1. 决定材料之来源及其范围。

2. 确定材料之适用程度。

3. 选择搜集方法：

（1）探访或直接调查。

（2）咨询或用个案法。

（3）征填表格或间接调查。

（4）摘录有关文献。

（5）征询专家意见。

4. 测验问题解答之可能性。

（四）分析材料

1. 布置材料使系统化以待分析：

（1）分组。

（2）列表。

（3）核对。

（4）统计。

（5）制图表。

……

（五）比较材料

1. 求同法。

2. 求异法。

3. 求同异法。

4. 共变法。

5. 剩余法。

（六）分类材料

1. 归类。

2. 抽调。

3. 辟栏。

4. 派分。

（七）解释材料

1. 建立假设——试提材料与问题之关系。

2. 演绎假设。

3. 证明假设。

（1）实验证明。

（2）推理证明。

4. 归纳原则。

5. 概推结论。

（1）结论应根据事实。

（2）结论应条理分明。

（3）结论应叙述清晰。

（4）结论应综合论证。

（八）书成报告

1. 估计结论之价值。

2. 注释参考书目，附注，引证。

3. 按照格式写成报告。

第三节　研究结果正确性之保证

（一）谨严界说问题

（二）审定因素及变数之意义

（三）严密注意下列各项

1. 正确性。

2. 真实性。

3. 可靠性。

4. 测验之客观性。

5. 咨询时之对答。

6. 所发之问题表格。

7. 其他搜集材料事实之工具。

（四）例样法制定律应仔细应用

1. 例样种类应尽量加多。

2. 例样范围应尽量扩大。

3. 应设法摄取平允例样。

（五）统计技术之专门训练

（六）概推必须严格根据事实

（七）承认社会科学研究结果可靠之相对性

（八）不宣布研究结果之终结[①]

很明显，倪、葉两位教授的说明，才是一份仔细、清晰、系统的社会科学研究方法，完全可以遵照执行，肯定会有成功的收获。

人类在地球上已经生存数百万年，一直是群居在各地，逐渐形成部落、民族、国家，每一个人的生存欲望、食欲、性欲、精神欲望都是须臾不可离的，这就造就了全社会中也一直经受着人与人之间的折磨、苦难和欢愉。有史以来，社会问题就一直活跃在人类生活中，社会现象更是千奇百怪地展现在人们面前：血泪、仇恨、快乐、病痛、悲惨、爱与恨等，时刻充斥在社群中。随着哥伦布发现新大陆，全球意识形成；自然科学的发展，人们物质生活改善；人们生命环境改善，但却见人们的社会生活问题愈加严重。第一次世界大战的惨痛后果，就是在说明人类社会出现了大问题。因此必须形成一种能够全面研究社会、人类的科学知识系统，来调查、探索、考察、分析，甚至规划其中的各种问题和现象，这应该就是社会科学这个概念的出现因由。也因此，在20世纪20年代，困惑不解的思想家和改革家们都蜂拥到这面大旗下，不管他们各自初心如何，反正都是拿“社会科学”当作灵丹妙药，以为只要把“社会”纳入“科学”这面光辉的旗帜下，就立刻可以应用，就可能得出如自然科学般的解剖再拼凑出新的“社会”来，人类从此就天下太平，让人的欲望“各尽所能，各取所需”了。这类含混的思想当时也传到中国，更是引起中国新一代学人和年轻人的翻译鼓吹，他们激情澎湃，自以为找到了真理，以为只

① 倪青原、葉叶琴编著，《科学方法通论》，金陵大学文学院哲学组，成都蓉城印刷工业合作社，1943年10月，第100–104页。

需要扫荡中国社会上所有旧的封建体制，只是利用“社会科学思想”，不仅可以打倒帝国主义侵略，还可以打倒封建主义的统治，让中国建成人人平等、没有剥削的幸福新社会。以上所引述和尚未引述的文章内容，就明显表露如此的幻想。当然也就明显远离社会科学本身的时代重任了。

在19世纪末期的西方学术界，之所以能够形成“社会科学”这个概念，是在“社会学”形成的概念基础上，陆续引进“统计学”知识；政治学与经济学混合而成为“政治经济学”知识。这样，虽有大量各派学说，还逐渐依然觉得不足以清晰表述，于是形成整体研究的“社会科学”，而争论则更趋激烈，至今不断。至于“社会科学”一词在中文里最早的出现，笔者所见有限，仅到1915年，在梁启超先生主持的《大中华》杂志中，出现葉景莘先生写的文章《学理与经验》，其中写道：

公例理论皆学理也。一学理之成立，非一人一时之事。……凡其发明一公例，成立一理论，皆不知经几许之更改而后告成。迨其既成，则大抵放诸四海而皆准，施诸百世而不悖者也。社会科学之学理，因社会现象复杂，且多不可以试验。其信实或有视自然科学之学理为逊者，然人事皆受外界之影响，恒不能从心所欲；且人心纵多不同，动作要有常轨，就其趋势及其大体而言，固无有能越学理之范围者。……故运用学理，必先视所处境况之如何，以定其方术。社会复杂，其境况之难，周知远过自然界之现象，故社会科学之学理运用，较自然科学之学理为难。然因此而谓人事不可以学理衡之者，则又因噎废食矣。……[①]

① 葉景莘，《学理与经验》，载《大中华》杂志1卷5期，1915年5月20日，第2–5页。

其后，在 1919 年出版的《新青年》，以及《解放与改造》《新社会》等杂志中陆续出现“社会科学”这个复合词的运用。

显然，社会科学本身仍然是好东西，对于社会科学的研究依然还是人类目前所必须的重心内容。

第六节

生命科学界之认知

生命的路是进步的，总是沿着无限的精神三角形的斜面向上走，什么都阻止他不得。

生命不怕死，在死的面前笑着跳着，跨过了灭亡的人们向前进。

人类总不会寂寞，因为生命是进步的，是乐天的。

——鲁迅《生命的路》

一、引言

按照传统说法，笔者现已进入从心所欲之年，即无所惑之年，但是笔者发现偏偏此时的疑惑才真是多，并且都是很难解答的疑惑。其中之一，就是人的生死问题。笔者到底应该如何解答这个疑惑呢？几千年来，古今中外无数思想者都思考过或回避过生死问题，却从来没有给出一个能让大部分人信服的答案。虽然笔者无法解决这个问题，也难以选出一种答案，但却不服气：诠释别人的观念不行，诠释自己的观念也不行，那么老老实实地将近代中国人的生死观念介绍出来总可以吧？这样做不是为了念旧，而恰恰是为了让后人向前看。于是，笔者不自量力地挖掘出这一批史料，供有心人一阅。

历史上人们对于生命的看法与体验，形成了多种生命观念。从语义学角度看，这些生命观念包括对于“生”“命”“生命”“性命”“死”“死亡”“灵魂”“生命哲学”“生命科学”等字词的语义学诠释；从哲学角度看，这些生命观念意味着人们对于这些字词的概念的认知，也体现了生命知识的发展过程；从历史文化角度看，这些生命观念意味着人类进步的历程，也体现了中国近代中西文化交流的历程。这些颇为丰富的复杂的内涵，很值得我们思考并学习。本文选择相当关键的时间段——19世纪到20世纪前半叶来介绍中国人的认知观念。一是因为中国传统的生命观念，在延续数千年后，形成了相当空洞化又模糊的共识，但从19世纪开始发生了巨大改变。而这个改变，至今尚未研究清楚。二是由于历史上西方人对于生命观的认知，也是从19世纪开始传入中国，并且与中国的生命认知内容交流，相当大程度上改变了中国传统的生命观念。三是由于新文化运动前后几十年间，中国新一代学者除了翻译介绍外国人的生命观念之外，更自主提出相当多的混合中西文化思想的生命观念，这些观念在今天读来依然有其学术价值，我们不应该轻易抛弃。四是因为一本书的影响。19世纪末，严复把赫胥黎的书改写编译成《天演论》[①]出版，书中“天演”“进化”“生存竞争”等新鲜深刻的观念，引发了中国人百年间的思想变革，其中的生命观念更是成为近代中国书生的热门话题，令中国人开始关注全新的生命观念。

近代中国人关注生命观念的角度，已经与传统大为不同。基本上可以从下列几个视角去认知：

（1）自然科学视角，即主要从生物学视角去认知生命，包括一些

① 赫胥黎著，严复编译，《天演论》，科学出版社。

生理学、心理学的知识。早在17世纪西方生物学知识就已经传入中国，更重要的是，19世纪以来，西方生物学知识大为发展，20世纪前半叶更是大发展的准备时期，所以从那时传来的翻译的书本知识，到中国第一代留学归来的新生物学家的研究，专著，以及在中小学校中普及的新生物学知识，纠正了传统中许多未经验证的荒谬的所谓生物常识，如“腐草变萤”之类。除此之外，还有翻译的或自著的讨论生物与人类生命的具体生物性的书籍，其中包括细胞解剖等人体科学内容，一应俱全。这些知识，在今天已经成为中学生的课本内容，所以本书基本不用详细介绍，仅做必要的略述。

（2）从哲学视角去分析探讨就相当丰富复杂了。因为作思想的判断，要先理解、掌握自然科学中的相关知识，要把握西方已经有的见解，要能够按照自己的理解而自圆其说。当时确有不少中国思想家、哲学家利用他们对于中国文化的认知，认认真真地发表了不少有深度的见解，包括中西文化融合方面的见解。笔者注意到，其中一些关于关键主题词组的研究，中西文化方面的理念差异往往很大，但在讨论生命观念时，中西文化原则的差异却很少。这恐怕是人类的普适价值在发挥作用吧?

（3）从语义学的视角，就是在编辑百科辞书中，撰写相关条目。个别学者的相关言论也许相当精彩，但也只能是个人观念，因为写进辞书中的条目内容，必须是公允性的概念。中国在近代才开始出版一些辞典性质的工具书，条目内容的撰写还不够好。所以书中虽有一些关于生命内容的条目，但整体上比较贫乏。

（4）有人将生命观与人生观联系起来宣传，以适应中国那个变革时代社会发展的需要。所谓“牺牲小我（个人），完成大我（社会）”。个人的生命变成了社会中的螺丝钉，生命观也变成政治筹码或军事上的力量。这种见解，一直弥漫在20世纪的整个中国，现在依然流行。

（5）其他从社会学、军事学、政治学等视角提到生命问题，本文从略。

也就是说，古今中外关心生命问题的学者，不管从哪个视角，都必然思考过生命、死亡、灵魂等究竟是什么的问题，那么他们能否给出一个自己认同的答案呢？他们的难点，或他们的轻率，就是如何能够清楚地表述出来，或者随便含糊地表述出来。而古今读者，自然也会思考关于生命这样的关键难题，当读者们需要答案时，中外智者的见解能否适用于他们？一旦照此办理，其效果如何？这恐怕只有他们自己清楚罢。至于别人想从旁研究分析，也许只是隔靴搔痒罢？有鉴于此，笔者在本文中并没有直接写出自己的生命观，以避免糊涂地以为能够总结前辈们的思想精华，取而代之。恰好相反，文中尽量罗列前辈们的思想精华，以供现代年轻人思考时参考。本文分作下列：传统生命观；西方近代生命观的传入；中国学者对生命观的诠释。不当之处，还望方家教正。

二、传统生命观

先秦时期的中国哲人思想相当活跃，后人赞美其为百家争鸣。但如果仔细查阅史料，想找找关于什么是“生命”、人从哪里“生”、“死”意味着什么的资料，却发现很少有清晰的本体的说法，“生”“死”作为单字出现的语句虽然很多，但缺乏阐释“生”“死”本体的说明句子。以致面对大量古书中“生”“死”“命”等字时，到底该如何认知，变成猜谜一般。后来汉宋明清的哲人们，似乎以为前辈讲的全是金科玉律，他们只有注释引申之份，故没有再创造出新的生命观。下面是笔者引用的部分古哲人的看法：

天地氤氲，万物化醇；男女构精，万物化生。……乾坤，其易之门耶？乾，阳物也；坤，阴物也。阴阳合德，而刚柔有体；以体天地之撰，以通神明之德。——《易》

乾道变化，各正性命。——《易》

不以生生死，不以死死生。死生有待邪？皆有所一体。有先天地生者物邪？物物者非物，物出不得先物也，犹其有物也。犹其有物也无已！圣人之爱人也，终无已者，亦乃取于是者也。——《庄子》

死而不亡者寿。——《老子》

天地之大德曰生。——《周易·系辞传》

生生之谓易。——《周易·系辞传》

哀莫大于心死。——《庄子·田子方》

死生有命。——《论语》

不知命无以为君子。——《论语》

五十而知天命。——《论语》

人肖天地之类，怀五常之性，有生之最灵者也。人者，爪牙不足以供守卫，肌肤不足以自捍御，趋走不足以逃利害，无毛羽以御寒暑，必将资物以为养性，任智而不恃力。故智之所贵，存我为贵；力之所贱，侵物为贱。然身非我有也，既生，不得不全之；物非我有也，既有，不得不去之。——《列子·杨朱》

鲁哀公问于孔子曰："人之命与性何谓也？"孔子对曰："分于道谓之命，形于一谓之性。"——《孔子家语》

刘子曰："人受天地之中以生，所谓命也。"——《春秋传》

天地之精，所以生物者，莫贵于人。人受命乎天也，故超然有以倚，物疾莫能为仁义，唯人独能为仁义；物疾莫能偶天地，唯人独能偶天地。人有三百六十节，偶天之数也；形体骨肉，偶地之厚也；上有耳目聪明，日月之象也；体有空窍理脉，川谷之象也；心有哀乐喜怒，神

气之类也。观人之体，一何高物之甚而类于天也。——董仲舒《春秋繁露》

天地万物与人原是一体，其发窍之最精处，是人心一点灵明。风雨露电，日月星辰，禽兽草木，山川土石，与人原是一体。故五谷禽兽之类，皆可以养人；药石之类，皆可以疗疾。只为同此一气，故能相通。——王阳明《答朱本思书》

另外孔颖达疏《易》中写道："性者天生之质，若刚柔迟速之别；命者人所禀受，若贵贱夭寿之属。"佛书上云："以业力为因，父母为缘，因缘和合而生，因缘分散而死。"

如果将以上观念，用白话文准确翻译出来，就是很有深意的哲理性思想。这些哲人硬是被后人分别赐以各种派别名称，并按照儒、道、佛系统来归类。其实，如果想要仔细研究而去分类，那还是可以的。但对于一般读者，则似乎无须细分。因为我们今天完全可以用"传统思想"一词概括。依笔者看，他们对生命的思考不可谓不深，不可谓不对。这些生命观完全是应一种伦理价值要求出现；他们无须费劲去做关于生命本体性质的探索，可以完全回避给生命下定义。于是，传统的生命观就成为一种极为高级的象征，必须拥有大的德行才可能谈生命。至于一般平民似乎就无须思考生死，因为"未知生，焉知死"。如果将这与古希腊时代的哲学家们的生命观比较，就有很大的不同。可惜这将超出本书范围，只好割舍不谈。有心人若有兴趣，只需要阅读几部中外学者各自在20世纪20—40年代写的中国哲学史[①]著作，就足够明白了。

---

① 谢无量，《中国哲学史》，中华书局，1916年10月；胡适，《中国哲学史大纲》上卷，商务印书馆，1919年2月；渡边秀元著，刘侃元译，《中国哲学史概论》，商务印书馆，1926年9月；钟泰，《中国哲学史》，商务印书馆，1929年3月；范寿康，《中国哲学史通论》，开明书店，1937年6月。

还有一点需要说明，即各种古代文献中与“生”“死”等相关的字词语义，并不是相同的。我们只需要查一查1997年的比较权威的《汉语大词典》，就能够领略其中的复杂性。例如“生命”一词的语义有7种解释：生物存在；比喻事物借以生存的根本条件；犹命运；活命；指有生命之物；指生活；生物学认为生命是蛋白质存在的一种形式。“性命”有3种解释：万物的天赋与禀性；生命；本性。“灵魂”有3种解释：迷信认为附在人的躯体上作为主宰的一种非物质的东西；指人格良心；比喻事物中起主导的决定作用的因素。至于“生”字的解释，该书罗列了50种用法。历史上积淀的用法太多了，多到你想找到合适的用法，还不如自己去编一种。因此，笔者觉得没有必要记录在此。

三、西方近代生命观的传入

17世纪初期（明朝末年到清朝初年），有一批西方人士来中国，代表人物是利玛窦。他们与中国人合作翻译出版了一批学术著作，其中包含西方当时的人体知识、生命知识等。这些知识对中国人来说是全新的内容，能够顺利在中国出版，颇属不易。可惜当时中国正处于国内政权换主时期，这些知识没有在中国广泛流传。由于原文多为拉丁文，并且是在宗教背景下阐述，这里就不多做介绍，仅略述几本书名。

《西国记法》，利马窦著，高一志、毕方济订。该书介绍人体构造及人脑记忆因由。

《性学粗述》8卷，艾儒略著，1623年杭州出版。该书介绍人体生理知识，包括生命含义、灵魂等。

《泰西人身说概》2卷，邓玉函口述，毕拱臣润色，1643年刊。

《无极天主正教真传实录》，1593年出版，译自西班牙文，介绍西方生物学知识。

真正实现交流的桥梁，以英国人马礼逊（R.Marrison，1782—1834）为代表。他在澳门于1822年编辑出版《华英字典》，条目之中就将生命、死、灵魂等字词，以英文对译成中文，并且使用了当时中国民间常用的例句。例如：

LIFE　生命

（中文例句）救生命；人生在世，如白驹过隙；人生世上如电光石火，急急行善犹恐不及，况为恶乎；放生；人生可笑，春梦做完犹相续，天机有碍尖还钝，野马无缰快已迟；人之所欲，无甚于生；舍生而取义；性命是天与的；生前只要有钱财，死后那管人唾骂。

DEATH　死　亡死

（中文例句）死有余辜；已是死在旦夕；朝夕寻死；是死罪；他在死床；生死永忘；赐死于第；人之所恶无甚于死；乐逸于死。

SOUL　魂魄　灵魂　精神　命门

（中文例句）死者魂气归天，形魄归地；身落空亡，魂魄终在；脑子里有个昭昭灵灵之物；真性在是；生生死死之根；劫劫轮回之种；身之职神；关系灵魂，永远并无了期。[①]

① 马礼逊编，《华英字典》，1822年，澳门重印本，第107、255、256、400、401页。

马礼逊的工具书本来是双通道的，但当时只有西方人加以利用，并且继续扩大使用范围。鸦片战争之后到1865年，德国人罗存德（R. W. Lobscheid）在香港编辑出版了《英华字典》。该工具书同样有类似条目，例如：

Life 生命 性命

（中文例句）今生；来生；拼命；生命之权；有生命；翻生；捐命；身（生）之生命在血肉；贱命；恕命；养生；舌口水养命；逃命；长命；短命；苦命；好命；苦人命；生死有命。

Death 死 终 大限 大数 大 寿终

（中文例句）上天堂；圆寂；羽化；登仙；尸解；善终；死于非命；不得其死；在死之门；暴死；该死；应死；视死如归；死性不改；死生有命；抑郁死；致死罪；丑死；神之死；永死。

Soul 灵魂

（中文例句）人有三魂七魄；救灵魂；神及灵魂；坏灵魂的。[①]

以上两部工具书中的字词对译，表明中英文顺利的实现了对接，这奠定了交流的基础。而西方人已经掌握了如此多的中文字词的应用例句，也说明他们自工业革命以来的文化进步，以及能够通过语言学来探求新事物。仅是以上的例句就远比中国权威的《康熙字典》中的例句丰富很多。

至于对中文字词的语义的进一步解释，也是在1855年开始出现。当时香港的英华书院编辑出版杂志——《遐迩贯珍》，其中连载英国医

① 罗存德编，《英华字典》，1866—1869年，第1110、1637、1638页。

生合信著的中文书——《全体新论》，其第 6 号中有一段云：

盖人之脑最大，较万类之脑或相倍蓰，足推人为万物之灵。而其灵则在脑也。或问脑即人之灵魂否？答曰："脑非人之灵魂，乃灵魂所用之机，以显其思虑行为者耳。"①

这种解释，完全继承了 17 世纪来华人士的见解，强调脑在人身体中的重要地位。1856 年，香港英华书院又出版一本通俗初级课本，名为《智环启蒙塾课初步》，由理雅各（James Legge，1815—1897）从英文译出。其中第百九十一课为：

死亡论

身既死矣，五官无为。生时，灵魂于身内，若物有触，身必觉动。死时，灵魂离身，而身不觉不动。身子与灵魂配成一人。身可见，灵魂不可见。身既死，灵魂不可死。②

后来，由于洋务运动的发展，上海形成新的中国文化特色，不仅翻译出版各种书刊，还大量吸收新知识。其中著名的《格致汇编》杂志，在其第 6 年（1891 年）冬季号中，就连载发表了翻译的英国学者爱凡思的文章：

---

① 香港英华书院编，《遐迩贯珍》，香港英华书院，1855 年第 6 号，第 5 页；转引自《〈遐迩贯珍〉的研究》，松浦章等编，日本关西大学，2003 年。

② 理雅各译，香港英华书院编，《智环启蒙塾课初步》，香港英华书院，1856 年，第 49 页；转引自《近代启蒙的足迹》，沈国威、内田庆市编，日本关西大学，2002 年。

"延年益寿论"，上面写道：人之生命果何事耶？大都赖体内有化学之变化耳。欲查其根而究其源，则不能舍质体而独论。盖生命寓于质体，质体有变化，始显生命。令有变化之力，为感动万物之合力，虽万物有生命之事极繁极奥，然仍不外乎数种简便化学之工。……凡身体内有一情形，可谓之精神，乃正路也。行此路则无病灾，不及此路或行差路，则谓之病。……延年益寿者，欲依万物总理，设法于饮食动作内保养身体，以届寿域也。……总之，好生恶死，人之常情，有生有死，天之定命。然而事有出乎法外，理有系乎变中。人定胜天，天心可挽，人力既尽，天意自回。花草逢春能再发，松柏岁寒然后凋，岂独于人而独薄欤？①

延年益寿，是全世界的人都向往的。这篇文章不仅能够吸引中国人的注意，还引进了西方的新的知识，特别是关于生命与化学（当时的新名词）的关系，就已经与传统观念相差颇远了。

1898 年，同文馆总教习美国人丁韪良（1827—1916）著的中文书《性学举隅》出版，其中第十三章谈及灵魂问题。书中写道：

问：灵魂何谓也？答：乃我为我之谓，虽易时易地而有恒者也。问：灵魂究系何物？答：其解不一，而括之以三说可也。……有谓灵魂系借气之融结而能觉能悟者也。如油之能燃，而生热生光，油尽则光与热悉归无何矣。……有谓灵魂先于身，而居于体内者。如烛之在盏，如鸟之在笼，外壳虽更，仍自在也。……即谓灵魂与身并出，而不必与身俱尽也。……[第三说]此泰西各教之通训。其异于轮回之说者，盖重

---

① 傅兰雅辑，《格致汇编》杂志，江南制造总局，第 6 年冬季各号，第 7-14 页。

在来世，而置前生于不论也。惟第三说指明来生之祸福，系乎今生之善恶。一息尚存，不容稍懈，实是为劝警之金鉴，乃性学者当自知之。[①]

不过，相比较而言，19 世纪引进的西方生命观念，依然过于简单、过于含糊。一直到 19 世纪末，由于中国面临空前的外界压力与国内变革的呼声，因此严复先生编译的《天演论》出版，就不单是一本书的问题，而是整个社会要求变革的明显信号。严复抓住“天演”“生存竞争”“优胜劣败”等关乎全民族生存的关键问题，激发一代书生为之奋斗。其中他们自然就需要了解人的生命观应该是什么，应该学习什么，应该做什么，等等。到 20 世纪初，一代中国学者纷纷翻译或介绍生命科学与生命观，形成良好的学习风气，再经过新文化运动的大力普及，几十年间，获得全面突破，促进了全民族生命知识的进步。下面仅选择部分介绍之。

“维新变法”的梁启超逃亡到日本后，将当时大量日本的新知识写进自己的文章中发表。他于 1902 年写的《进化革命论者颉德之学说》介绍道：

死之为物，最能困人。记曰：“天地之大也，人犹有所憾。”人既生而必不能无死，是寻常人所最引为缺憾者也。故古来宗教家哲学家莫不汲汲焉研究死之一问题，以为立脚点。尝综论之，约有八说：儒家之教，以为死而有不死者存。不死者何？曰名。故曰：“君子疾殁世而名不称焉。”…… 此其一。道家之教，厥有三派：一曰庄列派，以为生死齐一，无所容心。故曰：“物方生方死，方死方生。”…… 此其二。次为

① 丁韪良，《性学举隅》，上海广学会，1898 年版；本文所引为陈启伟教授提供。

老杨派，以为死则已矣，毋宁乐生。故曰：“生则尧舜，死则腐骨；生则桀纣，死则腐骨；腐骨一耳，孰知其极！”……此其三。又次为神仙派，以为人固有术可以不死，于是炼养焉，服食焉，其愚不可及矣。此其四。……埃及古教，……要之出于畏死而欲不死之心而已。此其五。印度婆罗门外道以生为苦，以死为乐，……此其六。景教窃佛说之绪余，冥构天国，趋重灵魂，其法门有可取者，然其言末日审判，死者复生，是犹模棱于灵魂躯壳之间者也，……此其七。佛说其至矣，谓一切众生，本不生不死，由妄生分别，故有我相。我相若留，则坠生死海，我相若去，则法身常存。死固非可畏，亦非可乐，无所罣碍，无所恐怖，无所贪恋。……此其八。八家之宗旨虽各不同，要之皆离生以言死，非即生以言死也。[①]

这里，梁启超借颉德（Benjamin Kidd）的见解，改用中文写出来，变得相当有世界性眼光，也相当有深度。其中关于中国部分的观点，更是颇合梁启超的思想，但关于西方部分的观点，则恐怕存疑。

王国维先生作为中国第一代哲学家，也翻译过几部哲学著作。其中他翻译日本学者元良勇次郎著的《心理学》在1902年出版。书中写道：

夫人有身体，有精神，而精神恰如海中之孤岛，以无意识之物质世界围绕之。各人之精神，互相孤立，而其作用只现于心中，不能使他人直接知其实际。唯由外面之徽号，现其一部分耳。则见颜色之如何，而知其人之喜怒哀乐，非直接知精神之状态。唯不过由徽号与推理，而察

---

① 梁启超，《进化革命论者颉德之学说》，原载《新民丛报》18号，1902年10月16日；选自《饮冰室合集》之十二。

内界之心像而已。此察他人之精神界之事也。但若自其身体观之，则人不过一动物，受外面之刺激而反动者耳。故身体与精神，互有亲密之关系，不可相分离。①

从心理学角度观察人的身体与精神的关系，这在当时是很新颖的。

樊炳清先生翻译日本学者岸本能武太著的《社会学》也在1902年出版。书中写道：

独是人也者，其进化何故优于他物乎？有谓出自境遇之关系者，有谓本诸天禀之性质者。窃以为谓人之进化，本于天性者，是也。盖他种类，纵令境遇如何促之，而苟无进化之天性，则彼终于不能进化。犹万有纵极美丽，而无美术心之下等动物，终不能乐其美丽也。②

陈鹏先生翻译法国学者李奇若著的《哲学论纲》在1903年出版。书中写道：

大凡人类之所以存在者，由于有灵魂也。盖灵魂者，乃所以为人类生存几活动之根本者。此根扑灭，则人身之组织机关，必至亡乱矣。……灵魂之能力，可大别之为三：第一为知事物之力，谓之知力；第二为感之力，谓之感情；第三为志望之力，谓之意志。……所以谓人类灵魂为不灭者，则以灵魂与有形物殊异，乃单一而非复杂无消灭之理也。……灵魂，既无部分，亦非各原质组织而成，则又何从而消灭之

---

① ［日］元良勇次郎著，王国维译，《心理学》，载《哲学丛书初集》，上海教育世界社，1902年，第1页。

② ［日］岸本能武太著，樊炳清译，《社会学》，载《哲学丛书初集》，上海教育世界社，1902年，第17页。

也。……又灵魂者，不特不能消灭之，而其作用亦不能停止之也。盖灵魂作用，乃因于知识意志所共同而发者。而明此二者之共同联络如何，虽则适于作用，而若有外物存在，则不能不适之也。……[①]

至于专门谈论生物进化论的译著，清末也出版过几部。如李郁先生翻译法国学者朗塞著的《天演学初祖》在1903年出版，该书主要介绍达尔文的生平与思想。书中写道：

达尔文之大功用，实在于天演学。天演之说，优劣强弱，胜败存亡，世上万事万物，莫能逃此公例者。故有是说，而破旧时之造物论。物种可变可化，或出或没，非成于上帝之手，而惟进化。有进化而宗教迷信，遂无可凭执。其与科学家之争，愈剧愈大，而宗教成为近世一大问题焉。且有是说，而旧时之民约论，忽生一对敌，人权非天所赋，强者则有，弱者则无，既为劣弱，则优强者必从而克伐之。初无背乎道，故曰有强权无公理，强权一派遂占学界一高位，而帝国主义出焉。今日者，帝国之风潮磅礴世界，亚东大陆，且方受其害。凡若此者，谓达尔文为之可也。……天演学说，有二大公例，曰物竞，曰天择。无物竞则天择无所施其能，无天择则进化无以成其效也。……然则何谓物竞？凡诸种生物，不能安然自存，欲求生存，则必相争相竞，以其优劣强弱，而判其胜败存亡焉。……[②]

还有吴敬恒（字稚晖）先生翻译英国学者霍德著的《天演学图解》在1911年出版。该书分两册，其中一册全部是图集，这在当时中国出

---

① ［法］李奇若著，陈鹏译，《哲学论纲》，广智书局，1903年8月，第48-60页。
② ［法］朗塞著，李郁译，《天演学初祖》，达文社，1903年8月，第1-98页。

版的书中很少见。书中写道：

渐渐转变之迹，可认为天演之事实者，括而言之，其最大的公律有五：一曰遗传。二曰转变。三曰侈溢。盖欲存之数，必多于适存之数也。四曰竞存。因所欲过于所适也。五曰存宜。是即竞存之后，最宜存者。达氏称为天然淘汰，亦或译之曰天择。①

由中国知识分子带头掀起的新文化运动，给中国人带来深刻清晰的新知识，再加上中文系统白话文化，各种西方流行的新哲学流派传入国内，关于生命观念的探讨全面升级。余家菊先生翻译倭伊铿（Rudolf Christoph Eucken）著的《人生之意义与价值》在1920年出版。书中写道：

关于统御人生，有两种不可调和的矛盾趋势：一种要把人生同化于宇宙；一种只把人生做中心点。如果把各物都归宿到宇宙的动相，必定就毁灭了人类的自我，随着亦就毁灭了人生的一切价值。机械的自然，与逻辑的思想，在这一方面同样的有伤命的危险。但是与此相反的一方，以人类做中心点的，只顾及人类的形态，所以产生过于狭隘的可怜的人生，过于看重了人性中的无价值的素质，而没有实力足以抑制人性中卑劣的素质，终于不能以他为一个最后的解答。两个极端，比较起来，都不精确。宇宙既太冷酷，人类又太卑劣。宇宙与人类都是无灵魂的。……人类必须在宇宙生命的深处，找着精神上的解放，免掉纯粹自然之痛苦的狭隘的桔桎。……人类能不能从精神上去超越宇宙，能不能

① ［英］霍德著，吴敬恒译，《天演学图解》，文明书局，1912年8月二版，第109页。

由是而根本的改变人类与宇宙的关系，此点即是现代文明所遭的最大困难。……人类一切同化宇宙的努力，进步的文化，称他为神人合一主义(Anthropomorphism)。①

该书强调，生命的内容是独立的精神，人生的意义就在于自由的发展与创造力。这很符合当时中国人的愿望。

接着，瞿世英先生也译述了倭伊铿的书，书名《倭伊铿哲学》，在1925年出版，书中写道：

人内部有一种冲突，一方面束缚于自然，但一方面却觉得非向上超乎自然不可。对于超自然有一种信仰。历史的发展表明，人类进化有“过于人”者在，此“过于人”的和人常有冲突。人类文化的进展便是逐渐努力想将生活建筑在精神的立足点上。然而过去的情形并不是逐渐的生长发展，并不是象进化论者所期望的自然人渐渐的取得知识，精神的生活。较高的实在是奋斗得来的。这精神的实在太初便是全体——就精神生活的本质论变易（进化）是绝对不成问题——而不是自然的生长。

人的地位极困难、极复杂。他所处的世界，精神的实在表现，只是有限的、不完全的，但是同时精神的自卫本能却非坚持这实在不可。因为在万象变化的现象世界，这是惟一的立足地。人愈为自然生活支配便愈不能把捉着这“绝对”。但人却非在自然界中生活工作不可。“人在时间之中亦在时间之上”，内心冲突，极是痛苦。一方面是自然人与他的人文的文明，一方面是精神生活与他的特别的要求，这是极清楚的一种矛盾。

人脱离了自然的机械而有创造的责任。人以他的道德的与宗教的人

① ［英］倭伊铿著，余家菊译，《人生之意义与价值》，中华书局，1920年，第78-79页。

格活动，对于实在有一种形成的势力。因为要发挥这形成的动力，必须超过自然得到在他内心活动的高超的生活。自然人是不自由的；自私、野心、虚荣、情欲，将他束缚在铁索之中，禁止他的精神自我发展，只要是在自然制伏之下，便不能有创造的能力。

文明不是人的仆役，而是人的主人，一天一天的格外利害起来。现代的人成了一架大机器的齿轮，旋转的越快越好，谁也不顾惜他，而不知在他的运转之中，在他的机轴之中，将人生活的精神价值全毁弃了。只能生产物质财富的机器，常将道德沦丧了。过度的分工，常将生活堕落到机械的平面上，…… 太单调了，失去人性了。现代的工人，不论是劳力劳心，很少有自动的训练在他的工作里实现他的人格，…… 他不是一自由人，而是环境的奴隶了。[①]

倭伊铿的这几段话，很清晰地表明人在自然界与现代社会中的生存矛盾，使得生命的能力也处于矛盾中。这种观念到今天依然很值得深思。

后来李石岑教授总结倭伊铿的观点：

自然生活——无意识的、孤立的、官能的、运命的、自我的、野性的。

精神生活——
- 人类的生活——自意识的、关系的、理性的、自律的、生命的、社会的、文明的。
- 宇宙的生活——更自意识的、总体的、更理性的、更自律的、宇宙的、[②]宗教的。

---

① 瞿世英译述，《倭伊铿哲学》，商务印书馆，1925年9月，第38、39、40、41、44、45、82、83页。

② 《李石岑论文集》自序，商务印书馆，第102页。

傅东华先生翻译辛克莱著的《人生鉴》在1929年出版。书中写道：

人生的目的就是它的能力的继续发展，就是它的发展做较高等的形式。所谓较高等的形式，就是说比较复杂、比较深微、比较能够领略深厚而持久的满意的形式，而这种满意，就是人生天然的权利。……信仰是什么？它是一种潜伏在一切人身上的本能；信仰告诉我们说，人生是值得的，诚实的，可以信任的。换句话说，凡是成功的生长，无论在现在、在将来，必都有一种快乐和它相伴。[①]

张我军教授翻译日本西村真次教授著的《人类学泛论》在1931年出版。书中写道：

阿里斯多德（现译为亚里士多德）将生命定义为："营养、成长和破坏之动作的集合。"毕哈（Bichat）说："是阻止死的全部作用。"杜勃兰维尔（De Blainville）说："是一般的而又是连续的组成与分解的两重内部的运动。"鲁意（Lewes）说："是不破坏其一致，而起于个体中的组成与构造之连续变化的一系统。"然而斯宾塞（Spencer）说生命是："与外的共存和外的连锁有关系的，同时的而且继续的异种的变化之定型的结合。"又说是："对于外的关系的，内的关系之不断的调节。"……这些定义，……还是没有适当而且易于理解的简洁的定义。生命实在太复杂而又过于单一，不容简洁地说出来。……我们所称为生命的现象，显然是依存于具有高等组织的原形质之复合体，与其环境之间的互相作用与互相交换。[②]

① 辛克莱著，傅东华译，《人生鉴》，世界书局，1929年10月，第12-15页。
② ［日］西村真次著，张我军译，《人类学泛论》，神州国光社，1931年3月，第297-299页。

王世宜先生翻译卡老尔亚力克司（现译为亚历克斯·卡雷尔）著的《人之奥妙》，书中写道：

任何概念之精确与否，有待于其所赖而生的程序。我们若定人的界说为物质与意识所构成的实体，这种命题是没有意义的。因为到现在为止，意识与身体的物质间的关系，还没有入于实验的范围。但是，如果我们把他看做一个有机体，能够表呈物理化学、生理、心理的活动时，我们的界说便是效验说的界说。生物学同物理学一样，凡是常真的概念，而且必是科学的基本概念，都是与某种观察方法有关。……这一类的概念，须于人们发现新的比较完善的方法的时候，方始变异。但是我如果说大脑细胞是心灵程序所在的中心，这一句话便是无价值的肯定。因为我们绝对没有在大脑细胞中观察出心灵程序存在的可能。效验概念是我们所能引为基础的唯一稳固的磐石。在我们所有关于我们自己的知识的大仓库中，我们所选择仅与我们心里的思想相吻合，而且还必须是与存在于自然世界中的事物相吻合。

所谓身体，所谓灵魂，是同一实体的两方面，因观察所用的方法不同，遂有所谓身体与灵魂的区别。二者实是我们理性由我们实体所具具体的统一体中抽出来的抽象。物质心灵的相对立不过代表两种不同技术的相对立。笛卡儿的错误，即在于相信这些抽象是实在把物质与心灵看作异性质的，好像它们是两种完全不相同的事物。这种二元论重重的压在我们关于人之知识的全史上，因此引起了错误的问题，即是灵魂与身体之关系的问题。……实际并没有这一类的关系。灵魂与身体都不是可以单独加以研究的。我们观察所得，只是一个复杂的实体，……灵魂是我们本性上特具的方面，所以区别人类于其他一切的动物。这个实体，非常熟悉而又非常深远神秘，我不能加以定义。……心灵蕴藏在活的物质里面，完全为生理学家与经济学者们所忽视，即医生们也几乎未尝注意到它。然而思考却是我们世界里最强大的力量。……自文艺复兴以来，人类武断地赋予人类的某方面以特权的地位，物质与心灵分开了。他们以物质所具的实在大于心灵。①

卡老尔亚力克司将生命问题提到难以破解的高度，并且其清晰严密的态度与说辞让读者深思。

周太玄翻译英国卡莱尔的《人的科学》在1945年出版，书中写道：

我们自己是惟一的观察者，所观察的即是我们自身，可以观察自己的思想、倾向、愿望、快乐或烦苦。……所以便有根本不同的个体状态，所以为什么都多半将其看成由肉体与灵魂两部分所合成的。但是却从未见过无肉体的灵魂与无灵魂的肉体。从我们的身体上看见有一个外界的表面。其功能在我们看来似乎是隐蔽难知。我们没有一种意识能感觉到内部的器官。我们的身体是听命于完全隐藏不觉的机械力，……甚至即使我们能深入到脑的迷宫与精微的神经作用，但亦决不能看到意识在那里。灵魂与肉体之分乃是由我们不同的方法所造成者，由它将一个不可分的分成截然两段。②

纵览以上西方学者的部分言论可知，他们很冷静地观察、思考生命的本质和来龙去脉，通过各门学科的新研究成果，提出个人的见解。不管对错与否，这些见解都是一种理性判断，很值得中国人学习。

---

① 卡老尔亚力克司著，王世宜译，《人之奥妙》，中国文化服务社，第121-123页。该书不见于《民国时期总书目》，笔者藏本中缺出版页，估计为抗战时期后方出版物。

② ［英］卡莱尔著，周太玄译，《人的科学》，中华书局，1950年重印本，第40页。

四、中国学者对于生命观的诠释

西方文化进入中国后，中国学者开始交流、学习，特别是严复挑起《天演论》大旗，再加上第一批留学生回国，对于生命观念的探讨，跟其他学科问题一样，在国内思想界广泛展开。几十年间，风起云涌，有深有浅，有正有邪，颇为热闹。例如，在20世纪20年代掀起“科学与人生观”的大辩论，虽没有解决任何一方的问题，却有普及之功。这里仅选取部分言论，供现代年轻人参考。

效愚先生在1903年编辑出版《哲理新发明》，书中第十章为“生命问题之解说”。其中写道：

自达尔文氏倡“自然淘汰”之说（即进化论之理）以来，理解进步，得以“物质的”“机械的”“化学的”说明生命之原理。生命考于化学之理，而知炭气为绝妙之作用。炭气于物质中最富于变化，柔软而具弹力，与养气轻气淡气诸精妙点化合成物，是谓“元物质”。元物质之二特妙点：（一）酸化力（即养气所化）；（二）弹拨力。富于弹拨力，而反动外间之刺激而成种种。酸化力何以妙？酸化之作用，生活力之所以也。……弹拨力之作用，动之原也。……合酸化弹拨二者之作用，而又生二作用：（一）消化作用。（二）分殖作用。……斯说明畅，人皆一切信之矣。然而生物学非究竟智识括一切也。“化学的”“机械的”“物质的”非宇宙完壹之一切故。吾且进而窥生物学之弱点，……吾人“生命”之根元，以“主观”而见有真我，得观成觉，实心理学所谓意识云也。而此意识之所以，又何物质而得不可思议之灵妙乎？然则“生命”者，非“化学的”作用之结果。“化学的”作用，乃“生命”之结果也，

“生命”之实体自作力之力也，不可致疑也。[①]

效愚先生可能在日本学习到一些新知识，就用他独到的中文词语表述出来，与今天的解释大不相同了。

卢信先生著的《人道》在1909年出版。书中写道：

人人既爱生恶死，希望于寿考康宁。然而寿夭修短，健康衰弱之不齐者，何以故？将如迷信宗教者所言，冥漠之中，自有主宰，得以操人寿考康宁之柄乎？夫自科学昌明，神权渐灭，一切虚无怪诞之说皆已不攻自破。彼夫无知男妇举一切生人自由，悉听命于鬼神之手，其耗财帛，劳身体，求一己之幸福。富者则掷黄金于虚牝，贫者益陷于穷境，若是者无论矣。乃至疾病灾危，无门呼吁，犹复仰天默祝，或者冥冥之中，得以减轻其祸难。嗟夫，人生本有自保之权利，至是乃澌灭殆尽，转而托庇于凭空结撰之鬼神。愚人之愚诚可哀，然谁实为之而至于此。则起于阶级之不平，而经济为其大原因也。[②]

卢信先生将生命与社会、迷信联系起来，颇合当时中国民众的一般思想。

顾实先生的《人生二百年》在1916年出版，书中第七章为“生与死”。书中写道：

所谓生活体者，具有运动及物质之变换、与势力之发生消灭等。数者并行而不可须臾止者也。是以生活体之生活物质，恒随时变化。而名

---

① 效愚编，《哲理新发明》，上海通雅书局，日本东京秀英舍印，1903年10月，第45-48页。

② 卢信，《人道》，商务印书馆，1912年11月三版，第9页。

此生活物质之理化学的现象曰变化过程。此变化过程有正号及负号二种，成为正反对之二现象焉。……所谓正号变化过程者，专营同化作用，俾生活体摄受简单之物质。例如自无机物而作复杂之有机物，以补充体成分是。负号变化过程，则专营酸化作用及分解作用。加温于身体，而消磨体中之成分者也。故此等之作用停止，则代谢机能，完全杜绝，谓之曰死。若一定时间之代谢机能中绝，而具有再现完好生活现象之能力者，谓之假死。①

刘以钟先生著的《哲学概论》在1920年出版。书中写道：

统一的心意活动之总和，即为灵魂。个个之心意状态，决不能离全体而存在。唯于全体统一之内乃能存在，是固心理学之所证明者。以此意义而言，谓个个之心意状态支配于全体统一之灵魂，即依灵魂而存，固无不可。若以灵魂为离夫活动作用之体，则断不可。②

吴履吉先生的《延年益寿男女养生术》出版（序作于1922年）。书中写道：

精神二字之定义，或谓之心灵，或谓之神识，或谓之灵感。其物空灵玄虚，不可方物。得之而能善为卫护，则为健康，为生存。失之者即为死亡。即或形骸尚存，活动依然，然精神既失其主宰，则去行尸走肉，仅一间耳。……须知精神所在，弥沦无间，统人身百体，大自各体之器官，小

① 顾实，《人生二百年》，商务印书馆，1917年3月再版，第145页。
② 刘以钟，《哲学概论》，商务印书馆，1920年10月再版，第95页。

自毫发毛孔，殆无不有精神之存在。……惟有称之曰：生命之原而已。[①]

罗家伦先生曾写过文章——《生命的意义》。文中写道：

生命是无数的，生命是变动的，生命是容易过去的。……人的生命之所以有意义，乃是因为人能认识和创造人生的价值。因为人类能够反省，所以他能对于宇宙整个的系统，求得认识；更能从宇宙的整个系统之中，认识其本身价值之所在。人类的生命，虽然限制在一定的时空系统之中，但是他能扩大经验的范围，不受环境的束缚；能够离开现实的环境而创造理想的意境。……说到人类能创造价值一层，对于生命的意义，尤关重要。一方面他固须接受前人对于人生已定了的价值表，一方面更须自己重新定出价值表来，不断地根据这种新的启示，鼓励自己和领导大家从事于创造事业和完成使命。[②]

笔者相当认同他的见解，尤其是关于生命价值表的观念。

傅斯年先生也曾写过文章——《人生问题发端》。他写道：

（一）使人觉得他在自然界中的位置，因而晓得以己身顺应自然界。（二）古时候的“万物主恒”之说，没法存在了。晓得各种事物，都是随时变化的，晓得人生也在“迁化之流”（A Stream of Becoming）里头可就同大梦初醒一般，勉力前进。……（三）古时哲学家对于人生动作，多半立于旁观批评的地位，没有探本追源，而且鼓励动作的。自从“生

① 吴履吉，《延年益寿男女养生术》，载于《长生不老寿世全书》，大陆图书公司，第2页。

② 罗家伦，《生命的意义》；转引自邓九平主编，《谈人生》，大众文艺出版社，2000年6月，第219页。

存竞争”发明以后，又有了“生存竞争”的别面——“互助”，一正一反，极可以鼓励人生的动作。这个原理仿佛对人生说道：“你的第一要义就是努力。”（四）古时哲学家的人生观念，有时基于形上学，尽可以任意说去，全没着落。生物学派把这些虚物丢掉，拿着人的地位一条发明，尽够弃掉各种“意界”的代价而有余。……总须拿人生解释人生问题。这样一转移间，思想的观念变了，人生的观念变了。……（五）看见人类所由来的历史是那样，就可断定人类所向往的形迹必定也是那样。……然而中国现在最占势力的人生观念和历史上最占势力的人生学说，多半不是就人生解释人生，总是拿“非人生”破坏人生。……第一是达生观，……第二是出世观，……第三是物质主义，……第四是遗传的伦理观念。①

当我们拿傅先生的言论与传统人生观念比较，就可以明白区别已经多么大了。

1923年前后，中国思想界借人生观问题展开“科学与玄学”大论争，陈独秀先生评价为“五十步笑百步”的论争，但确实是造成知识的普及与公开辩论的良好风气的形成。当年不少思想界的风云人物多参与其中，并且集结成书。胡适教授在《科学与人生观》的序中写出了他的充满诗意的生命观念：

在那个自然主义的宇宙里，天行是有常度的，物变是有自然法则的，因果的大法支配着他——人——的一切生活，生存竞争的惨剧鞭策着他的一切行为，——这个两手动物的自由真的很有限了。然而在那个

---

① 傅斯年，《人生问题发端》；转引自舒新城，《人生哲学》，中华书局，1925年12月五版，第24–33页。

自然主义的宇宙里，这个渺小的两手动物有他的相当的地位和相当的价值。他用他的两手和一个大脑，居然能做出许多器具，想出许多方法，造成一点文化。……他现在渐渐明白：空间之大只增加他对于宇宙的美感；时间之长只使他格外明了祖宗创业之艰难；天行之有常只增加他制裁自然界的能力。甚至因果律的笼罩一切，也并不见得束缚他的自由，因为因果律的作用一方面使他可以由因求果，由果推因，解释过去，预测未来；一方面又使他可以运用他的智慧，创造新因以求新果。甚至于生存竞争的观念也并不见得就使他成为一个冷酷无情的畜生，也许还可以格外增加他对于同类的同情心，格外使他深信互助的重要，格外使他注重人为的努力以减免天然竞争的残酷与浪费。①

梁启超先生在同书中也有文章——《人生观与科学》，他说得就很简单：

人类从心界物界两方面调和结合而成的生活，叫做“人生”。（物界包含自己的肉体及己身以外的人类及至己身所属之社会等等。）②

该书中还有政治家吴稚晖的生命观。他的文章是《一个新信仰的宇宙观及人生观》。他说：

生者，演之谓也，如是云尔。生的时节，就是锣鼓登场，清歌妙舞，使枪弄棒的时节。未出娘胎，是在后台。已进棺木，是回老

① 胡适序，载上海亚东图书馆编，《科学与人生观》，上海亚东图书馆，1935年6月九版，第27–28页。

② 梁启超，《人生观与科学》，载上海亚东图书馆编，《科学与人生观》，上海亚东图书馆，1935年6月九版，第3页。

家。当着他或她，或是未生，或是已经失了生，就叫做择吉开场，暂时停演。……所谓人生，便是用手用脑的一种动物，轮到“宇宙大剧场”的第亿垓八京六兆五万七千幕，正在那里出台演唱。……这个大剧场，是我们自己建筑的。只一出两手动物的文明新剧，是我们自己编演的。……乃是替自己尽着义务。……所以我们商量着这幕戏，我们应当也唱得精彩，如是的罢了。[①]

今天看来，这段话颇有玩世不恭的味道，但也是可以如是观。

舒新城先生于1924年出版《人生哲学》，书中写道：

人类个体生存于宇宙之间为时甚暂，而一切个人为着本能遗传的驱策，均不能不努力活动以维持机体之生存；但无论怎样努力，其生存的时间终属有限，其结果终于是消灭个体。于是一切生死的问题发生，而各人有追寻一种适意的解决的要求。……孔子底学说既以切近人事为本，所以就从此已经有的事实上讲起。至于生从何来？他究置之不问，所以说：“未知生，焉知死。”孔子既不求“生”底由来，则对于人生似乎没有什么意义，但……却承认生的事实；不特认人的活动为生的表现，即“天”底运行，亦认为生的表现。[②]

生物学家费鸿年教授于1924年出版《新生命论》，书中写道：

何谓生命？这是数千年来哲学上和生物学上未解决的问题。……生

---

① 吴稚晖，《一个新信仰的宇宙观及人生观》，载上海亚东图书馆编，《科学与人生观》，上海亚东图书馆，1935年6月九版，第40–49页。

② 舒新城，《人生哲学》，中华书局，1925年12月五版，第十八章第4–8页。

命问题，原来从各方面多个解释：由直视去说明，为柏格森；由理化去说明的为罗意勃；由论理去证明的为杜里舒。我则以实验形态学上所观察的生命现象以解释生命。……近代生物学上的一大革命，就是用实验的方法去研究生命的现象。我个人确信欲解决生命问题，不是单凭思索可以达到目的。……我承认生物的调节作用（Regulation）是生命最高的特征。此外如个性、生长、生殖、再生（regeneration）、趋向性（tropism），据我看来，虽是生命的特征，但是假使除去了各现象内有调节作用之外，在无机物也可以发见。……不过生物有自己能生相当的调节作用，为他物所不能见的。所以我特称为自动的调节作用（Autoregulation）。……生命是自动的调节作用。换言之，生物的应外界的调节，应伤害的调节常以自己为中心而维持其“全”（Wholeness）的机能，就是生命的特征。生命并非限于个体所独有，也非限于有一定的形状；一组织，一细胞，无不具生命，但也无一不有调节作用。斯宾塞所谓物体内外的调和作用（Correlation），杜里舒所谓生物自主律（Autonomie），要之多是类似的说素。但生命的生理现象以外，我却不敢再出一步。[①]

1926年，文化学家陈安仁教授的《人生问题》出版，他从文化学角度，谈论生命问题。这里仅选述数条，他写道：

一 生灭之因果定律。 有生必有死。死者生灭之就于消灭之境也，故曰生灭。……可知生灭者为世界生命之普遍的必然的现象，就其现象而推论其原因之所在。（甲）诸机体间之生存竞争。……生存竞争为生

① 费鸿年，《新生命论》，商务印书馆，1924年3月，第1、2、3、4、5、6、70、71页。

物界不可免致公例，则生死之因果定律固为不可逃也。（乙）诸机体间之机量使用。诸机体间之维持生命，取充裕之食物以发展其机体之各个能力，此机体之各个能力，各尽其机能以共持续其全体之生命。日居月将，诸机体间，因机能之倾量使用，遂陷机体于残废，而趋于消灭之一途。（丙）诸机体间之不加使用，生命中因不使用而日渐退化，至终亦必归于消灭者。……（丁）生命之向上进展。……生物者若不遗传，则生命无以继续；生物者若不死灭，则劣弱无以消除。（戊）天演之一致作用。生物之自身淘汰其劣弱者，以表现生命之较完的意义。……（己）生物之精力误用。……

一 人类生命之灭绝时期。（甲）物质供给之匮乏。……（乙）未来战争之发生。……加以现在炸灭性学术，日新月异，难保将来不无奇异之发明，重大之毁灭，人类相率而入于齑粉之地，实可预卜矣。（丙）人类堕落之象征。世界物质文明进步，因而人类奢侈骄矜纵欲乱性之举动，随之而日演日凶。……（丁）地球地质起激烈之变化。……（戊）人类身体之日趋退化。……（己）人类进化之全盛时期，近世科学艺术，已登峰造极，起人类之惊讶，百千万年以往究将何如乎？此不能不生疑问也。……（庚）地球气候之改变。……以上数端，皆不佞引据而证其说之有相当理由。……

一 人类生命之实现。人类视其生命为最高价值。此最高价值之生命何以实现之？此人类于生命界最有趣味之动作也。盖不实现其生命，则此生命之价值不现。生命之价值不现，而生命之意义亦不完也。生物界之实现其生命之方法，不过借冲动之作用以维持其生命之存在耳。过此则更非其所求，更非其所能求也。然人类芸芸以生，其果能实现生命之最高意欲耶？果能有实现生命之方法耶？果有实现生命之标准耶？日出而作，日入而息，孜孜橛橛，皓首穷年，或劳其筋骨以相随，或竭其神智以从事，不过曰自身之生命，非是则不得维持其生存也。廪库万千，粟陈贯朽，珍馐文绣，穷竭繁华，人之维持其生存之意欲者甚大，而能得之者百中不得数人也。即有数人得之，人间幸福可谓克享完尽，其生命之最高意欲能达之否？其生命之标准，果已达到否耶？人间所谓幸福者，饱食暖衣，穷极华乐，昏神竭智以得之，已得之则劳神竭精以享之，琼楼杰阁，饱魇膏粱，其丰美之人间生活，可谓蔑以加兹。然求得之者千百万人，千百万人未必得之，则千百万人则将以争之，争之不得则出之以巧智，诉之以武力，率兽食人，争域争地，膏血原野所弗辞，则人间幸福之生活，成为人间地狱之生活矣。演成人间地狱式之生活，即世界刻薄之功利主义，无情之垄断主义，侵掠之帝国主义，无理之强霸主义，由此主义以演为事实，则人类之生命由之以戕杀，民族生命由之以劫制，斯人类生命乃无实现之一日也。能实现人类生命，则人类之生命为欣乐的、安喜的、完美的、自然的、公义的、均平的、感性的、群体的、同情的，易言之，必由此而表现人类生命的全部是也。若人类生命的全部，为残忍的、劫制的、暴乱的、刻薄的、情欲的、私利的、霸道的、侵掠的、野心的、骄横的、危害的、恐惧的、嫉恨的、阶级的所割裂，斯人类生命之全部因而失其完善的意义，而人类生命全部的光荣，乃暗淡无光，而邻于沉沉欲绝之境矣。……

一 人类生命之根本动机。生命为绵延不绝继往开来之状态，而在宇宙之进行，无时或停息者。而为此根本之动机，即为生命中心之爱力是也。爱力为生命之中心，种族之所以维持，生物之所以滋衍，人类所以繁其宗姓，俱持此爱力以为之动机。人类最初之诞生，爱以为之创始；人类最终之目的，爱以为之完成。无爱则无生物，无种族，无人类。易言之，无爱则无世界可也，无宇宙亦无不可也。由爱而后有以团结，有以互助，有以长养，有以继续，有以进化，有以活动。使生物而失去爱之意义，则生物之所以存焉者寡矣；使种族而失去爱之意义，则种族之所以保存者寡矣；使人类而失去爱之意义，则人类之所以存焉者寡矣。爱也者，诚人类种族生物之活力，而贯穿于人类种族之全体之根本动机。……人类种族生物之完成其爱之意义与爱之目的，不出于三途：（一）为自身生命之努力，否则其生命不足以图存也。（二）为自身生命之牺牲，否则其大我之生命不足以发展也。（三）为大我生命之扩张，否则其生命不足以活动也。是三者即人类所以完成其为人之目的。……

一 人类物质的生命观。人类非物质无以供给维持其生命。人类生命之一部分，可以名之曰物质的生命。举世熙来攘往，孜孜以营求之者，莫不以维持其物质之生命为最必要之行动。……人类之生命，为向上努力者，今竟为此物质之欲望，阻滞其进路，则人生殖前途，亦惟困苦凄怆忧愁不幸之写象而已。人之生涯，虽有困苦凄怆忧愁不幸以为背影，然使人类能为高尚之生命努力，不为种种阻滞高尚生命之物质欲望所束缚，则人生之幸福，可以旦暮遇之。……

一 人类精神的生命观。……精神之生命，即人之所以为人之生命。易言之，即人类不朽的理性生命也。能有此生命者，则在世界而表见其独立之人格。而其生命为最有意义，最为丰富。……[①]

李石岑教授是当年的哲学家，他在一次题目为《人生哲学大要》的演讲中，就说过：

生之第一义是动，……第二义是变，……第三义是顿起顿灭，……生之第四义是扩大，……第五义是交遍。合这五义，才是一生。但又须知道，这五个意思是一刹那间同时有的。……我的人生观就是表现生

① 陈安仁，《人生问题》，上海泰东图书局，1928年2月再版，第409–429页。

命，而其方法就是无为。甚么叫表现生命？就是我们的生是一个无尽藏的宝库，含有上面所述的五个意思。我们只要尽力把这个生表现出来，不叫他被别的东西遮去就完事。……还有一层最紧要的意思，生命总想常常出现而总不免常常被别的东西遮蔽，那末，我们专为拨开遮蔽的东西，很要花许多气力。而这种花气力却不是为逐于外物花的，——无为——是为表现生命花的，这不又是大有为吗？[①]

李石岑先生接着又在他于1926年出版的《人生哲学》中写道：

生命故宜用严格的条件，考察他的实质，但生命仍须借别种方法去表现他的本来面目；于是向日以为仅用科学足以完其职责者，至是终不得不借助于艺术。…… 可括列层次表：

古代 —— 以道德为中心 —— 人情的管束 —— 人伦本位

中世 —— 以宗教为中心 —— 人生的归宿 —— 灵魂本位

近世 —— 以科学为中心 —— 生命的实质 —— 肉体本位

现世 —— 以艺术为中心 —— 生命的表现 —— 生活本位

由上表所述，可知人生问题的变迁上的程序。古代中世都注重情意的方向，近世注重知的方面，若在现代，乃在谋知、情、意之调和发达。所以现代的人生问题，不是枝枝节节的灵魂问题、肉体问题，乃是生活全体的问题。讨论生活问题最真切的无过于艺术。……[②]

这种思想研究，是相当深刻的，既有时空跨度，又有综合的分析。

被人们认作地质学家的章鸿钊先生，年轻时候却写了一部充满中

---

① 李石岑，《人生哲学大要》，载《李石岑演讲集》，商务印书馆，第61-65页。

② 李石岑，《人生哲学》，商务印书馆，1929年5月三版，第42页。

国特色思维的专著——《自鉴》。书中他提出一些自己的见解，这些见解今天读来依然有味道。他写道：

人类是在物界的互相关系里边受着一种先天的深远的动机，循着一定的轨道，不断的在精神上表示一种扩张的增高的趋势。不到完全混一、完全平等、完全高至本能的水平界线，便永远是活动的一种高等理性物。……我们要和万物去作比较，便陷入了第一层的困难。要抬高人类放在万物的顶上，更陷入第二层的困难。人类不想去比万物，便想去比天地。汉朝司马相如说：“勤思乎参天贰地。”许慎《说文》大字下说：“天大地大人亦大，象人形。”这正是人类自大的表示。古人最高的标的，就是“希天”，天字也写作一个人形，正寓天人合一的意思。这种理想，不算不高远了。但是天的标准是怎样的？人类是不是已经完成了这个理想？若还没有，又不免陷于第三层的困难。从前的解释，大都还没有充分巩固的基础，只可算一种理想的定义。①

章先生在书中还单独提出看待生命的螺化论，总结有5条：

一、精神上有力的变动，是不灭的，并且可以直接遗传的。二、生死是种族变迁的要素，但寿命的短长和变迁的程度没有多大的关系。要看他对于一生营作，精神上有没有可以不灭的可以遗传的变动。三、变种程度的高下，要看他内性之修养或失养，就是要看动机之向上或向下，完全没有一定的。所以一个原种也可以得多数变种。四、两物种中间的连锁，今后不能单凭古生物学从地层中去完全发见。五、地质历史

① 章鸿钊，《自鉴》，梁启超序作于1923年12月，无出版项页，第7–12页。

中已经灭亡的种族，无论何时，决没有从新产生的机会。

而当时热衷于“救世”的和尚释太虚，则著书曰：

但是佛法对于“人”的看法。“人”只是十八界——十二处——五蕴——六大等缘法的和合相。若是离去十八界——十二处——五蕴——六大等缘的和合，其实无“人”可得。……故“人”又是相续——生灭——的假相。人名所名的“人”，只是和合及相续的假相。……生的定义，本以灭对。灭是灭去，生是生起，从无至有是谓之生；从有至无是谓之灭。……“人生”的意义，大概可以明白了。略举于左，以当结论：（一）“人”是什么，是五蕴和合及相续的假相。——故人假无人。（二）怎样叫“生”，是众缘交遍且互融的空性。——故生空无生。（三）怎样做“人”。尊重仁及坚忍精进的人格，启发此人人本的性德，做成一个能仁能坚忍精进的“仁人”。（四）“人生”做什么。造成人人能仁能坚忍精进的人格，去实证“人假无人”“生空无生”的“人生”真相，同登正觉。①

1930年在上海大夏大学任教的蔡尚思教授，组织文科学生讨论“人生观”问题，命题作文，结果发掘一批当年大学生的见解，蔡教授还加上批语，集成一部文集出版，书名为《一般大学生之人生观》。该书很有历史价值，可见当时有知识的年轻人的坦然自述。这里略引文章中几位大学生对于“生命”的看法。

① 释太虚，《庐山学》，上海泰东图书局，1926年5月，第68-70页。

陶志同学写道：

归纳“人”的全部活动，总逃不出两方面：一是为着物质方面求生活上必需品的满足；一是为着精神方面求性的满足。凡是生物总逃不出“生长”“生殖”两大活动范围。为着要生长，则寻求生活上必需品之供给，以维系其生命。为着性的压迫，要求精神上的愉快，则去寻觅异性作生活的调节，而借以保持其种族。因而寻食求偶，才去作种种不同方式的活动。救世救人的口号，皆是欺世欺人的夸大。……

黄炎同学写道：

自全体看人类，人类是个大生命之流；自部分看人类，人类是个性化的人格生命者。所以个人的生死虽不致使生命的全体受多大的影响，但个人创造的努力，却可以使生命全体进化。李石岑说生的意思有五：一、变化，二、死是变化的一个阶段，三、念是变动不居的幻想，四、生的扩大，五、生的交遍。人生在刹那的同时间，都有这五种变化，人生的繁复和意义的难定可知了。

陈雪新同学写道：

我以为能称真正的人，其唯一要素，便是热。而这热反射于宇宙本体便是爱。而这爱是动而前进的，在动界爱即是他，热即是我，这他和我即为人生的原子；所以社会学者说，人类为社会的动物，此非欺我之语。人类不灭全赖于热爱相贯通，相调和，所以人生宇宙合一。说近些人生与社会合一。……

黄植梅同学写道：

生死是宇宙自然的现象，个人不能自主，又何用其幸生怕死；然已生而有我，没有外力防我生，而促我死者，当以死力战胜之。

易友梧同学写道：

人就是自然界中固有的十几种元素组成的细胞所组成的一样物质。这个物质中所含的十几种元素，收了光、声和触等的外界刺激，在宇宙间各种物质之中，人是比较的容易而且很明显的发出反应来，这种反应便是所谓行动、感觉、情、意、智。元素经过这种作用以后，细胞因之而毁坏，排泄到体外，再从食物中找求新的元素，组织新的细胞，替代旧细胞而管理其职务，这叫做新陈代谢。此种作用大概七天便全换一次，人就是这种时时变化不停的一个物质。

姜志纯同学写道：

夫人，理智之动物也，求进化之动物也。何以有进化？在于人善用其思想，善为其事业而已。故个人之生死，虽无足轻重，但与人群进化之关系，盖有之矣。吾虽不能为大有为者，然竭智虑之所及，探求人之所以为人，与夫人群所以进化之理，以为自身处世之准则，而待世人之商榷，则吾与有责焉，乌得以自放弃乎哉？

季光同学写道：

我是一个人，是全人类的一个，也就是社会的一份子。个人生在人类里，好像细胞之在人身。生死无常，新陈代谢，固为理之当然，绝对不足恐怖的，绝对不要“无病呻吟”“杞人忧天”地好生怕死，人类既然是自然界里的物质，如科学家所说的。那么人的所以生，所以死，是偶然的一回事，也就不足怕了。所以我对于这一点，是毫不以为虑的。

邱竹师同学写道：

人终身役役，不审休止，岂不知生之有尽，世之毁灭哉？第噎者不废其食，坠者不废其骑。人生之“欲”，天之性也。欲，则不能无求，求，必不能常厌；苦闷乃生。故惧生之枯澹岑寂也，调之以文学美术；惧生之萧索厌倦也，慰之以灵魂宗教。释迦之清净寂灭，已之太顺；墨翟之摩顶放踵，为之太过；适其中，我有取焉。①

显然，这以上8位大学生的言论，相当真实地表现了当时年轻人的生命观念，今天读来，依然可见他们的思想和文笔。

光华大学哲学会在1931年编辑《哲学研究》一书。书中刊载蒋竹庄先生在该会的演讲。他讲道：

身是各种元素的假合；心是六尘的缘影。都是忽生、忽灭，没有一时一刻不在变化的当中。阿黎耶识（含藏）如果执着这身和心的时候，那么细胞中的原形质，就能起营养、排泄等作用，而前七识［眼耳鼻舌身、意、末那（执我）］同时亦各呈他们的功能，这人就能生存。如果阿黎耶识没有执着这身和心的时候，那么细胞中的原形质，仅仅留一个

① 蔡尚思主编，《一般大学生之人生观》，上海启智书局，1935年10月三版，第6、19、43、52、133、199、231、275页。

排泄作用，叫肉体腐烂。而前七识亦因是停止，这人就死灭了。所以人的生死，没有什么奇怪，不过一种长时期的变化而已。[①]

这看来是一种将佛学词与科学用词相结合的说法。

哲学家景幼南教授在1932年出版《哲学新论》，书中谈到生命的归宿问题，他写道：

所谓归宿，其歧异亦略有四。一者谓最高理想。……人生当以道德的理想为归宿，即所谓“利乐有情，穷未来际”“为诸众生，拔一切苦，得究竟乐”是。在不妨及道德之范围内，可各以其所永好之智慧文章等为归宿。……二者谓最后结束。……人生无最后之结束，斯无最后之归宿。有暂时的休息或隐伏，斯有暂时之归宿。……三者谓所谓依托。……人生终当以自身之努力为归宿。……四者谓所应持之总态度。……人生当以辅导自然的态度为归宿。[②]

这第四条认为，人生当以辅导自然的态度，是很冷静、很科学的哲学语言，值得我们思考。

1936年，生物学家朱洗教授著的《科学的生老病死观》出版，全书就是从生物学角度讲述人的生、老、病、死问题，这里就不再引述了。[③]

张资平先生著《人类进化论》，书中写道：

---

① 蒋竹庄演讲词，《身与心》，载光华大学哲学会编，《哲学研究》，中华书局，1931年6月，第2页。

② 景幼南，《哲学新论》，南京书店，1932年5月，第56页。

③ 朱洗，《科学的生老病死观》，商务印书馆，1938年5月四版。

“人类神圣”“人类乃超动物的”“宇宙乃为人类而创造者”。此种我们人类自高自大的思想，因为自然科学没有发达，由中古时代直至十八世纪末期，尚充满了一般人士的头脑。这种思想都是因为当时的人类愚昧，乃不能自知的结果。其实人类也是一种动物，我们并不必自高自大来轻蔑欺凌他们为弱者罢了。……人类的来源，人类的本质，和其他癞蛤蟆、乌龟畜生等比较，我们并不能发见有一种神圣奇特之点。人类还是一种避痛苦、求快乐及怕死的有机物。这些性质和癞蛤蟆、乌龟及其他畜生所具的性质完全没有区别。①

哲学家方东美先生著的《科学哲学与人生》在1937年出版。书中写道：

近代生物科学亦是要发泄求平等的生命情调。但它除却疏证平等义之外，颇能兼顾争自由的生命欲。遍自然界，物种异形相禅，其象綦繁，其理至赜，但是生物学家提出一个演化的通例，摘出一个遗传的关系，摄持一切，遂使品质万殊的生命现象均入平等理境。就此层而论，生物科学之成就显能与物质科学媲微了。……罗素说得好：人类活着，处处暗受盲目因果的劫持：他的缘起，他的生长，他的希望和恐惧，他的情爱和信仰，只是物质原子偶然的结合；人们纵有热心、毅力，深沉的思想，纯挚的情感，终亦不免于一死。人类一切创作，一切热诚，一切愿望，一切卓越的天才，终究必与太阳系同归于尽。人类茹苦含辛所缔造的成绩终究必如残砖破瓦，埋没于毁灭的宇宙里面了。②

---

① 张资平，《人类进化论》，商务印书馆，1930年，第4页。

② 方东美，《科学哲学与人生》，商务印书馆，1937年2月，第227–231页。

胡绳先生著的《新哲学的人生观》在 1937 年出版。书中写道：

生命的现象本来是认为不可解释的，但是从生物学发达之后，我们也可以在物质基础上来说明了。原来生命的千变万化，分析到结底，只是蛋白质和原形质（Protoplasm）的活动，……根据生物学的知识，使大家知道人也是动物的一种，并没有什么超然一切以上的非物质的玄妙的精神作用。……根据社会科学的知识，使大家知道人不只是单纯的“动物的人类”，而且是社会关系的总和，是历史的发展中的一定阶段的产物。……人之所以异于其他的动物，不只是因为他除了受自然的法则的支配以外，还要受社会的、历史的法则的支配，而且更因为人类有主观的思维能力。在哲学上，我们也可以把人定义为人是主观和客观的统一。①

显然这是中国马克思主义者的看法。

陈筑山先生著的《人生艺术》在 1944 年出版。书中写道：

机体论（Organism）略谓生命所以发生，就是由十余种元素，一旦结合组织成复杂的有机体后，自然生出来的特殊性能。这个性能，是整个机体内外调和不息的活动，不能单从各种组织原来的特性或前期总和来作机械的解释；亦不能离开各种组织原来的特性，另外假定一种超然力来说明。……人有三种特殊的能力：一是思想；二是语言；三是技巧。②

① 胡绳，《新哲学的人生观》，生活书店，1937 年 12 月，第 5-20 页。
② 陈筑山，《人生艺术》，商务印书馆，1948 年 1 月三版，第 10 页。

范任宇先生著的《民生史观》在1946年出版。书中写道：

人的生老病死，无非是整个新陈代谢的循环历程。人类一切悲欢苦乐、忧愁喜悦的活动，也无非是循环历程中和谐与不和谐的现象之表示。鼓励这循环历程不到衰亡而不停的动力，只有内在的与外在的两种刺激。内外刺激的交互反应，使人不得不努力于代谢作用，继续不断绵延这种活动的作用，便是求生存的表现。一切生存活动的基本动力，一个是胃的，一个是性的，也就是食和性的两个刺激的复杂反应。怎么获得满足这两个刺激的资料，那便是须人与人的互助合作，亦即社会的人之所从出，也就是人类创造文化的基本原因。……[①]

五、案例：罗广庭的“自然发生说”

生命与生物是“自然发生”的见解，早在亚里士多德时期形成，被广泛宣传。一直到1864年6月22日，法国皇家植物园自然博物馆大厅内，进行了一场关于“生物自然发生论”的大辩论。辩论一方是700页著作《自然发生论》的作者普歇先生（1800—1872），他坚持欧洲古代传统的理论，并且力图发现“自然发生”的方法，终不失学者的态度。辩论另一方，则是科学的代表巴斯德先生（1822—1895），他以严密的实验和科学的论述，终于将“自然发生论”彻底推翻，建立了近代科学的微生物学说，使得世人对于微生物有了全新的认知，为人类造福至今，也将生命研究推向全新的一个阶段。到20世纪30年

① 范任宇，《民生史观》，商务印书馆，1946年12月，第54页。

代，巴斯德学说已经成为科学界的基本知识，成为中学生的科普知识。但是在30年代的中国，在科学幼苗的四周，依然存在着一个庞大的、愚昧的人文环境，不断有形形色色的人物冒出来，在捞好处时还要捍卫他们的传统无知。本书谈论的闹剧主角罗广庭医生，就是在普歇先生败阵69年后，狂妄地自认为是反科学先锋，从而引发一场闹剧。

罗医生曾去法国留学，回到广州主要做开业医生。他于1931年11月在广州出版一本小册子，名为《生物自然发生之发明》，书前印有他自封的"巴黎大学医学博士"和"巴黎热带病学院医师"头衔。他在序言中写道：

我幸已发现生物自然发生的证据了。为着公开研究起见，特将发现的经过和其理论，尽量发表，以冀有更进步的解释。自我悉心研究发明这种证据以后，则曾和巴斯德学院的教授通讯讨论。他们认为这个问题太大了，要我到欧洲，把发明的证据公开发表，但我觉得中国的科学界太沉寂了，所以愿意在国内公开研究，借以引起国人对这问题的科学兴趣。[①]

在这里，他不是说他在法国碰了钉子，而是说他是多么爱中国。

1933年初，他获得广州当局批准，在广州中山公园展览厅内，举办了他的"生物自然发生法展览会"。长桌上摆着他的"实验"用具和所谓生物自然发生的图表，还有一台显微镜供游人观赏。上面挂着大标语横幅，写着"打倒了达尔文、打倒了巴斯德"。[②]这就引起好奇市民的轰动，再加上一些报刊兴风作浪的宣传，就将一个科学上经过验

---

① 罗广庭，《生物自然发生之发明》，广州民安印刷厂印，1931年11月，第3页。
② 张作人，《如何学习生物学》，载《读书指导（二）》，中国文化服务社，第80页。

证的问题，变成江湖郎中卖假药的闹剧。其中“也居然有《东方杂志》编辑李圣五为之张目，利用它的编辑身份，压制了许多批评的文章，还大肆咆哮：‘中国人就不能有发明的天才吗？’”[①]但是史实毫不留情，这位高举民族自豪大旗的李编辑，故意将科普知识上升到政治原则，而他自己后来却是以做汉奸为下场。

生物生命起源与发展，是人类科学研究重点，每一个人都可以关心、研究和提出见解。只是作为实验科学，其实验方法应当是无懈可击的，实验程序应严密，能够经受实践考验。科学家从不认为谎言重复千遍就能够变成真理。那么，观察一下罗医生的异想天开的“发现”，其实是包藏在四层纸壳之中：“第一层纸壳，就是两封外国人的书信；第二层是中国军政学界名人的题字；第三层是他自己的几个玻璃瓶和一幅表示生物自然发生的图样；第四层是这陈旧的邪说最能适合一般愚民的心理。”[②]罗医生的生物学知识少得可怜，法文亦不佳，随处可见他的外行话，他连自己观察“发现”的“小虫”叫什么名称都不知道！难怪当年中山大学一位学生著文，批评他在时间概念、细胞学、解剖学、血统、单性发育、病理、进化论，以及科学史、法文等方面，存在一连串知识性错误。[③]而他的根本错误在实验方法上，他不懂得棉花团是挡不住某些微生物进入试管的，所以他安排的实验如同儿戏。

正当罗医生趾高气扬地“用真凭实据来答复进化论学者”[④]时，中国科学家的良知与责任被激发了，他们决心维护科学的尊严。他们首

---

① 张孟闻，《中国科学史举隅》，中国文化服务社印行，1947年2月，第96页。
② 朱洗，《罗广庭博士的真面目》，载《国立中山大学日报》，1933年7月24日三版。
③ 朱见微，《罗广庭的‘生物自然发生之发明’的批评》，载《国立中山大学日报》，1933年，6月26日、7月6日、7月10日。
④ 罗广庭，《用真凭实据来答复进化论者》，载《东方杂志》30卷8号，1933年4月，第33–38页。

先在 1933 年 6 月 1 日的《国立中山大学日报》上面，发表了一封公开信，由中大教授董爽秋、张作人、朱洗、费鸿年、张席禔、林椿年、池正七位签名。他们中的多数获有欧洲大学的博士学位，是当时中国生物学界的带头人。公开信中先是正面介绍巴斯德学说的科学性，然后指明："据罗君自言，仅能限于广州，欲以推翻数十年来世界各地公认之事实。近且更欲以之推翻进化论，天下事之滑稽，殆未有甚于此者矣！同人认罗君不仅有事实上之错误，且有存心欺骗民众钓名沽誉之道德上的责任。……庸医杀人，法律犹加以制裁，况专门制造庸医之人乎！"科学家"同人等为民众生命计""为学术真理计""为自身责任计"，他们"佥谓此事关系至大"，所以严正要求"西南政务委员会教育改革委员会召开大会"，通知罗医生"当众宣布其所谓发明，共同讨论，并当众实验，其实验手续地点，须经各专家之规定，以明真相"。"罗君固应负道德上、法律上之责任，而政府亦不能容此不学庸医存在于社会也。"[①] 这是他们为科学而立下的战书。

辩论会召开了。教育改革委员会委托中山大学农学院院长邓植仪来主持辩论会。原定开会时间为 1933 年 6 月 27 日 9 时，地点为广州中山大学礼堂。到会听众达千人，罗医生延至 9 时 3 刻才到达会场，邓院长宣布开会的理由之后，先由罗医生报告自己的"发现"经过和方法，但他显然没有感觉到科学真理之剑已经悬在他的头顶上。再由费鸿年教授报告召集大会的原因和经过。辩论开始，文质彬彬的董爽秋教授上场，他提出六个通俗的问题，诸如井边青苔、尸解七期、变金鱼戏法、蛆穿玻璃壁等传言常识，就已经使得罗医生在这幕戏的高潮之际，一反平日指手画脚的姿态，口中支支吾吾，任凭听众哄笑催促，硬是没有一句准确的话。接着，朱洗教授拿着罗先生"发现"的不知

① 《国立中山大学日报》，1933 年 6 月 1 日。

名的“小虫”图样上台，给他和大家讲了一堂动物学基本知识课：“这小虫的学名叫做‘干酪虫’，……中国古名‘螨’，日本名‘蜱’……。”朱教授总结道：“罗先生将水点（无机物），青霉的孢子（有它自己的生命史），孢子团（由孢子集合而成，大小无定）和菌丝，四件绝对不同的东西认为一个动物变化的阶段，便组成他的‘生物自然发生之发明’，未免太荒唐了！”[①] 面对如此明确的指责，记录上只有一句话：“罗博士无回答。”接着上台的还有张作人教授、董道蕴医生和张席禔教授，都就罗医生书中的内容质疑，提出的问题只在科普知识范围内，但是罗医生已经没有招架之力，记录上只是写着：“罗博士无以应。”教授们使用扎实的知识、客气又有逻辑的言谈，使得会场上气氛活跃，听众充分信服。辩论会进行到中午，主席宣布暂停，讨论一下安排实验手续问题，决定由主席及辩论双方，各出专家三人，共九人，组成“实验生物自然发生监督保管委员会”，改日进行实验。辩论会在13时结束。科学与伪科学又一次在中国交锋，胜利属于科学，以及执行科学精神的中国科学家。当时与会者多数是中山大学学生，他们也带着胜利的微笑离开会场，因为他们是最大的受益者。他们明白了谁是在维护真理，谁是在探索真理，又是谁在反对真理，搞假冒伪劣的勾当。他们同时还看到了中国科学家严肃的治学本领，更看到伪科学的外强中干的形象。

“实验生物自然发生监督保管委员会”工作了两个多月，在三方认可的场地，进行了一系列实验操作与检查。根据所打开观察的88支实验试管，没有一例是生物自然发生，这是“终审判决”。报告书在1933年10月5日公布，上有委员七人签名，其中没有罗医生签名。报

---

① 《生物自然发生问题辩论记实》全文，除刊于《国立中山大学日报》1933年6月28日版外，中华自然科学社主编《科学世界》2卷7期全文转载（1933年7月，第559–566页）。另外在香港、上海一些报刊皆有报道。

告书内容有七条，分别介绍了实验情况、过程、样品结果，以及实验过程中罗医生的表现等。结论不但彻底否定“生物自然发生说”，还批评罗医生“发明之虚荣心过重”。报告书建议有两条：“（甲）罗广庭《生物自然发生之发明》一书，错误百出，贻害青年，应请政府即日禁止其刊行。（乙）罗广庭生物自然发生说，既系错误有害科学真理，淆混社会视听，应请政府即日禁止罗广庭再有此项谬说之发表。”[①] 报告书最后还附有两封信。一封信是罗广庭的老师，法国巴斯德学院麦数教授寄来的，信中写道：“我与罗广庭博士的意见相差甚远。他曾经将他的麻木不仁的发现告诉我。我那时的答辩原文大概如下：你的发现是如此的稀奇，若不亲来公开实验，是无人能相信的。在我的答复中明明白白地含着一个讥刺，而他没有懂得。……我并且感谢你们给我一个机会否认一切罗广庭博士所做的东西。”[②] 另一封信是广州岭南大学克文教授写的，他是被罗医生虚假地宣布为实验证明人的。克文教授在信中说明了真相，最后声明：“我十分希望，广州市民，切勿信仰罗医生那种极深刻的错误。”[③]

当年罗医生所主演的闹剧，以他意料不到的结果结束了。中国科学家有能力维护科学的正确，组织了一场精彩的可与欧洲同行媲美的辩论会，以此促进中国人对于科学的信仰，加强科学在中国现代化进程中的作用。作为对立面的罗医生，他自愿扮演一个可悲的角色，用他自己的表演证明缺乏科学知识，就会害人害己，狂妄的空想如同肥皂泡一样，一吹就破。他在中国生物学发展史上留下一点痕迹，给后人一点惊讶，原来愚昧又狂妄的下场是如此凄凉，这构成一个典型案例，值得人们思考。

---

① 《科学世界》，2 卷 11 期，1933 年 11 月，第 897–900 页。
② 《国立中山大学日报》，1933 年 6 月 1 日，第 900 页。
③ 《国立中山大学日报》，1933 年 6 月 1 日，第 900 页。

尾声有点滑稽，罗医生在安分地做了几十年的开业医生之后，恰逢中国清扫“四人帮”，科学的春天重降大地。他突然故态复萌，在广州向某机关申诉，他说目前学术界流传一些奇谈怪论，而他早在40余年前，就是生物自然发生论的发明人，应当为他恢复名誉。某机关不明所以，派人前往上海，找到当年的胜利者张作人教授咨询，张老深感气愤，认为必须再一次予以说明。

六、小结

（1）人的生命问题，这是关系到每一个人的问题，在今天的DNA时代，依然不能说已经解决了。几千年间所积淀的关于生命观的说法不计其数。今后，随着知识的进步，肯定还会继续有新的说法与争论出现。

（2）人的生命科学研究在20世纪中期获得巨大突破，形成基本共识。而这之前的百余年间，在西方有很多的实验和争论，特别是围绕着达尔文理论的争论。这些科学研究，在中国是到20世纪30年代以后，才开始有人参与，例如本文提到的朱洗教授。但是当这些原本来自西方的科学知识一传到中国，就得到了学习与认同，生物学知识成为清末全民教育的普遍内容之一。

（3）对于生命的观念，近代中国学者一旦获得传来的西方人的思想与逻辑方法，就顺利地抛弃传统的观念，或者是改造传统观念，使之能够具体谈论“人”的本身问题，而扬弃与“天”“德”等强扣在一起的理想化趋势；并且一谈就能够畅所欲言。当然这也恰是那个变革时代的需求。不过，这似乎依然是在“小我”与“大我”之间做文章，缺乏深刻、细致的研究性分析。

（4）笔者罗列数十位当年学者与学生的见解，并且故意不将他们的观念分成派别。这样做才能够让读者自己去领略。因为分派固然省事，但往往就会歪曲了作者们的原意。更何况扣帽子式的分类，其实近似“强奸”原作者与读者。也不能因为这些人个人的政治观念对立，而判断其说的话为真或谬误。

（5）以上这些中外作者的观点，多可自圆其说，也多想推荐给读者。通过中文的阐述，确实能够说明融合了中西的思想精神。其中最有独立精神、最有深入系统研究的中国学者，笔者推荐章鸿钊先生和李石岑先生。

（6）最后，笔者介绍1943年金陵大学教授倪青原、葉叶琴合编著的《逻辑概论》中所给出的总结性提纲，供年轻人参考：

人生的性质

（一）人生之意义

1. 生命之特质：

（1）生命是事实——非理想。

（2）生命是天赋——非人造。

（3）生命是生动——生长变动，非静止。

2. 生命之定义：生命是有机体与环境配合而生之功能。

3. 生活之特质：

（1）生活是活动。

（2）生活是奋斗。

（3）生活是责任。

4. 生活之定义：生活是有机体与环境交互刺激交相反应的过程。

5. 人生之定义：人生是人继续不断地和环境交相反应与一切生命阻力战斗，与一切生命助力合作，适应创造环境，以求满足欲望之过程。

（二）人生之要素

1. 个人——自我

（1）我的自觉——人我之分；知道自我为一切欲望的焦点。

A. 我的存在：求生存，求自在。

B. 我的活动：满足欲求之各种活动。

C. 我的利害：趋利避害。

（2）我的范围。

A. 物质的我

a. 身体。

b. 财物（宫室、财产、饮食以维持生命）。

B. 精神的我

a. 才能：发展才能。

b. 品性：培植品性。

c. 学问：追求真理。

d. 信仰：精神寄托。

C. 社会的我

a. 名誉：愿得社会美誉，以为我之第二生命。

b. 家庭：子嗣之延续，即我生命之延续。

c. 朋友：与气息相投者，相爱相助，即自我之扩大。

d. 国家：大我之发展。达于最高度。

2. 环境

（1）物质的。

A. 身外之物：人身所感触到之物件。

B. 空间——占据位置。

C. 时间——所有光阴。

（2）生命的。

A. 身体机构。

B. 饮食营养。

C. 心理功能。

（3）社会的。

A. 传统——风俗习惯之限制。

B. 政治——政治体制之拘束。

C. 经济——职业生产之方式。

D. 道德——善恶标准之定型。

E. 宗教——宗教信仰之感应。

F. 美术——审美观点之偏见。

G. 科学——物质生活之方式。

3. 个人对环境之反应

（1）感觉之反应。

A. 反射作用。

B. 盲动。

（2）情绪之反应。

A. 冲动。

B. 任性。

（3）理智之反应。

A. 深思。

B. 远见。

C. 先见。①

① 倪青原、葉叶琴编著，《逻辑概论》，金陵大学文学院哲学组，1943年10月，第1–2页。

第七节

心理学界之认知

凡通过身体而后到达心灵的东西，人与动物都具有天赋能力去感知，至于思考这种感受的存在与功用的能力，却需要经常苦练，并加以后天教育，才能培养起来。

——苏格拉底

一、引言

中国古人由于认知的选择，将人的思想、精神的领导权，误归到中文“心”字的名下，几千年来，演化成以“心”命名的各种心理现象、心灵现象、精神现象等。直到近代，人们才接受西方人的见解，明白“人脑”才是人的思想、精神的领导者。但是语言文字的约定俗成已经难以改变，所以在近代用词、现代用词中，依然还是“心理”“心灵”“心性”等，并没有创新出“脑理”“脑灵”“脑性”等词来取代，本书也就从众了。

不过，中国古人运用“心”字组词，所表达的心理现象太多了，包括“心理”“心灵”“精神”等词。大概，人的喜、怒、哀、乐、爱、恨、情、仇的表现，都可以在中文里找到相对应的字词，这里仅略选一二：

养色含精气，粲然有心理。——（东晋）陶渊明

是以联辞结采，将欲明理；采滥辞诡，则心理愈翳。——（南朝梁）刘勰

此区区心理合一之体，知行并进之功。——（明）王阳明

幸有心灵，义无自恶。——（南朝宋）颜延之

心灵一开旷，机巧眇已疏。——（唐）权德舆

精神恍忽，若有所喜；纷纷扰扰，未知何意。——（战国楚）宋玉

夫人之所以为人者，非以此八尺之身也，乃以其有精神也。——（汉）王符

风流天付与精神，全在娇波眼。——（宋）周邦彦

乱我心曲。——《诗经》

人心惟危，道心惟微。——《尚书》

作伪心劳日拙。——《尚书》

逍遥于天地之间，而心意自得。——《庄子》

以力服人者，非心服也，力不赡也。——《孟子》

欲知心里事，看取腹中书。——（唐）李冶

心志不通，身之罪也。——《谷梁传》

唇亡齿寒，体伤心痛。——（汉）王符

四欲得，四害除，则心适矣。——《吕氏春秋》

心摇摇如悬旌。——《左传》

心猿不定，意马四驰。——《参同契》

腹诽而心谤。——《史记》

恬然但觉心绪闲。——（唐）李白

我欲因之壮心魄。——（唐）李白

谁言摈朋老，犹自将心学。——（唐）孟郊

写之在琴曲，听者酸心髓。——（唐）白居易

辞中有誓两心知。——（唐）白居易

医得眼前疮，剜却心头肉。——（唐）聂夷中

中国人用这些字词多了，有些就成为成语，在成语中，同样能选出许多表达心理的词句，如：

喜跃鼓舞——《列子》

嫣然一笑——宋玉

破涕而笑——刘琨

心悦诚服——《孟子》

望洋而叹——《庄子》

咄咄怪事——《世说新语》

肝肠寸断——《世说新语》

向隅而泣——《说苑》

声泪俱下——《晋书》

忧从中来——曹操

我心忧伤，惄焉如捣——《诗经》

怫郁纡结——《后汉书》

忽忽不乐——《史记》

百端交集——《世说新语》

慄慄危惧——《尚书》

怅然若失——《世说新语》

槁木死灰——《庄子》

爽然自失——《史记》

切齿痛心——《史记》

怒发冲冠——《史记》

怨天尤人——《论语》

睚眦之怨——《史记》

痛心疾首——《左传》

啧有烦言——《左传》

孟浪之言——《庄子》

……

遗憾的是，古代中国人的认知就停留在这些字词上面，虽不断地变换，却没有继续深入、系统探寻这些心理现象所造成的心理问题，以及这些心理现象的本质。

当然，不管在何地，人们总会关心自己的心理现象，并因好奇而不断地探索其中的原因。在西方，早在古希腊哲学家们思辨之前，就在流传至今的丰富的古希腊神话中，塑造出一位象征灵魂的女神Psyche（现在译名普赛克），她的爱情故事不断地引导着西方年轻人追求爱情和幸福。在故事中，她被赋予公主的身份，她的美丽让爱与美之神维纳斯生出妒忌之心，而派其子爱神丘比特去引诱她，不料丘比特反倒被她吸引，经过复杂的互相追求，两人战胜灵魂上和肉体上的种种磨难，终于结合成为夫妻和大家崇拜的神。经过优美的故事描述，普赛克的艺术形象是一位拥有漂亮双翅的美女，在西方象征着迷途蹁跹的灵魂，以及终于能够重生的灵魂。后来的“psychology”（心理学）一词的组成，就以她的名字为词头。

到了公元前6世纪，古希腊的哲学家泰勒斯（Thales）开始关注人的心理问题，关注灵魂的起源等，引发以后的毕达哥拉斯、芝诺、德谟克利特、希波克拉底、苏格拉底、柏拉图、亚里士多德等学者的深入探讨，不仅奠定了西方文明的思想基础，更奠定了哲学、心理学等学科的基础。两千多年来，历经不断地分门分派的论辩和实验、认知，人类知识中重要的一门学科——心理学终于形成。演进至今，更为现代认知科学做好了基础准备。①

至于“psychology”一词传到中文里，变成“心理学”一词的过程，那是要从17世纪说起，意大利人艾儒略（Julius Aleni S.J.，1582—1649）在1613年来到中国，他在1623年译著的《性学粗述》在杭州出版。这就是介绍16世纪西方心理学知识的书籍。后来到1898年，美国人丁韪良著的《性学举隅》在上海出版，依然沿用“性学”一词来对应“psychology”。而中国人颜永京教授从1879年开始，在上海圣约翰大学开设心灵学课程，1889年翻译出版《心灵学》一书，将“心灵学”对应“心理学”。只是这两个用词没有得到推广。而日本人西周先生在1870年的著书中使用了“心理学（しんりがく）”一词来对应“psychology”，被日本社会认可。接着日本服部宇之吉教授来到京师大学堂讲学，著书《京师大学堂心理学讲义》在1905年由助教范源濂译述出版；而王国维先生也在1902年翻译《心理学》并出版。这样，“心理学”一词就被中国学术界普遍接受了。②

二、心理学之概念义界

（见第一章第三节、第四节）

---

① 唐钺，《西方心理学史大纲》，北京大学出版社，1994年3月。

② ［意］艾儒略译，《性学粗述》，上海土山湾印书馆，1935年8月四版；［美］丁韪良，《性学举隅》，上海广学会，美华书馆摆印本，1898年；颜永京译，《心灵学》，上海益智书会，1889年；［日］服部宇之吉著，范源濂译述，《京师大学堂心理学讲义》，日本东亚公司印，1905年10月；［日］元良勇次郎著，王国维译，《心理学》，教育世界社，1902年；［丹麦］海甫定著，［英］龙特氏（现译为麦特氏）译，王国维重译，《心灵学概论》，商务印书馆，1907年6月。

三、心理学之内涵研究

早在17世纪艾儒略译著《性学粗述》时，瞿式耜为该书作序，就引艾儒略的话说：

儒者致知，必先格物；物有觉魂，灵实兼之，欲识灵之为灵，宜先知觉之为觉。[①]

艾儒略在自序中，更是明确说道：

恒颜认己二字于堂楣，醒人佥应识己固有。维认己则知己之灵性有由来，美逾万象，韬含匪小，定罔敢自暴弃；……故善学者，必以穷理尽性为极焉。夫明医欲疗人身疾，必澄神以按其脉；矧欲疗人心疾，而可梦梦是图乎？噫！人于世物，靡不竭力求明；迨于自性，群觉矇然：是何骛外，弗思返内？若允猛自磨厉，即有内光，足供自照；……[②]

艾儒略先生不但鼓吹关注心理问题的重要性，还介绍当时西方心理学的内涵，并引用中国古人言论为证。如他写道：

良由并处身中，无形可辨：有时血肉胜，即灵为觉役；有时义理胜，则觉为灵役；有时血肉义理，互相底昂，而觉灵杂糅，莫适谁胜，人遂认为一物；虽有故来淳淳之论，亦未详考耳。《孟子》多赖章，口

---

① ［意］艾儒略译，《性学粗述》，瞿式耜序，上海土山湾印书馆，1935年8月四版，第8页。

② ［意］艾儒略译，《性学粗述》，艾儒略自序，上海土山湾印书馆，1935年8月四版，第13–14页。

期易牙，耳期师旷，目期子都，独至于心，指出同然，在于理义，分明各一脉络；后又分别其官：耳目不能思，而蔽于物；心则能思，而属大体。可见甘食悦色，是皆觉性所动，不关灵体；理义悦心，乃真灵体；虞廷人心道心之训可味，告子生之谓性之失，亦可鉴也。……①

到了1918年前后，革命家孙中山先生宣扬国民革命后之国民建设，提倡“心理建设”。他在《孙文学说》中写道：

《孟子》尽心章曰：“行之而不著焉。习矣而不察焉。终身由之而不知其道者。众也。”此正指心性而言也。由是而知行易知难，实为宇宙间之真理，施之于事功，施之于心性，莫不皆然也。……中国近代之积弱不振奄奄待毙者，实为知之非艰行之惟艰一说误之也。此说深中于学者之心理，由学者而传于群众，则以难为易，以易为难，遂使暮气畏难之中国，畏其所不当畏，而不畏其所当未畏，由是易者则避而远之，而难者又趋而近之，始则欲求知而后行，及其知之不可得也。……②

孙先生又在《建国方略》自序中写道：

夫国者人之积也，人者心之器也，而国事者一人群心理之现象也。事故政治之隆污，系乎人心之振靡。吾心信其可行，则移山填海之难，终有成功之日；吾心信其不可行，则反掌折枝之易，亦无收效之期也。心之为用大矣哉！夫心也者，万事之本源也。满清之颠覆者，此心之成

---

① 〔意〕艾儒略译，《性学粗述》，上海土山湾印书馆，1935年8月四版，第94页。
② 孙中山，《孙文学说》，第四册，上海光华图书公司，无出版年，第37–38页。

也；民国之建设者，此心之败也。夫革命党之心理，于成功之始，则被“知之非艰，行之惟艰”之说所奴，而视吾策为空言，遂放弃建设之责任。……故先作学说，以破此心理之大敌，而出国人之思想于迷津。……夫如是，乃能万众一心，急起直追，以我五千年文明优秀之民族，应世界之潮流，而建设一政治最修明，人民最安乐之国家，为民所有，为民所治，为民所享者也。则其成功，比较革命之破坏为尤速、尤易也。①

孙先生作为推翻中国封建帝制的主要领导人，在辛亥革命成功之后，特别注重中国人的心理建设。这是很了不起的行为，更加促动近代中国学者关注和研究心理学的种种问题和内涵。在这样的时代背景下，近代中国的许多大学开设有心理学课程，涌现出一批心理学家，出版过大量心理学专著和普及书籍，为我们民族的现代化进程奠定了心理方面的认知基础。

例如在 1930 年，心理学家潘菽在《社会的心理基础》中写道：

心理的解释是要从人类所具有的特性去找寻出社会成立和变迁的原因，或设想一种原始人类的情形以说明社会是如何成立。心理的分析是以象征人类在社会环境中的行为的事实为对象，去找寻出这种行为的发生和改变的法则，因以说明种种的社会现象。心理的解释是哲学的、理论的，从假定的概念出发，但不能得到一致的见解。……至于心理的分析，则完全以现在人类在社会环境中的行为的事实为对象去研究出它们的法则，因以说明社会的种种现象。这种研究不从假定的概念出发而

① 孙中山，《建国方略》自序。

从事实出发，所以是最合科学的。也只有从这种研究我们才能得到证实的知识。我们相信种种社会现象的基本根由都可以从人类行为的法则中找寻出来。我们又相信人类行为的法则都从玄古一直到现在是一贯的，决不能有什么绝然的差别。……所以这是从心理方面研究社会的最正当、最有希望的方法。……心理的解释并非完全不要，但只能和心理的分析相辅而行，补心理的分析的不足。我们所注重的应该在心理的分析。……

人类的根本要求显然的有生存的要求、性的要求、知识的要求和艺术的要求。生存的要求包括衣食住和其他一类的要求。性的要求在人类决不是纯粹的生殖作用，似乎有超乎生殖作用以上的意味，所以我们不能称之为生殖的要求。这几种要求是人类行为的原动力，也就是人类生活的要素。……我们诅咒原始的社会，我们都希望社会的进化。为什么呢？也不过因为在进化的社会中我们的根本要求能得到较充足较丰富的满足而已。社会的组织使个人的要求的满足容易而丰富，所以社会可说是个人满足其根本要求的一种工具或方法。所以在根本上个人是决定社会的。……①

而社会学家孙本文教授著的《社会心理学》则在1946年出版，书中写道：

我们知道，人有乐群心、同情心、名誉心、好奇心、好安全心、是非之心、好善恶之心、为正义或真理奋斗之心，等等“正常”的心理特质；同时也有成见或偏见、误会或误解、暗计或暗算、妒忌或猜疑、强

① 潘菽，《社会的心理基础》，世界书局，1931年8月再版；转引自《潘菽全集》第一卷，人民教育出版社，2007年7月，第275-277页。

凌弱、众暴寡等“非正常”的心理特质。同理，人在民族宗教职业等方面，亦有各种静态心理特质，依各种团体的性质、历史与文化关系而有不同。……不仅欲了解这种静态心理特质，而且要了解这种心理特质的来源或形成的过程。……人的心理特质，有的是与生俱生的——非学习的，有的是生后在社会上渐渐学习的。非学习的心理或行为，在人类极端有限，仅限于少数极简单的反射动作或情绪反应。此外盖是学习的行为特质。学习的行为特质，是经过制约作用形成的反应。此外盖“制约反应”。社会中各个人的心理或行为特质，几乎全是这类制约反应。……从动的方面观察，所谓社会心理是指社会中各个人互相感应的动态心理而言，……不仅要了解这种心理动态的机械，而且还要了解这种心理动态的背景。……[1]

以上几位智者都提出学习心理学的必要原因，以及对于心理学知识整体的出版介绍。另外心理学家萧孝嵘教授著的《心理问题》，强调近代中国人的心理问题。他写道：

心理学在中国的情形就不是如此，尤其在这几年当中一般提倡物质建设的领袖似乎还没有考虑到物质建设的主要基础，这是一桩极危险的事！……此基本因素当然是人的因素。若不揣其本而欲齐其本，恐怕所谓的物质的建设将来也不过徒然有其表而已。……我们要知道心理学不但是物质建设的主要基础，而且在生活的各方面皆有密切的关系，和日光或空气一样。我们几无时无地不与心理学的材料或问题相接触。就个人言，正心诚意便需要心理学。就团体言，齐家治国便需要心理学。我

① 孙本义，《社会心理学》，商务印书馆，1946年11月；转引自《孙本文全集》第二卷，社会科学文献出版社，2012年5月，第4–5页。

们既然不能与心理学脱离关系，自当尽量利用这种科学的知识来促进我们的事业。……[①]

萧教授还在书中总结出“中国人的心理之分析”数条：

（一）顾表面而不彻底——孔子所谓“古之学者为已，今之学者为人”。这两句话虽指治学之道，而其实这两句话所包含的基本观念，可以应用到其他许多事情上面去。……（二）尚浮夸而忽实际……（三）重形式而轻事业……

（一）对本国人的态度……（a）轻视的态度……（b）嫉妒的态度……（c）幸灾乐祸的态度……

（二）对外国人的态度……（a）惧怕的态度……（b）盲目崇拜的态度……[②]

从学派视角看，则还有更尖锐的见解，心理学家郭任远教授就明确认为：

我以为心理学乃是一种科学，讨论有机体对于环境的适应中所包含的躯干的机运（Bodily mechanisms）的生理，而格外着重于适应的机能方面[我所谓机能的方面乃指一个反应的效果、结果，或适应的价值（Adjustment-vaue）——不管它是积极的，消极的，或无关轻重的——能使反动的有机体对于它的社会的或别的环境发生一种新的机能的关系而言]。心理学所采用的是精确的科学的方法，并且为它的永久的进步

① 萧孝嵘，《心理问题》，中华书局，1939年1月，第1–2页。
② 萧孝嵘，《心理问题》，中华书局，1939年1月，第68–70页。

起见，十分注重于客观的数量的实验。它的对象——行为——只是物资的机运的事情。心理学否认（但不是不顾）任何心灵的或主观的东西的存在；所谓意识，即使存在，当我们有较现在更好的方法和专技时，必可以用物质的名词来解释，且能作客观的数量的研究；所以意识并不是奇特的东西，也无须任何特殊的解释的。……

心理学——不，我说错了，是鬼学——关于鬼的学说，现在分为儒佛两大派。儒家以各大学的鬼教授为代表，专讲“意识”“思想”“感情”“本能”等这一类的鬼。佛家的创教主是维也纳城里的佛氏（frenf），专讲关于“下意识”的鬼的。……神话、宗教和哲学所讲的鬼，大家都认得的，惟鬼学里面的鬼，人们晓得是鬼的很少。这是因为鬼学家平日不挂鬼学的招牌，而自己叫做心理学家；一切的鬼又不叫做鬼而叫做“意识”“思想”“本能”，等等；所以人们往往被他们欺骗，误会心理学家为科学家，而不晓得他们也属于迷信的阶级。幸得最近鬼国里头发生一个大革命，名叫“行为主义的运动”，把一般鬼学专家打得落花流水，枪毙了不少的大鬼小鬼和新鬼，烧去了很多很多的鬼学博士的文凭，把从前黑暗可怕的鬼世界，变成一个光明灿烂的科学世界，使人们破除一切迷信。……①

郭教授把别家的心理学全部定作了“鬼学”，并没有证明为什么是“鬼学”，换一个专业用词而已。其实他自己也承认是“鬼学”之中一流派，是“心理学革命派”吧。

我们再选一位美国心理学家武德渥斯的见解，他写道：

---

① 郭任远著，吴颂皋等译，黄维荣编，《郭任远心理学论丛》，开明书店，1928 年 3 月，第 126、164、165 页。

心理学是一门介乎生理学与社会科学之间的科学。……心理学却把个人看作整个的东西，说明整个的个体的活动。……心理学却着眼于参加社会活动的个人。此种种科学间的界限，犹如友邦间的界限一般，许可往来通商。心理学自然要知道邻邦中有何发现。个人说话，是一件心理的事，能专就个人作一种精密的研究，不必请教邻邦。儿童学习说话，语言之成为社会交通的媒介，语言助长记忆及思想，以及语言上的疾病，都能专就个人研究，不必提出关于舌、喉及脑的问题；然而凡对于语言心理极有兴趣的人，无不想知道一点语言生理；这两门科学能互相助益。……所以心理学一面要明了个人内部的器官，一面要认识个人外界的环境；但心理学自己的特殊工作，却在研究个人所行所为；……我们也要研究各个人的活动如何相同。我们须要探求行为的、学习的、思想的、情感的、动作的共同定律。①

而近代中国最早赴西方学习心理学的人，恐怕是蔡元培先生，他为中国人的教育事业奔忙半生，很遗憾没有留下心理学专著，只有他在 1919 年在法国出版的《华工学校讲义》，其中有短短数言：

人皆有情，若喜，若怒，若哀，若乐，若惧，若怨望，若急迫，凡一切心理上之状态，皆情也。情动于中，则声发于外，……情之动也，心与事物为缘。若者为其发动之因，若者为其希望之果。且情志程度，或由弱而强，或由强而弱，或由甲种之情而嬗为乙种，或合数种情而冶诸一炉，有决非简单之叹词所能写者，……②

---

① ［美］武德渥斯著，谢循初译，《心理学》，中华书局，1939 年四版，第 1–2 页。

② 蔡元培，《华工学校讲义》，1919 年 8 月；转引自蔡元培，《蔡孑民先生言行录》，山东人民出版社，1998 年 4 月，第 313–314 页。

而后来做燕京大学校长的陆志韦教授则写道：

不过“客观”，“现象”只是现代心理学所企望的目的，能达不能达，能应用不能应用，仍须看研究的人能细心分析，实事求是呢？还仍是应用本能与习惯做两块哲学的盾牌，凭空演论理的武艺呢？中国人惯讲“法禁”，写“礼论”，强诬人是性善性恶，又加他一些“礼乐行政”的赏罚。这样从客观的行为而论人，管理人，虽比知情意的解刨法更为近理，然而免不了抽象的毛病。其结果就是看人都是一式，都是同等的材料，都是一个机关的产品。而这个机关总不外加在天性上，或加在习惯上。加在天性上，就是说“食色性也”，“性犹杞柳也”。加在习惯上，就造作种种居高临下的威权。可惜现在的心理学一部分仍是儒家法家的口头禅。一面先抽象的讨论本能；一面又根据抽象的结论，造出种种惊人的政治学说与教育系统。……[①]

古语说：“人心难测”，确实如此，而希望以心理学来测人的心理各种问题，似乎同样是难上加难。读以上大家们的言论，对于心理学的初步认知，不像其他自然科学或社会学那样令人清晰，因为作为“近代中国人”，到底人对于自己的心理，已经知道什么，还不知道什么？或者心理作为研究对象成为学问，到底应该认知些什么，由于著作太多，各书重点不同，更加上各家用词不一定相同，因此难以深入学习。无奈之下，笔者主观选择10个词来作为心理学的内涵的关键词，看看前辈们是如何说的，以便能够领略他们的研究所得。更由于18世纪以前的翻译用词，与后来翻译用词区别太多，故不再引述，而

① 陆志韦编，《社会心理学新论》，商务印书馆，1933年，第1页。

从19世纪初王国维翻译的书开始。

（一）感觉（在王国维译的《心理学》中为sensation，1902年）

当人体的一些器官与外界环境有所接触时，人体中就形成各种感觉，这是人类自几百万年前诞生以来，最普遍的共同感觉；反过来，也就成为人们关注人的心理的入门首选。近代有两类著作总结关注“感觉”的概念。

1. 学者见解

1912年，蒋维乔先生编纂的《心理学讲义》出版，书中写道：

> 有物刺激神经末端使之奋兴，由感觉神经，达之于大脑中枢，而生心意作用，谓之感觉。故生感觉，必须刺激。……分感觉为二种：一曰特殊感官之感觉，即由外受刺激而生者也；二曰有机感觉，亦曰体觉，即由内部刺激而生者也。……感觉之质，谓感觉受益互相区别之特性也。凡感觉之种类，与刺激之种类相应。……感觉之强度，谓由刺激所生感觉之强弱也。……感觉之延长，谓感觉占有空间之某部分也。……感觉之时限，谓感觉非忽发即灭者，必有一定时间之连续也。……感觉必有快不快之感情伴之，……感觉而认知外物，即又因是引起快不快之感情。然是一属知之作用，一属情之作用。二者关系不同，各有特别之性质，故感觉不必为感情之原因，感情又非感觉之一种类也。①

1915年，张子和先生编的《广心理学》出版，书中写道：

---

① 蒋维乔编，《心理学讲义》，商务印书馆，1916年6月六版，第17–20页。

人类精神与外物相接时，视之则有色，听之则有声，声色虽寓于外，而精神已发动于内，内外相触，最先有其觉性者，感觉也。未然之前，心寂然而不动，不动斯无所感，无所感斯浑浑无觉，故感觉者，可谓为心象活动之起点，最单纯知识发生之泉源也。虽然，觉性生于心，外物之形色，不能与心直接，必有介乎心与物之间者在，神经是也。启闭之感官，故名觉官。相手之物，现于觉官前者，必因其固有之冲动力以刺激之。名其力曰刺激力。……普通发生感觉之顺序，由物之力，先刺激觉官，次达神经，更由神经传搬以至于脑，至此乃呈感觉。然亦有由内部逆生者，神经过敏，或思虑窒郁之人，往往引起幻视幻听者有之。……感觉之属性：（1）性质，……（2）强度，……（3）时间，……（4）广延，……感觉之法则，……感觉与感情，……感觉与运动，……感觉之发达，……感觉之教育，……[①]

1918年，北京大学心理学教授陈大齐出版《心理学大纲》，书中关于“感觉”的说法与前两书同，不再引述。

后来自著或翻译的心理学专著中，都很少讨论感觉问题。只有1940年，鲁继曾教授翻译的《普通心理学大纲》书中，除了同上的介绍外，还有一段总结道：

感觉是意识中之大量的活动。从来不仅有视觉；也不仅有听觉，或温觉，或压觉，或痛觉，或味觉，或嗅觉，或运动感觉，或肌体感觉，或平衡感觉。使它们好像是单独进行者乃是各个感觉在意识里之集中。某种感觉很少达到意识之焦点（通常称为注意）。这个发生于感觉之一

---

① 张子和编，《广心理学》，商务印书馆，1915年12月—1922年9月，第26–46页。

个部门内，例如视觉或听觉。另有感觉之某某部门是整个较不易集中于意识的，例如平衡感觉。它们被称为潜意识，或甚至非意识。但意识时常是全体的，虽仅有某项感觉，或感觉之某部门是集中于意识的。感觉是意识中之集中的活动。它是加诸有机体的环境的刺激的效果之意识的调协。厥后，更有被回忆的感觉加入此集合体而使关于当前的感觉之思想为可能。①

2. 辞书上的条目

在1949年以前，中国并没有出版过《心理学辞典》专名的工具书，但是在其他一些专业辞典上，依然有关于心理学的各种专业用词做条目，选录数条：

1911年，东吴大学（今为苏州大学）教授黄摩西编的《普通百科新大辞典》出版，书中有条目：

【感觉】

从人身各机官所起之精神要素。分内感觉、外感觉。前者从筋骨肌肉内脏等起，又谓有机感觉，气分之善恶因之。后者视觉、听觉、嗅觉、味觉、压觉、湿觉、痛觉等是也。

【感觉论】

（一）一切知识从感觉来，思维者不过是感觉之变形。盖认识论上之见解，代表者陆克及康迭来克。

（二）感官之冲动及感情之满足，为道德之活动究竟目的。此一种

① 夫来也尔（现译为弗莱尔）、亨理（现译为亨利）著，鲁继曾译，《普通心理学大纲》，长沙商务印书馆，1940年7月，第74–75页。

伦理说，即伊壁鸠鲁所主持者也。[①]

1926年，樊炳清编的《哲学辞典》出版，书中有条目：

感觉　英法 Sensation　德 Empfindung

意识状态中，有纯由刺激原因，加于神经系之现时作用而起者，如是状态，谓之感觉。（参阅知觉条。）详言之，刺激之作用，及于一定器官，器官应之，而传其影响于神经，则神经因之兴奋，更传之于神经中枢（即大脑皮质），中枢应之，乃生感觉。故感觉为精神作用中之单纯者。而构成观念（或表象）之内容，以认知外界者，恃此也。感觉之种类，率由感官而分。学者之说不一，……旧说感觉有四属性。除"性质"与强度外，更加入"时限"及"延长"二者。……

感觉型　英 Sensory type　法 Type sensoriel　德 Sensorische Typus

心理学上，指个人禀赋之较有一定形式者谓型。谓之感觉型者，以其人之收得知识，多诉诸感觉。申言之，即专以感觉为精神生活之中心者也。别于运动型、概念型等而言。俱属直观型之一。更就感觉型细别之，则有种种。最多者，曰视觉型。其人必借视觉或视觉表象以为助，然后善于判断或记忆。譬如读书，虽易晓而难忘，而听人讲说则反是，是其例也。次为听觉型。其人惟于得自听觉者，始易知易记。有如读书作文时，必微作吟声者，即然。语学家音乐家，大抵属此型。……学者大抵味嗅触觉三型，而名为感情型，言此与其感情有关，特误从感觉方面，强为之分类耳。……更有"运动型""混合型""概念型"三大类。曰运动型者，其人于知觉外界时，往往见诸运动。……然所谓

① 黄摩西编，《普通百科新大辞典》，上海国学扶轮社，1911年5月；转引自钟少华编，《词语的知慧》，贵州教育出版社，2000年10月，第124页。

运动型者，决非单独发现于运动，而恒与视听觉俱，时或兼触觉在内，故亦谓之混合型。言感觉运动二者相结合也。……至于概念型，则好从概念以获知识，而不必直诉于感官，所谓思想家、理论家、发明家，皆概念型之人也。就中有专长于记忆者，有专长于想像者，有专长于理解者，……今之教育的心理学，从各方面以研究“型”之一问题者甚盛。……

感觉论　英 Sensationalism；Sensualism

法 Sensationisme；Sensualisme

德 Sensualismus

（1）认识论上，有谓一切知识，无论其内容，其形式，皆是从感觉得来者，是曰感觉论。如斯思想，当推为先导。……

（2）伦理学上之感觉论。甲谓道德价值，其终极皆自感情以出，而此感情状态，即所规定意志之标准。……乙谓道德价值，全由餍足吾人情欲以生，此为快乐主义之一种，亦得以感觉论称。……

（3）美学上之感觉论，即以美感与官能上快感视为一事者。……①

1928年，中华书局编辑出版《中国教育辞典》，书中有条目：

感觉　Sensation

心理学名词。外部刺激及于一定器官，器官应之而传其影响于神经，神经因之而兴奋，更传达于神经中枢（即大脑皮层），中枢应之，而觉知有某种刺激，是谓感觉。……无论何种感觉，均具有性质、强度、时限、广度四种性质，称为感觉之普通属性。而各感觉又有其特殊

---

① 樊炳清编，《哲学辞典》，商务印书馆，1926年5月，第760-764页。

性质，称某感觉之特殊属性。

感觉性 Sensibility

指感觉机关感受刺激的锐钝也。对于同一刺激，或感觉之或不感觉之，是即由于感觉性有大小也。……

感觉型 Sensationalism

……①

1930年，唐钺、朱经农、高觉敷合编的《教育大辞书》出版，书中有条目：

感觉 Sensation

何谓感觉？感觉乃器官、感觉神经、感觉中枢（在大脑外皮）对感觉到刺激而起之活动；……

何谓感官？感官乃身知某特别区域，专对某种刺激，起某种活动者。……

何谓感觉的刺激？能使感官起活动之力是也。……

感觉乃天生反应。儿童不学而自能视听，所学者光色声调之意义耳。刺激一触感官，感觉立发，其间不足以秒计；惟刺激之仔细认识，则非学习不可。……

感觉又为最古之反应。…… （张耀翔撰）

感觉型 Sensory Type

心理学上，指个人禀赋之较有一定形式者谓型。谓之感觉型者，以其人之收得知识，多诉诸感觉。申言之，即专以感觉为精神生活之中心

---

① 中华书局编，《中国教育辞典》，中华书局，1936年3月五版，第804-806页。

也。别于运动型概念型等而言。……

感觉论　Sensualism

……

感觉与智识　Senses as Contributers of Material for Intellectual Development

吾人每一感官皆由一种多少复杂之机关所成，此种机关可用以为种种特色感觉之器官。吾人从感觉所得之消息，常随下列三种主因而异其量：（一）感觉器官自身之锐敏与感应性；（二）对于感官所得之材料而予以注意的程度；（三）此种材料因联想而引起之意义。至于身体内部较为模糊之感觉，则其影响于感情方面和情绪方面者，实较其影响于理智方面者谓甚。就生物的现象言之，此种感觉如饥渴等，能惹起保卫生命之活动，故特为主要。……

感觉辨别力　Sense Discrimination

或称差觉力。乃一种极重要之智力作用，用以判别感觉之异同。其意盖仅指吾人有不同之经验，与不同之内省的报告。……兹请进而论见解差觉力之问题。吾人须知言语为心理学之工具，极为重要。言语伸缩自如，变化无尽，文字则有永久性，皆与人以极大之便利。惟言语为离析的，而意识之流则为连续的；故以言语表示意识内容，至好亦如以镶嵌粗工摩水彩精画。再者，意识内容与表白内容之言语之关系非无变者；经验有能唤起惯熟之语句者，亦有不能以言语形容者。故吾人不能谓辨别力与辨别之报告永久平行，与观察者以适宜之言语指导，始可免除此等困难。……　（臧撰）[①]

1933年，曾赴莫斯科中山大学进修的沈志远教授，编辑出版《新

---

① 唐钺、朱经农、高觉敷编，《教育大辞书》，商务印书馆，1930年7月，第1264-1274页。

哲学辞典》，书中有条目：

感觉 （feeling）

由外界刺激于吾人感官所引起的意识状态，谓之感觉。伊里契说："感觉是运动底物质之形态。若不经过感觉，我们什么物体底形态、什么运动底形态，都不会知道底；感觉是由运动底物质加于吾人感官的影响所引起的……感觉是吾人意识与外界之真正直接的联系，是外界刺激底能力之转变为意识底事实"。感觉是吾人认识之出发点（基源）；我们一领受到感觉，就获得了外界事物底形态，联结成为一般底概念、观念、判断、论断等。……①

以上可以说是关于"感觉"这个概念在近代的基本陈述，多是从学术视角提出来的，只有沈志远教授的提法，加上了他的苏联老师的政治见解。到现代，"感觉"一词在人们的生活中已经普遍使用，只是依然在度量上把握不准确。

（二）知觉（在王国维译的《心理学》中为 perception，1902 年）

人能够感觉之后，进一步就会获得知觉或不知觉。"知觉"一词，在古汉语中已经使用颇多。《后汉书》中有："知有奸人诈伪，无由知觉。"唐朝《传奇聂隐娘》中："为我刺其首赖，无使知觉。"连《西游记》中都有："八戒却也知觉，……"等，不过，古人没有给"知觉"下一个定义。

---

① 沈志远编，《新哲学辞典》，北平笔耕堂书店，1933 年 9 月，第 239–240 页。

1. 学者见解

1912 年，蒋维乔教授编的《心理学讲义》出版，书中写道：

感觉与观念相合者，谓之知觉。……故知觉比感觉更复杂，必再现向所感觉，将现在与既往者结合之，实含再现与思考之要素也。更详述知觉之作用，分解之而举其要素。第一为感觉之辨别。……第二为感觉之解释。……吾人在睡眠中，时或听声，或感热，然漠然不知其何由，是不过感觉；在醒时则凡所感觉者，必不止为感觉，而必为知觉也。……知觉分为二种：一曰完全知觉。谓就某物，总括之而知觉其一切性质也；一曰不完全知觉，……仅知觉物之一部分，其他部分则以自己观念补之为常。……知觉（或观念）实为智识之要素。凡光、色、声、味、香、温、压、触等感觉的知觉之外，更加以外物、空间、时间等知觉，互相为种种结合，以成为一切智识。故须使所有感官健全发达，感觉锐敏，以得各种明确之知觉。……吾人如何能至知觉自己以外，更有外物存在乎？其原因有二：其一曰须顺应于外界境遇之经验；其二曰抵抗感觉，……因逢抵抗乃知觉确有外物存在也。……物质之位置、远近、深浅、大小、形状、运动之方向、延长等，统称曰空间知觉。……认识时间长短，谓之时间之知觉。……甲感官所知觉，与乙感官所知觉，时致冲突，谓之知觉之冲突。……或以石为虎，或闻风声鹤泪以为敌来，……此错觉及幻觉，乃成妄想之根源，或为妖怪之原因。……[①]

1915 年，张子和先生编的《广心理学》出版，书中写道：

① 蒋维乔编，《心理学讲义》，商务印书馆，1916 年 6 月六版，第 33–43 页。

知觉云者，与感觉相去虽只一间，然能将事物全体之心象，随所触而表现于外，确认其性质、形态、轻重、大小、地位、方向及其同异之关系者也。……人心之融合感觉为知觉。……新感觉与旧感觉，遂依其吸引之力，融合成一团体，则知觉之心象具矣。……①

1918年，陈大齐教授著的《心理学大纲》出版，书中写道：

知觉者，感觉之复合作用也。盖单一之感觉，实际上绝不能存在；外界之刺激虽纯一，其所引起之感觉亦往往复而不纯，而况纯一之刺激实际上又极少乎？吾人日常所见所闻之事物，非成自一声或一色，实成自声色诸相之集合。……故知听觉必汇合数种感觉而后起，必待数种大脑作用而后成。虽然，知觉作用之中，有统一之性；故方人之知觉一事物也，不知觉其为若干种感觉之集合，而认定为一体之事物。知觉作用中又有类化之性；故方其知也，不徒映写外物之形相而已，且能以过去类似之经验，解释新知之事实而认知之。

知觉与观念（Idea）二语，在心理学视之，实无根本上之区别；而普通用语，分之为二：凡复合作用之原素，起于感官之首刺激者，曰知觉；复合作用之原素，起于大脑中枢之首刺激者，曰观念。例如有花于此，张目见之，则为花之知觉，闭目而思所见之花，则为花之观念。然因感官受刺激而起之感觉，与因记忆想像而于大脑中枢唤起者，在性质上初未有异；故知觉与观念，在心理学视之，名异而实同者也。

知觉（或观念）之种类，大别有三：一曰性质的知觉（观念）；二

① 张子和编，《广心理学》，商务印书馆，1915年12月—1922年9月，第46-47页。

曰空间知觉（观念）；三曰时间知觉（观念）。……[①]

1921年，吴康教授著的《心理学原理》出版，书中写道：

知觉系感觉与影像化合而成。每一知觉所含感觉成分，大概仅一种。……知觉中所含影像分三种：第一种为包括一类事物之观念；……第二种为物之一部分或性质而吾尚未直接经验者之影像；……第三种为他事物之影像，而与吾直接经验之物有关系者。……读者须知，各种不相类感觉影像之所以能相化合而成同一知觉者，因我视之俄日一物故；易言之，因我以同一精神状态对之之故。是以知觉之成，其原动在我，而不在物。知觉有真谬之别。惟此真谬之所在，不属感觉部分，而属影像部分。感觉部分为实有之现象，而不代表他物，故物真谬之可言；影像部分则代表吾人尚未经验之事实，故有真谬之别。倘影像与事实合符，则知觉为真；不合符，则为谬。……倘感觉部分，非由外界激刺发生者，则谓之幻觉。……[②]

1924年，杜定友、王引民合编的《心理学》出版，书中写道：

感受某种刺激而知觉感受之，且能知其意义者，谓之知觉。感觉而含有意义，即为知觉；故感觉为知觉之原素，而知觉则为感觉与意义相复合之精神现象。纯粹之感觉，为抽象的，实际上殆无之，提倡所谓感觉，无不含有意义；既含意义，则即为知觉矣。……由过去经验以解释

① 陈大齐，《心理学大纲》，商务印书馆，1933年2月，第80-107页。
② 吴康，《心理学原理》，商务印书馆，1921年10月，第69-70页。

目前之感觉，即为知觉之作用。……[①]

1939年，傅统先教授翻译美国学者的书《心理学》出版，书中写道：

知觉（Perceiving）是有机体借以窥测事情，发生意义的基本活动。有机体借着这种活动去认识其内部结构的变动，及其外在环境的事情。有机体不断地观测它自己，认识其他对象的表现。有机体也是不断地知道事物和事情的特性——它们的各部，以及其间的相互关系。

我们要有了这样的知觉，才能够动作、记忆、想像、认识、思想。然后我们再借这些活动，而扩充我们对于自己和对于世界的认识。

有时知觉会产生一些似乎奇怪的结果。……这种没有外在原因的知觉结果，和其他较为熟悉的事物一样，也很能帮助我们认识知觉的活动。

我们不能不明了，我们所知觉的各种事物特性，都是某些身体历程的结果。……不过据我们现有知识而论，我们对于这种知觉与身体活动的关系，所知尚少。

知觉历程中的身体活动与结构，在各个有机体中，从胚胎时期起发展不已。……颇足表示这种知觉活动，必经过了一个很长的演进历史。我们无论对于个人的发展，或种族上的演进有相当认识时，我们便更易理解人类知觉的活动。不过现在我们仅能略述个人生命中，知觉发展的几个方面而已。

知觉活动的恒常性，一部分是因为刺激物各方面之间，有彼此相

---

① 杜定友、王引民编，《心理学》，中华书局，1927年6月六版，第66页。

比例的影响。我们多半从明度知觉的研究中，以求引起恒常知觉的刺激影响。

知觉活动是一种需要时间的事情，虽瞬息间的知觉亦然。知觉所经过的最小时间，可用刺激的呈现，主观者有得知此刺激的表示之间所经过的时间计算之。

因为有许多事情，只要第一次的知觉印象就够了，但是因为好奇心的结果，或力求完备起见，我们每爱详细的考察对象。于是知觉活动改变无已；稳定现象又产生不稳定的状态。①

近代研究“知觉”的中文专著只有一本，即刘朝阳教授翻译的《知觉的分析》，这里不再引述。②

2. 辞书上的条目

1911 年，黄摩西教授编的《普通百科新大辞典》出版，书中有条目：

【知觉】

感觉与再生观念结合作用。如视之有色，嗅之有香，触之柔软之种种感觉，亦但知色香柔软而已，加以过去之经验，而此色香柔软者，得为花之知觉。③

1926 年，樊炳清先生编的《哲学辞典》出版，书中有条目：

---

① 〔美〕波林、兰费德、卫尔德著，傅统先译，《心理学》，商务印书馆，1947 年 2 月再版，第 272–297 页。

② 〔英〕勃洛特著，刘朝阳译，《知觉的分析》，上海明日书店，1929 年 11 月，第 128 页。

③ 黄摩西编，《普通百科新大辞典》，上海国学扶轮社，1911 年 5 月；转引自钟少华编，《词语的知慧》，贵州教育出版社，2000 年 10 月，第 89 页。

知觉　英 法 Perception　德　Wahrnehumung

（1）往昔所用知觉一语，泛然与认识或认知同谊。故并狭谊之观念（即只有表象不由现实之刺激而起者）及抽象的思考等，亦赅入此中。今之心理学，犹不免有循此用法者。

（2）近世通行之用法，则以知觉位于感觉及观念之中间。感觉者，惟应现实之刺激而起，决无再生的要素，混入其中。观念，则过去经验之再生者，不因外界刺激而起。至于知觉，则兼含感觉与再生观念两要素之认识作用也。从心理学上，以抽象的分析之，则知觉之中，兼有主观客观两要素……领知者，知觉中之客观的要素。统觉者，其主观的要素也。……如谓纯粹感觉，毫不与过去经验相涉，而能以具象的心状，存在脑中者，此决不能有之事。……学者之区别知觉与感觉，有二说。其一曰，以所含再生作用之多寡为准，而不能言其有无再生作用。含再生作用极少者，名之曰感觉；较多者，则名之曰知觉。又其一曰，吾仅感某刺激，而未及辨其刺激之为何事，此时谓之感觉，并其所以为刺激者，而亦知之，始谓之知觉。如一项所说，则凡即心的过程而认识之者，亦谓之知觉。申言之，即能以主观的过程，与其观念上所浮现者区别，而直接领会其现在状态者，是也。故特谓此为内的知觉，又或谓之内省，以别于二项所举之感官知觉。但如此用法，今学者不甚从之。……①

1928年，中华书局编的《中国教育辞典》出版，书中有条目：

① 樊炳清编，《哲学辞典》，商务印书馆，1926年5月，第353–354页。

知觉 Perception

广义泛指一般之认识；狭义指居于感觉及观念之间的识别作用，通常所谓知觉多属狭义。从心理学之分析，知觉之中有客观主观两要素。……只感觉其呈现者，称曰感觉。若并其所以为刺激者而亦知之，则称曰知觉。知觉位于感觉及观念之中间。……知觉，则兼含感觉与再生观念之认识作用也。……一切知觉均有识别作用，而之别有赖于比较，故知觉教育当多予学生以观察实物之机会，使能明了各种事物之内容且比较之。①

1930年，唐钺、朱经农、高觉敷合编的《教育大辞书》出版，书中有条目：

知觉 Perception

吾人对于物质之知识，均由知觉而来。此虽为日常经验之事，然若研究其性质，考察其方法，则多不易解决之问题。教育之根本原则，往往随知觉之学说而变。……最肤浅之理论，将谓心乃如镜，可以得物之影像。此其不确，一望而知。科学发达，将各种感官之印像分析而为波动，于是前说之所根据，不攻自破。大多数心理学者谓组成意识之份子，为单独之感觉，感觉相联而成联念。此说精髓在谓心之知物，为被动的而非主动的，完全为环境所左右，其价值之高下，视经验之种类多少而定。……教学原则皆以此知觉之学说为根据，苟其说不误者，则与此不合之教授法，非徒无益而又害之，以其与人心作用之自然顺序相反故也。

然其说实大谬不然。盖误以最后分析之结果为意识之原始的要素

① 中华书局编，《中国教育辞典》，中华书局，1936年3月五版，第209–210页。

也。世间实无有单独存在，然后错综相联之感觉。苟稍一自省吾人知物之步骤，即知吾人非先了别其个别之份子而后联合之，实先由整体之觉知，进而为各部份子分析的研究。据吾辈成人所知，一切知识皆由模糊而渐明确。就儿童言亦莫不然。……欲知个别之物体，第一，须于模糊之整体上，选择其最足惹起注意者。此种选择初仅听命于本能，稍后乃能于若干本能之冲动中，复由辨别的智力加以明确的选择。此智力的选择，实已含有以往事推测将来之意，受本能之促进，而又渐受智力之支配者也。其所知觉之物件，尔时非仅能知其为某种某类，且复知其相互间之关系。故知觉者，意即推知未来，知其作何事必将有何种结果是也。一物所引起之感觉，吾人不能尽得之，知识愈进，则愈可得少而知多矣。……①

1933 年，沈志远教授编的《新哲学辞典》出版，书中有条目：

知觉 （Perception）

就寻常的意思讲，就是领悟或感念。莱泊尼兹（现译为莱布尼茨）呼知觉为被动的领悟，而拿它来与“识觉”……主动的领悟相对立。所谓主动的领悟，就是说在领悟中吾人的意识起着主动的或积极的作用。②

看来，近代对于“知觉”的理解，在心理学家中就已经有不同的说词。那是可以理解的，因为凡是牵涉到自己的“心”的研究，就缺乏准确的思想、言词来度量和表述。对于人自身思想的解剖式研究，确实与具体物质研究的“证明”体系和方法有很大的差距，难以让别

① 唐钺、朱经农、高觉敷编，《教育大辞书》，商务印书馆，1930 年 7 月，第 634-635 页。
② 沈志远编，《新哲学辞典》，北平笔耕堂书店，1933 年 9 月，第 111 页。

人信服。后来的许多心理学观念或概念，都有如此状况。反过来，也恰好说明，近代研究心理学的思想和方法的多样性。

（三）意识（在王国维译的《心理学》中为 consciousness，1902 年）

“意识”一词，在古汉语中早已经被运用，在汉朝王充著的《论衡》中，就有：“众人阔略，寡所意识，见圣贤之名物，则谓之神。”在《北齐书》中也有：“高祖尝试观诸子意识，各使治乱丝，……”就连清朝纪晓岚也写道：“此怪大佳，其意识在绮罗人上。”今人也如此用其意。只是古人没有给“意识”一词下一个定义。

1. 学者见解

1902 年，王国维译的《心理学》出版，书中写道：

> 抑意识者，总括精神现象之谓，而非别有一种之观念，宁谓之精神现象之要质也。甲云心意，乙云灵魂，丙云精神，一一之现象，不问其根原及性质之如何，皆非物质现象，而意识的现象也。而心理学者就灵魂之有无及永久不灭之事暂且不论，唯以观察意识中所生之现象，论究其法则为宗旨，故心理学者之研究意识之性质，犹物理学者之研究空间之性质也。如斯意识实为精神现象之要质，……而脑中之印象多半在意识外，而此等皆新陈代谢，而渐现于意识中者也。……又一观念在意识中，觉精神之苦痛时，则妨害他观念之入，而与以快乐。诗云：感时花溅泪，恨别鸟惊心。此之谓也。脑髓之活动弱而且静之时则反之，……而我者可谓意识之核也，是基于结合的性质者也。……意识之性质自相对的与结合的之二性质成如此。[①]

---

① 〔日〕元良勇次郎著，王国维译，《心理学》，教育世界社；转引自《王国维全集》十七卷，浙江教育出版社，2010 年 9 月，第 339–342 页。

1912 年，蒋维乔教授编的《心理学讲义》出版，书中写道：

凡精神活动，及由此生之精神状态，总称曰意识。苟有精神活动，则意识必存。故研究意识之本性而明之，乃为心理学之要事。……苟有精神活动者，无论其健态与病态，均可谓意识也。欲明意识之本性，须先研究其反对之无意识者，果为何物？……意识有统一性，又有连续性。盖意识内容，虽为复杂之精神现象，而皆有统一。能统一意识，使此等现象互相联络者，名曰自识，长为意识之中心。吾人现在之自我意识，吾人一举一动，即为自我之一举一动，能自觉此事者，即自识也。故虽有意识，若无自识，则意识中之现象，几乎无统一，而个个分离矣。……人始生至死，意识能为陆续。唯其内容，时时刻刻变易不已。……身体健全，则意识明了。有明了之意识，而所行精神上之经验，方有效力。如身心疲惫时，昏昏欲睡时，意识不明了。教育家若于是时行教授，决无效也。①

1915 年，张子和先生编的《广心理学》出版，书中写道：

意识者，精神现象之本质与万物之有质点，为物质现象之本质盖相类。……凡欲研究意识之问题，当先知其与自识作用之所以别。……关于意识之修养，哲学及心理学者，谓宜有要件四种。述如左：（1）统一性，或曰连续性。……（2）关系性。凡自事物之相对而言者，谓之意识之关系性。……（3）减少分量。意识之分量，与观念之分量，长为正比例。……（4）增益内容。内容者何？即前之思维观念是也。……②

---

① 蒋维乔编，《心理学讲义》，商务印书馆，1916 年 6 月六版，第 12-14 页。
② 张子和编，《广心理学》，商务印书馆，1915 年 12 月—1922 年 9 月，第 160-165 页。

1918年，陈大齐教授著的《心理学大纲》出版，书中写道：

意识作用为人人所固有，而人习焉不察，或且忘其存在，即知焉亦以过于简明之故，难得适切之言语以名其义。是以心理学家或自嘲曰：意识者，意识也，盖甚言意识定义之难能也。……意识有四大性质：一曰，诸状态皆有为人格的意识一部之倾向；二曰，人格的意识内之诸状态变迁不息；三曰，人格的意识连绵相继；四曰，人格的意识长于其对象重，有所迎拒。……意识状态成立之迟速，因人而异，亦因时而异。……数个观念固可以同时并存于意识中，不过其数之多寡因人而异。……意识作用，有赖于生理的条件；而生理的条件中，尤以周流脑中之血液为最要。此血液之变化，足以左右意识作用之强弱迟速。……是故营养愈足，则意识之作用愈活泼，非然者，则愈迟钝耳。……①

1911年3月24日，法国哲学家柏格森（诺贝尔文学奖获得者）做的演讲，在1924年被胡国钰教授翻译出版，书名《心力》，书中写道：

……保存已然，预期未然——这是意识首要的功用。虽说现在是一个很精密的片刻，但是对于意识，就没有现在可言。这片刻是在理论上分别过去与将来的一个界限。……意识是链接既往与未来的关节，通达过去与将来的桥梁。……有人常说，就人类看，意识与脑髓是直接联属的，所以凡有脑髓的生物，就说他有意识；无脑髓的就说他没有意识。这个推论的误谬很明显。……在理论上，凡生命或者都有意识。在

① 陈大齐，《心理学大纲》，商务印书馆，1933年2月，第186–200页。

原理上意识和生命同其广袤。但在事实上是这样吗？……据我们看，意识与物质好像是两种根本不同的存在，或两种互相反对的存在，暂时对峙，其将来如何尚待处置。物质是必然的，意识是自由的；二者虽绝对的互相反对，但生命有一种方法调停他们。这正是所谓生命的真意义——于必然中插入自由；利用必然以谋自由。假若物质的决定性是绝对不容放弛的，那就决不能有生命。但是假设物质在某时某地略示退步，稍现弹力，那个时候和那个地方，就是意识侵入的好机会。在最初意识当然要稍示谦让，但一旦侵入他就要逐渐膨大，从侵入的那一点，逐渐扩充，不至战胜全体不止。……我们无论专注意意识所命令的动作，或注意为动作作预备的观念，意识都好像是一种力，竭力加入物质内，以便占据物质和利用物质。意识的动作有两种互相辅助的方法。一为爆发的动作，把物质慢慢蓄积的能力在顷间宣泄出来，使向所选择的方向进行；一为缩减的动作，把物质界无数分立的小事情，聚合在一刹那，好像用一句话包括无限的史乘一样。……在地球上生命全体的进化内，我只见创造的意识跨越物质，并且借技巧与发明之力，竭力把拘禁于动物内的势力，释放出来，不过到了人类，这个势力才能自由。……我之说结论：物质、意识是对峙的。有物质才能有区分，有精确。若只有思想，他的分子是互相包含的，分别不出多寡来。思想是继续的，继续自然就混乱。若想把思想分别清楚，就得用言语把它排列起来。要察看心中所存的思想，只有一个方法，就是把心中互相关联的思想，用文字写在纸上。用这类的方法，物质才能把生命之最初的冲动内所混合的各种倾向加以辨别区分，镕为个性，最终成为人格。……[1]

---

① ［法］柏格森演讲，胡国钰译，《心力》，商务印书馆，1924年5月，第1–31页。

1931年，朱然藜教授翻译帕特里克著的《心之新解释》出版，书中写道：

当詹姆斯著《意识是实有的吗？》这篇著名的论文的时候，心理学界的情形确实是这样的，他曾粗卤地说：意识只是某一体关系，并不是一种材料或本质。这种学说只有在不熟识心理学底趋势的人，才觉得是一件新奇的事情，然而正因为这位著作家底伟大的权威，也因为他惯会使用粗卤的论调，所以才能使人们底注意，集中于这种古旧的学说之衰谢的一点上。

失了意识，就是停止留意事物——停止了对于一切事物的顿觉。无论这些事物是外界的或身体内部的。所以意识到就是顿觉到、留意到、审察到、注意到、感觉到。……顿觉是意识最简单的方式，是吾们知觉的出发点。……意识并不是存在我们内部可以使我们顿觉到的东西，它就是顿觉到对象这样一回事。它不是观念、感觉及感情的代名词；它不是心的别名；也不是心灵的原质；它只是顿觉，每个生物对于某一事物的顿觉。……意识这个名词的主要意义，只是简单地顿觉，不过有时候也是指机警的予觉的顿觉，或伴有兴趣及注意的顿觉而言。……①

1937年，高名凯教授翻译英国罗素教授的《哲学大纲》出版，书中写道：

“意识”这个名词，实在有两个非常不同的意义。一方面，人家说我们“意识到”什么东西；从这一种意义看来，意识是一种关系。另一

① 帕特里克著，朱然藜译，《心之新解释》，商务印书馆，1933年10月，第50–60页。

方面，“意识”可以说是精神事发的一种性质，而不是和他物所生的关系。……从本质上说，任何的精神事发都没有包含着主观和客观或觉察者和被觉察的对立的关系。虽然这样我们却能够分别出“精神的”视点和其他的视点，而我们所有的最确凿的知识却是关于精神视点的知识。……[①]

1946年，社会学家孙本文教授著的《社会心理学》出版，书中写道：

……构造派心理学家以为意识是一种心理状态，这把意识看作完全独立的实体。机能派心理学家把意识看作心理过程，这不是静的状态，而是动的过程，是调适环境时所表现的种种现象。行为派心理学家对意识有几种意见。极端派的行为主义根本否认意识，以为这是从前哲学家所谓“灵魂”的代名词，没有科学的证据可证其独立之存在。所以他们的心理学不用“意识”这个概念。……

意识就是伴着行为的个人知觉，是行为的一方面，一特征。我们相信，任何行为似乎都有意识相伴，不过伴着行为的意识的成分，有多少的不同。从意识最集中的行为到意识最分散的行为，其间有各种不同的程度。……意识既然是伴着行为发生，就是行为的一特征，所以它自然是神经的一种功能。……

意识就是行为的觉知。这种觉知纯粹是个人自己的经验，他人绝对不能直接知道的。要知道他人的意识，只是从他的行为上间接推论的。……[②]

---

① ［英］罗素著，高名凯译，《哲学大纲》，正中书局，1937年7月，第227-235页。

② 孙本文，《社会心理学》，商务印书馆，1948年8月再版；转引自《孙本文文集》二卷，社会科学文献出版社，2012年5月，第108-152页。

2. 辞书上的条目

1911 年，黄摩西教授编的《普通百科新大辞典》出版，书中有条目：

【意识】

对于无意识（如熟睡等）而心有觉之状态，其内容刻刻变化，谓之意识流。旧说，谓意识即精神生活。今日研究新得者，则谓精神作用、意识之外，尚含有无意识活动。①

1926 年，樊炳清编的《哲学辞典》出版，书中有条目：

意识　英 Consciousness　法 Conscience　德 Bewusstsein

指精神觉醒之状态。笛卡尔以前，皆以拉丁语之 Conscire 及 Conscientia 当今世心理学所谓“意识”之义。至笛卡尔，始造作是语，以区物心两界，而谓精神界之有意识，犹诸物质界之有延长。后之学者，皆视意识即精神现象，而为说颇不一。……或如哈弥尔敦，殆以自识与意识作同一解释。其说曰：“意识一语，乃单简而原始之概念，欲从论理上作一定义，苦难措辞，然不难从哲学上分析之。毕竟意识云者，自我认识自我之活动，又即存在于是等活动之知力范围中，非别有离此活动而存在者。”今之心理学，则区别意识与自识言之，而假定意识为自明的现象。谓吾人精神作用之根本性质，故不更施以说明及定义也。②

---

① 黄摩西编，《普通百科新大辞典》，上海国学扶轮社，1911 年 5 月；转引自钟少华编，《词语的知慧》，贵州教育出版社，2000 年 10 月，第 122 页。

② 樊炳清编，《哲学辞典》，商务印书馆，1926 年 5 月，第 754 页。

1928年，中华书局编《中国教育辞典》出版，书中有条目：

意识　Consciousness

心理学名词。指精神觉醒之状态也。一切精神现象，如感觉、知觉、记忆、想像等，均为意识内容之一种。是意识几与煞尾心者同义。故有人谓心理学为研究意识之科学。自变态之心理学发达，始知心象不必在意识界内，而无意识（见另条）之说以成。故所谓意识者，又有觉意识之义也。通常谓盲目的行动为无意识，亦此义也。①

1936年，舒新城等主编的《辞海》出版，书中有条目：

【意识】(Consciousness)

（1）心理学名词。指精神觉醒之状态也。……

（2）佛家语，心法之一，亦称第六识，意根对法尘时所生之识业。识者了别之义，此识以了别法为其作业。所谓法者有二义：一、谓十八界中第十一法界；二、总十八界通称为法，意识偏以一切法为所缘，一切识所缘，意识皆得缘也。此意识于了别法外，尚别有作业；如身、口、意三业，及轮回三界六道之业，皆其所作，又发心修道，断惑证真，亦依意识始得有成，故其业用，于语识中为最强。②

1945年，心理学家张耀翔写有“心理学的术语”，载于他编著的《心理学讲话》中，书中有条目：

---

① 中华书局编，《中国教育辞典》，中华书局，1936年3月五版，第795页。

② 舒新城等主编，《辞海》上册，1936年12月，第卯集36页。

意识 （consciousness）

（一）个人与环境的关系之警觉。（二）脑神经活动之主观方面。（三）在某一时间内某个人经验之总合。（四）个人知道外物并影响外物的能力。[①]

由此看来，近代中国学者对于“意识”的认知，复杂多变。拿意识解释为精神作用，拿精神作用解释为意识，就如同无解，大家都纠缠于其中，也就没有解。不过这种纠缠是需要的，百年间，已经获得许多新的尝试，可以说，在21世纪的认知科学的基础上，心理学对于意识的探寻是很重要的一环。其中，笔者最欣赏柏格森在百年前的演讲，他提出：“物质是必然的，意识是自由的；二者虽绝对的互相反对，但生命有一种方法调停他们。这正是所谓生命的真意义——于必然中插入自由；利用必然以谋自由。……”说得真好！让人脑洞大开。既然生命都是出自无生命体，那么，某些物质能被人的意识所侵入，谁又能知道将来的人类世界是物质的还是意识的！或者既是物质的又是意识的！人类正是利用物质的必然和意识的自由，以谋取人的意识的更大、更新的自由。

柏格森的思路，应该说已经被现代科学证明。科学证明：生命确实是从无生命物质中经过合适的条件而形成的。只是由此笔者却产生另外一个他没有谈论的，也恐怕是很天真的问题，即某一个人的意识在社会中，与另一个人的意识发生碰撞或矛盾的时候，可能是什么样的结果？是甲意识战胜乙意识？或者甲意识让乙意识做奴才？或者两者和谐相处来解决矛盾？乙意识何以能够接受（或被迫接受）甲意识？他们两人之间或一群人与另一群人之间的意识会产生什么样的激

① 张耀翔编著，《心理学讲话》，世界书局，1947年6月三版，第139页。

荡？能否形成新意识而获得创化？等等，笔者无解。

以上我们已经从感觉到知觉，再到意识，对于心理学的基本认知渐入深处，也已经感受到心理学的复杂程度，并不是扣帽子就能够明白解决的。例如，把“意识”和“形态”合成新词，就往往不再是心理学术语，而是被运用到政治斗争中去了。

（四）本能（在王国维译的《心理学》中为 instinct，1902 年）

在当代出版的汉语辞书中，似乎都没有出现“本能”一词在古汉语中的运用情况，也许暗喻古汉语中没有“本能”一词。笔者在“扫叶库”中检索一番，结果发现，“本能”一词在古代是被古人组词运用，只是其意思与今不同而已。例如：

梅花绝解作，树叶本能吹。——（南朝梁）庾信

原曰：本能饮酒，但以荒思废业，故断之耳。——《三国志》

上遇我厚，顾不能自力，忍敢畏死。——（宋）沈括

妙质本能兼五德，芳名今复冠群花。——（宋）欧阳澈

四色本能破此八事，是名虚空。——鸠摩罗什

植众德本能成是事。——（唐）玄奘

谓此种子，本能熏习，现行之因及后所生。——（五代）延寿

盖风之体性，本能运动，故云风大生轮也。——《大明三藏法数》

譬如刚刃本能解断，而拙工不能磨砺，非刃之罪也。——（明）交光

1. 学者见解

拉丁文 propria virtus，被意大利人利类思在中国翻译的中文书中，

译成“本能”，该书在1654—1678年出版，书名《超性学要》。[①] 但是这个译词，中国人似乎并没有理睬。到了1822年，英国人马礼逊在澳门编辑出版《华英字典》，其中条目，将英文property译为“性”；而将英文instinct译为“禽兽之本性”。[②] 再到1866年，德国人罗存德在香港编辑出版《英华字典》，其中条目，将英文proper译为“本、本应、本意”；而将英文instinct译为“性所致之、本性、自然之性、本性致之”。[③] 中国人似乎依然没有理睬。但是当日本人西周先生在1871年写的文章中，将日文“本能”对译英文instinct。接着东京大学教授井上哲次郎在1881年编的《哲学字汇》出版，书中的“instinct”译成“本能、天性”，被日本社会接受。后来中国留学生到日本学习，就搬运到中文里了。

1902年，王国维先生将日本元良勇次郎教授的《心理学》翻译，在上海出版，书中写道：

本能之性质，大与欲望相似，然亦有相异者。盖欲望者，其始生不满足心，由理性之助而逐满足之。然本能不要理性之助，乃自然发于精神中之感情，直刺激动神经而现于运动，其运动直与精神以快乐者也。……如此，不思其结果之善恶，唯直接由感情之刺激而生外部之运动者，谓之本能的运动。又得富者真诚之富，而非多金之谓也。在各人之精神中之欲望也，故有由理性之助，用种种之方法以求富者。然世有一种之不能，名曰之吝啬，吝啬非欲得真诚之富之欲望，而自他人受金钱时则生快乐，以金钱与他人时则不生快乐，至是理性之作用殆无势

---

① 圣多玛斯著，利类思译，《超性学要》，上海土山湾印书馆再印本；转引自〔奥〕雷立柏编，《汉语神学术语辞典》，北京宗教文化出版社，2007年，第250页。

② 〔英〕马礼逊编，《华英字典》，大象出版社影印本，2008年8月，第231页。

③ 〔德〕罗存德编，《英华字典》，日本井上哲次郎增订，日本藤氏藏本，1868年，第1033页。

力，如彼雀之以拾稿为快乐，不问将来之如何，而唯以集金钱为快乐者也。本能固由遗传而得，而其运动有直接与人以快乐者，又有无快乐而为机械的运动。……[1]

1924年，陆志韦教授编的《社会心理学新论》出版，书中写道：

“本能”一个名词，没有“天性”那样容易使一般人领会。……因此我们在实行上堆积了许多琐琐屑屑的手续，而天性究竟是怎么一回事，反而不能明说，各自观念竟自相矛盾。……心理学家感到常人用名词的不确当，因把“本能”二字指定天性的各种发表。天性是总名，而本能是具体的行为。这样一分析，要研究本能，就成为经验的、试验的问题。……所谓本能原是名，而不是因，而被人强指为因这以名为因的把戏，恰配我们形而上学的脾胃。从现象出发，环了一个大圆圈，依旧回到现象。……我们已断定在本能上追寻原因，是跑空圈。然而跑了空圈回来，谁也不肯自认失败。……据这种推想，本能一个名词，不必有切实的意义；只须混沌的冒认祖宗。我们这样做那样做，因为我们的祖宗早已这样做那样做。

本能前无原因，后无目的，最后我们当看现象是什么。……本能就是一串躯体与脏腑的动作。……据最近动作派的主张，一串有组织的动作，必须先天就是那样，才算本能。“本”就是先天的意义。这个界说比动物学的标准已是简单得多。动物学家，像Morgan以为本能的定义里含有四个观念：（一）第一次发现即完备的，以别于习惯。（二）一类动物所共有的，以别于遗传学上无可追溯的突变。（三）有竞存的功用

---

① ［日］元良勇次郎著，王国维译，《心理学》，教育世界社；转引自《王国维全集》十七卷，浙江教育出版社，2010年9月，第423页。

的，以别于无定动向。（四）可以改变的，以别于呼吸消化等生理作用。四个标准中，当然以第（一）为最切要，而动作派也只承认有这一个标准。据他们的主张，突变只须有一定的组织，就得算是本能。研究本能而以功用为范围，显是一种不符合事实的成见。……[①]

1928年，郭任远教授著的《郭任远心理学论丛》出版，书中写道：

考“本能”两字，本来用以表示动物的一种特别能力。上古与中世纪的人们，均相信动物恃本能而生，人类恃理智而生。……世人不但于本能的意义不加怀疑，并且视它为人类行为上的一种原动力。于是“本能”两字，几乎在心理学上成为流行的嗜好的东西了。是由一切人类的行为，社会组织的起源，宗教的动机，及其他各种的活动，莫不以本能说明它们。……所谓本能，并非一种遗传的倾向，而为后天的倾向。换言之，即习惯的倾向。在某项情形下面发生某项动作之谓。……我是极端主张机械论的行为心理学的，我绝对否认一切心灵、意识、精神生活等之存在。……（1）我根本反对一切本能的存在。我以为一切行为皆是由学习得来的。我不但说成人没有本能，即是一切动物即婴儿也没有这样的东西。（2）我的目的全在建设一个实验心理的发生心理学。我觉得本能是一切实验心理学，尤其是发生的心理学的发达的大障碍，所以当彻根彻底的除去。……

郭教授的极端行为主义心理学论说，固然令读者眼前一亮，把“本能”这个专业用词划作“鬼话”，但是心理学对于“本能”这一类

① 陆志韦编，《社会心理学新论》，商务印书馆，1933年，第42–61页。

内容，依然是要深入研究的。这对于中国心理学的发展是有好处的，但是难度也确实增加了。

1930 年，宗教家徐宗泽先生编著的《心理学概论》也出版，书中写道：

本能乃被上智所预知而安置之也。……基础云者，谓本能之宗向，在保存各个，及其种类。……式样云者，即为组成此本能，动作之列序。……等级云者，即本能之动作，与动物的性体制紧要关系。……张度云者，即动物演习本能，弛张之情景也。……人有领得之本能，以人有悟司，足以连缀心象。使之屡次唤起，成为习惯，而不自知。……本能有实验的法律：一，个性律；……二，汇合律；……三，凋谢律；……四，延期律；……五，压制律；……[1]

1926 年，陆志韦教授翻译美国学者亨德著的《普通心理学》出版，书中写道：

不能谓反射之调节之出自遗传者，盖与反射同指动作之型式而言，非谓意识境也。此二种遗传反应，状如犬牙相错，只以繁简而判。常人之言本能，如惊惧愤怒等，意谓有特种遗传之反应，在个人生活上有一定之规范而又显占势力；因而引起人之注意。至若专门家之分别，其法不一，要不能将此二种动作完全区划。例如意识之有无不足以为分辨之标准；盖意识每随反射而起，故上节特言有意识之反射。……

① 徐宗泽编著，《心理学概论》，上海土山湾印书馆，1930 年 10 月，第 45–74 页。

任举一动作，苟欲断其是否本能，只有二种标准可凭：（一）初发现时，其反应比较上是否完全。（二）是否为一类动物普遍之反应。……苟以此动作为不完全而须待练习以进步，则当名为习惯，不名为本能。名为本能或名为习惯，全视反应上遗传与经验之部分孰多孰少。……

本能之久远性，……

本能之改变，……

本能之起原，……

本能与智慧，……凡反应之由遗传规定者，统谓之本能；其为个体经验所改变者，统谓之智慧。……①

1930年，伍况甫翻译美国学者詹姆士（现译为詹姆斯）著的《心理学简编》出版，书中写道：

我们平常把本能当作不用学习就会做某某无先见而有后效的事的能力。本能就是和生物构造相联立的机能的一方面。凡是一个器官，差不多总有他的生成用途的倾向。所谓本能的动作，全都依附反射动作一路。是有决定性的感觉刺激。……凡是本能都算冲动。……本能并非瞎闯，也并非永远不变。……如有两个理论家，各执一词，却巧于含糊其定义，不把一切所用名词，说得确定，那么他们两位尽管辩论下去，也终究得不到一个结果。我们先要戒除字面上的争论，因为事实本来很浅显。人类比起任何较低动物的冲动，要多出许多。每一冲动照他本身而言，都和顶低的本能一般盲目或瞎闯。不过人类有记忆力，有

① ［美］亨德著，陆志韦译，《普通心理学》，商务印书馆，1929年7月三版，第181–195页。

反省力，有推理力，所以一趟降服于这些冲动之后，一趟经历过他们的效果之后，就能从效果上感觉到一个个冲动来时，便能预先看透结果。……[①]

2. 辞书上的条目

1911年，黄摩西教授编的《普通百科新大辞典》出版，书中有条目：

本能

能自助为营运动之永久习惯，不特仿效，而出于遗传者。如婴儿之吸母乳，鸟之造巢类等。[②]

1926年，樊炳清编的《哲学辞典》出版，书中有条目：

本能　英 法 Instinct　德 Instinkt

泛言之，凡天赋之性能皆是。其出以状词，而称本能者，皆本兹意也。若严密解释之，必未具一定目的之观念，又无可以遂此目的之预备练习，而其行动自与目的合者，如是能力，乃得谓之本能。其特色有数端：（1）本能虽出自神经系之构造，而不必发现于诞生之初。……（2）其发见也以渐。……（3）有存乎一时，而无永久性者。当其本能发见时，不使用之，则至于废灭。……（4）本能虽无目的，然动物之有记忆作用者，亦能意识某程度一下之目的，而变化其本能。以本能已与经

---

① ［美］詹姆士著，伍况甫译，《心理学简编》，商务印书馆，1930年4月，第58–90页。
② 黄摩西编，《普通百科新大辞典》，上海国学扶轮社，1911年5月；引自钟少华编，《词语的知慧》，贵州教育出版社，2000年10月，补遗第8页。

验结合，其见诸行动者自异也。……（5）本能之于反应形式，有不一定者，亦有定形者。……

说本能之起原者，诸家不同。……

反射运动之与本能运动，殆无绝对的区别。但前者，比较单纯；后者，大抵合种种运动，以成一列。仅云本能者，指精神作用。……

最近心理学家颇有主张废弃本能之概念者，以非大有当于事实也。

本能的道德　英 Instinctive morality　法 Moralité instinctive

德 Instinktive Moralitǎt

其外观虽似道德的行为，实则不由思虑择别以出，而但起自本能者。如斯动作，谓之本能的道德。……从直觉说，则人类本能，自有识别善恶之力，不假经验，不待理性，而得以其本能，规定一切行为。又从本能满足说，以满足人类冲动，为最高之道德目的，故主张发扬意力，尊重个性，而贬斥克己，谦虚，节制诸德，如尼采所主张者即是。以上二说，其所谓道德，虽亦可以本能的道德名之，然别是一谊，不如谓为本能主义之较允。①

1928 年，中华书局编辑出版《中国教育辞典》，书中有条目：

本能　Instinct

心理学名词。其定义心理学家人各不同。如詹姆士谓行为之不受教育后天的影响，而又有一定目的者，为本能。桑戴克谓反应之为复杂环境所引起，而其神经结合又较易改变者谓本能。……归纳多数心理学家之说，可得三点：即（1）本能为天赋的不学而能的动作；（2）本能为

① 樊炳清编，《哲学辞典》，商务印书馆，1926 年 5 月，第 114、115、116、120 页。

先天的有组织的反应；（3）本能为同类生物（如人类）中各个份子之所同有者是也。

关于本能之起源，有三说。一为冯德（现译为冯特）等所倡的智慧消失说，谓本能之动作，其先原为智慧的作用，嗣后屡次反复，成为习惯，更以身体的遗传而留与下代，遂成为本能。此说认定后获性可以遗传，大为近世遗传学家所怀疑。二为斯宾塞等所倡之反射说。谓本能起于多数反射的适应活动之积累。盖生物之对环境，常起顺应的反射作用；而本能则为此等作用，因自然淘汰之故，而逐渐蓄积保存者也。此说亦有讹议之处。盖本能之发动，每在其可以发生实用之先，此说即不能解释之也。三为莫尔根（现译为摩尔根）等所主张之有机选择说。谓各种调应，无论为智慧的或有机的，皆足以补助不完备的天赋，以求生存于竞争之中；入后，此等调应活动，渐臻固定，而于构造上、机能上，起种种之变异，而足以成为本能式的比较独立的活动。

本能之分类，分法亦极不一致。……

本能既属天赋，可否改变，亦为一重大问题。大抵多数本能，皆可以改变。其原因乃由于体内起有特殊之生理状况，使本能之一部分或全体为其所改变或抑制，于是其本来面目逐渐改变。本能既已改变，即与习惯无别。至其改变之方法，与改变他种动作之方法同，不外三种：一为改变刺激；二为改变反应；三则刺激与反应均加改变。因有改变之可能，而人生乃不完全受制于本能矣。

本能与情绪　Instinct and Emotion

本能与情绪关系密切。二者皆为遗传的反应模式。所可区别者，本能之反应大都为明显而一定之动作，多属于横纹肌之作用；而情绪则极

隐微，多为管腺内脏之无纹肌之作用。……[①]

1930年，唐钺、朱经农、高觉敷合编的《教育大辞书》出版，书中有条目：

本能　Instinct

本能之一名词可用以名一种可观察的行为，例如置鸭于水，即能游泳，或燕振起其翼，即能飞翔；皆为本能的行为是也。较为复杂之行为，有一种倾向为其基础；此种倾向，亦可名为本能，例如禽鸟之徙居、占有地位、配偶、营巢、生产与育雏等行为所有之倾向是也。上述二种，所注重者，为其行为或倾向之遗传性。感本能乃不学而能，非在个体之生活中逐渐习得者也。教育学中均以本能为种族的遗传为基础，须有相当之境况乃可呈现；而日常动作亦无不有本能之成分在焉。至于此种倾向是否视为机体的，而赖有神经系的组织，抑或有赖于心灵的组织，则为困难之问题，而不必在此讨论者也。教育上所注重在于交广义指本能的倾向，而视之为属于心理的。因此乃负训练心性之责者，所不可不注意者也。……

获得有系统的知识而因以约束其行为者，盖亦有赖于先天的能力，此能力之为遗传的，当不减于本能的倾向。无论成人或儿童，皆不能超出于其遗传的范围之外。故下列二种，须慎辨之：（一）为本能倾向之未受理知之指导者；（二）为此种理知指导与约束行为之固有之能力。二者皆可示人以遗传的趋向，且皆带有情绪的色彩，惟固有的能力更为吾人品格之遗传的基础也。……[②]

① 中华书局编，《中国教育辞典》，中华书局，1936年3月五版，第172–175页。
② 唐钺、朱经农、高觉敷编，《教育大辞书》，商务印书馆，1930年7月，第295、296页。

1945年，张耀翔教授著有“心理学的术语”，载入他的书——《心理学讲话》中，书中有条目：

本能 （instinct）

（一）一种有组织相当复杂的反应，为某种族共有的特色，乃该种族适应其特殊环境所不可少者。……（二）天赋与生物的一种适应能力，不依靠经验及学习者。……（三）天生对情绪的刺激而起其固定反应的倾向。……这名词创自纪元前一世纪罗马哲学家西塞禄，意指冲动，还包括动物也有理性的意思，不过不在其意识内罢了。现代心理学家对这名词的解释颇不一致，一极端释为极端机械性反应型，另一极端释为极端有主义，向一定生物的目标完成之内驱力。这两极端中间之各等级，都有人认为是最适当的解释。[①]

既然“本能”一词在古汉语中已经流行，尽管与心理学术语的内涵有所区别，但也在中文里发挥着功用。而近代中外心理学界以该词的取舍来作为不同学术见解的分水岭，那也无可厚非。近代学者通过论辩和实验证明，对于许多生物“生而俱来”的瞬间爆发的应对外界或自身的本领，至今依然是一个巨大的命题。说什么都不大要紧，尽管各吹各的喇叭，关键是需要通过科学手段，进行严格的实验验证，心理学升级到认知科学就是很有必要的事情了。

（五）人格

在当代出版的中文辞书的“人格”条目中，似乎都没有出现“人

---

① 张耀翔编著，《心理学讲话》，世界书局，1947年6月三版，第99页。

格”一词在古汉语中运用的情况。

才华润己，人格高迈，襟怀坦怡。——（唐）郁知言

不宝远物，则远人格，所宝惟贤，则迩人安。——《尚书·旅獒》

谨守御，勿生事，则远人格矣。——《元史演义》

1. 学者见解

拉丁文 persona，同样被利类思先生在 17 世纪翻译成中文“位、人”[①]。到 1822 年，马礼逊在澳门编辑出版的《华英字典》中将英文 person 译为“一位人”。[②]到 1866 年，罗存德在香港编辑出版的《英华字典》中，将英文personality 译成“为人、所立为人者”。[③]到1908 年，颜惠庆博士主编的《英华大辞典》出版，才将英文 personality 译为“所以为人、人气、人格、人性、人禀”。[④]而在日本，在 1905 年出版的《普通术语辞汇》书中，将英文 personality 译成日文的“じんかく 人格”，并有定义。[⑤]

1908 年，署名京师大学堂毕业生韩述祖著的《心理学》在日本印刷，在上海发行，书中写道：

昔子产谓人心不同，各如其面。夫人心所以不同者，乃因个性之不同耳。个性者何？乃个人特有之性，人与人所由殊也。个性何以不同，

① 圣多玛斯著，利类思译，《超性学要》，上海土山湾印书馆再印本；转引自〔奥〕雷立柏编，《汉语神学术语辞典》，北京宗教文化出版社，2007 年，第 247 页。

② 〔英〕马礼逊编，《华英字典》，大象出版社影印本，2008 年 8 月，第 317 页。

③ 〔德〕罗存德编，《英华字典》，日本井上哲次郎增订，日本藤氏藏本，1868 年，第 1306 页。

④ 颜惠庆主编，《英华大辞典》，商务印书馆，1908 年 2 月，1935 年 3 月缩印本，第 1643 页。

⑤ 〔日〕惣乡正明、飞田良文编，《普通术语辞汇》，日本东京堂，1989 年 2 月再版，第 271 页。

人之知情意既各不同，斯个性与个性所由别也。……欲明知情意不同之原因，须先知个性所由成。个性半成于自然，半成于人为。自然者，先天之谓；人为者，后天之谓。……吾国所谓天命之性，气质之成，半由于禀赋，半由于遗传。禀赋出于个人一己之本性；遗传出于乃祖乃父子经验。禀赋遗传，人人各殊。……昔管子谓：楚之民轻果而贼，越之民愚疾而垢，齐之民贪粗而好勇，晋之民巧佞而好利，宋之民间易而好正，秦之民贪戾而好事，燕之民愚戆而好贞，轻疾而易死。此吾古代各国民气质不同之证。……

人格者何？求知情意之一致，而成所以为人之质格也。然欲知情意之一致，非心中有我之观念以统一之不可。盖吾人平日之心理作用，变化无极，至发为举动亦然。苟使无我之观念所统一，则今日行为如此，而明日行为如彼者有之；或此地行动如此，而他处行动如彼者亦有之，审如是，则人格无以成立。人格不能成立，则道德之责任亦无由生，不观彼痴愚及幼童乎。即无道德之责任，复无法律之自由，因无人格之可言也。

人格之程度，视乎性格之造就；性格之造就，又视乎教育之力。故教育之目的在使国民造成完全之人格而已。……就人格之性质言，乃使吾人心理作用，能统一且恒固也。然所以保持心理作用之统一恒固而构成人格者，厥惟记忆。……因之生活既有秩序，行为乃由条理，利害得失，判若黑白，任境遇有如何变迁，知识有如何之进步，而其对乎一己及他人也，无论何时，常持一定注意，无所变更。所谓造次必于是，颠沛必于是，此无他，以人格成立之后，甘受法律之制裁，负道德之责任耳。故虽谓道德法律皆基于人格之成立，亦无不可。孔子所谓一贯之理，中庸所谓至诚之道，其能解释人格之统一即恒固乎。就人格之价值言，人格之价值，亦因是而起焉。故孟子谓生我所欲也，义亦我所欲也，二者不得兼。舍生而取义，此人格之价值所由高也。……其物质之

肉体虽已久灭，而信仰之精神乃长存。无他，以高尚伟大之人格，能永久存续于宇宙之间耳。……[①]

这位京师大学堂毕业生颇有思想，距今已经百余年了。

1918 年，陈大齐教授著的《心理学大纲》出版，书中写道：

人格者，简言之，即人之所以为人之资格也。人格二字，其用处极广，而各处所用之意义，颇不一致。心理学上之所谓人格，指意识之统一的形式言也。……人格为统一的形式；然各人所具之人格，往往由不能完全统一者，即显著的意识之外，犹有他种精神作用，潜伏于意识之下，以经营他种之作用，而不与意识融合。精神之幽潜的活动，若因故而具整饬之系统，或曾经统一之意识，忽分裂而丧其统一，则人格病矣。

人格之病的现象。人之精神作用中，于意识作用外，又有下意识之作用，在平时健康之人，意识作用占据精神作用之舞台，统一坚固，势力充实，故下意识作用终生潜伏，不得一露头角。若其人之下意识作用，一旦实力衰减，不足以压服下意识作用，或其下意识作用结成有系统之团体，足与意识作用抗衡；则两相竞争，此起彼伏，遂生人格变换之现象。或本是统一之人格，有时因故分裂，丧其统一，易辞言之，即人格之某部忽离群而独立。某部既独立后，遂自成一体，自有活动，不复受普通人格之指挥，则称人格分裂。……[②]

---

① 韩述祖，《心理学》，东京日清会社印，上海文明书店发行，1908 年，第 253–259 页。作者序言，韩述祖是京师大学堂师范科毕业生，听“扶桑服部宇之吉博士的课”。韩述祖在“例言”中提道：“鄙人近因赴英留学，仓促付印”。

② 陈大齐，《心理学大纲》，商务印书馆，1933 年 2 月，第 207–216 页。

1924年，杜定友、王引民合编的《心理学》出版，书中写道：

……谓人格者，乃个人应付环境之资产，一方为有组织的习惯与社会化的本能调和的情绪之总和，一方为养成新习惯，去除旧习惯，以及保留习惯以备不时之需之能力。简言之，自然人格者，即本能与习惯之总和，所以适应环境者也。

个人之人格，不能不受社会之影响。……（一）同情与模仿。……（二）授意。……

人格之病的现象，凡二种：一曰人格之变换，一曰人格之分裂。此二现象皆由隐机之势力强盛致之。所谓隐机者，即平时被抑制的冲动，隐而不现，然仍有其潜势力。其势力强盛，则发生另一系统之行为，与普通人格之行为，绝不相同；于是一人之身，具有二重人格。此二重人格，一起一伏，更迭活动者，谓之人格之变换。……此二重人格，同时活动而不相涉者，谓之人格之分裂。……[①]

1939年，傅统先教授翻译美国教授的书——《心理学》出版，书中写道：

人格就是个人所有不为群众或其他非社会性的环境所规定的行为。积极的说，人格就是个人所以别于他人的行为。人格一词不止是指示一个人所特有的行为。我们从字原学方面研究的结果，Persona一字有两种意义，这两个意义和上面所说的两种行为大致相同的。这个字有一个用法，就是指戏子所戴的面具。面具是代表剧中人的身份。所以人格有

① 杜定友、王引民编，《心理学》，中华书局，1927年6月六版，第124–127页。

一种意思就是指一个人在生命的舞台上，他所装扮的行为；还有一种意思，就是指这个人真正的自我。……因此，“人”就是一个有社会性的人；“人格”就是这个人所特有的特性。

我们可以从两个观点来说明人格。一个方法就是把人格分析为许多的基本单位——即所谓特性，然后仅个别的研究这些特性，而不注意其间的关系。还有一个方法就是把人格当做是整个的。其目的在研究个人人格的组织程度。……无论研究人格问题的方法是分析的或整个的，它们不时难免发生两种错误。第一个错误，就是我们每每喜欢把社会的评价，和自然的观察混为一气。我们批评别人的时候，我们总是根据他的行为对于我们所发生的影响，而并不是根据他的行为的本身。……因为我们有语言和符号来说明我们的评价，于是我们就容易相信这个符号有射入外界的客观实在性。……第二个错误，就是我们忽视了许多人格特性之间所存在的一种关系。例如领袖的特性，是不能单拿这个领袖人物的本身来加以说的。

人类喜欢利用一套范畴的先天系统，来把这个世界简单化了。……

关于人格方面所有的特点：

特点	**研究的目的**
（一）智能	依照个人的学力来分类
（二）内含与外展	说明个人应付冲突的态度
（三）情绪的稳定性	预测心理上的崩溃
（四）领导与服从	说明人对人的态度
（五）反抗的态度	从激烈与革命的观点来说明个人的态度
（六）兴趣与价值	说明个人的激发与动机。……

讲到人格特性的时候，我们已经论及内含、自恭、情绪稳定、价值态度各方面的测验，以及哲学测验的结果。智能测验的组织与应用也曾加以说明。但是心理学家怎样测量许多非智能的特性呢？假使个人的报

告，可以比因果的观察要正确些，那末我们可以用甚么方法来达到这个目的呢？……

人格特性受文化的影响约有四点：第一，某一团体中既成的风俗习惯，规定了新来的份子所不能表现他个人人格的特色范围。……第二，一个人能够表现他自己的人格的范围，一部分是受他所处的文化环境所决定的。独裁的目的就是竭力规定人民的活动范围。独裁者要完成一个极其统一，而成为清一色的团体。……民主政治的理想，就是让个人的特性尽量的发挥，而不自相残毁。第三，文化限定了各人表现某一特性时的差别范围。在任何社会里面，个人的变化范围，已受这个社会中的习惯所限制的。我们测量个人差别的标准，普通是受文化书限定的。……第四，在儿童的发育中，甚么特性会培植出来，甚么特性不会培植出来，这也是受一个民族的文化所决定的。……

假使在某一社会中，其社会方面，政治方面，经济方面的组织，都是互相冲突的，那末各人的人格本身，也会发生很多的矛盾。假使在另一社会中，其政治、工业、宗教、艺术，都是和谐一致的，那末各人的人格便很容易统一起来。……①

1940年，鲁继曾教授翻译的《普通心理学大纲》出版，书中写道：

人格之八个观察的属性如下：

（一）健康。……

（二）第二生命，或精神的升华和灵感，近似运动员之振奋，关于它情绪力有许多程度不同的约制和应用。

---

① ［美］波林、兰费德、卫尔德著，傅统先译，《心理学》，商务印书馆，1947年2月再版，第482–517页。

（三）在乐和苦量表上，上下自由的运动，在其中有些人停留于一个变态的激昂或抑郁，倘使极端太长久地继续下去，有些人要沦没，而另有些人对于经验情感之一切极端有各种程度不同的伸缩性，而可不致受其支配。

（四）同情心，即推己及人的品质，具有私心和公心之各种不同的程度。

（五）对于自然的爱恋。人格之一种品质，表现对生命的理解之发展。

（六）升华，动物倾向之灵化，或以社会的优良的动作代替那些较不优良的动作，以及应用一切倾向。

（七）自动和被动，它包括人格之相反影响的辨别。例如客观派和主观派，以及内向性和外向性的品格。

（八）忠心。就是使自己服从威权的意思，包括良心之观念，后者有许多等级。

在适应环境之观点上，人格被承认是心理学的研究中最重要的领域。……关于整个人格之说明，没有任何学说是满意的。但所有的学说都把人格当作一个单元看待，关于个人对于其环境所作的适应，是由它负责的。

关于一个人在人格之任何特殊的品质上之程度，是不能根据其智力作结论的。……①

1944年心理学家陈立教授写文章——《人格析义》，文中写道：

常识眼光中的“人格”既如此五花八门，我们要澄清这一个名词的

---

① 夫来也尔、亨理著，鲁继曾译，《普通心理学大纲》，长沙商务印书馆，1940年7月，第202–228页。

涵义便不得不对它作一点溯源的考证。……再上溯便是古典拉丁文中的persona，然而“人格”一名词原指唱戏用的面具是没有问题的。……由面具或角色的意义，人格这一个名词嬗衍变化，便有下列四种含义：甲，人所以看待我的（即非我的本身，只是人家眼中的反映）；乙，我在生活中所占的位置；丙，种种性格之总和；丁，超乎他人或与众不同之所在。

甲义显由面具而来。我戴上面具，原不过在做戏。我的举动便非稳定本色。……乙义也可以说是直接从面具得来的。戴上一种面具便得扮演哪一套角色。这一个面具便决定了你的一举一动，一言一笑。……丙义渊源甚远，……指戴那面具的人的一般性格。……丁义更显然与面具有关。戴上一副面具，神气便十足了。……

上面四义只是从根本上说起，零碎点说，人格的意义不少于五十，但提纲挈领，我们可以将人格的含义归纳为两大阵营：一取面具的刺激价值，即由面具而决定的投入反应；一取角色的本身性质，所谓人格的组成及自我真谛等。……[①]

1946年，社会学家孙本文教授著的《社会心理学》出版，书中写道：

人格特质，……特依各种特质的性质，分为数类，借见这个人格型式的几个重要方面。

第一，知能的特质——智慧与才能。一、解决问题的能力——大或小；二、记忆的能力——强或弱；三、学习的能力——强或弱；四、认

① 陈立，《人格析义》，原载《思想与时代》第35期，1944年6月；转引自《陈立心理科学论著选》，杭州大学出版社，1992年11月，第40–65页。

识的能力——正确程度；五、想象能力——丰富与否；六、特殊才能——个别独一无二的特长；七、判断能力——敏捷或迟钝，适当或不适当；八、一般适应能力——大或小。

第二，意志的特质——推动力及其恒久性。一、好动或好静；二、冲动或自制；三、动作的毅力——强或弱；四、动作的技艺——生疏或熟练；五、动作的格式——动作的特殊个性。

第三，感情的特质——气质（情绪表现的特殊状态）。一、情绪的常度与变动——喜怒无常，或喜怒不形于色；或快乐变而为愤怒，或愤怒变而为悲哀；二、情绪的力量——喜怒的强弱；三、情绪的态度——愉快的或忧郁的，多疑的或直爽的，锐感的或迟钝的。

第四，应付社会环境的特质——自我表现（依上述三类特质为根据，对社会环境表现的行为，这是主动的）。一、内驱力——强或弱；二、补偿力——强或弱；三、外倾或内倾；四、内省——深或浅；五、统制或服从；六、扩张或收缩。

第五，感受社会刺激的特质——社会性（对于社会影响接受的程度，这是被动的）。一、感受社会刺激的能力——敏锐或迟钝；二、社会化的程度——接近或远离社会（接受影响或拒绝接受）。

第六，品格的特质——德行（对人对己对事的正当的或不正当的态度）。一、处事的态度——公平与否；二、待己的态度——正直信义与否；三、待人的态度——忠实信义与否。①

2. 辞书上的条目

1903年，汪荣宝、叶澜合编的《新尔雅》出版，书中有条目：

① 孙本文，《社会心理学》，商务印书馆，1948年8月再版；转引自《孙本文文集》二卷，社会科学文献出版社，2012年5月，第339–347页。

所谓人格者，谓人之所以为人之资格也。有伦理上之人格，有法律上之人格。伦理上之人格者，人生此世，颇发达其天禀之德行，严行其应尽之义务。小而一身一家，大而一国一种，皆需维持之发达之，竭其本分，以尽人之所以为人者是也。法律上之人格，人生此世，必有种种行为，若权利，若义务。凡此等行为，不能背于国家所定之法律者也。凡在法律范围之内者，则有自由行动之权利。而对于国家，则仍负有义务者也。……[①]

1908年，作新社编辑出版《东中大辞典》，书中有条目：

人格——（A）为自主独立之思虑行动之个体。（B）人各为社会之一员，于自主独立之目的上，有为其主体之权能，谓之人格。故人格者，不可侵害。国法承认而保护之，是国法上之人格也。[②]

1911年，黄摩西教授编的《普通百科新大辞典》出版，书中有条目：

【人格】

有自然人格，有法律上人格。法律上人格者，以己之生成目的，与其意思活动能力，而受法律保护也。故人格以法律保护而存。奴隶无人格者，以法不保护故。今文明制度，自然人故皆有人格，则财团社团，法律上亦承认其有生成目的，意思活动力而有人格（即各种法人）。私法上人格，则因其权利而许以活动能力对抗他人，此则称为权体之能

① 汪荣宝、叶澜编，《新尔雅》，上海明权社，1908年，第1页。
② 上海作新社编，《东中大辞典》，上海作新社，1908年，第67页。

力。故人有于此有人格，而于彼无人格者（如行政机关）。[①]

1926年，樊炳清编的《哲学辞典》出版，书中有条目：

人格　英 Person-Personality 法 Personne-Personnality
德 Person-Personlichkeit

知识，感情，道德等，为人间所独有。凡具备此属性时，谓之有人格者。其以自己意识，而营合理的思想行动之个性，是曰人格性（Personality）。其曰人格（Person）者，则指具此个性之主体也。溯其语原，Persona一语，本指俳优之面，与言人物同。后引申之，乃指能独立思考，能独立行动者。用之于神学，则曰格，曰位。今言人格，率具有伦理学的意义。盖人格无孤独存在者，惟对社会而始名。互认识其人格而尊敬之，且共谋其完成发展，此法律道德教育等等之所由起也。

有用此语为形容词，而译作人格的Personal者，此由有非人格者与之对照之故。其对照语有三：甲谓非人格的（Impersonal）。譬如父母教师，与规则法律，俱要我以服从，而前者以人格之形而现，可云人格的权威；后者不然，则是非人格的权威也。乙谓下人格的（Subpersonal）下者，尚未达于人格之谓。譬如动物，匪无心意，而其自己意识，未臻乎完全发展之形式，此可云下人格的也。丙谓超人格的（Superpersonal or hypersonal）。如曰神，曰绝对者，即是。盖如取有限之人性赋予之，则不免阙损其绝对性，无限性，故谓之超人格的也。

---

① 黄摩西编，《普通百科新大辞典》，上海国学扶轮社，子集第20页。

通俗有讥人以无人格者，实则个人之思想行动，纵令前后变化，然其变化以渐，前因后果，仍相联贯，不得云无人格。可云无人格者，惟患精神病之人，其意识有障碍时为然。……是名人格分裂。……是名二重人格，……。①

1928 年，中华书局编辑出版《中国教育辞典》，书中有条目：

人格 Personality

有三义：（一）法律上之人格，谓能行使公民资格之权利与义务者。盖别于奴隶或其他被褫夺公民资格之人而言。（二）伦理上之人格，谓有道德的权利与义务之个体也。普通所谓尊重他人之人格者，意为承认他人自有其目的与价值，不当视之为他人之手段或工具也。是即伦理学上所谓“尊己而尊人”也。（三）心理学上之人格，指由先天的禀赋，加以后天的习性而构成的有组织、有条理之全部性格也。各人人格皆有其特点，有其一贯的旨趣。若行为矛盾，则称为人格分裂。所谓多重人格者是也。故人格一词，常与个性相混。实则不同，盖个性为特殊的，单指某一事；人格为抽象的，泛指全般。个性实可包括于人格之内。综合言之，人格者，有自我意识，而能合理的一贯的经营其自身活动之个体也。②

1930 年，唐钺、朱经农、高觉敷合编的《教育大辞书》出版，书中有条目：

---

① 樊炳清编，《哲学辞典》，商务印书馆，1926 年 5 月，第 12–13 页。
② 中华书局编，《中国教育辞典》，中华书局，1936 年 3 月五版，第 6–7 页。

人格 Personality

人格一词，与个性及自我等概念相关。就其字面言之，乃人所以为人之情状或性质。其概念发生于《罗马法》。当时所谓人格，乃指法律上之权利及责任之主体而言。根据此义而言，则法团、公司亦有人格，而奴隶则无人格焉。自此种偏重外面的法律的人格之意义消失后，伦理的意义之人格又从之而发生。伦理上所谓人格指道德权利与义务之主体而言，故康德谓道德法律不外“树立自己之人格，尊重他人之人格”。具有人格者，自己为自己之目的，绝非他人之工具也。

人格因得此伦理的意义，遂被认为高于个性之观念。但就另一方面观察，人之具有人格相同，而其个性则互有差异；故个性较人格为深刻也。古代认儿童在奴隶之列，为人与物之中介，其与努力不同者，惟含有人格之潜性而已。当时对于儿童之概念，可见于训练、惩罚、即教法中，盖以儿童尚无其自己之权利也。即民主主义之观念发达，人格之权利推广至于儿童，教育之方法于是大形改造矣。[①]

1934年，汪翰章教授主编的《法律大辞典》出版，书中有条目：

人格权

即与人格相终始，不可让与或抛弃之权利也。又名天赋权。约有九种：（A）生命权。即保持吾人生命安全之权利。（B）身体权。即保持吾人身体安全之权利。（C）名誉权。即保持吾人在社会上所有地位之权利。（D）自由权。即保持吾人身体意思自由之权利。（E）信用权。即保持吾人在社会上所有信用之权利。（F）姓名权。即禁止他人盗用吾人

① 唐钺、朱经农、高觉敷编，《教育大辞书》，商务印书馆，1930年7月，第7页。

自己姓名之权利。(姓名权离开人格，尚有客观的价值存在，学者有否认其为人格权者。)(G) 影像权。即禁止他人传播侮辱自己影像之权利。(H) 健康权。即保持吾人精神健康之权利。(I) 贞操权。即保持贞操不受侵害之权利。[①]

1946年，张耀翔教授编著的书中有术语：

人格（personality）

（一）一切知的、情绪的、意志的，即身体的特性之整合组织，所以区别于他人者；（二）个人全部行为之一般特色或范型；（三）决定个人社会适应之重要特点；（四）联合起来吸引他人注意，或使他人得到一种印象之身体及情感的特质。与生理学、法学或伦理学所言“人格”有别。[②]

“人格”这个词本身是比较难把握的，但是近代中国学者诠释得还是比较清楚的，在社会中也流行开来。看西方学者的相关研究，就会发现，他们已经忙着努力给“人格”这个概念进行种种可以分类、可以区分等级的复杂工作，试图实证人的人格为何有如此多的不同，特别是对社会中的特异表现，试图通过各种实证方法，找出其中一些规律。人的复杂思想，在“人格”一词的探索认知的漫长过程中，确实可以领会一二。

由面具而引申到近现代做人的基本人格问题，确实是中国人长期关于认知的一种说辞。这种说辞在社会上广泛流传；并且还被反过来，

---

① 汪翰章主编，《法律大辞典》，上海大东书局，1934年，第17页。
② 张耀翔编著，《心理学讲话》，世界书局，1947年6月三版，第88页。

说成人生在世就如戴着面具在演戏，因此解决了良心的尴尬和曲解，回避了对于“人格”的概念性的深入研究，更回避了能够通过教育而获得做人的人格问题。可见，近代学者虽然将人格的概念表述得相当清楚，但明显缺乏社会教育的实践。

（六）研究心理学之方法

心理问题的把握与探寻，最困难的不是你提出什么样的惊人的措辞判断，而是所使用的实证方法，能否得到你自己及旁人的接受；是否能经受住实践的验证；是否能成为社会公允的答案。虽然这些实践方法和思想方法的尝试，已经不断地在人类社会中进行，已经拥有庞杂的记录，但是依然还是心理学中最困难的必要环节。医生佛洛依德将梦的解析作为心理治疗的一个入门点，恰恰证明心理问题的困难性，以及解决心理问题的方法的重要性。

1907年，王国维先生重译的《心理学概论》出版，书中写道：

余既论心理学之研究，与研究外界之责任即形而上学之思辨异，虽生理学家即形而上学者，莫不从观察自己始，……不得不先就主观的观察法之性质及界限、精察研究之也。(甲)内观之困难。第一之难点，则精神之状态，与物理学之对象异，乃变动不居之物也。……故吾人之思想及感情中者，无不变化也。……特如判断自己，批评自己，尤为道德上所必要。批评者，反对之动机，旁流而渐抑正流之势力者也。此二种之流，于心理学之观察上，以为有效。……虽然，心理学之观察，不能行之于经验之际者，犹得行之于其后，当其经验也。……(乙)个人的差异之影响。……故一切观察，不能不先计“人差”。且个人之差异，亦非一定，而时时变更。……(丙)心理上之分析。……吾人之思想感情，乃精神上最复杂之生产物，其成长也至久至隐，而不能觉之。故观察及记述二者，不过为研究之基础，此外别无他价值也。精神之状态，互相继续，或互相唤起。然则此等状态间，吾人能求其交感之法则乎？吾人能示此等状态中之何原质、能导一状态而入于他状态乎？此等能问题，心理学上之分析之所有事业。其分析也有二途：一求诸状态中公共之性质，由是而立经验上普遍之法则如观念联合之法则；观念与感情关系之法则等。一就各状态而发见其构成之原质。夫一思想、一感情、一决断，皆非绝对的纯一也。由精密之研究，始知此等乃长日月间发达之结果。而自种种方面，受种种之贡献者也。……（丁）实验心理学。……由其性质言之，则惟最简易之意识现象，乃能加以实验耳。感觉之生起，即各感觉之互相影响、观念联合之简易者，即此等简易之现象所占之时间，近年以来，皆以实验法研究之。……（戊）主观的及客观的心理学。心理学的立脚地，限于意识生活之现象。吾人就精神生活所知者，不外所知之意识现象。然意识非一闭关自守之国，常有新现象现于其间，而不能由前所有之现象以演绎之。……客观的心理学，包含生理的心理学，及社会的心理学。前者之基础，建于精神生活即有机生活之关系上。……社会的心理学，则就精神生活之现于动作、文学、美术中者研究之。……而示精神为历史之大系统中之一物，犹生理的心理学，示精神为自然之大系统中之一物也。……（己）此等方法之关系吾人苟一瞥此种种之渊源，则可知心理学尚不能为一定之科学。当研究此学也，有种种之方法，即非一心理学，而有种种之心理学，而各方法间之关系，不可不知也。心理学之原理，实存于主观的心理学，虽客观的心理学之研究，甚为重要，然必以主观的心理学为基础，而后从他方面集种种之材料。……其由哲学上之兴味而研究心理学者，尤不可不留意于种种心理的知识之渊源，庶此学所贡献于宇宙人生之见解者，不至有所偏曲。此必须大观经验上之事

实，而实际上所指示者，必与所假定者严别。……①

王国维先生这段长长的译语，解释了研究心理学方法的注意事项。尤其是最后一条，“尤不可不留意于种种心理的知识之渊源，庶此学所贡献于宇宙人生之见解者，不至有所偏曲。”真是说到了点子上。

1908年，韩述祖先生著的《心理学》出版，书中写道：

……心理学，则以我心察心之作用。每不易得其真象，故施实验难。是以在今日研究心理之方，以观察法为主。……主观之观察法，谓为自省法；客观之观察法，谓为他省法。自省法者，乃以我心观察我心之现象，为直接之研究也。……须寻其由如何之原因，经如何之次第，致如何之结果，必一一细而察之，始能得其所遵行之理法。惟仅限于我心，其研究之范围既狭，且考察亦不易清晰明显，故缺陷甚多。……他省法者，以我心观他人之心的现象，为间接之研究也。……实验法者，乃研究一己及他人心之动作，用种种器械，以施诸实验也。……②

1926年，陆志韦教授译的《普通心理学》出版，书中写道：

……意识境之观察与记述，大非易事。……心理学之试验事业目的，在能控制一回事（如视觉）或动作（如养成习惯）所以变化之原

① ［丹麦］海甫定著，［英］龙特氏译，王国维重译，《心理学概论》，商务印书馆，1915年六版，第21–36页。

② 韩述祖，《心理学》，上海文明书局，东京日清印刷会社印，1908年2月，第19–22页。

因，以使此两类事实之种种形态之所以然，均得有正确之记述。……须此种观察，合乎科学之条件，则务使有系统，有把握，有反复试验之佐证。至心理学之特殊试验方法，……则有心理测验法，心灵分析法，心物并论法，比较动作法等等。所当注意者，心理无一专用之方法。……一是指位置既可内可外，则内省一名词，如严格用之，适所以滋纷扰耳。……[①]

1930年，周太玄教授著的《脑》出版，书中写道：

无论在观察上或在实验上，脑子研究均要求特别之方法，方可成功。且每一种新手术或新方法之成功，即可以使吾人在脑中发现一种新组织或神经细胞中之原素之与精神作用有关者；或由此更能确定心理学上之某种现象之来源。以现代视古人，觉吾人对于脑子了解，已近完满。然细思之，道路虽已不错，方法则尚未完备，此脑之秘密，尚未能完全揭穿。故知此时，吾人对于脑之数种问题之解决无能为役者，皆为观察或实验上之方法或工具不完备之所限。……[②]

1936年，萧孝嵘教授编著的《儿童心理学及其应用》再版，书中写道：

儿童心理学之研究方法……一、追踪法，此法复有传记法之称。……二、问卷法，……三、迴溯法，……四、测验法，……五、等

① ［美］亨德著，陆志韦译，《普通心理学》，大象出版社影印本，2008年8月，第5、6页。
② 周太玄，《脑》，商务印书馆，1930年4月，第14页。

级评定法，……六、实验法，……[1]

1945年，张耀翔教授编著的《心理学讲话》出版，书中写道：

研究心理的方法，就余所知，不下七十种。其中有用途较广，亦有只限于研究某问题用者。……一、主观或内省法。……二、叙述法。……三、陈述法。……四、追问法。……五、回忆法。……六、自我品评法。……七、比较地位测验法。……八、问卷法。……九、估计等级法。……十、客观法。……十一、观察法。……十二、实验法。……十三、测量法。……十四、行为法。……十五、诊断法。……十六、催眠研究法。……十七、孪生控制法。……十八、比较法。……十九、相关法。……二十、分析法。……二十一、传记法。……二十二、个案法。……二十三、发展法。……二十四、轶事法。……二十五、形体研究法。……二十六、心理物理法。……二十七、差误法。……二十八、均差法。……二十九、选择法。……三十、宁择法。……三十一、等值法。……三十二、常定刺激法。……三十三、绝对判断法。……三十四、最小可觉差法。……三十五、级进法。……三十六、最小改变法。……三十七、感觉等距法。……三十八、极限法。……三十九、差别渐减法。……四十、辨别实验法。……四十一、选择实验法。……四十二、标记实验法。……四十三、延迟反应实验法。……四十四、尝试错误法。……四十五、训练法。……四十六、时间限制法。……四十七、工作限制法。……四十八、完全学习法。……

① 萧孝嵘编著，《儿童心理学及其应用》，商务印书馆，1936年9月再版，第4–9页。

四十九、全部与分段学习法。……五十、对联法。……五十一、提示法。……五十二、复演法。……五十三、回忆法。……五十四、保留部分法。……五十五、背诵法。……五十六、认识法。……五十七、重建法。……五十八、反复阅读法。……五十九、节省法。……六十、汇选法。……六十一、系列法。……六十二、自由联想法。……六十三、限制联想法。……六十四、匆遽枚举法。……六十五、疲竭法。……六十六、表现法。……六十七、印象法。……六十八、对偶比较法。……六十九、等级次序法。……七十、电火记时法。……[①]

中国现代认知科学的基础，正是建立在近代中国各个学科的学者的辛勤劳动上，其中尤与心理学界学者的贡献直接相关。

心理学形成颇多专业术语，本书通过选择以上五个术语，明示近代中国心理学家对于这五个概念的梳理，对于中国心理学的研究，奠定中国人对于“心理”的认知基础，并学习西方已经成熟的理念，具有一定意义，在民众中也获得认同。

如此多的心理学研究方法，虽然各有长短，但都是有心人通过实践体验，再想方设法提炼出来的，适用与否，自有后人评说。这正是专研学术的一种基本理念和过程。平心而论，对于专研的方法的创新，中国学者还是相当缺乏的。至于心理学的具体研究方法，近代中国学者亦颇有运用，并取得了一定的成绩。

本章已经介绍中国哲学界的认知、语言学及辞书学界的认知、自然科学界的认知、工程技术界的认知、社会科学界的认知、生命

---

① 张耀翔编著，《心理学讲话》，世界书局，1947年6月三版，第67–89页。

科学界的认知、心理学界的认知等七个方面。

由于专业术语颇多，笔者只好将与现代认知科学有关的一些术语，如“智能”“记忆”“行为”“学习”等，放在第四章介绍。

第　四　章

认知科学在近代中国的基本探求

Chapter 4

智慧之神，有如夜莺，必于黑暗之中，乃可以飞扬于天际。

——黑格尔

“认知科学”这个专用词，在20世纪70年代才出现。人类的20世纪，是空前激烈变动的时代，前40多年间，爆发伤亡惨重的两次世界大战；却又是人口激增、经济突飞猛进、科学与技术进入全新的层次、思想及研究都在指向人类的现代新需求和未来前途的时代。“认知科学”的出现，是很合时宜的，它把心理学、人工智能、神经科学以及哲学、语言学、信息科学、计算机科学、生物医学工程等，凝聚组合成为21世纪人类最需要的系统的科学体系。它自身亦在不断飞速发展，同时带动人类知识体系更上一层楼。当我们今天在认知科学理念下，回首人类共同体发展的几千年，就会发现人类应该多么自豪。我们以“认知科学”为旗帜，一方面可以看到人造思想和人造事物，是多么丰盛；一方面又可以深刻反思人类在20世纪曾做过多少荒唐事情和生产过多少愚蠢的产品。这样，在面临当前各种可能毁灭全人类文明的思想和行为的时候，我们就需要警惕、需要奋起。也许，认知科学的现代任务，就是针对人类的生存问题，给我们提供一些“人类命运共同体”的可行性选择。

很遗憾，20世纪70年代的中国人没有关注“认知科学”的兴起，社会学、人类学以及自然科学的基础研究和人工智能技术等知识，甚至连关于人类前途的思考都被庸俗化或空洞化，我们错失做出贡献的机遇。不过，幸好略往前看的中国近代学者，还是与时代同步，为认知科学的基础，尽了时代责任，并为 21 世纪中国继续前进而不至于迷茫做出贡献。前三章，已经明晰展示一些基础知识。本章将以认知科学的部分重要概念为主导，看看在近代中文里它们是如何表述的；看看中国近代学者们是如何认知的、如何探求的。

第一节

注意（在王国维译书上为 attention）

在十分复杂的自然环境和人文环境中，如何引起个人的注意或集体的注意，是很困难的脑力劳动和把握行为的技能。摒弃恶意的引诱，分辨广告的虚伪，以及及时捕捉关键信息，都是要在“注意”上先行的。人的一生，都是不断地在捕捉机遇，不断地在上当受骗中学习改进的。恐怕“注意”就是时时刻刻会发生，时时刻刻会在危机中做出正确判断。因此，认知科学的“注意”，就是一生在做的必要的事情。注意得恰当，就能把握先机，就会获得机遇。

“注意”一词，在古汉语中是使用的，其语义延贯至今，如下：

非通人达才孰能注意焉！——《史记》

天下安，注意相；天下危，注意将。——《史记》

宜稍安存，以劝归心，用副注意。——（唐）白居易

盘中貤虓不自定，四座亲宾注意看。——（五代）王定保

时天子方注意郊社宗庙之祀。——（明）宋濂

到 1822 年，马礼逊在澳门编辑出版的《华英字典》中，只有一个词：

NOTICE　译为“觉”。[①]

到1865年，罗存德在香港编辑出版的《英华字典》中，则有两个词：

Notice　译为“觉、见、知、达知”，
Attention　译为“在心、留心、专心、注心、用心”。[②]

到1908年，留美博士颜惠庆主编的《英华大辞典》中，也有两个词：

Notice　译为“注意”，
Attention　译为“专心、用心、注意”。[③]

所以在近代翻译时，这两个英文词都可使用。

一、学者见解

1902年，王国维先生翻译日本元良勇次郎著的《心理学》出版，书中写道：

注意力之解　夫观念之活动于脑中也，或起或伏，意识中恰如演剧之场，既如所论。然其观念之现出也非偶然之事，即有同伴法而现者，而

① 〔英〕马礼逊编，《华英字典》，大象出版社影印本，2008年8月，第295页。
② 〔德〕罗存德编，《英华字典》，日本井上哲次郎增订，日本藤氏藏版，1868年，第111页。
③ 颜惠庆主编，《英华大辞典》，商务印书馆，1908年2月，第130页。

同伴法之外，尚有定观念之活动者，即意识之结合的性质有定之力，而由现于意识之各观念中，选择某观念，使止于意识中而复拒绝他观念者也。……

注意活动之法　仅想像注意力之动于精神中之状态，其始未注意时，种种之观念现于意识中，然今译注意考一物，则其所考之观念活动于精神中，而一部分在意识之中心孤立他观念，且搜集此物时必要之他观念，又其他部分则刺激神经之中央，而惹起筋肉之收缩者也。

注意之作用有二种，他动的及自动的是也。……一观念使精神之活动集于其处，通常谓之注意。……

兹有一种之注意，名之曰心期，即相像未起之事，期之于心而待之是也。于此时受感觉之前，精神中即为受之之用意，……。①

1902年，田吴炤翻译日本广岛秀太郎著的《初等心理学》出版，书中写道：

儿童倾心于所好之花，大人将究一理论，而倾心使心力倾注于一方，此意志之活动，谓之注意。……无意的注意者，对刺激或新奇有兴味者而起，心之自然的倾向也。有意的注意者，意志指挥心力，是倾注于一方，而为本条所论注意之本色也。

……何则？幼儿对有兴味之物为无意的注意所谓有趣，故气移之也。然愈注意，则愈有兴味，于是为有意的注意，而益起深其兴味之欲望。故由无意的注意，渐移入于有意的注意也。

为有意的注意之目的者，与苦痛或快乐之观念也。凡伴于感情之观

① ［日］元良勇次郎著，王国维译，《心理学》，教育世界社，1902年，第416-419页。

念，引起注意最易者也。

变化之法，则与注意关系最多，即初能注意，而视者久绕其刺激，则不注意，所谓为无关系之心状也。奈端氏（牛顿）定注意之持续，所得最长时，由二秒半以至四秒。此间虽能注意于同一刺激，而其以上不变化刺激之性质，则注意必纯。……

注意于未来所预期之观念，则致种种之心的变化也。……

涉于智力活动之全般，皆无不依赖于注意力者。凡言智觉，其记忆思想，皆由倾注意于其活动之方面，而其活动为明了精确者也。苟注意不至，则其活动效力少。故非有心于此，则虽视而不见。按。即心不在焉，视而不见之意。即言无所注意，则其视觉，亦少有效力也。……[①]

1912 年，蒋维乔教授编的《心理学讲义》出版，书中写道：

凡精神活动，始于注意。……易言之，则集意识于一，对于目的物，倾注其精神之活动，谓之注意。故意识明了与否，与注意颇有关系。注意能生身体之变化，如血液供给、肌肉收缩、呼吸切迫、心脏鼓动等，皆生于注意也。

无意的注意也者，谓非勉力行之，而其意自注于此也。……凡强大刺激、兴趣、对比、运动、变化、崭新等，皆足引起无意的注意也。此无意的注意，于教授上为最要。能唤起注意，以使学生注意于教授事项，则属教育者之技术。……

有意的注意，向刺激或观念上，勉力凝集精神之谓也。……注意之强度，每与勉力之强弱相比，然二者不必并行。……注意之连续，决不

① ［日］广岛秀太郎著，田吴炤译，《初等心理学》，移山堂丛书，序作于 1902 年 2 月，第 70–72 页。

能持久。于儿童为甚，其所注意，极易便转。……惟自教育上言之，注意不宜同时涉于多数，而分裂其印象。盖同时注意之数太多，则势泛而难精。如是则使注意之强度渐弱，因又使其印象浅也。[①]

1915年，张子和教授编的《广心理学》出版，书中写道：

意识固为明了之心境。若以明了中之最明了者，集注于一事物，而不少棼乱，是之谓注意。故注意者，非有特别心的作用存在于意识中也。平时散漫，而无所专注，斯之谓意识。临事集合，先由整理之状态，渐进而呈唯一之状态，则为注意。……吾人凡起一注意，必先由最单纯之意志，勘定心之活动之方向，次即倾注于此方向，而不为外物所诱，则注意力以起。

盖参合人类知识渐进之顺序以立言者也，故自教育方面观察，非有意的注意，为最初必要之一阶级。有意的注意次之，至于无意注意，则可谓集大成也。孔门教授，唯颜渊则视之曰：非礼勿视，非礼勿听，非礼勿言，非礼勿动，所谓有意的注意也。其余如子夏子贡，仅可与言诗，非有意的注意也，圣人周旋中矩。尚非七十不可，则无意的注意，不其难哉。操教育之权者其谛听。

注意力之活动，果为如何之精神作用？抑有如何之生理的基础？……元质论者曰：注意起于神经中枢之变化。……感官论者曰：不然。注意为极单纯之知觉，较之感觉，有极端锐敏之倾向，是以某一部分感官起注意。……循环论者又曰：是不然。注意之现象，虽表著于感官，而其主要成分，实在血液。……当注意盛时，生理之变化，亦因之而盛。……

---

① 蒋维乔编，《心理学讲义》，商务印书馆，1916年6月六版，第14–17页。

心理学者，尝将发生注意之法则，分为三时期。第一时期，谓儿童思想间弱，凡引起注意，必用赏罚。使之直接感快乐或苦痛，即前之所谓非有意的注意是也。第二时期，乃于数学渐发达以后，使自知快乐与苦痛之辨。择其快乐者注意之，即所谓有意的注意。第三时期，则不唯知快乐苦痛，即与快乐苦痛非有关者注意之，亦得率其所向之志，而集中于一事物，所谓无意的注意。……

病的注意有二，其缺点常相反。……（1）注意不定 此病有因脑力弱者，有因教法不善，而习惯成之者，始终无安定之机会，瞬息万变。……（2）注意固定 ……其注意之固执力极坚牢，常胶执于一事，而不能移于他事。……①

1918年，陈大齐教授著的《心理学大纲》出版，书中写道：

注意（Attention）为精神活动中普通之事实，而亦精神活动中重要之作用也。注意云者，意识集注之谓。古来或以注意为意识中特别之能力，盖未知意识之范围与注意之范围常相一致故也。吾人之神经系统常被内外之刺激，而刺激之蒙吾人注意者，始入意识范围之内，其未经吾人所注意者，皆不为吾人所意识。

意识之集注也，时或专一，时或散漫。……殊不知无思无虑无见无闻之时，注意未尝丧失，不过其度极弱，而不专一耳。又以一事为主体，谓不注意此事者为无注意。殊不知受诲于弈秋，一心以为鸿鹄将至者，虽不注意弈，犹注意射，其注意在彼不在此，未尝丧失也。……

由内外界以刺激五神经系统者，不可胜数，而我人于此不可胜数之

① 张子和编，《广心理学》，商务印书馆，1915年12月，第169–176页。

刺激中，仅取其若干而注意之。……注意时大脑之作用有二：一方面积极以集注，他方面消极以禁止。……是故方聚精会神，以察毫末者，虽语之不知答，呼之不知应。……

……感觉的注意以感觉到刺激为对象；智的注意以观念记忆概念等为对象；……直接的注意，注意于自身有兴味之事物，无待与他事物相关联；间接的注意，则注意于自身本无兴味之事物，必待与其他有直接兴味之事物相联结，而后始得蒙吾人之注意；……有意注意预定目的，故自唤起；无意注意则生于不知不识之间，非本有注意之目的者也。……

无意注意活动之法则 无意注意为外界刺激所唤起，故刺激性质之差异，大有影响于无意注意之作用。……刺激之大小强弱，……刺激之对比，……刺激之变化，……刺激之新奇，……刺激之性质，……关于人之利害，……

有意注意 ……常有一种努力之感，察秋毫，辨同异，……努力之感，盖起于注意时之准备。有意注意之先，必有相当之准备。准备如何？一曰调解感觉之机关，二曰唤起与所欲注意者相联之观念。……

注意之起伏律……[①]

1926年，陆志韦教授翻译美国亨德著的《普通心理学》出版，书中写道：

泛言之，人莫不知有注意之事。……我之注意浮游于眼前之景物。至若遇有所悟会，有所学习而记忆，则我必将专注于某事某物而忽于其余，盖必待有选择，而持之于意识之中央。……注意非为作用，而为意识之一种特性，是其清楚一相（elearness）之有等差。……注意只是清

① 陈大齐，《心理学大纲》，商务印书馆，1933年，第199-206页。

楚之境，而物出入于此，故其广袤与意识同量，仅意识境之清楚不能一切皆平等耳。……

凡事之能规定意识境之入于注意焦点者，皆注意之缘起也。其道有三：（一）起于解剖学者。（二）客观者。（三）主观者。……

注意能缘联想律而起，……

精确之注意，……

注意之广度，……

注意之绵延与升降，……

注意之类别，……①

1927年，谢颂羔先生编的《实用人生哲学的研究》出版，书中写道：

（一）注意乃是唤起人们准备的一种方法。……

（二）注意到意义，含有选择的意思。……

（三）注意是时常变动他的方向的。

（四）在运用注意力的时候，思想和记忆，都是极其活泼而清爽，较之模糊不经意时的思想和记忆，自是相去甚远了。使其注意力专注于一点，乃是学习任何知识技能的基本方法。……②

1929年，张廷健教授编的《心理学大意》出版，书中写道：

何谓注意？乃意识作用集聚于特定感觉，或特定观念之心的状态也。……只可认为意识作用之由疏而密、由散而聚之状态。……

---

① ［美］亨德著，陆志韦译，《普通心理学》，商务印书馆，1929年7月二版，第126-147页。

② 谢颂羔编，《实用人生哲学的研究》，广学会，1941年3月五版，第41、42页。

据近代心理学者所实验，证明意识作用，确能同时分辨数感觉、联想数观念。加特尔教授谓一秒百分之一短时内，能分辨四至十五之垂直线。由是观之，意识之有范围，乃确凿无疑之事实。倘使不能同注意于数事物，则吾人不能同时以数感觉或观念相比较，而为认识思考之作用矣。唯注意之程度加强，则四围之以刺激，渐次排斥于意识之外，而意识范围渐次缩小。若更增其强度外围之刺激全被逐去，意识全界遂为一感觉或一观念所占据，而范围全无矣。佛学所谓三昧（入定之谓）；大学所言：知而定；心理学家福来友吉所言：业务三昧，艺术三昧者，皆指纯一无杂之注意状态。

心理学所言有意注意，即吾先哲所言持敬。《论语》曰居敬，又曰敬事。谓注意于一定事物，心不他分。朱子曰：持敬须是头容直手容恭足容重，一直四体，自入规矩。所谓头容直手容恭足容重者，不外紧张肌肉，调理觉官，助成有意注意。程子曰：主一无适之谓敬。朱子曰：读书时只读书，着衣时只着衣，身在这里，心在这里。凡此即故意注意于一事，而使心不妄动也。

盖注意之对相类似于既得之观念，方能引起注意。是故见闻广博经验丰富精神发达者，能以其既得之知识，解释其注意之事物，故注意可以持久。若夫知识寡陋精神未尝发达者，不能发见注意对相之各点……

盖注意于特定感觉或特定观念时，该感觉或该观念特别明现于意识，使人得明确之知识。且遇不能了解难于注意之事，苟使勉力注意，可以渐次发见其新性质，探知其新意义，获得一定之知识，习之既久，知识自增，而精神发达矣。是故，欲极物穷理扩充知识者，必自养成有意的注意习惯始。①

---

① 张廷健编，《心理学大意》，华北大学讲义，线装，无出版项，书中夹有“领取讲义证”，上写 1929 年，第 13–16 页。

1940年，夫来也尔、亨理著，鲁继曾译的《普通心理学大纲》出版，书中写道：

于觉晓的动境在发展中向前流动时，注意乃是感受力的几种之一过程。

觉晓之刺激其来源为环境（切近的感受力），也为意识（回忆的感受力）。这些刺激就名为意向。

在发育上意识之集中，其发展是经过三个阶段的：1. 在第一注意中，决定觉晓者，乃是任何在生物学上有相当势力的环境的刺激。2. 在第二注意中，有觉晓的冲突，在其中任何觉晓仅能有片刻的集中。3. 在导化的第一注意中，切近的和回忆的感受力之综形，曾战胜其它综形之反抗，而是在很长的时间中集中的。当我们说某人对于工作感兴趣时，这就是其觉晓的动境。

铁钦纳曾于1908年，提出七条定则，用以描写注意在觉晓动境中之过程。1. 经注意的觉晓则更确凿和更明晰；未经注意的觉晓则较不确凿与明晰。2. 在某种条件下，经注意的觉晓不特更确凿而明晰，并且也更强盛。3. 在某种条件下，不特更确凿而明晰，也更持久不变。4. 在某一瞬间之觉晓中，可得而观察的确凿和持久性，从来没有两个以上的程度。在全神贯注的注意中有最高的程度，在走马观花的注意中有最低的程度。5. 注意之状态其时间比较短促；换言之，注意是时起时落的。6. 经注意的觉晓，不能超过在某一瞬间构成整个觉晓的某一部分之觉晓；换言之，注意之阈限是有定量的。7. 经注意的觉晓比与其同时被刺激的其它觉晓，能作更迅捷的出现。[①]

① ［美］夫来也尔、亨理著，鲁继曾译，《普通心理学大纲》，长沙商务印书馆，1940年7月，第318、319页。

二、辞书上的条目

1911年，黄摩西教授编的《普通百科新大辞典》出版，书中有条目：

【注意】

集注精神及意志于事物。其原因，有因外界刺激而起；或由自己意志。而分无意注意，及有意注意二种。惟注意者，大概多倾向于强刺激者，及有兴味者。①

1926年，樊炳清先生编的《哲学辞典》出版，书中有条目：

注意　英法 Attention　德 Aufmeksamkeit

以最广谊解之，凡意识有所集注时，皆谓之注意。……苟从狭谊，必其意识之集注，出自有意的，又有努力伴之者，始谓之注意也。心理学上，设为"识野"一语，以表意识所能及之范围。近识野之中心者最明，渐远则渐晦。故某一对象，或某一思想，恰当识野之中心时，则谓此对象、此思想，为吾所注意者。以此为解，于谊益晰矣。……

主观无何认知，第无端感受刺激，而意识因之集注，此即所动的注意。……反是者，或由预定之目的，而起注意。因其事物，向为吾行为所寄，而吾之意识，自然倾向此事此物。斯二者，皆谓之能动的注意。

有意的注意，无意的注意，与不随意的注意之别。……

执意的注意与无执意的注意之别。……

---

① 黄摩西编，《普通百科新大辞典》，上海国学扶轮社，1911年5月；引自钟少华编，《词语的知慧》，贵州教育出版社，2000年10月，第91页。

直接注意与间接注意之别。……

感觉性注意与观念性注意之别。……

与注意相反之语，……或不谓之不注意，而曰“放心”。然此亦仅为努力的注意的反面，其语义非必完全者。容易引起注意之外界条件，不出四端：（一）曰分量。……（二）曰强度。……（三）曰变化。……（四）曰感情。……

注意减弱　英 Aprosexia　法 德 Aprosexie

谓注意作用，无固定持久之力，不能集中于一对象者。其故则以每遇刺激，辄起反应，故易夺于外物，而注意之用，转变无方，各不能完其效果。自其抵抗力以言，谓之减弱，而自其转变性以言，亦可谓之亢进也。……①

1928年，中华书局编辑出版《中国教育辞典》，书中有条目：

注意　Attention

吾人身体内外之刺激其数无穷，但只有少数与吾人发生关系，此少数刺激所引起之反应状态，称曰注意。……注意又可名为意识之选择作用。

注意作用之发生，有三种条件：一曰生理的条件，……二曰客观的条件，……三曰主观的条件，……

注意减弱　Aprosexia

谓注意状态忽起忽落，不能永久集中于一对象之病态也。其程度较浅者谓注意散漫，常人亦有之，……其程度最深者谓注意麻痹，……②

---

① 樊炳清编，《哲学辞典》，商务印书馆，1926年5月，第335 337页。

② 中华书局编，《中国教育辞典》，中华书局，1936年3月三版，第257–259页。

1930年，唐钺、朱经农、高觉敷合编的《教育大辞书》出版，书中有条目：

注意　Attention

据因袭的见解，注意本为一种知的作用。……在知教学法之教员观之，则“注意实为心理的活动，可增加某组心理历程之强度，而指导维持之，且排斥其他不相容即不切要之心理作用者也”。

就社会生活即教育而言，个人的狭义的知的观点，渐变为注重经验之社会的情绪的及意的观点。此种运动，既改造教育之理想与实施，又产生意志的注意说。此说，将随吾人心理学知识之增进而变更，可毋容疑；而就现在论之，则此说实大受心理学实验之赐。……而注意作用中之情的元素，亦为此说所特注重。吾人若注意一物，则吾人必觉其物之有关于己，因对之发生兴趣。此种兴趣，即含有知的作用与意的作用；惟其要点则为对于其物之情绪的态度，如愉快苦痛或其他情绪是也。兴趣之连续，可以维持注意之连续，亦为注意连续之所维持；注意作用之全体，皆所以满足吾人之兴趣者也。

意志的注意说，对于引起注意法制问题，颇有贡献。其说以为注意条件之最重要者可分为三大类：第一，客观的条件，强烈、广大、变换、突然、新奇、反复之刺激，必能促起注意。……第二，注意之方向，常为儿童旧有之联想所左右。……第三，条件更为重要，即由夙昔生活中所养成之倾向的兴趣。……[①]

1945年，张耀翔教授整理“心理学术语”，其中有：

---

① 唐钺、朱经农、高觉敷编，《教育大辞书》，商务印书馆，1930年7月，第622–623页。

注意（attention）

（一）感觉的或想像的经验，而含有两级或两级以上之明显程度者。（二）集中一种经验之某部分，使其变为更显著的作用；有机体之反应力量集中，意识的显度加增之谓。（三）调整感官使专对某刺激发生反应，忽略其他一切刺激之谓。有机体反应的对象范围缩小。（四）与意识或警觉通用。

注意集中（concentration，mental focusing）

专心，聚精会神，只对某刺激生反应，而不顾其他一切刺激之谓。

注意广度（span or range of attention）

在不允许计数或眼球移动之极短时间内，所能正确观察眼前小件东西的数量。……

注意焦点（focus of attention）

亦称“意识焦点”。在某时间内最明显的对象或心理内容。与“意识边缘”相反。①

“注意”作为一种概念，在现代认知科学中占有重要的地位。现代人打开个人电脑，上面就出现百余条链接，你点开任何一条链接，就会出现极为丰富的信息，供你选择。这也常常让你眼花缭乱，你的注意重点就十分关键了，无论是浏览即时新闻，或者寻觅知音，或者书写情怀，应注意重点的取舍，尽量满足自己的追求意图，万一点到病毒链接，那就难以挽回了。所以，注意“注意”的概念，就是必要的基础。而关于“注意”的概念，近代中国学者已经解释清楚了。

① 张耀翔编著，《心理学讲话》，世界书局，1947年6月三版，第113-114页。

第二节

记忆（在王国维译书上为 memory）

注意、感知之后，人脑能够记忆大量情景，现代电脑更能够记忆比人脑更丰富的情景。从声音到复杂的科学计算内容，从实物图像到幻想之物景和过程，都可以储存在电脑中，都可以从电脑中瞬时提取、再现出来。如果觉得不够，还可以自己动手添加任意图景声文，方便无比。但是也正由于信息太多，如何聪明地记忆，就成为认知科学中重要的一环。只有学习好记忆的知识，才可能聪明地把握记忆，让自己的记忆和集体的记忆，都能够发挥巨大作用，并摒弃不需要的记忆。

“记忆”这个词，在古汉语中就存在。

我悉记忆，无所忘失。——《人仙经》

年虽耆老，颇皆记忆。——《隋书》

譬犹昔游再到，记忆宛然。——《关尹子》

门前有客通名姓，一别十年记忆无。——（元）刘因

遂不饮而过，是以记忆了了。——（清）俞樾

使其醒来记忆，谱入管弦。——（清）洪升《长生殿》

“记忆”这个词与西文是互通的，早在1654年，来华的意大利人利类思翻译阿奎那原著《神学大全》的时候，就有条目：

拉丁文 Memoria 对译为记德；记含；记存。[①]

到 1822 年，英国人马礼逊在澳门编辑出版《华英字典》，书中有条目：

英文 MEMORY 对译为记性；留心记得。[②]

到 1865 年，德国人罗存德在香港编辑出版《英华字典》，书中有条目：

英文 Memory 对译为记清；记心；记念之性；记性。[③]

到 1908 年，留美博士颜惠庆主编的《英华大辞典》出版，书中有条目：

英文 Memory 对译为记忆力；记才；记心；记性。[④]

一、学者见解

1902 年，日本广岛秀太郎著、田吴炤译的《初等心理学》出版，书中写道：

---

① 阿奎那著，利类思译，《神学大全》；转引自雷立柏编，《汉语神学术语辞典》，北京宗教文化出版社，2007 年，第 241 页。

② ［英］马礼逊编，《华英字典》，大象出版社影印本，2008 年 8 月，第 274 页。

③ ［德］罗存德编，《英华字典》，日本井上哲次郎增订，日本藤氏藏版，1868 年，第 1167 页。

④ 颜惠庆主编，《英华大辞典》，商务印书馆，1908 年 2 月，第 1426 页。

储藏观念之心，如此活动，亦取于吾人最有价值者也。……

（甲）成记忆时之要件 要生活力盛之事。……要时刻与反复。……

（乙）再现时之要件 脑之健全与活泼，非独观念之保存上为必要；观念之再现时，亦为必要。……

（丙）关于观念之性质之要件 吾人所经验者，非皆记忆。于由观念之性质，有不记忆者。……[①]

1912年，蒋维乔教授编的《心理学讲义》出版，书中写道：

保持既得之观念，毫无变更，而唤起于意识之精神作用，谓之记忆。亦属观念再现之一种。如人之观念，时时刻刻消灭，不留痕迹，则智识不能进步。由记忆以积蓄之，则方可发达也。

凡记忆观念，初与原刺激颇相类似，故记忆能明晰。经时渐久，则与他记忆观念相错乱，而与原刺激相远。或至全归消灭，谓之忘失。补助记忆者，……联想及言语，与记忆范型之二种也。……吾人所经验事物，虽至奇至怪却至罕有者，略得以言语表出之。故谓吾人之心，由言语观念以构成，亦似无太过。凡百复杂之经验，由言语以记忆之，以得记忆多数事物，且其记忆亦确实。加之，人各有记忆范型，有由目入而利于记忆者，有由耳入而便于记忆者，以己欲记忆之事物，与其利便之感觉结合，得大补助之。然就同一事物，由多数感觉以经验之，记忆必更能确实。……

记忆又分为言语的、论理的二种。言语的记忆，亦曰机械的记忆。……论理的记忆，亦曰悟性的记忆。以事物论理的关系为基础而记

---

① ［日］广岛秀太郎著，田吴炤译，《初等心理学》，移山堂丛书，序作于1902年2月，第21–22页。

忆者也，即理会应记忆之事物内容，由其内容意义之关系以记之。……凡有论理的关系者，而不加以理会，徒由机械的记忆以行诣诵，甚为无益。……

记忆之病态，为健忘及记忆妄错。健忘之程度不一，要之忘失过去之经验尤甚者也。记忆妄错者，始遇未尝经验之事，而认为曾经验者也。……

注意之强弱，与记忆强弱相比例。……

反复之多少，亦为记忆强弱之原因。……

兴趣之多少，亦与记忆强弱相关系。……

要之，所谓记忆善良者，能具备下列四点之谓也：容易把住事物于脑中，一也；已把住者经久不失，二也；复现把住之事物，真实且神速，三也；不仅偏于一二事物，能多方记忆各种事物，四也。然能具此诸点者甚少。……

使儿童记忆之方法：使其热心反复，一也；振起兴趣，二也；与以适应儿童心力之材料，不逾相当分量，三也。是教育上必当遵守者也。……①

1918 年，陈大齐教授著的《心理学大纲》出版，书中写道：

有物于此，一旦缘知觉作用认而知之，以构成观念之后，外物虽远离吾身，不能有直接之知觉，而知觉所得之观念，时或复现于吾心。此复现之观念，谓之记忆观念，以别于知觉当时之观念。记忆观念出自知觉，所以代表外物于吾心，故记忆观念之性质，不可不与知觉相符合，

① 蒋维乔编，《心理学讲义》，商务印书馆，1916 年 6 月六版，第 53-59 页。

亦不可不与外物相符合。……

（1）记忆之良否，与刺激之新旧为比例。……（2）记忆之良否，与刺激丰富之度相比例。……（3）记忆之良否，又与注意之强弱有关系。……（4）观念联合实为决定记忆良否最有力之条件。……

记忆法中，……机械的方法者，取无意味无线索之事，勉强连属，使人硬记；故非时加练习，不能成功。论理的方法者，记忆有意味有线索之事，如名文杰作，如学说上因果之关系是也。人为的方法者，取本无意味无线索之事，造成文句，使之略具意味，略具线索。申言之，即使机械的记忆变为论理的记忆者是也。……

遗忘为记忆之反对，然转足以辅助记忆。……

记忆作用有极其妙之变态现象。……①

1924年，杜定友、王引民二位合编的《心理学》出版，书中写道：

记忆有广狭二义。自广义言之，无论何种经验，能保存勿失，而影响吾人之动作者，皆得谓之记忆。……自狭义言之，则仅能保存经验，犹未足谓为记忆；必于保存经验后，能随时忆起之，且确认其为过去之经验者，始得谓为记忆。故狭义之记忆，分析之，必含有三种要素：……（一）保存　刺激不存在时所生对于外界事物之心象，谓之观念。由过去经验所得之观念，保存勿失，而于适当情境之下，斯有记忆之作用。……（二）忆起　忆起即观念再生之谓，即过去经验复现于脑中之谓。……（三）再认　再认者，对于所忆起之观念，能认知其为过去之经验之谓也。……

记忆之定律有四。此四定律与注意律有相似之点：（一）反复律者，

---

① 陈大齐，《心理学大纲》，商务印书馆，1933年，第119–125页。

谓观念复现之次数愈多，则其复现愈易之谓也。……（二）显著律者，观念之特别显著者，易于忆起之谓也。……（三）接近律者，经验获得之时间，愈与现在接近，则愈易忆起之谓也。……（四）原始律者，初次之经验，易于忆起之谓也。……[①]

1926年，陆志韦教授翻译美国亨德著的《普通心理学》出版，书中写道：

记忆一名词可有两种意义。一，凡寻常保持过去经验所生之效力，概可以记忆名之。二，有时自觉我之意识境为前已经验之事，是则为记忆之狭义。……

凡意识境之兼有认识者，谓之记忆。……

感觉也，情绪也，感情作用也，像也，概念也，一切皆可成为记忆之事，只须其有认识耳。……

记忆之训练与节用。……[②]

1929年，张廷健教授编的《心理学大意》出版，书中写道：

记忆云者，心生观念之际，而以统觉作用辨别其为过去经验之心作用也。

记忆作用由其活动之次序观之：第一段，为印刻作用，即当经验之时，将所经验之事物的观念，印刻于神经中枢也。……第二段，乃将已曾印刻于中枢之观念，使之再现于意境，即再现作用也。自生理一而言

① 杜定友、王引民编，《心理学》，中华书局，1927年6月六版，第90–92页。
② 〔美〕亨德著，陆志韦译，《普通心理学》，商务印书馆，1929年7月三版，第335–365页。

之，印刻作用，乃神经一度兴奋之后，留其痕迹于脑中，再现作用乃循其旧有之痕迹，而为同样之活动。……第三段，方为再认，即自觉其再现之观念，为已曾经验者。此记忆作用必经之程序也。印刻作用贵深，方能持久；再现作用贵速；而再认作用贵明。

吾人记忆事物有难易强弱之分：一曰历时之久暂，足以定记忆之难易；……二曰反复度数之多寡，足以致记忆之强弱；……三曰注意之强度，足以定记忆之明否；……

机械记忆云者，不求事物之意义，但依外形之结合而记忆之谓也。……悟性记忆云者，本判断推证等作用，理解事物之意义而记忆之谓也。……用悟性记忆之观念，彼此之间，有类似接近之点为联络，可随其关系之变化自由记出，任意答辩而无中途遗忘之害。……

记忆之反对为遗忘，遗忘非必记忆之害也。……记其必要者，乃可以求知识也。昔舍密斯多克斯曰：欲学记忆法，宜先学遗忘法。盖谓欲记其所应记者，须先忘其应忘者。……①

1931年，丘景尼教授编的《心理学概论》出版，书中写道：

于再现之记忆，伴有过去经验之意识者，是为狭义之记忆。……就最广之义言，乃事物所以养成其种种活动性向之一种能力也。生物在一定状态之下，为一定之活动后，遇同样之状态，复位同样之活动，则可因记忆之助而较少其努力。其所残留之此种性向，即为记忆。

记忆之四要素……（一）学习。……乃容受印象之作用也。故学习为记忆作用之最初过程。（二）把住。……即将过去之经验留置脑中

① 张廷健编，《心理学大意》，华北大学讲义，线装，无出版项，书中夹有“领取讲义证”，上写1929年，第45–49页。

之谓也。自生理上言，由于学习之结果，大脑皮层发生变化，此变化长留皮质中，遇必要时，即可出而成为一定活动之倾向。反之，此神经系统，由学习所生之变化消失，是为忘却。（三）忆起。……以某种感觉或观念为诱因，使所要之观念再现之谓也。换言之，即将把住之潜在的印象，使之成为显在的事实也。由一观念以诱发他观念，是即观念联合。故忆起者，即观念联合之作用也。（四）再认。认识忆起观念为过去经验之作用，曰再认。……再认之要素有三：即（1）联合观念之发生。（2）运动之兴奋。（3）亲昵之感是。……

记忆之条件。欲得确实之记忆，……（一）须屡屡反复。……（二）学习时之注意。……（三）使观念固为联合。……①

1933年，美国武德渥斯著、谢循初译的《心理学》出版，书中写道：

以用脑的工作为尤甚，所以无怪乎学生、商人、工人都不满意自己的记忆，急欲谋改良之路。心理学对于记忆的研究，确有实际的价值，但改良记忆最妥的方法，却要从知道记忆的事实及其定律下手。

记忆这个名词，照理是一个动词。实在的事实只有记忆的活动。……设有一灯谜于此，一人从前听说过，记得答语为何；而另一人从未有所闻，势必想出答语。一个运用过去的经验，将灯谜本身与灯谜所暗示者计校一番，求出答语；一个将现成的答语，直接从过去的经验取得。所以，记忆是已学习的智识技能之直接的运用；而思考是已学习的智识技能之间接的运用。换句话说，记忆是一种现成的活动，而思考

① 丘景尼编，《心理学概论》，开明书店，1931年6月，第176-184页。

一部分是新异的活动。我们有两种记忆的方法，或至少有两种证实我们记忆的方法。一为回忆法；一为再认法。……

记忆研究是试验心理学最有成绩的一部分。在普通的记忆试验上，受试者先识记某种材料，然后经过或长或短的时间，将所识记的材料完全置之不管；最后受记忆测验。……识记的历程，……它是一种活动观察的历程，应用一切可能的联合及意义。

字音的特性，各部分间的关系，所杜撰的意义，始而虽极有利于记忆，但到材料读熟时，便逐渐遗忘。例如……“空—遇”一对字，始而借“飞机空中遇盗”的意义联合起来，后来另添的字——淘汰，二字遂成独立的配偶。间接的联合变为直接的联合，路径因而缩短。……

所谓保存，决不是一种活动，乃是一种静态。……我们所保存的，不是所见的景致，不是所听的音乐，不是所发的动作——约言之，不是所学习的活动，乃是发作活动的机关上的变化。发作活动的机关，便是构造，大半是脑的构造。学习在脑的构造上产生了很细微的变化，……但学习在机关上所产生的变化，是要受时间的影响，逃不了生物学上不用则损的定律的支配。……

第一种回忆的抑制是情绪的。恐惧可以使回忆麻木不灵。……第二种回忆的抑制，发生于两种同时发作的活动互相掣肘的时候。……

倘若你已识记了庄子的《天下篇》，什么东西引起你背诵呢？“天下篇”三个字或《天下篇》所代表的意义，足能引起你背诵头一段，然后前段引起后段，依次一直背诵下去。……这种种引起你回忆的东西，在心理学上都叫做刺激。凡引起机体从事任何活动的东西，都称为刺激。凡刺激所引起的活动，都称为反应。……在任何时间内，兴奋机体的全部刺激，构成他的情境，他的活动便是他对情境而发的反应。

凡已学习并保存的，不管是什么，都能记忆。人类所回忆，大半是所观察学习的事实；所以我们可以说，凡能观察的事实，当重新表现时，皆能再认，或遇相当刺激时，皆能回忆。……所回忆的事实，凡与实在的感觉大致相同的，叫做忆像，有时成为心影。忆像便是回忆的感觉，或是多少带有感觉性的经验。……认作真实的忆像，在变态心理上是常见的。……这种错误的感觉，名曰幻觉。……

记忆训练便是学习训练。观察事实，注意事实的纲领、关系，及援助回忆的暗号，应用经济的学习法，如背诵法，间时法，全部分段混合法，都是训练记忆最妥的方法。有成效的记忆训练，多半都是改进学习的方法。[①]

1937年，美国克伦著、何清儒译的《实用心理学》出版，书中写道：

记忆可以看作神经锁中所发生变化的生理保持性。认定这个，所以除非借着增进全部的健康，没有方法增进记忆。假若印象发生，即可存留。……所以增进记忆，实在等于改善学习的方法。……

记忆意志与事件四种方法的定律，……（一）连接律，……（二）连续律，……（三）相似律，……（四）相反律，……

学习的三条定律，再加上动力，注意，合记忆的意志，是个人增加供给快乐与利益的记忆，最主要的工具。在神经结发生印象后，这影响有存在的趋向。增进记忆的一部分工作，即是在神经系上作清楚的印象。但另一方面，即是将一个意志与一些别的意志连接起来。……

记忆的等级，与注意的等级是平行的。第一级记忆可以自由的反忆，第二级即如选择答案的考试法，第三、四级距注意区很远，但对于

① ［美］武德渥斯著，谢循初译，《心理学》，中华书局，1939年四版，第71–113页。

行为，亦许有间接控制的影响。……①

1947年，鲍煜先生著的《智力与学力》出版，书中写道：

我们先把记忆来划分为四个阶段，以资考察。……（一）印入，（二）保留，（三）忆起，（四）认识。不论那一种记忆行为，都一定包含着这四个阶段的。在第一阶段，材料即被化为印象；在第二阶段，印象即被保留下来，以便自后复活过来；到了第三阶段，那保留着的材料，因现时的需要而被复活过来，就是一个忆起的阶段；至于第四阶段呢？那是认识的感情了，材料便由此把从前印在脑中的重新认识。

印象是赖着感官完成的，……要守护着印象的通路，只能容许把你所要保留的东西吸收进来才是。因此，你首先要精谨。这在一切习惯的养成法上是一个原则，而在记忆习惯上尤其显得重要。人们所引以为苦的大部分的可怜的记忆，其起因即由于最初的印象太不精谨所致。……印象可以由各种感官中得来，所以记忆的发展上的一个问题，就与感官通路的选择大有关系。……使用特殊感官的能力，是凭着实习而获得的。要使那种形成事物的视觉上的心像增进其能力，就非练习唤起事物的形象不可。……

留忆是不能从心理学上解释的。单事物一旦成为印象，这事物便给我们留忆起来。这是我们所知道的，可是这些事物在精神上所取的形态如何？我们却说不出来的。……

回忆乃是记忆之目标，……回忆乃是一种独一无二的精神状态。……回忆是要在精神中搜求事物，较为自动的活动，且伴随着表现作用。……

每逢某一记忆着的事物被唤起时，必有一种特殊的情感随之产生。

① ［美］克伦著，何清儒译，《实用心理学》，重庆商务印书馆，1945年三版，第41-45页。

我们名之曰“认识的情感”。……在发生情感的时候，身体上的活动，一般地都是受其影响的。……

记忆之增进，即是其他精神能力之增进，你要知道，当你增进了记忆能力的时候，同时你就已发展了更良好的能力，以从事于集中注意，造成心像，联合事物，以及推理和其他的一切。[①]

二、辞书上的条目

1911 年，黄摩西教授编的《普通百科新大辞典》出版，书中有条目：

【记忆】 Memory

过去经验之事物，而有所经验，随意识而再现者。故经验从蕴蓄及再生，再作用而成。至于记忆强弱，则关系于反复之度数；注意之强弱。联想，年龄等。[②]

1926 年，樊炳清先生编的《哲学辞典》出版，书中有条目：

记忆　英 Memory　法 Memoire　德 Gedǎchtniss，Erinnerung

有广狭数谊。(甲) 赅括再生作用、把住作用等，而以记忆泛称之。昔之心理学，咸从此谊。即在今日，普通用法犹然。

① 鲍煜，《智力与学力》，上海光明书局，1947 年 12 月，第 59-78 页。

② 黄摩西编，《普通百科新大辞典》，上海国学扶轮社，1911 年 5 月；引自钟少华编，《词语的知慧》，贵州教育出版社，2000 年 10 月，第 101 页。

（乙）今之心理学，则严限其意义，但视为再生表象中之一种。必其以前既经验者，再现于意识中，而自意识其为再现，且含有推迟作用，能自识其为过去时间所尝经验者，然后谓之记忆。试即其过程言之，则如次。一为受感。二为把住。把住，谓所受感者，虽刺激消失后，仍保存之也。三为再生。再生，为所受感所把住者，不俟更有刺激，而应时浮起于意识也。四为再认。即断定其再生表象与过去经验相符合之谓。五为推时。推测如此表象，曾在以前某某时经验之谓。是故记忆作用者，由联想即统觉作用之结果以生，乃意识中高等者也。自其阶段分之，则记忆之原始形式，不外由屡次反复之故，而自然再生者，是谓有机的记忆。其故以意识唤起之者，则谓之有意的记忆。寻常所云记忆，实即指后者。此外或以有无他概念为援助，而分之为直接记忆与间接记忆。或又因记忆之际，有无意志作用，存在其间，而分之为能动记忆、受动记忆。

（丙）从最狭谊用之，专指能动的记忆而言。而再生表象之缘于受动的知觉者，则称之曰追想。别详追想条。

（丁）从特殊之用法，则柏拉图所云回想，亦可译以记忆。谓过去世之观念影，再生于今生世也。此谊之记忆，略与英语之 Reminiscense，德语之 Wiedererinnerung 相当。别详回想条。①

1930 年，唐钺、朱经农、高觉敷合编的《教育大辞书》出版，书中有条目：

记忆　Memory

……记忆则为过去经验之保持，而又为意识的状态者，唤回过去之经验，而知其为过去也。

① 樊炳清编，《哲学辞典》，商务印书馆，1926 年 5 月，第 521–522 页。

{联想的记忆}现在之经验，与过去经验之复现为观念者，其间有种种联络之关系，因定为联想律，以为解释记忆之助。

{接近律}现在之经验，昔如曾与他种事件，在相接近之时间，或空间中发生者，则此经验与彼经验可联络而复现。

{类似律}现在经验之类似于过去之经验者，则可造成联想，而唤起过去之经验。

{对比律}现在经验之与过去经验相反者，亦可造成联想，而唤起过去之经验。

自有目的的活动观之，则精神生活中之经验，有本因促成共同之目的，或实现共同之兴趣二相连属者。故不问此种经验，在时间上之关系如何，其内部必有一种联络，而互成联想。有一经验复行呈现时，则他一经验亦可复现（如见校中旧同学，即能忆及昔日此人在校中所曾参预之活动）。接近律与对比律所有记忆之例，多属于此。凡接近的事故或事实，乃时间或空间的全体中之一份子。相反之事物，则为某全体中重要分子之以同一标准而类分者。例如巨人与侏儒。设两全体有结合之关系，则此全体中之一份子，可唤起他全体中之观念（譬如火车中一客之谈话，可引起与客无关之事）。此因其谈话时，所用语句有与此事变相切合者，遂令该事变之处置及其人物，一一呈现于心目中。凡类似律的联想，皆属于此。……

由联想的理论言之，一类中之分子，能令他分子复起之力量，视乎联结力而定。此则可以实验证明之。……

结合之全体，不仅宜研究其贯串与否及其性质，且须讨论其与目前经验之关系。目前之经验，或可以唤起几组联想。此种情形之下，其联想之径路，则定于多次律或时近律或情调。盖以目前之兴趣及目的，亦可控制联想之性质，而加以选择也（譬如思量某友是否可任要职时，必不至想及其所戴之领结，及所熹食之谷肴；所想及者，乃为其人之品性，是否可胜任愉快耳）。切合于目前之目的，乃此种记忆之重要品质。

其与无用之回忆有别，即在于此。……

{遗忘}时间经过，为遗忘之一因，内容各项苟无实在联结（如无意义之字句），则其忘亦极速。若有之，则非俟取消其联结，即不易忘。较时间经过一事，为尤重要者，则为兴趣之渐消灭。……除却过去经验与联想的结合，因时衰灭不计外，可尚由于控制目下意识之情况。……近世学者如弗洛伊德诸人，即主张此说，谓联想之带有痛苦者，每被阻遏而失引起之作用。此等观念，似已忘却而不能复现于通常之意识中。如用催眠术即心之分析术，则皆可以忆起。梦时亦可使压抑中之观念，复呈现于意识中。

记忆术　Mnemonics

此乃一种辅助记忆之方法。此法之最简单者，乃以一种事项，与一种较熟悉而易于追忆者，相连而成关系。其较深者，往往造成韵语，以助记忆。……用以助三段论法格式之记忆，亦六百年前所发明之记忆术也。

记忆训练　Memory training

记忆之重要意义，不外乎以屡次并见之两种知觉或概念，结合而成联念。……故培植智力上之记忆，第一步当对所联想之二观念，有清晰一定之意念。次则加以注意，而识其差别所在，与相似之处，以及其种种关系。……

{背诵的记忆}诵习长篇文学时，最简单与最古之方法仍最胜利印度之吠陀经，即纯由口头传授者也。学生每日朗诵数行，周而复始，而已成诵之诗文，又复温习不倦。……

{理性的记忆}古字帮助记忆法。……

{字母记忆法}……

{条分缕析的记忆}……合于逻辑之记忆，以分类、秩序，为必要条件。[1]

---

① 唐钺、朱经农、高觉敷编，《教育大辞书》，商务印书馆，1930年7月，第903–905页。

1945 年，张耀翔教授写有《心理学讲话》，书中有条目：

记忆（memory）

（一）唤起或解放过去经验（包括运动，观念，或机能）之一般能力。这能力包含联合、保持、再生、再识四种作用。当动词用，则仅指联合作用。（二）狭义的记忆，则指再生作用。

记忆像（memory image）

过去经验之复活，无须其原来刺激。记忆像的内容与原来经验类似，但不完全相同。

记忆时间（memory time）

对刺激须唤起某适合记忆所需的时间。

记忆广（memory span）

一组特殊材料（最普通者为数字或文字）呈现一次以后，能立刻准确报告的数量。①

人类拥有记忆的能力，经过几百万年的不断训练和利用，到 20 世纪，记忆已经成为人类生存进步的一种高级技能。它让人学会在不断创新尝试中，不断碰钉子走歪路中，能够以记忆的方式摒弃错误、痛苦的经验，吸取成功、快乐的经验，扎扎实实地进步，一步一个脚印。

近代学者们对于“记忆”的研究与认知，正是关键的一环。如何掌握与拓展记忆的本质功能？一直是学者们最关心的问题。上面所举的史料，明确了学者们的功劳，让人能够从中受益。笔者这次重新学习与整理“记忆”的概念，也受益良多。

① 张耀翔编著，《心理学讲话》，世界书局，1947 年 6 月三版，第 121 页。

科学家们更在20世纪发明电脑，以最简单的数学方式，依靠电子的优势，将近似无穷多的事物，都能够“记忆”在小小的电脑中，并且可以随时按照人的意愿，准确到分毫不差地重现。现代一般的家用电脑，其“记忆”功能已经远远超过人类自身了，例如地球上发出的任何声音，包括人耳听不见的超声波，电脑全部都可以“记忆”保存与再现；宇宙间的任何光线，包括人眼看不见的光线，电脑全部都可以“记忆”保存与再现；地球上已经发生过的任何事情，包括没有发生确是幻想的事情，电脑都可以“记忆”保存与再现；地球上任何物体的影像，包括幻想的影像，全部都可以在电脑上“记忆”保存与再现。据网上所见，目前所造出的人工智能人，已经具有人的基本情感表述和动作功能。当然，其前提是，依然是由某个具体人所操控。这个操控人起码要记住所有操控按钮的动作程序，因为任何一点操控失误的后果，可能就是颠覆了其原有设计。

因此，人的“记忆”本身，依然是必须要研究的基本问题。因为任何人造物，都是需要通过对人的“记忆”的研究与开发来创造的。

目前一个人依赖掌上电脑，可能可以解决大量的“记忆”问题，但其实只是改变了本人的“记忆”方式和方法。而本人的“记忆”遗传功能却很可能会消退。特别是如果将人的情感功能也交付电脑去仿造，交付电脑代替本人表达，那是很危险的事情。因此，人类必须面对新的“记忆”方式和方法。

如何提高人类的记忆力？依然是现代科学研究的大课题。尤其是教育、学习等方面的问题不能依靠给每一个小学生发一个万能手机来解决。特别是目前手机中搜索到的所谓的万能答案，恐怕更是问题多多。

第三节

行为、动作、活动

“行为”“动作”“活动”等词在近代汉语中的语义相近，全看各位学者如何利用。而且，这些词在古汉语中早就存在，早就被使用。

利心无足而佯无欲者也，行伪（通为）险秽而强高言谨悫者也。——《荀子》

知夫人之行为尤详，故为之铭。——（宋）曾巩

其言谈者必轨于法，动作者归之于功，为勇者尽之于军。——《韩非子》

动作有文，言语有章。——《左传》

动作态度，无为而不窃斧也。——《吕氏春秋》

伯乃急持，鬼动作不得。——（晋）干宝

揩令热彻，胶不动作，光净耐久。——（北魏）贾思勰

至于言语动作，皆有时也。——（宋）张载

朱喜甚，殷勤动作。——（清）程趾祥

星辰活动惊歌笑，风露轻寒敌拍浮。——（宋）文天祥

层砌堆叠而乏疏畅活动之工。——（元）刘壎

那人见刘官人手脚活动。——《京本通俗小说》

也肯与人活动。——《醒世恒言》

见妙玉略有活动。——《红楼梦》

机件依然活动。——《二十年目睹之怪现状》

至于与西文的对译，则早在17世纪，意大利人利类思翻译圣多玛斯的原著，中文名《超性学要》在中国出版，书中将拉丁文actio对译为行为。①

1822年，英国人马礼逊在澳门编辑出版《华英字典》，书中对译：

（英）ACTION 对译为：行、行为；（英）BEHAVIOUR 对译为：行为、行为动作。②

1866年，德国人罗存德在香港编辑出版《英华字典》，书中对译：

（英）Action 对译为：动作、行为；（英）Behave 对译为：行为、做作；

（英）Behavior 对译为：行为、行动、举动、作为。③

1908年，译科博士颜惠庆主编的《英华大辞典》出版，书中有：

Acting　对译为：动作、行为；

Action　对译为：活动、行为、动作、作用；

---

① ［意］利类思译，《超性学要》；转引自雷立柏编，《汉语神学术语辞典》，北京宗教文化出版社，2007年，第221页。

② ［英］马礼逊编，《华英字典》，大象出版社影印本，2008年8月，第13、42页。

③ ［德］罗存德编，《英华字典》，日本井上哲次郎增订，日本藤氏藏版，1868年，第20、162页。

Behave 对译为：行止、行为、动作；

Behaviour 对译为：行为。[①]

一、学者见解

1912 年，蒋维乔教授编的《心理学讲义》出版，书中写道：

兹以意志为表出运动观念于身体上之作用，乃说明意志与运动之关系。……冲动运动者，谓无外界之刺激，由荣养循环等生理作用而起者也。……本能运动者，谓有遗传所得本能之运动也。即人类种族渐自动物进化，自然而得之习惯，不须教育而能者。……观念运动者，谓有目的之观念，又有所以达此目的之观念而行之运动也。最为复杂，与大脑皮质有关涉。又必须意志之活动，故又名此运动曰有意运动。……吾人由外界刺激引起观念，因此诱发欲望，乃生目的之观念，即动机也。再起所以达此目的之手段之观念，思考之而决定果可得遂行与否。然后始表出之于运动者，即是有意运动，而为最高尚之运动也。道德上名此运动曰“行为”。生有责任也。[②]

1923 年，在美国任教的郭任远教授回中国出版《人类的行为》一书，把于 1912 年在美国开始的“行为心理学”介绍到中国学界，并且展开对过去心理学的大力批判，言语尖锐，影响较大。他甚至将“心理学”定义为：

① 颜惠庆主编，《英华大辞典》，商务印书馆，1908 年 2 月，第 22、177 页。

② 蒋维乔编，《心理学讲义》，商务印书馆，1916 年 6 月六版，第 92–94 页。

心理学是研究有机物 Organism 全体的行为 Behavior 的科学，他的目的在考察有机物的行为的原理，和种种决定和统御行为的定律。……“行为”这个名词在心理学上，涵义很广，不是单指“道德的行为”而言。……（我在这部书中有时说“行为”Behavior，有时说“行动”Action，或“反动”Reaction，或“反应”Response；大概这几个名词涵义相同，但“活动”Activity 二字涵义较广，它不但指有机物的全体的行为而言，有时也可用来指示生理作用。）①

郭教授在书中还写道：

一切有机体的行为，皆为生理构造所限制。……我们的身体是和一个很复杂的机器一样，一切行为解释用这个机器做的，所以要研究行为，应该要先懂得行为的机器的构造即作用的大概。……

行为既不是筋肉的活动，又不是液腺的变化，究竟是个甚么东西呢？行为是有机体与环境互相间所发生的顺适作用。……是他对付环境，顺应环境的活动。所以心理学的职务，全在考察有机体全体与环境的刺激及情境互相间的种种关系。心理学的问题不外关于刺激和行为的性质，及刺激唤起行为的种种能力，和二者的互相作用、互相影响。总一句话说，要研究心理学的行为，当从有机体全体的反动，即反动与刺激及情境的种种关系，即这种关系的结果中求出来。……

一切行为都为刺激所唤起……甚么是刺激？有机体的环境的人物事件，和一切自然物及自然变化，当与有机体相接触时，有使有机体发生反应的可能性者，即可叫做刺激。……

① 郭任远，《人类的行为》，商务印书馆，1927年5月四版；转引自台湾万年青书店重印本，1971年3月，第36–37页。

各种行为是互相包含的，……下面搜列数层就是构成行为的假设的单位：

1. 适当的刺激。

2. 受纳器的准备以受纳外来的刺激。

3. 受纳器的活动。

4. 感觉到末梢神经传达刺激于中枢神经。

5. 中枢因受末梢神经传来的刺激，遂发生冲动。

6. 末梢的运动神经传由中枢神经送出来的神经冲动于筋肉或液腺。

7. 筋肉因受神经冲动的刺激，遂其收缩，或液腺发生分泌作用。

8. 筋肉收缩时，有机体就有运动出现，换一句话说，有机体就有行为发生。

9. 行为发生后，偶极体和原有的刺激的关系遂变化。

决定行为的条件……1. 生理的构造；……2. 遗传的影响；……3. 个人的历史；……4. 刺激的性质及强度；……5. 生理的状态；……6. 情境；……7. 过去的刺激的影响；……8. 反复的次数；……9. 时间先后的关系；……10. 动机。……①

1928 年，郭任远教授在《东方杂志》25 卷22 号上，发表论文《目的论及试验与错误说的谬误》，后来成为《华震与麦独孤行为主义论战》一书的序言。他写道：

现在的社会制度和社会科学完全是建筑在一个不稳定的基础上，行为学直接革心理学的命。间接就是革现在的社会制度教育和一切的社会

① 郭任远，《人类的行为》，商务印书馆，1927 年 5 月四版；转引自台湾万年青书店重印本，1971 年 3 月，第 74-173 页。

科学的命。要是行为学不能适用于现在的社会和社会科学，这是证明这些东西都要跟着心理学一道改造，并不是证明行为学的缺点。真的，行为学只能适用于新社会、新生活、新道德、新文学、新艺术和新的社会科学，却不是现在一般古式的社会和一般老朽的社会科学家所能接受的，以我看来，现在世界上各国的社会都是老朽的社会，各种流行的社会科学也都是老朽的东西。①

还是在1928年，《郭任远心理学论丛》出版，书中更是大讲他的激进见解：

我们相信从前心理学家所研究的现象（所谓“意识”），都是自然科学的现象，都是行为学的一部分的对象。我们又相信一切自然科学（行为学在内）的根本概念——假设——都是要一致的。因此，我们不得不放弃历来宗教家、神学家、哲学家和现在的心理学家所主张的“心身二元论”，而与其他自然科学家取同一的态度。我们以为宇宙间只有物理的现象的存在，并无所谓“精神现象”的存在。物理的现象是客观的，具体的，有直接观察和可用物观的方法来试验之可能的。所以人类间只有物理的科学。所谓精神的科学是无成立之可能的。

所谓“意识”，本来也是行为之一种，也是物理的现象。心理学家认它做精神现象，实是“指鹿为马”，误认事实的。……

行为学者非但否认旧式心理学的根本假定，就是数十年来的心理学界所通行的方法（内省法）也认为不适用的。因为（一）内省法没有直接证明的可能。……因为他无论如何是不能直接观察你的“意识现

① 黄维荣译，《华震与麦独孤行为主义论战》，上海黎明书局，无出版年，郭任远序发表于1928年《东方杂志》25卷22号上，第5–6页。

象”的，……（二）不但他人不能重做你所报告的观察，就是你自己有怀疑的时候要使你前次所观察的“意识现象”复现，是你得再多一次的观察，这也不是可以办到的事；……（三）内省是会说话的成人才能做得来的，……（四）我们当内省的时候，常常妨碍主要行为的进行。（五）我们真不懂得物质界的“人”，何以能够观察精神界的“意识”咧！我很想现在的心理学家告诉我，当他们内省的时候，他们用什么神妙的方法，来沟通物质界和精神界？

行为学是一个实验的科学，关于行为的一切观念，应以实验为根据。遗传的行为既没有直接证据，又没有实验的可能。遗传的观念简直是一个“懒惰”的方法，用来遮蔽我们不懂行为的起原的弱点，并且能妨碍关于行为的起原的研究和实验。……[①]

郭教授及时高唱20世纪新兴的行为心理学，对于中国当时心理学界的冲击应该不小，为学者们的认知思路和方法提供了一条新路，对于学术进步贡献颇多。但是郭教授用词过于绝对，大肆鼓吹学术界革命，也就引来不同的争辩声音。

1924年，哲学家李石岑教授的《李石岑论文集（第一辑）》出版，书中写道：

郭君废弃本能之论文，吾友严既澄君曾为文非难之，固自有其一往之见解。唯严君之驳论，尚是一种头痛医头脚痛医脚之方法，不足以服郭君，窃以为处今日科学之地位，其保存本能论者欲废弃本能论者，实陷于同一之幼稚；而敢于力持保存之说或力持废弃之说者，亦实具有同

① 黄维荣编，吴颂皋等译，《郭任远心理学论丛》，上海开明书店，1928年3月，第12-27页。

一之勇气，若欲借证于事实，则无论事实未可一时贡献，即事实已被吾人搜集，而双方所搜集之者或只足以相抵消。而未足以相发明。……

余所欲问者：第一，遗传的概念，是否可以完全废弃？第二，习得性遗传之有无，是否与不能存废为题，有密切之交涉？彼谓学得的动作与不学而能的动作之分别，足以阻碍用实验室的方法；然二者之分别，在事实上固未可免，则焉能以用实验方法之故，而抹杀此种分别。……

极端行为派心理学攻击本能所据以为最有力之理由者，即为数千年前祖先遗传之本能，决不能适应今日之新环境。此则有两种说法，足以破吾人之疑窦者：一，本能与应付环境之智慧，究竟有别。……二，本能之发现，是否与发生学发生关系？而发现之步骤，是否隐依发生学上之程序？又，今日之发生学，是否即足资本能发现之考镜？似均为亟须讨究之问题。据一般考察，本能之发现，有三种特质：一，本能之定期性；二，本能之一时性；三，本能之早期特化性。……郭君心理学重实验，亦重在建设实验的发生心理学；因为不从发生不易求“行为”之明白解释，然不从发生亦不易求“本能”之明白解释；故发生学不决，徒聚讼于本能之存废，皆纷认同无当者也。……

本能岂惟在心理学上至为重要，即在一切科学亦宁能舍此以立言，盖本能实驾知识与道德而上之知识与道德，系出于一种外的要求，“不可不”的要求，而不能则为一种内的要求，本然的要求。知识与道德，虽为人类与下等动物区别之重要特质，然吾人欲得最大之幸福，固不在知识与道德之满足。彼道学者流虽力言道德之高尚，理性之尊严，然彼衷心之赤裸裸的告白，固仍不能不推本能满足之要求，为吾人之究竟的要求。伦理学家虽极力阐述至善之意识，然自古以来，忠臣义士之殉其国，孝子节妇之殉其亲，绝非出于至善之观念，乃为一种本能满足之要求。故所谓善不善，毕竟不过为见解之名目，而与人类本来之生活无关。……

至余对于主张废弃本能者之严正态度。与其实事求是之精神，故一场叹服，并以为主张保存本能者，亦应效法其态度与精神。……①

1926年，高觉敷教授著《心理学论文集》，书中写道：

行为派心理学的特点，在乎否认心灵的存在。旧心理学和新心理学，就对象言，虽一狭一广，然根本上究竟统认心理学为研究心灵或意识的科学。换句话说，它们俩哲学的根据为心体二元论。……行为派既否认心灵，便把这数百年来悬而未决的问题，直接了当地取消了。但是这一层不过是行为派否认心灵的结果，可不是行为派反对心灵的原因。……行为派以心理学为一种纯粹客观的、实验的科学，而心灵这一概念却极端的是一种非科学的名词。……行为派心理学为研究有机物全体的行为的科学。……行为派则既否认心灵，尚何所谓意志？既以意识为行为之一种，又何所谓行为受意识的指导？所以行为派便纯以客观的事实解释客观的行为。由他们看起来，一切行为所共有的分子为刺激和反应。……行为派何尝否认意识和动机，不过由他们看起来，这两种都是客观的事实，本没有什么玄妙之可言罢了。……旧心理学之所谓思想，就是行为派之所谓潜伏的语言。潜伏的语言虽不可解，然而运用咽喉和喉头的筋肉则一。所以行为派思想根本没有玄妙之可言，也不过是一种潜伏的行为，……

语言报告法就是旧心理学内的简单的内省法。行为派所用内省法，以这种极其简单的为止。至于复杂的内省法，便不敢采用了。……

替代的刺激的实验法的发明，实在可说是心理学研究法的大进步。……

① 李石岑，《李石岑论文集（第一辑）》，商务印书馆，1924年6月，第136–159页。

我现在已逐渐由怀疑而极端地赞成了。我以为行为派心理学是心理学到现在所应走的一条路。心理学的定义，由灵魂的研究而变为心的研究，为一进步。然而心也不过是灵魂的又一名词，其为不可捉摸则一。心的研究变为意识的研究，可算是再进一步。但意识虽比心和灵魂较易觉知，然而直接观察则均颇不易。心理学本有欲进而成为自然科学的趋势，于是就不得不以较容易观察的行为，作本科研究的对象了。……[①]

1931年，朱然藜教授翻译美国帕特里克著的《心之新解释》出版，书中写道：

倘若我们可以认心理学是一种行为的科学，倘若心就是一种行为，那种生物由此厘正自己和适应自己于他们身体的和社会环境的行为，那末，从古以来虚度困难和迷惑的问题，岂不是很容易解决了吗？……我们现在已经知道所谓心者，只是一个生物的某一组活动的总和罢了。更能把这个问题简化的，就是我们现在不必再采取神秘的心之实体——本质——或所谓形而上的心或灵魂这类学说了。因为我们发现，心不是一种“物体”（being），却是一种“作用”（doing）。现代的心之学说，也能把心理学放进自然科学的队伍里，给它一个明确的领域，受观察和处理之一切科学的法则所支配。生物的种种活动，恰同身体上别部结构或官能一样，都可以用客观的方法来研究的。可是这种新颖的心之学说，……有许多问题仍旧悬而未决。这些问题中某一部分是急急乎要解决的，所以我们必须加以注意。……

我们承认心是行为，我们岂不是成为“行为主义者”？但行为主义

---

① 高觉敷，《心理学论文集》，商务印书馆，1926年12月，第32–48页。

岂不是一种唯物论，在危害着灵魂的尊严和价值，即破坏着道德和宗教的理想吗？在一般人的心目中，行为主义确有这种恶名誉。……科学是心的产儿，哲学借着心去窥探宇宙的秘密，艺术就是心之理想及志趣的外形。亲爱、同情，即怜恤，是宇宙最优美的产物。惧怕、疑惑、憎恶、猜忌、贪婪、野心——这些都是千真万真的，谁也没有怀疑到它们的实有。……思想是实有的，一种重要的思想一旦起了变化，文化也就跟着而变化。所以，现代的行为主义倘若怀疑到心之实有，那么，这种主义的本身就须先行破产。……对于这个问题，必须大规模地加以整理，幸的很，现在的科学、数学、哲学，即心理学都能够共同合作，廓清这一切的纠纷。……

行为主义是一个无限制的名词，它有好几种涵义。最初，行为主义仅仅是心理学上一种新方法的名字，是拿来辅助或代替内省那种旧方法的。后来因为得不到各心理学家的赞许，行为主义者就建议，试用那种在一切自然科学界中所应用的客观方法，……提议把人类的行为当作一种客观的现象去研究，受观察及实证上的普通定律所支配。……行为主义的第二种意义，就是认心的要素是一种行为的这样一个学说。……这个名词有时候专指那种极端的行为主义而言的。这一派认心仅仅是行为，只是行为，毫没有别的意义。……心理学家在行为的研究上确曾有许多贡献，但我们却不解为什么他们总是疏忽了行为的“本源”。他们认有机体只是一架刺激和反应的机械作用、感觉的发动机，却很少注意有机体的自然性（spontaneity）及独创力（initiative）。……

有机体是这类整体中最奇特的东西。生物能表现高等进行的实际性，同时，也能表现那种一致的错综，在这种错综中，有生长、繁殖、自存、不能的和适应的行为，人格即自然力之有意的驾驭等更奇异的实际性。人类有机体并不是各种原素的凑合，而是一种组织，是时间和空间之种种关系的焦点，使人类同过去和未来发生关系，使人类成为创造力的中心。……到了20世纪，科学家发现原子并不是实质、确实组织，它们的属性是靠着它们的构造而定的，或靠着它们的构造的关系而定的。它们可以溶解而成一种更简单的单元，这单元我们叫做阳电子及阴电子。所以，我们不能再认原子是物体的碎片或原料的微尘，或拆迁所谓固定的实体了。它们是一种更简单的原素之复杂的结构体，……它们不是实质，也不是惰性的及被动的物体。……所以，物的世界好像不能分析而成物质，也不能分析而成能力，但是可以分析而成活动、作用或现象。……我们没有任何事实，可以证明任何物质的分子，能在无空间的时间中生存，或在无时间的空间中获得。因此，我们就须反过头来认“现象”（event）是终极的实在。……据上面分析的结果，我们发觉心是一种活动或行为的方式，这结论似乎并没有损失心的真实性；反之，因有这种发现，心才算有了一种真实性。

自然好像是一条逐渐开展的进程，在这进程里面，有机体，智慧，语言，文字，反省，建设的想像，艺术的创造，社会的组织，商业的事物，以及道德的进化，都是逐步向前的阶段，我们在这种开展的进程中，蹈着个个阶段前进。我们不必穷究事物的发端，以求解释心和生命；也不必杜造“生机”（entelechies）或“生命力”（vital forces）等字汇，用神秘的态度来解释物质。最后，我们也不必认心和生命是神秘的，或超自然的原素，因之就反对别种论调。心和生命只是进化的单一的复体所特有的一种活动罢了。亚里士多德说：植物能生长；动物能生长，能感觉，能移动；人类能生长，能感觉，能移动，能“思想”。进化达到人这一个阶段的时候就发生一种新实在，那即是思想。为着思想、记忆、推理和想像，所以这个世界就立刻起了变化。思想等不是物质作用中副产品；它们正是世界上的实有，而且它们能够决定未来世界之发展的行程。

所以，心不是动的物质，也不是脑的机能。它是一个极进化的单一的复体的特种活动。它不是身里面任何器官或任何一组器官的机能，而是整个个体在同物质的社会的环境接触时的一种活动。实有的总量，时时有种种新的性质及新的行为方式加入，这等新性质及新方式，是由各原素之组合而来的，或由低级的复体变成高级的复体而来的。人类的心，即是这样的一种实有之扩大者和增加者，所以不可再认它是任何物理的或生物的原素之配合。……在科学家所描写的世界中之种种事物和活动，心显然占据一个尊崇的地位的。在价值和尊崇上，心当然是首屈一指的。我们可以接受亚里士多德的学说，认宇宙是一个伟大的实现进程（great process of realization），在这个进程中，心并不是一种固定的和最后的实物，而是最后实现的一种理想的价值。①

帕特里克教授的见解颇为深邃，它是在把握科学知识基础上的理性分析，一方面对于行为学派的贡献充分肯定，另一方面对于行为学派所造成的新问题做哲学的提问，对于我们今日要研究的认知科学来说，应该是一份很好的参考资料。

1935 年，陈德荣教授翻译出版《华生氏行为主义》，书中写道：

行为主义者问：为什么我们不把我们能够观察的东西，拿来作心理学的真正研究范围？我们且把我们的工作，专放在我们所能观察的东西上面罢，我们且专在这些东西上面，寻求它们的定律罢。那么我们所能观察的是什么呢？我们能观察行为——有机体所做的或所说的。我且再解释一下，所谓说，就是做——就是去发生行为。大声地说话，或只默默地对着自己说（思想），其为一种物观的行为，……行为主义者

① 〔美〕帕特里克著，朱然藜译，《心之新解释》，商务印书馆，1933 年，第 91-109 页。

时常放在他面前的准绳或测量尺：我能不能用“刺激与反动”的公式来叙述我所看到的那个行为？……他的唯一目的，是在搜集关于行为的事实——证实他的材料——再将其纳之于论理学及数学（这是每个科学家所要用的工具）的轨范之中。

行为主义也永不要求其成为一个系统。它只要从观察以搜集事实。再又选出一群事实，而从中引申出一些结论，是又不得不加以改变的。……做实验，由实验而集积事实，有时从这些事实之中，归纳出一个学说或一个假设来——这就是行为主义所做的工作。根据这点来看，行为主义是一种真正的自然科学。

关于测验，向来有两个狂妄的观念。这就是：（一）以为真有一种本质上的智慧在那里存在着；（二）以为测验能使我们将“天赋”的能力和学得的能力区分出来。可是在行为主义者看来，各种的测验，只是一些方法——在现在还是很不妥当的方法——我们可以用来将人类的行为，分起类来，即分起等级来而已。……[①]

1943年，惠迪人先生著的《行动哲学》出版，书中写道：

行为……它是指所有生物种种行动而言。生物的行动或行为并非自然发生，或无因而致的。即一切无机物的变动，亦非无因的；所以一个无机物的变动或一个生物行为的产生，都有其不得不如此或如彼的情况。在无机物谓之场合或境况；而在生物则谓之环境或情境。行为的环境，不但指生物本身以外与其发生关系的事物；就是生物自身过去和当前种种情形，亦为其环境的构成重要部分。这一切就叫做行为的刺激，

① 陈德荣译，《华生氏行为主义》，商务印书馆，1935年2月，第9–67页。

而行为则便是刺激的反应。故事物行为的公式可以写成：

行为 —— 刺激—→反应。[①]

1929年，杜亚泉先生编纂出版《人生哲学》，书中有“行为的类别”表：

第一次冲动行为
（动机 —— 外界的感觉或观念和随伴的感情）
（进化的发达）

第二次冲动行为
（动机 —— 外界的感觉或观念、观念手段和随伴的感情）
（进化的发达）　（进化的感情）

选择的行为
（二个以上的动机竞争，其一个在感情关系上占了优势）
（进化的关系）

决意的行为
（二个以上的动机竞争，于感情关系外加入理智关系明确决定）[②]

观念发动的行为
（动机 —— 外界的感觉或观念）
（退化的发达）

反射运动或自主运动
（没有动机）

1946年，社会学家孙本文教授的大作《社会心理学》出版，他在书中关注社会群体的心理问题，并作了颇多冷静的分析。书中写道：

① 惠迪人，《行动哲学》，重庆商务印书馆，1943年3月，第10–11页。
② 杜亚泉编纂，《人生哲学》，商务印书馆，1929年8月，第105页。

人类行为必定在环境中表现。当表现之时，必经过相当过程；其时在人身方面，即有各种器官以执行之。这行为过程的第一步为感受刺激，其器官成为感官，亦名受纳器，其功用在于感受刺激发生冲动。第二步为传导，其器官为神经系，亦名传导器，其功用在于将受纳器所发生的刺激冲动传导至反应器。第三步就是反应，反应的器官，是肌肉的腺体，其功用即在应付刺激。当刺激冲动通过神经系时，其中经过三种神经细胞或神经原。……如是，从受纳器感受刺激经过神经系，将冲动外移至反应器表现动作，这种过程谓之反射弧，可视为一种行为的机能单位。无论简单或复杂的行为，都不能不经过这一种过程。所以反射弧就是行为的基本机械。

环境原是个人对于环境的一种协调作用。当环境中的因素（无论在体外或体内）刺激我们时我们对于环境，表现一种失调的状态，必俟反应法表调协妥当以后，行为才是完成，才是与环境调和适应。……可知行为固然是消极与反应的过程，亦可说是失调与调适的过程，或需要与满足的过程。但人身与环境的失调或人身感觉到需要，亦可由刺激所引起。……

反射行为是最低级的行为，就是与生俱生的行为。……次为习惯行为，就是深厚在社会上习得的行为。……复次为理智的行为。人类不仅能自己养成习惯行为，还能推测他人的行为，控制他人的行为。他具有认识的能力，联想的能力，以及记忆退路等能力。由于这种种能力，所以人能造成种种文化，形成复杂的社会生活。

大概人类的行为，从发生到完成，似有一种动力在推进，这是不可否认的事实。

环境的基础，是在人身内外，凡可以引起行为的种种事物及动作，都包括在内。没有这种基础，行为根本不会发生。

社会的环境，即人类社会生活的环境，包括人与人共同相处时所接触的环境，即人所造作的人为环境在内，得又分为二类：

1. 心理的社会环境。即人与人共同相处时的环境，指人在当时所发表的行为或行为的趋势言。又可分为二小类。

（1）内在的行为（或行为的趋势）——如态度、意念、愿望等。

（2）外表的行为（个别或交互与集体行为）——如个人的说话动作即人与人间的谈话、谣言、训诫、舆论等。

2. 文化的社会环境。即人所制造或利用的一切事物，这是离开人讲的，即所谓人为环境。得再分为三小类。

（1）物资的——人所制作的一切有形具体的器物，如用具、武器、饰物、机器、仪器、交通工具、通讯工具、建筑物等。

（2）生物的——经人豢养的动物及栽培的植物，如家畜与园艺植物等。

（3）心理的——人所制造的一切无形抽象的行为型式，如语言、风俗、信仰、道德、法律、科学、哲学、艺术等。……①

关于人类社会群体的心理研究，也是近代心理学研究的热门课题。与此相关的著作颇多，这里难以详述，仅录当时部分著作名如下：

《社会心理学新论》	陆志韦编	1924年	商务印书馆
《社会的心理基础》	潘菽著	1930年	世界书局
《群众心理》	吴旭初、杜师业译	1920年	商务印书馆
《群众心理学》	高觉敷著	1934年	中华书局
《听众心理学》	张孟休编述	1938年	商务印书馆
《宗教心理学》	夔德义著	1936年	广学会

① 孙本文，《社会心理学》，商务印书馆，1948年8月再版；转引自《孙本文文集》第二卷，社会科学文献出版社，2012年5月，第61–78页。

《民族心理学》	冯蕙田著	1940 年	金华国民出版社
《性心理学》	潘光旦译	1944 年	云南经济委员会印刷厂
《工业心理学概观》	陈立著	1935 年	商务印书馆
《心理学的应用》	潘菽编著	1935 年	中华书局
《变态心理学漫谈》	西风社编	1940 年	西风社

二、辞书上的条目

1911 年，黄摩西教授编的《普通百科新大辞典》出版，书中有条目：

【行为】

（一）心理学说，为具道德心者有意的动作，即道德上可得谓之善或恶之动作。故疯癫白痴等动作，虽不得以善恶论，然其无意动作，仍为有意动作习惯之结果，故仍有善恶之价值而仍为行为。

（二）法律上，表人之意思于外部者。其表示意思，各就其方法为区别，而明示默示，即作为不作为。又就行为之人格，则分为国家行为，与私人行为。就其实质，则分法律上之行政行为、诉讼行为、法律行为等，与单人自由运动之法律外行为。又就法规之关系，则分适法行为、不适法行为。又当事者两面合意而成立者，谓之双方行为；仅表一人之意思而成立者，曰单独行为。倘不本于内部意思之决定，而仅就外部动作而称行为者，则为广义行为。①

---

① 黄摩西编，《普通百科新大辞典》，上海国学扶轮社，1911 年 5 月；引自钟少华编，《词语的知慧》，贵州教育出版社，2000 年 10 月，第 75-76 页。

1926年，樊炳清先生编的《哲学辞典》出版，书中有条目：

行为　英 Conduct 法 Action morale 德 Handlung

指可为道德之判断之对象，即动作之可加以善恶之名者。法语之 Action morale，最善表斯意。直译之，即是道德的动作。普通凡可目以行为者，须具二要件。（第一）出自有意的。（第二）必其动作者，具有道德心。譬如患颠痴者，其动作虽出于有意，而不能作为道德判断之对象，此以第二义言之。更以第一义言，则虽其人具道德心，而事出无意，则就此一事，亦未能判断是非。……

动作　英 法 Action　德 Aktion，Tătigkeit

或译作行动。甲，心理学上，与运动（Movement）或作用（Function）等语有时通用。……然因其动作中，或其动作前后，有无意识伴生，及其所伴意识之多寡或明晦，而动作得分种种。……乙，伦理学，与行为（Conduct）一语通用。此但指其有意志有目的者。若机械的动作之属生理作用者，自不足为道德之对象。惟多住或行为云云，虽以本诸意志，伴以意识，为其成立之条件，而不得自其反面，亟谓无意识之动作，不得称以行为，即不能加以善恶之名。譬如习惯的动作，此本由有意的动作，积久以成者，固不可与纯属生理之机械的动作同论也。

动作者　英 法 Agent　德 Agent，Wirkendes Wesen

指行为之主体。即自具活动之能力，而被影响于其他者，皆是。其动作非出自外界之强迫，亦无关于生理作用，而但以自己意志营为之，则谓其主体为自由动作者。自法律上言之，则含有本人担负义务或承受权利之意（或译行为者）。自可协商言之，此语不限用于人间，即原因或动力，亦得被以斯称。譬云：“热为物理的动作者”是。[1]

① 樊炳清编，《哲学辞典》，商务印书馆，1926年5月，第210、538、539、540页。

1928年，中华书局编辑出版《中国教育辞典》，书中有条目：

行为 Conduct

个人之举动行动，凡心志之表现于动作者，皆成为行为。与行动不同，因口之呼吸，目之转瞬，皆可成为行动，但不得谓为行为。

吾人对行为，每判断其善恶优劣。其故即因行为足以代表其人之意志或动机，观其行为即可以明其心志也。吾人之行为，苟无意志作用存乎其间，不得以善恶目之换精神病时之所为，受催眠后所行，皆不负责任是也。必须具思考与判断之行为，方有是非善恶之可云，而发生道德法律的问题。

行动 Behavior

包括二义：一指各种有目的之活动；一指个人对于环境所为之反应。其起也，有出于自发的，而不曾加以考虑者，儿童之虚伪多属于此类。又有出于冲动者，每附着于情绪之作用，而猛然出之。……

近来心理学中，有所谓行动派者，注重行动而忽视意识。据其所言，构成行动之单位，可分析如下：（1）适当的刺激。（2）感觉器官准备接受刺激。（3）感觉器官之活动。（4）感觉末梢神经传达刺激于中枢神经。（5）中枢神经接受末梢神经传来之刺激而发生冲动。（6）运动末梢神经将中枢传来之冲动，送至肌肉或液腺。（7）肌肉接受此冲动后，即起收缩活动，液腺接受此冲动后，即行泌液。（8）肌肉收缩或液腺分泌时，有机体发生运动，是即所谓行动也。（9）行动发生后，有机体与原刺激之关系变，如是或再引起他种行动。

行动主义 Behaviourism

心理学之一派，成立最晚。谓心理学为研究人类行动之科学。视意识为行动之一铸型。而其极端派，则单以刺激与反应之关系为其研究对象。反对用内省法。且排除意识之研究，而绝对研究有机体之行动。自谓心理学与生理学之区别，在心理学之研究对象，为有机体全部之行动。而生理学则研究行动其局部的行动。惟此种区别殊难认为正确耳。[①]

1930年，唐钺、朱经农、高觉敷合编的《教育大辞书》出版，书中有条目：

行为 Behaviour

“行为”一名词有时其义甚广，指一切有目的之动作。此处则用字之狭义，指个人对于环境之反应，而表现于肢体运动者也。他人之在吾之侧及其动作思想与感情为吾人之所推度者，常足激起吾人相当之行为。行为又机械的；……有因冲动而起者。……凡高等行为乃理想目的所鼓励，惟此等目的终必为社会环境所左右。……

行为心理学 Behavior Psychology（该条目作者署名为郭任远）

{行为心理学之意义}简单言之，行为心理学乃研究人类或其他动物之行为或动作之科学。一切动物受环境刺激时，往往发生一种反应，以应付此种环境，而使之顺应。……所谓行为者，即一切人类及其他动物之起居、饮食及一切之隐于内或形于外之活动。单就人类方面而言我辈每日关于自身或收回之一切“思想”与“动作”，皆属于行为之范围，是故“行为”之名词，在心理学中涵义最广。……

{行为心理学之哲学基础}行为心理学与此前之心理学不同之点极多，单就哲学之基础而言，前者极端主张机械说与非精神的一元论；后者主张心身二元论，而以心与身而两种相异之实质。行为心理学者以为

---

① 中华书局编，《中国教育辞典》，中华书局，1936年3月三版，第253-255页。

“心”或“意识”或“精神生活”，皆为不存在之物。世界所存在者，物质耳。……其实意识即行为也。一切行为皆生理变化之结果；而一切生理变化，又为物理变化与化学变化之结果；而所谓物理变化与化学变化者，以我辈现在之智识观之，亦不出原子与电子之变化耳。夫世界只有物理现象，无所谓“心灵”的现象，……

{行为心理学的方法}……心理学为物观之科学。……

{行为之研究}人类行为之研究，可分为四大类：(一)行为之构造、作用、变化与唤起行为的刺激之种种关系。(二)行为之发生及进化之历程。(三)生理变化与行为之种种关系。(四)行为之变态。……

{行为心理学的历史}……

行为主义之德育

……行为主义者谓儿童道德之培养首宜注重儿童习惯之养成。……[1]

1947年，张耀翔教授编著的“心理学的术语”中有：

行为(behavior)

广义的解释：有机体对刺激而生之各种筋肉的或液腺的反应之总称。狭义的解释只是指有机体上可供人观察的那一部分反应。这名词容易与伦理学家所谓行为(即品性)混乱。行为与其他生理的活动之区别有四：(A)行为有目的；(B)行为有意义；(C)行为造成个体在社会组织内的地位；(D)行为乃有机体的全部活动，生理的活动不过限于单个器官。行为派心理学只承认后二者。[2]

---

① 唐钺、朱经农、高觉敷编，《教育大辞书》，商务印书馆，1930年7月，第435–437页。

② 张耀翔编著，《心理学讲话》，世界书局，1947年6月三版，第101–102页。

行为派的心理学在20世纪前期，就给中国学术界带来冲击，他们冲破传统的形而上的“心学”“心灵学派”等的桎梏，而以人的行为作为研究重点，让心理学的科学系统趋向实际人生。虽然行为派的理论所产生的新问题也不少，但中国学者理解并采纳了这些见解，在中国学术界中形成新思维和新方法，最终诞生了不少成果。在如今读来，我们依然会得到许多新知识。

第四节

学、习、学习

中文“学”“习”二字，在传统中国文化中被置于崇高地位，特别是在被皇帝封为“圣人”的孔子说出“学而时习之，不亦乐乎”这句话之后，“学”与“习”就成为封建时代书生们毕生追求的口头禅。这本来是很好的事情，但汉儒以来，却给“学”与“习”的形式及内容，加上了各种桎梏，当时学习的内容以“四书五经”为代表，方法以“学富五车”的背诵为主，讲究“无一字无来历”，书生们只能在皇帝所规定的道路上踱步终生。两千多年来的所谓知识分子，学习一生就是为了“金榜题名”，而理由是“书中自有黄金屋，书中自有颜如玉”。至于没有走书生道路的广大农民、工匠，从幼到老，终生都被排除在“学”与“习”之外，所谓做“劳力者治于人”而已。一个有上亿人口的民族，如果绝大多数都是认不得几个字的文盲，再在那儿念诵“不亦乐乎”，恐怕实在乐不起来。

另外，在古文献上，由于汉字结构特色，“学”字与“习”字，它们本身就已经在几千年间被广泛运用，姑且不说前加一个字或后添一个字会产生什么样的新内涵，仅是它们本身就已经承担太多的不同的意思，这种一字多义的史实，确实是令今天的读者头痛的。略微具体一点，我们今天能够在《故训汇纂》这部集数百年训诂学成果的工具书上，看到古人对于“学”字的 70 多种不同用法，对于“习”字的

80 多种用法。难道今天的读者需要搞清楚这么多的用法，才能来讨论“学”与“习”两字的语义吗？

当然，关键还是任何一个汉字的文化内涵，到底应该如何去理解，如何去学习认知，这才是我们所关注的核心，但这也是太复杂的问题。由于认知角度的不同，就凸显文化的差异而言，也就能够诠释一些本质性的区别。

一、《康熙字典》与马礼逊《字典》中“学”字内涵的不同诠释

清康熙皇帝命令他手下的文人编辑出版了中国第一部以字典命名的字典，书前加上他的年号“康熙”，成为《康熙字典》。其中收录汉字 47035 个，于 1716 年在北京紫禁城出版。康熙皇帝在序言中规定：“莫不旁罗博证，使有依据。然后古今形体之辨，方音声气之殊，部分班列，开卷了然，无一义之不详，一音之不备矣！……命曰《字典》，于以昭同文之治。俾承学稽古者得以备知文字之源流，而官府吏民亦有所遵守焉。”① 皇帝关心的是“同文之治”的“治”，书生们皓首穷经白了头，也逃不出钦定的这类有形铁框。

《康熙字典》中的“学”字的条目内容先是音韵介绍，有《唐韵》《集韵》《韵会》《正韵》等古代书中的反切音，共显示三种发音：胡觉切、许既切、后教切。接着是“学”字在古文献中的用例和见解，《说文》：觉悟也。本作斅，篆作学；《增韵》：受教传业曰学；朱子曰：学之为言效也；《诗·周颂》：日就月将，学有缉熙于光明；《书·说令》：

① 《御制康熙字典》书前康熙皇帝上谕，武英殿版，线装 40 册，1716 年。

王人求多闻，时维建事，学于古训，乃有获；《学记》：君子之于学也，藏焉，修焉，息焉，游焉，夫然故安其学而亲其师，乐其友而信其道；又学校，庠序总名；《礼记·王制》：天子命之教，然后为学。小学在公宫南之左，大学在郊。天子曰辟雍，诸侯曰泮宫；又姓，见《姓苑》；《前汉书·匡张孔马叙传》：乐安裒裒，古之文学；傅毅《迪志诗》：训我嘉务，诲我博学；《正字通》：与教别。

这种以皇帝名义颁发的“正统”解释，虽然考据十分确当，也很能说明“学”字在传统中国文化中正面的意思很深厚。但是，需要了解的前提是，读者必须已经对汉字词的深厚内涵有相当的理解，才能运用汉字词来玩味，或写进八股文章中。至于古今中外读者能够对“学”字理解多少，如何学习“学”字的内涵，恐怕是连编纂者们自己也不知道的。妙的是，历史事实是，在中国民间语言的运用中，关乎“学”字的运用解释却十分丰富。这种文化现象，被来到澳门的英国人马礼逊（R.Morrison，1782—1834）注意到了。他在澳门用8年①时光，在《康熙字典》百年后的1815年，编辑出版同名的字典。这两部字典不仅书名相同，而且其中收录的47035个字相同，排列也相同，连214个传统部首也相同，但只要看到每一个条目的内涵解释，就发现有很大的不同了。更有趣的是，马礼逊似乎特别注重汉字“学”的含义，他为《字典》中的“学”字的条目解释，整整写了40页（原书第746—785页），简直不可思议，其内涵丰富得出奇，认知视角和方法更是完全不同。本书无法全文引述，只好略做介绍如下：

---

① ［英］马礼逊编，《字典》，大象出版社影印本，2008年1月。参见拙文：“马礼逊的《华英字典》与《康熙字典》文化比较研究”，载钟少华，《中国近代新词语谈薮》，外语教学与研究出版社，2006年5月，第69-90页。

条目首先是“学”字，然后是英文拼音方式的2种南京音读：HEŏ-ang Heaou。其次是3种“学”字的不同书法。最后才开始用英文解释“学”字的基本含义。笔者这里采用的是陈启伟教授的翻译：“源自‘模仿’。被放进一个下有一孩童的覆盖物之上的臼或钵里面。受教，练习，或遵照所说的话；模仿，攻读求学。学习，学问，任何一门研究或科学。人们求学的地方。”如此形象的解释，与今天的中国训诂学家的解释有很大的不同。两百年前，远在澳门的外国人，居然能够对于中国的“学”字有所领悟，也许他深深感悟到中国书生一生学习的困苦，就像是一个孩童永远顶着沉重的石帽子一般，所以他能够按照他对字形本身的分析而自圆其说。笔者相当欣赏马礼逊的认知方式，能够想象中国孩童像顶着沉重的石帽子一辈子受教，真的是难受；也就无怪乎后面详细列举中国传统学习制度和学习内容。

接着是由“学”字组成的词组介绍和英文解释。共列举40多种，还有例句10余句。这都是马礼逊无须服从中国皇帝的权威，通过与中国书生打交道和对中国书籍的学习，从而粗略地在实用基础上涵盖起来的，不仅写下了当时中国人普遍使用的情况，而且仿佛不经意间就与西方知识联系起来了。

以下几大段内容，则介绍了中国文化中的“学”字所拥有的知识，包括中国传统形成的“学”的重要性；儿童初学的具体方式；成人读书学习的方法；全民族的科举考试制度和程序；甚至关于写八股文章的原则和技巧，从中还专门分析八股文的9个术语；等等。

显然，中国人和外国人在理解汉语“学”字内涵的时候，长期有着巨大的本质上的差别。而19世纪以前的中国人，以其特有的自信，根本无视外国人的见解。

二百年前的一位英国人，他准确并深刻地掌握了汉语“学”字所能涵盖的中华文化精华，故写出如此有丰富内涵的条目。他除肯定中国古贤人的智慧名句之外，更注意借助传统学习方法，传统学习、教育体制和考试体制中的严格规定，以及八股文法中所体现的儒家原则等，和盘托出中华文化之所以源远流长的关键。恰如他在文中写道："在过去1200年里，'儒教'在学问变成了实现个人野心的工具。……让贤人尽其所能，帮助其维护统治。学问规定的进步，无论是学问的自由发展，或在科学上的发现，都不在政府考虑的范围之内。政府规定了要看的书，禁止看其他的书，不许有非政府倡导的创新。"

二、学者对于"学习"的见解

"学习"一词，在古汉语中，早就被运用，例如：

鹰乃学习。——《礼记·月令》

士则学习法令辟禁。——《史记》

稍长，亲师友，学习今古。——（宋）叶适

学习数十员。（实习的官员称号）——（明）刘若愚

协办枢廷，不始学习。——（清）陈康祺

遗憾的是，古人对于"学而时习之"过于盲目崇拜，更仿效孔夫子在"教"上面下功夫，所以古代充斥着如何"教"的宏论，却没有对"学习"下一个定义，以及缺乏对于"学习"的研究，在学习体系、学习方法上更是缺乏分析与实验。一直到近代，中国人才将"学习"作为重要的研究与实践课题，其成果反映在近代中国的教育学和心理学、哲学方面。

1822年，马礼逊在澳门编辑出版《华英字典》，书中对译：

LEARN　　　　对译为：学。

LEARNING　　对译为：学问、才学。

STUDY　　　　对译为：读书。[①]

1865年，德国人罗存德在香港编辑出版《英华字典》，书中对译：

Learn　　　　对译为：学、效、教、学习。

Learning　　对译为：学、学问、学闻、博学。

Study　　　　对译为：学、学习、读书、思想。[②]

到1908年，颜惠庆博士主编出版《英华大辞典》，书中对译：

Learn　　　　对译为：学习、习熟、学知、受学等。

Learning　　对译为：博学、学问。

Study　　　　对译为：学问、研究等。[③]

1917年，朱元善先生编的《学习之心理》出版，书中写道：

学习之心理则明示人类之知能、品性、学问等为如何法则所支配，又以如何条件而发达者也。

学习之意义：……因经验而变化其反应适应于境遇之事，自广义言之，亦即学习也。而动物一日习得适应境遇之反应方法，嗣后必反复

---

① 〔英〕马礼逊编，《华英字典》，大象出版社影印本，2008年8月，第250–251页。

② 〔德〕罗存德编，《英华字典》，日本井上哲次郎增订，日本藤氏藏版，1868年，第1097、1697页。

③ 颜惠庆主编，《英华大辞典》，商务印书馆，1908年2月，第1321、1322、2238页。

行之，习惯遂以成立，其本体即由如斯之学习而渐次发达。动物之能持续保存其生命者，全以有此学习故。盖生存竞争之世界，惟适者能以生存，而亦惟赖此学习始得谓适者也。……学习之原理，终不过因经验而变化反应之方法耳。

人类之学习优于他动物者，以生得的学习可能性独优之故。社会的生活使个人之现象得便利者，亦以人类之生得的倾向优于他动物故也。即人类比他动物一方优于生得之学习可能性，一方又有营社会生活之生得的倾向，故其发达远非他动物所得比并耳。

学习之根本的法则：……（一）对于兴奋用意不用意之法则。……（二）练习之法则。……（甲）反复之法则；……（乙）废弃之法则；……（三）效果之法则。……以上三法则，所以支配动物及人类之学习作用者，然于其根柢，底更当推想广义之记忆可能性。……

以上三法则皆立于记忆可能性之根柢上而被其支配者，生得的倾向，或强而保存，或弱而消失，或旧境遇而结合新反应，或旧反应而结合于新境遇。如斯而本能及可能性之遗传的资本，遂发达而成习惯及才能，吾人对于环境而得为适当之行动者，实由于此。……

故于最初，其学习作用，专为收得智识之实用的者，此为动物及儿童学习之基本，而占种族的即个人的经验之最广部分者也。然学习之原动力，实非以直接实用之性质为限，于此直接实用之外，尚有数多之生得的倾向，即好奇心、游戏及模仿是也。……

所谓学习者，简单言之，则自疑之而自解之事也。夫儿童于自疑自解之间，教师当为适切之指导，固无待言。即儿童学习，教师使之学习也。故学习形式与从来之教授形式，有相同者，亦有绝异者。要之，儿童既能自疑自解之，更能自为整理应于必要而发表之，斯为善耳。故本片特举质疑法、解疑法、整理法，即发表法之四纲，……

学习动机旺盛，则疑问自亦盛起。故旺盛其学习动机，即所以诱起其质疑也。然学习动机果如何而能旺盛乎？……（一）修得学习方法，而学习有效，类化观念丰富，而于学习之结果，感有兴味，则只能得学习之自信。（二）学习材料，须与儿童之学习欲相合。（三）对于学习事项，知为生活上所必要。（四）学习之材料设备，适于境遇，自能发起其学习欲。质疑之事，大有巧拙即勇怯之别，有不能得质疑之机会者；有畏葸而惮于质疑者；有心领神会而不复质疑者；有实未理解而自信其理解者；有不能累积反复质疑者，种种未可殚述。……

解疑法　知之为知之，不知为不知，是知也。己所不知之事，而务努力以解决之，人情之自然也。故质疑与解疑，能互相交代而进行，则学习自日以有功矣。……

整理法　规定一定之学习顺序，预行整理疑问而研究之，则研究既终之时，亦即思想整理之时。此整理法之所以可贵也。由某疑问而出发，以次研究互相讨论、批评而进行之时，苟不于思想组织，则整理必不能有效。旧行之论议非研究法，虽亦有所长，然动辄于思想上全无系统，当彻底者反不能彻底。此固由研究法之不彻底而来，然亦为其学习法所易生之缺陷，实不可不知者也。思想整理，最为重要，故不可不研究其方法。……（一）初研究时，质疑之整理。（二）研究既终之回想的整理。（三）系统表之作成。（四）用言语文字等之系统的发表之。（五）依整理题目，而师弟间互相问答整理之。……

发表之际，以胆大心细、发表明快为宜。……宜使将自己之思想技术，以自己之言语、文字、绘画、动作等发表之，以书物及谈话之顺序而使之发表亦宜，然不可为所拘囿，总宜以自己能力而发表之也。……[①]

---

① 朱元善编，《学习之心理》，商务印书馆，1917年5月，第1–59页。

1924年，杜定友、王引民合编的《心理学》出版，书中写道：

养成习惯之过程，即为学习。本能动作，为不学而能之动作；习惯动作，则必由学习而得。吾人万事由不能而能，无不惟学习是赖。自心理上言之，学习在形成刺激与反应间之联合，使儿童能对于各种刺激，各伴以适宜之反应。自生理上言之，则学习之结果，能使中枢神经系中触处间抵抗减少，而构成刺激传达之通路。

学习之所以可能，以吾人具有可型性故。所谓可型性，即“易变”之意，……

学习之所以必要，由于吾人环境之变动不居：吾人对于各种动境——凡一种境况，内含种种刺激，而使人不得不应付之者，谓之动境，……必有过当之动作以反应之。动境不一致，则反应亦万变，而受益支配此动境与反应，使能适合者，厥惟学习。……

人类学习之方法：……（一）由试行错误法而学习。……（二）由模仿而学习。……（三）由自由观念而学习。……

学习之定律：……（一）练习律。……（甲）使用律，……（乙）废置律，……（二）效果律。……

习惯成就律有三：（一）聚精会神，……（二）注意的反复练习，……（三）不许有间断，……

学力迁移问题者，即由一种学习所养成之习惯与能力，能否迁移应用于他种学习之问题也。旧时学者，对于此问题有相反之见解二：其一以为绝对能迁移，如俗谚所谓“一窍通百窍通”者是；其一则以为绝对不能迁移。此二者皆非真理。近今心理学者，根据实验，知学力可迁移，惟其迁移有条件且有限制耳。……[1]

---

① 杜定友、王引民编，《心理学》，中华书局，1927年6月六版，第27–46页。

1924年，钱希乃、祝其乐翻译美国爱德华兹教授著的《学习之基本原理》出版，书中写道：

吾人生活之大部分为习惯；除不能与反射动作外，其出于迟缓烦重，而能进于操纵自如者，实惟习惯是赖。更进言之，吾人之学习亦有赖于故有之习惯。……学习之进行，其初动作与注意相伴，后乃成为习惯，而不需注意焉。及新事物发生，则注意复现，如此递进不已。所谓进步者，如此而已。……[①]

1925年，黄公觉翻译美国科尔文著的《学习心理》出版，书中写道：

学习过程，可从其最普通之名词下简约定义为：生物从经验于反应所获之变化。……种族上之变化，可视为由进化过程而起之逐渐学习。种族之现象，或则在借天然淘汰而灭除欠适之生物，或则在生物个体获得后天性质。此种后天获得性，可借遗传而传于后裔。……[②]

1933年，谢循初翻译美国武德渥斯著的《心理学》出版，书中写道：

尝试错误的学习含有下列五个要点：（1）受试者受一种强烈的动机所策进，使其行为倾向一种结局。（2）他是敏捷异常。（3）他不能见

---

① ［美］爱德华兹著，钱希乃、祝其乐译，《学习之基本原理》，商务印书馆，1924年12月，第53页。

② ［美］科尔文著，黄公觉译，《学习心理》，商务印书馆，1925年，第1页。

到问题的解决。(4)他的活动变化不定，反复无常，有的成功，有的失败。(5)最后有一种选择的历程，使失败的活动逐渐淘汰，成功的活动逐渐固定，有效的技能因而学成。

所谓学习，即行为上的变化。学习的直接的结果，自然是构造上的变化，尤其是脑的变化。大脑保存变更的状态，一旦重新受刺激，便产生变更的行为。……增加强度或速度，是活动的一种显而易见的变化。……变异的活动学习能使之固定。……反应与情境之较妥的适应，为一种普遍的最重要的学习结果。

最重要的学习条件，乃是习者本身上的条件。他本身上普遍的条件——睡眠、朦胧，还是醒觉；发热、饮醉，还是常态；注意，还是不注意——以及他应付情境的特殊方法，都是决定学习的重要条件。至于类如接近，多次练习，间时的练习，甚至于环境纠正反应的结果，种种外在的条件之所以成为重要的条件，乃由于它们在习者的活动上产生相当的影响。

普通的学习活动可分为三种：即尝试错误的活动；观察的活动；及交替反射的活动。尝试错误行为的特性：一为具有目的。二为比较的盲目不注意。三为变异无常。

学习的基本原则：……交替反射的原则；……扩大的原则；……

简约刺激的学习……观察的学习……行为模型的学习……尝试错误的学习……

学习的讨论，应以习惯的打破为结束点。何谓习惯的打破呢？习惯打破的历程，是学习的历程，还是另一种新的历程呢？……养成习惯要打，打破习惯也要打，似乎是矛盾的。但交替反射的消灭，不是证明事实的确是如此吗？

学习是一种改变历程，必须有改变之物。交替反射是由原有反射改变出来的。行为模型是由简单的动作改变出来的。观察依赖感官，机体

势必从非学习的活动开始学习。但他自始至终所有的发展，是否完全为学习？学习外有无自然的生长？却是待研究的问题。……[①]

1934年，赵演翻译美国桑戴克著的《人类的学习》出版，书中写道：

人类的学习，即在人类本性及行为之改变。本性之改变，只有在行为的改变上看得出来。本书所谓行为，系指人类所做的任何事情而言，无论行动举止，思想感情，皆包括在内。但只问此等活动的表面情况，而不究其较深奥的性质。……学习不仅包含情境反应间联结力量之变化，即新反应之获得，也可以包含对于情境及情境诸部分的感受力或注意力之变化。

历来讲到学习，常区分之为不同的两种：一是人类获得技能时所常表现的学习，或灵长类以下各种动物获得技能（限于大多数）时所常表现的学习；一是人类解决新奇理智问题时所表现的学习。前者成为联合的学习或尝试错误（称尝试偶中较妥）的学习；后者可称为观念的学习。

观念的学习，系以分析为其特征。整个的情境，在思想中必带以该情境的原素。大凡情境中细致隐晦的性质，我们在思想上必设法抉出，予以特别的重视。……顾名思义，观念的学习之特征，便是常有观念出现，至若这些观念，则或为情境，或为反应，或为情境与反应之和。……这些观念中，有的也许非常抽象而精微。……这些观念中，有的则具有普遍的意义或关系。……观念往往排列成组，构成一种内部

① ［美］武德渥斯著，谢循初译，《心理学》，中华书局，1939年四版，第119-163页。

复演或计划。……观念的学习也往往具有选择的特征——即在情境之内，选择那些准备活动，或有超效力的原素，另一方面则在数个可能反应之中选择一个。……由这种分析的过程，人类遂获得抽象的观念，这种抽象观念，在所谓“高等”学习中，居于很重要的地位。人类所以能了解细微的关系而利用之，亦根据此种分析过程。因、果、高、下、同位、从属及其他类此的观念，都是由相关的对偶中解析而出。而分析历程，仍不外从事物分离出选择的特征所联结的作用。我们学同、假若、虽然、因为、除非诸字的意义，也是凭借专心的考虑，优先的联结，变换的相伴事件，比较，即对比这些历程。

人类学习的进化，大部分是极其简单明了的。人类是在他所感觉的情境与动作之间，依据联结的次数及后效的满足性，用动物式的方法，造成动物式的直接联结。不过人类所构成的联结，数目较多，构成联结时所用的情境原素，较为精细，而所形成的系统亦较复杂，其行为之中，且包括许多精细而复杂的手的运动、面部表情和发声。人除了这种普通的动物式的学习异常发达而外，他还能获得大批观念，能在思想中检阅已发事件及计划可发事件，能分析、设想以及推断。

这种理论，相信人类的学习中有丰富的观念、悟性和推理。似乎与多数动物的学习迥然不同，其实这三种东西，乃是IRL这种动物所能构成的联结，在数量及精细程度上极度增进后的副结果。根据这种理论，联结学习的量的差异，可以产生质的差异，而这些质的差异，即是我们所谓的观念力，分析力，抽象力，概念力，推论力，推理力。这种理论的一个优点，即在其能符合脑部联结神经原进化的已知事实。而智力和学习，即惟脑部联结神经原是赖。……

一个人知识的多寡，应该和这个人推理的优劣有相互关系。而在实际上，也确有这种情形。……

但一直到最近，与此相反的学说，却为一般人所承认，即一个人可熟知几千百种特殊的事物，擅长几千百件特殊的事情，而其推理力却很薄弱——他的分析的、选择的、理性的思考很为薄弱。……

比学习分量上的这种增加还更重要的，则是学习性质上的改变。关于神仙鬼怪的观念，已经消灭了，而代之以氧气、氢气、伏打、安培，以及无线电周波数的观念。对于女巫恶魔的恐惧，亦已消灭，而代以对于肠热症和肺病的恐惧。学习，大半都在认明向所珍爱的那些意见是不对的或无用的。初民的宇宙，虽然很小，但所包含的大半是假神，想像的势力，虚无的事件，以及虚幻的希望和恐惧。那么，人类怎样让这许多虚幻的错误和迷信重累其心呢？其原因又何在呢？这实在是一个有趣的问题。人类为什么会误入歧途，发明符咒，物神和偶像，而不发明较有用的棍棒和弓箭呢？他为什么以危害他的鬼怪充斥世间，又浪费其所有以贡献它们呢？为什么心理变化的产物，会有这许多老是走向错误和愚蠢呢？这些变化产生时，为什么不就死亡灭绝呢？假若真像哲学家通常的主张，心和思想是寻求真理，认识真理的能力，而这些问题便无法答复。可是人类的禀赋显然不是一种辨别真伪的感觉，不过是一种能力，由是人类就会把曾在一处的观念联结起来，保持起来，对于立即产生满足效果的联结，则予以赞助，再加之以神经原和筋肉的组织，遂使人类能有无数复杂的、精微的、零碎的联结，因此获得一种丰富的观念生活。……所以人类从前所学得的，乃是真伪异常混杂的东西，事物之与顺利生活有关或无关者，均包括在内。而各种的联结，无一不是生于人心。……

及至近代，科学和学问，对于这一大堆真伪杂糅，混淆的东西，已下过一番研究的工夫，把真伪分别清楚，且在已有的真理之上，把人们愿知即可得知的真理大为增加。科学的方法，乃是大公无私的，对于观念给与个人的直接满足，毫不过问。科学方法主张预测必须经过证实与试验。由科学方法所造成的思想家，就其所研究的特殊问题而论，他们的心乃是事实的储蓄所——联结的系统，一概都经过试验的，真实的——所以也最宜于产生有用的观念。

学习演进的趋向，向来就在学知更多的事物，更真的事物，也在用更敏捷的更愉快的方法学习一样困难的事物。（至少晚近如此）……

大概将来人类所学习的分量较多，所学习材料中开明而合理者亦较多，学习事物可以较快、较舒适。而学习在国民中的分配也较有良好的组织。……现代学校所主持的学习分配，大半是皂白不分，学校所趋赴的理想，只是尽量使学生加多，尽量使儿童多学，对于学习之人，所学之事，毫不顾及。一个人后半生学习的分配，则决定于个人的选择。……现在有许多人所学习的许多东西，并不是他们为公共福利所能享用或所能利用的，又有一些人，则无从学习那些使他们获得幸福且有益社会所必要的东西，这实在是很大的危险。理想家和改造家对于人性，若能加以科学的研究，而关于商业上的成功，又欲定出较精细的标准，将来即可望而且可信学习必有较良好的分配。……将来所谓培养较好的理智，大概必同时重视其他方面的培养。至若因培养理智或品格，而害及社会状况的危险亦极有限。其效果必多半趋向于改善方面。种族的智力愈高，则其自建的环境亦愈佳。……即使现在已有的智识，也足以驱使我们提高并廓清人类理智的资源，不要再像过去一样，使理智混在泥泞的浊流中。假若我们应当改进学习材料的品质及学习所用的工具，则我们更应当改进人类原始的先天学习能力。要促进文明，除了改进人类自己的本性而外，实无其他更确实的途径。……科学不但要教人控制其生活所赖的动植物和物力，也要教他控制人类自己将来的本性。人类的理性，本由无数无理性的事件培养出来，其后被鞭子驱使，走入生活之中，而这种鞭子，却是形成于无数年代以前，对于人类的高等需要，毫未顾及。然而这种理性，却能回转来理解人类的诞生，视察其旅程，测绘驾驭其将来的进程，把人类从外界障碍及内部缺点两种东西中

释放出来，这种事业，实在是很高贵的。……[1]

桑戴克教授是早期全面研究“学习”概念的学者，他的见解颇为时人所赞许。笔者今天读来，也是收获颇丰。他对于“学习”的认知、理论与试验都很明确，特别是他对于未来“学习”的必然前景的描绘，今天我们大家都可以体验到。人类的认知和理性，已经进入新的阶段，正在为人类的进步贡献力量，这也更加强调今天我们研究“学习”的重要性。

1936年，高山翻译英国马斯著的《实用学习心理精要》出版，书中写道：

学习分明是种复杂或复合的机能，其中包括一切（或几乎一切）较简明的机能（人类心智的各种活动，可归诸那些较简单的机能）；故欲充分讨论学习，必须对于心理学作全盘的探讨。……学习的机能，在于能达到获得知识的目的。……人作为做世界上工作的工具，是个特别复杂的机构；但在这机构中，各种心智的机能、知觉、想像、理性和各种实际的才能，各有一定的位置。……我们可以把学习定义为系统的获得知识。……

善学者尊重书，更善学者则轻视书，……至少要到书提出了真凭实据时，才不复轻视。作为传达智识的工具，没有一本书可供最后的靠赖。即使一本灵感的书，也需要有灵感的来源。……理想地说，如果我们自己直接接触事实，许是好些，但书是节省劳力的有用的工具，……我们对于任何书，也最好知道该书的著者如何得到他的知识，并有时自

① 〔美〕桑戴克著，赵演译，《人类的学习》，国立编译馆出版，商务印书馆印行，1934年11月，第2–229页。

行试验他所抽得的结论是否正确。初期的教育中，自不免依赖书本和知识之间的资源。至于查究其知识之由来或根据，则在心智的发展上，进了一个阶段。这是真正学习的开始。……①

马斯教授讲到的有关书本知识的功能，对于今天的读者依然有效。

1939年，吴绍熙、徐儒翻译美国何林华（现译为霍林沃思）著的《教育心理学》出版，书中写道：

学习是指对于某种东西有进步。……在学习发生之前，一定先有一种在本性的基础——遗传上，和从前的学习或与环境相互作用而生的一种可以尝试最后动作的复杂经验。最初的探索动作，只是发现或原始经验，而不是学习。……所以学习可指为原始经验后的一些有进步的变化。优良学习固可使发现的技术进步，优良的发现技术和研究也可便利学习。这二者可以彼此相助，而二者的区别，显然不容相混。

在学习中，有三件事是常有的，即（1）某种一定的动作。（2）某种能发生这种反应的有效刺激。（3）在学习者历史中，曾有一次或数次发生这种反应较为复杂的整个情境。

没有学习，则没有有效的刺激，这是一定道理。……学习是包含刺激简约化，使情境中的部分符号成为有效的。……可教性便是学习能力的一种便利名称，其可教性的各种程度，则指学习能力的种种差别。……一个人的心理或可教性，常受许多因素的决定。……训练的迁移，乃是学习心理中一件很明显事实，这种迁移必须常加以控制，和用

① 〔英〕马斯著，高山译，《实用学习心理精要》，商务印书馆，1936年6月，第2–15页。

现在情境中其他因素加以抑制的改正，乃是心理卫生的重要事实，和有效教学的一个基本原则。……

意义是一个符号，能用以产生对原来全部情境的同样反映。……不要将意义看作是刺激，而它是一个符号，一个观念。也不要看作是反应，而它可以是动作、感情或思想。也不要以为意义是原来有效的那个物体或情境，而它只是“生日”“惊愕”“房屋”“地震”等全体的经验。固由刺激引起反应都不是意义，我们必须将意义看作是指整个事体的名词。……[①]

1940年，鲁继曾翻译美国夫来也尔、亨理著的《普通心理学大纲》，书中写道：

当其学习的同时的或连续的模式反应，业已成为自动时，它们就叫作习惯。……当其学习在大体上是隐伏的（文字的、语言的或符号的）并具有相对不能观察的动作的时候，它就叫作记忆。记忆是在四个发育的阶段上被描写的。（1）获取——反应的组织和练习。（2）保存——反应之不变或耐久。（3）认识——学习的测验。学习者能够认识从前所学过的材料。（4）回忆——学习之另一种测验。学习者重生从前所学过的材料。……

学习的准则是行动（成绩）之数的量数，如为数量，时间（速度），和错误（准确）所昭示。当其（a）数量增加时，（b）一个确定的增加之时间减少时，以及（c）错误之数目减少时，就有学习之产生。……[②]

---

① ［美］何林华著，吴绍熙、徐儒译，《教育心理学》，中华书局，1947年3月三版，第28-335页。

② ［美］夫来也尔、亨理著，鲁继曾译，《普通心理学大纲》，长沙商务印书馆，1940年7月，第159-161页。

1941年，林汉达教授著的《向传统教育挑战——学习心理学讲话》出版，该书共20章，多是用成语或俗语来做标题，而且以大量古今中外所出现的相关言论做分析研究，写法并非如学习心理学一般的纯理论著作一样，针对性很强。孙中山先生的战友韦悫教授为该书写的序中说：

一个民族要根据生活的需要和理想，不断地创造学术、制度，以及行为价值的标准，才可以在适者生存的世界占着优越的地位。前代文化与道德可供现代人们的研究与参考，但现代人们不应盲目地接受前代文化与道德，更不应以传授和保存前代的学术、思想和制度为教育的唯一任务。教育既然是生活的改造，自不能沿用传统式的教学法。我们应该以行动为学习的方法，学习为行动的试验。我们天天学习，我们天天试验，以改造我们的生活，……①

林教授书中丰富的内容在这里难以详说，仅引一小段：

一通百通的说法。……我们的教育史上，没有课程问题，课程上也没有什么医科、农科、工科，等等的麻烦。我们有的是“道德文章”，这便是教育，这便是课程，这便是“万能钥”。因为我们的祖宗都相信，一个读书人能有好的道德文章，还怕他办不来一切的事么？你若不信，请翻开“四书”一看，便不得不承认儒家所重的是道德文章。一个人若能诚意、正心、修身，则齐家，治国，平天下也做得到，何况办理比治国平天下更小的事？后来精益求精，简而又简，觉得“道德文章”还是

① 韦悫序，载林汉达著，《向传统教育挑战——学习心理学讲话》，世界书局，1947年9月三版，第1–2页。

“万能钥”上的两个叉牙，还嫌太复杂，而且道德不比文章，可以用客观的方法来考试，所以无形中便只重文章了。文章考取了，便是一通；一通便是百通。于是小则被录用为县官，为知府，大则为某某总督，某某巡抚，便可以大发经纶，治国平天下了。读书人不但能够规画政治，而且也能造林，疏河，筑路，造桥。因为这些工作，不过是琐碎的“百”，而文章却是整个的“一”，这整个的“一”能通，那琐碎的“百”自然也通了。到了后来，我们又把这一通百通的道理，发扬光大，变为一通千通。譬如说某甲的文章通了，政府便任用他去办学。他虽然不懂得教育应当怎么办，但根据一通百通的道理，他自然也能办教育的。他既一通百通，能办教育了，那末，他的娘舅、外甥、小叔、大侄，自然也都通了，也都帮助他大发经纶，这叫做“学有渊源”。……工程师可以担任教务；洋行买办，甚至政客、流氓，都可以做大学校长。不但做的人，从不自省配不配担任这种工作，便是教员、学生，以及全社会都有不以为意。因为一个人能出名，则必有一通；有了一通，便是百通。你不见那连自己的姓名也写不来的“大亨”，也在“写”对联、题额，做着书法大家了么？因为我们素来相信一个人能在商业上、政治上、社会上，甚至赌场上或戏台上崭露头角，则他在其他方面也必能成功，不但“必能”成功，而且“已经”成功，例如名人都能写大字。著作家和出版界，也都相信一通百通的学说。甲是医科毕业的，能写天文学或地质学的课本；乙是商科毕业的，能译马克思或爱因斯坦；丙是语言学家，能写中国美术史或中学会考题解。总之，你能写文章，你便是各科的专家。你有了“万能钥”，还怕什么锁不能开呢？……其实，当初的“万能钥”，并不是钥匙的万能，而是锁的无用。……[1]

---

① 林汉达，《向传统教育挑战——学习心理学讲话》，世界书局，1947年9月三版，第56-59页。

1943年，阮镜清教授著的《学习心理学》出版，书中写道：

学习是要有成熟作为基础的，……重要的还有两种：一为智力；一为记忆。这在狭义的学习上更为显然。

学习的主观条件，可分为心理的与生理的两方面，属于前者，有动机、兴趣、注意、情绪、态度、经验、习惯等。属于后者，有身体的健全、疲劳、睡眠、营养、年龄等。自然，这种分类并不是绝对的，只为讨论上便利而已。……①

1943年，段铮先生著的《学习心理学概要》出版，书中写道：

学习为人类及其他动物具有的特殊的现象。若无这现象，动物便不能适应环境，即使偶尔侥幸解决了环境中一二个问题，终不免要受自然的淘汰。所谓学习的意义，乃是行为上的一种改变，……是有机体对于同一环境继续刺激行为上，逐渐产生的变化。有学习而起的行为上的变化，可保留至相当的时间。其根源或在神经系统里的改变，因为它的可塑性与保留性较他处为大。

通常讲学习者往往区分之为不同的两类：其一为人类及人类以下各种动物获得技能，习惯的学习，故名之曰动作的学习；其一为高等动物用理智解决新问题时所表现的学习，故名之曰观念的学习。……

我国往昔的学者教人读书的方法，有所谓四到：即眼到、手到、心到、口到，再说明白一点，便是读书要看、要写、要思索、要朗诵。这自然是他们的经验之谈。近代欧美的心理学者也只能将这个问题加以科

① 阮镜清，《学习心理学》，文化供应社，1949年3月再版，第44–106页。

学的研究。他们用分析的方法，将这问题分作下列四项：（1）看的好还是听的好？（2）还是看与听二者兼备的好？（3）再加上诵读或抄写如何？（4）阅读与背诵。……①

1946年，社会学家孙本文教授著的《社会心理学》出版，书中写道：

制约反应是一种很复杂的作用，一种最重要的学习过程。人自出生至衰老，终生都在学习中，即终生在制约中。人与人间的互相学习或互相制约，是人类最重要的生活过程。个人在社会中的一切调适行为，都是经过社会制约的结果。所谓社会制约，就是使用社会环境的力量，去养成个人的制约反应。……我们学习的行为，无论是简单或复杂，它的单位总不外是制约反应。不过，复杂的行为，是由许多制约反应积渐整合而成。

人类的学习似远较这种粗泛的尝试成功方法为简易。人类是用思想推理来尝试成功的。……人类尝试成功的学习，是在行动上缩短了它的过程。换句话说，人类的尝试成功，是用内在的记号反应，来代替外表的无谓反应。这是人类学习方法的优点。

肢体的学习行为，……大凡我们衣食住行游戏运动等物质生活的习惯，以及职业技术等习惯，都属于这一类。

语言的学习行为，……对于记号的分配综合的习惯，我们自幼时即逐渐养成。内容包括对于“字”的发音，“词”的反应，“句”的种种反应。这还少人生最重要的习惯系统。我们平时一个人所发表的语言习

① 段铮，《学习心理学概要》，中华书局，1943年12月渝初版，第1–35页。

惯，比之肢体反应，大致要多上千倍。……一个人能运用有声的语言与无声的语言（思想），便可把世界上一切有关的事物名称，搜罗胸中，随身应用。……

情绪的学习行为，……情绪的习惯系统是人生极重要的部分；但一切制约反应得到情绪作用，分外容易养成。所以情绪作用的本身，是习惯养成的一种动力。……[①]

1946年，林砺儒教授著的《教育哲学》出版，书中写道：

人类社会的实践过程中，处处充满了学习。可以说惟在实践中，才有学习。也可以说，实践就是学习，学习必就在实践。……实践是不把获得看作偶然的事，也不是采旁观者的态度应付所见所闻。人类的实践是负责的，紧张的，斗争的，所以能暴露出来客观的物质世界。在以前是认识所不能达到的，与认识没有关系地存在着的物质世界的诸过程，在一定社会的人类实践中，可能显现出来。在这实践过程中，就有学习；也只有在这过程中，才是学习。……人类必须晓得自己所处的世界，这是我们认识的对象，也是学习的对象。

学习须把客观的诸与件，公平无私地观察，才能正确地晓得怎么事情是指示着未来的怎么的符号，才能把握着诸与件的真意义，而完成有效的实践。那末，公平无私地思维，是学习的好方法，因而变成了学校教育目的之一。这学习方法的活动形态，……（1）烦恼、混乱、疑惑，因为人被纠缠于未完成、未决定的情景之中；（2）忖测的预想——与件的试探的解释，把与件看作某种后效的趋势；（3）小心检查（试验、考核、探讨、

① 孙本文，《社会心理学》，商务印书馆，1948年8月再版；转引自《孙本文文集》第二卷，社会科学文献出版社，2012年5月，第85-100页。

分析）各种可得的考虑，这些考虑是可使目前的问题显明的；（4）终于构成一个试验的假设，因其符合一大系列的事实，而弄到更详细，更为一贯；（5）依据假设，当它作一个行动的方案，而应用于现存的事情。……

孟子说：“是集义所生者，非义袭而取之也。”“集义”若解作积累着许多事物的意义，则方法之体得，必须凭躬行实践，便不能从主观，幻想出什么奇妙意义而投机取巧。所以下文接着说：“必有事焉而勿正，心勿忘，勿助长也。”“有事”是工作实践，“勿忘”是专心去处理，“勿正”“勿助长”是说不可由主观的热望幻想，而无视客观的事实。一下便举例说宋人揠苗助长，“非徒无益，而又害之。”现今学校教育若不切实地关联于社会……而徒然矫揉造作，以刺激暂时的虚伪的学习动机，便是：“助之长者，揠苗者也。非徒无益，而又害之。”

学习的效率，视乎学习者能否于特定的情景中，看出其与特定目的有关联的细节。从一情境中识别某些细节与其他细节的关联，从未知道利用这种发现和识别，去达到他的目的，这叫顿悟，其实这过程就是思想。……所谓困难，实在是环境上各项细节互相关联的真相，隐而未显，故未易被人们觉察罢了。其真相所以隐而未显的原因，固然有一部分是在乎现象的复杂错综，而也有大部分是在乎人们实践地谬误。例如关于自然现象之迷信，即人生问题之曲解，其起因虽由于初民之无知，而及后被篡取了统治权的枭杰们所利用以愚黔首，遂习非成是，几乎牢不可破了。然而要破除这类障碍，还是靠人类真诚而持久的实践。

四种很重要的学习方法的态度是：直指迈进，虚心坦怀，专心致志和诚恳负责。……

几千年来，人类的文明史固然遗下许多宝贵的文化，给我们做学习的凭借，而同时，也留下了不少的谬说、恶习、偏见、迷信，筑成我们学习的大障碍。佛语“业”是意味着文化，而“业障”便成了解脱的障碍。这些障碍物在社会上，形成了进步发展底桎梏，在具案的教育设施

上，又造成学问与生活实践之脱节。现代人类的最迫切的工作，是如何解除这些桎梏，肃清这些障碍的革命实践。……[①]

三、辞书上的条目

1928年，中华书局同人合编的《中国教育辞典》出版，书中有条目：

学习 Learning

先天的性向对于新环境为必要之适应，而获得新经验之谓也。其方法有三：（一）试误法。即全凭偶然的试探，于错误中获得正当方法之学习法也。（二）模仿法。即仿照他人之举动而动作也。（三）思考法。即运用旧经验先行考虑，然后根据一定的计划以进行也。[②]

1930年，唐钺、朱经农、高觉敷合编的《教育大辞书》出版，书中有条目：

学习 Learning

学习者即外界之刺激与内界之反应，在神经中枢中组成感应结之历程。感应结者，感觉神经原与筋肉神经原之结合也。故学习二字，简言之，即为结合之意惟当感应结初造成时，不十分强固，必须反复练习，始能使神经通道顺遂而无阻。至复习时间之长短及时间之分配，乃为学

① 林砺儒著，《教育哲学》，开明书店，1947年2月二版，第89–110页。
② 中华书局编，《中国教育辞典》，中华书局，1936年3月三版，第985页。

习心理上一重要之问题。最初研究此问题者，为哥斯脱（Gost）与哀宾浩斯（现译为艾宾浩斯）（Ebbinghaus）等。……[①]

1945年，张耀翔教授著有心理学的术语，书中有条目：

学习（learning）

（一）对某情境（经过或未经过）求有效反应之历程。（二）有机体因经验而引起之改变，包括运动、思想及性情之改变。（三）将经验在记忆内保存，俾随时可以再生或再识（记忆乃一种特殊学习）。（四）对某情境获得“顿悟”之过程（完形心理学派的解释）。第（一）（二）义均较培养习惯之范围广。学习之目的，无非求对一复杂或有变化的情境，作有效且经济的反应。学习的进步，可以“效能”测量。[②]

现代人们都知道，“学习”的思想和行为，伴随着每一个人的一生，从没出生时母亲的胎教，一直到离开人世，每一个人随时随地都存在着“学习”问题。每一个问题的解决，就是学习成功的一小步；每一个问题的阻挠，就令人在无奈中寻觅新的解脱方法。而且，古代中西的哲人，都关注并思考“学习”的重要性，给出大量睿智的见解。我们看到，人类之所以能够不断变革进步，所依靠的主要精神支柱和行为支柱，都是“学习”的结果。每一个人都在向自然界学习，向社会学习，向别人学习，也向自己学习。到今天，人们造出机器人，人还是要向机器人学习，也让机器人向人学习。

由此，古代睿智的见解是不够用的，因为“学习”的思想、“学

① 唐钺、朱经农、高觉敷编，《教育大辞书》，商务印书馆，1930年7月，第1510页。
② 张耀翔编著，《心理学讲话》，世界书局，1947年6月三版，第155页。

习”的方法、“学习”的实践困难和规律等，还是需要通过扎实的研究，特别是可以验证的试验，来保证“学习”按照人们的愿望去一步一步地进行下去。20世纪西方的一些学者，开始以“学习”作为重要课题来深入研究，建立了广泛的试验基础，以及各种“学习”的理论系统。本书上述内容，仅是简单引述部分。

这给予近代中国人一个好机会，正当传统科举制度被废止，新的教育思想成为全民热心的方向时，他们不再以“教”作为唯一的传承方式，而开始强调“学习”的重要性。新一代的学者介绍了全新的“学习”内涵，使得全民族的孩子们面临新的时代挑战，有了新的“学习”内容和方法。至于在一生中如何能够学习得更好，那就牵涉许多方面的研究内容。仅是在1925年，余家菊教授著的《教育原理》中，就列举了38种个人实际学习的方法，由于篇幅太长，本书只好割爱。简单地说，一个人如果终生以“学习”为目标，自小向父母学习；上学向老师学习；工作时向社会及一切正反面经验教训学习；年老后向年轻人学习；这个村的人向其他村的人学习；这个民族的人向其他民族的人学习；工科理科生向文科生学习；实干家向哲学家学习；不挣钱人向挣钱人学习；艺术家向种田人学习；……以“学习”为终生求知的目标和手段，是一定可以进步的。只是要明白，学习并非硬性取代，是学习不同的思路和方法，而不是改变本职工作。特别是在人性方面，各种已经形成宗教式的信仰，各有各的心愿和企图，要尝试理解别人的信仰，使之成为自己崇高的心灵目标。

笔者学习以上前辈们对于“学习”的见解，颇有所感，总结成一句话：

我在海中曰：来者如斯夫，不舍昼夜；学者如斯夫，更舍昼夜。

第五节

情感、感情、情绪、情调、情操

每一个人的一生，都不可避免地与“情”字关联在一起，汉语的“情”字，在几千年文明史中更是被使用过无数次。据统计，古汉语中的“情”字的使用例句，就有 97 种。“感时花溅泪，恨别鸟惊心”这一类的用句，现代小学生都会吟诵。古今中外多少文学作品和艺术作品，其主调永远是“情”字的表述，以使人类的高雅情感绵延不断。到现代，连机器人的设计运作，都是以人类的基本情感为模式。

汉语“情”字所包含的意思太过于丰富，于是古人给“情”字前后各加一个字，组成很多区分“情”的内在差别的词语，并且中国人自古以来就一直这样使用。本节选择“情感、感情、情绪、情调、情操”这五个词作为研究对象，原因有：

（1）这些词都有表达人的情感的内涵，古人是随意使用，互相交错。

（2）近代外来语与之对应时，各自对中文的理解和表达有所不同，特别是翻译时，也各自做主使用，出现在近代相关的中文专业书籍上，造成历史性的存在，笔者只是全部照抄，而不追究它们在中文之间与西文之间的差别。

中国古人的诗文中使用这些词的颇多，如：

人情感于旧物，心惆怅以增虑。——（汉）王粲

金兰之分，义深情感。——（南朝宋）傅亮

且念亲各尔分析，情感复结，悲叹而已。——（晋）陆云

人生有情感，遇物牵所思。——（唐）白居易

不觉寒暑之切肌，利欲之感情。——（晋）刘伶

何时当秋听，今朝已感情。——（明）高启

要弄的薛蝌感情时。——《红楼梦》

不但我父母感情不尽。——《儿女英雄传》

阒寂以思，情绪留连。——（南朝梁）江淹

光阴负我难相偶，情绪牵人不自由。——（唐）韩偓

南楼杨柳多情绪，不系行人住。——（宋）晏几道

客处不堪频送别，无多情绪更伤情。——（唐）司空图

这情绪年年，共花憔悴。——（宋）丘崇

若问看花情绪，似当日，怎能彀？——（清）纳兰性德

县僚曾未知情绪，即便教人絷囹圄。——（唐）程长文

江南仲蔚多情调，怅望春阴几首诗。——（唐）杜牧

足情调，善谈谐。——（唐）范摅

莫道尊前情调减，衰颜得酒能红。——（宋）晁补之

若使裁其尊卑，励其情操，去此取彼，易庸人为士君子。——（唐）神清

可惜的是，人人都为“情”所搅，人人都为“情”所幸或不幸，却没有人去研究“情为何物”。《大学》中有一段话：“心有所忿懥，则不得其正；有所恐惧，则不得其正；有所好乐，则不得其正；有所忧患，则不得其正。”这段话将“情”区分为几种，但没有说什么是“正”的“情”，难道是没有这些具体情感，人才能够“正”吗？前辈

没有说，后辈不敢越雷池一步，只好常以一句“人心莫测”带过去，更不知可否去测一测？一直到近代，西方的研究学风传来，“情感”等为何物才开始被关注。

在西方，他们对于“情”的关注同样延绵不断，表达“情”的语言文字同样很多。而中外的交流，则是较晚。到 1822 年，英国人马礼逊在澳门编辑出版《华英字典》，书中写道：

FEELING　对应中文为：慈仁。①

1865 年，德国人罗存德在香港编辑出版《英华字典》，书中写道：

Emotion　对译为：恸、情恸、动心。
Feeling　对译为：情、人情、恸、心动者、慈心、仁慈。
Sentiment　对译为：意、心术。②

1908 年，留美博士颜惠庆在上海主编的《英华大辞典》出版，书中写道：

Emotion　对译为：情、情绪、感情、动情、动心。
Feeling　对译为：感觉、心动、情、感情、感觉、触情。
Sentiment　对译为：意、心意、心思、情、感情。③

---

① ［英］马礼逊编，《华英字典》，大象出版社影印本，2008 年 8 月，第 165 页。
② ［德］罗存德编，《英华字典》，日本井上哲次郎增订，日本藤氏藏版，1868 年，第 815、1574 页。
③ 颜惠庆主编，《英华大辞典》，商务印书馆，1908 年 2 月，第 746、871、2035 页。

一、学者见解

1902年，田吴炤翻译日本广岛秀太郎著的《初等心理学》出版，书中写道：

快乐或苦痛之心的状态，谓之感情。

感情之种类，由学者所分。……第一、生活的感情；第二、感觉的感情；第三、本能的感情；第四、同情；第五、伦理的感情；第六、智识的感情；第七、审美的感情。英国派之心理学者，以第一第二为感应。以第三为情绪。以第五以下为情操。

快乐者人之所欲也。故与己以快乐之源因物，与其快乐相联合，则保护其源因物，是即爱情也。母子相爱之情，为此情志本源，而又为人类种族保存之本能的感情也。而由受爱之方，则喜悦之情迎之。又欲得爱而不得，则为忧愁也。

本能的感情，与想像力关系多。……故曰此种情为主观的，因而此种情，可变化于主观的，即曰辨，或曰谛。而于主观的转悲为喜，又有变不平而为满足之余地，即有可教育之余地也。……

真正之智识的感情成立焉，孔子曰：学而不厌，乐以忘忧。此即感情之发动也。……此种快乐之源泉，混混喷出之时，有三焉：或新解得事理，一也。后由相像而成新奇之工夫，二也。或由推理新发见关系规则等事，三也。

智力与感情之关系：一、感情与观念连合，伴其观念，反复再生，则其势力益强也。所谓怨彻骨髓，不取仇之首则不止也。二、智识的审美的感情，为高尚之感情，以与智力活动相伴，每一反复而其势愈强也。故为学问，忘寝食。……三、有兴味之观念，易于记忆。即兴味伴于观念，则难忘也。四、温和适度之快乐，鼓舞智的活动。……

五、爱憎之情，影响于智识者也。……六、强势之感情，思想不离其左右。……七、强势之感情，乱思想之判断。……八、感情为急性，不待思想者也。……[1]

1912年，蒋维乔教授编的《心理学讲义》出版，书中写道：

凡快与不快之精神状态，统称曰感情。其种类单纯复杂虽不一，而均有快与不快之性质。……苦乐之感情，乃事物价值所由生之本也。与苦乐毫无关系之事物，在吾人无何等价值。可知感情为人生幸福之要素。夫人生之幸福，非独由智识发达，感情实为之主。盖智识虽大发达，若无和煦皓洁之感情，则社会不免枯寂无味矣。又所谓兴趣者，亦属感情。……感情者，于一面为人生幸福之根原。又于一面，乃有大影响于心意者也。故以智识指导之，往往致不测。教育上须用涵养、抑制二法。善良之感情，涵养而发达之。否者宜抑制而遏绝知。又养感情，决不可偏向，种种感情，于人各有效用，故须养之多方。又须使服于理性与意志，以持其正。若任情行事，每有后悔不及者。……

由感觉所生之情的现象曰感应。……感应则以各种刺激为全体，而统为快乐或苦痛。……

关于自他利害所起情的现象曰情绪。如喜怒哀乐爱恶之情即是。……恐怖之情。……惊愕及怪异之情。……忿怒之情。受祸害或痛苦，因意气激昂而发忿怒之情。……得意及羞耻之情。……爱情。……同情及反情。……

情操亦与情绪同起原于心意上。然非缘自他之关系，或利害之念。

① ［日］广岛秀太郎著，田吴炤译，《初等心理学》，移山堂丛书，序作于1902年2月，第49-67页。

感其事物而即有价值，此则与情绪不同。且情绪关于悟性，情操关于理性。……知之情操亦曰论理之情操。谓关于知之作用所生感情也。……凡此情操刺激人之研究心，实使世界文明增进也。……美之情操，谓由断定事物美丑所生之感情也。……美之情操，与人以极高尚之娱乐，而其娱乐，能防人耽卑污之乐，而免于罪恶，且能使举动闲雅，思想优美，无伴亦可独乐，有伴则因其同情之交换，以更加其乐。……德之情操，谓有断定善恶邪正所生之感情也。……此情操由爱情、同情及知之情操、美之情操，迭补助之，则作用益臻完全。反之由憎恶、嫉妒及肉欲，迭侵扰之，则终至萎靡堕落。

良心之生，由知的现象（善恶之判断）、情的现象（善恶之好恶）、意的现象（善恶之去就）相复合而成一种心的现象者也。非别有特殊能力名良心者在也。①

1918年，陈大齐教授著的《心理学大纲》出版，书中写道：

精神作用之第二种原素曰感情（Feeling），当外物刺激有机体之时，有机体不徒被动的受其印象以生感觉而已，其受之也有一定之形式。……古今心理学者，大抵以为感情之性质，不出快乐与不快乐二种；近时Wundt（冯德，现译为冯特）于快乐不快乐外，复益以亢奋、沉抑、紧张、弛缓四种。快乐与不快乐；亢奋与沉抑；紧张与弛缓，各自成方向，故曰感情之三方向。此三方向者，互相混合，用以构成各瞬间之感情作用，非绝对孤立不相为谋也。……②

---

① 蒋维乔编，《心理学讲义》，商务印书馆，1916年6月六版，第72–88页。
② 陈大齐，《心理学大纲》，商务印书馆，1933年，第68–79页。

1923年，吴颂皋教授翻译德国冯特著的《心理学导言》出版，书中写道：

关于情感之……性质，不尽止是，往往综合各项要素，成一情感作用。此项作用，兼具两种内容：一为情感；一为意象。一方发生变化，他方则融合一致。所谓情绪（Emotion）即此之谓也。若此项作用而有强烈之强度，及较久之性质者，则吾人谓之性情（Disposition）。譬若逸乐、欣喜、畅快、希望，均所谓情绪者也，但其中主要之情感，则为愉快之情。……许多情绪，无论其为性质上之笔画，或强度上之更易，皆得由一种参差不齐之情感作用，而表显其特性之所在。……借使一种作用，尚未达到其目的，则只可谓为情绪，而不可谓为意志。……今且分析而言之：第一层，意志作用必含有数个意象。此项意象，附以几许强烈之情调，遂与意志动作之最后目的，发生直接之关系，故吾人称之曰，意志之动机。第二层，为吾人须注意者，即意志动作之最后目的，亦含有特殊之情感。此项情感，在所有一切意志作用中，均占有重要之部分，故吾人谓之活动之情感。……

情绪、性情及意志作用，均为精神内容之一，……夫主要情感，可分析为六类，即愉快、痛苦、伸张、宽松、兴奋、静寂等皆是。……

情感可视为一种特殊途径。由是途径，自觉对于识之反省动作，乃能发生。①

1924年，杜定友、王引民合编的《心理学》出版，书中写道：

① ［德］冯特著，吴颂皋译，《心理学导言》，商务印书馆，1923年11月，第38–50页。

繁复之精神现象中，感情特强者，谓之情绪。如喜悦、忿怒、恐怖、悲哀、嫉妒、怨恨、惊愕、忧郁、爱好、憎恶等是。情绪之发生，由于动境之更易太骤。我人日常生活，大部为习惯生活，对于种种动境，每以既成习惯应付之。然一旦骤来一新动境，猝不及备，则习惯失其效用，而顺应不能满意，……引起情绪之动境，亦可为想像的。……情绪发动之际，吾人之心神必俶扰不安，动作必局促慌乱而失其常度。反之，清明之思想与确实之动作，则能消灭情绪。……

感情能使人适应环境、改造环境。……感情能引起新行为，造成新习惯。……感情能强固注意，增加效率。①

1925年，章锡琛先生翻译日本本间久雄著的《新文学概论》出版，书中写道：

文学的情绪的效果的不朽价值：……（1）情绪的纯正或适节；（2）情绪的活跃或力；（3）情绪的继续或确实；（4）情绪的范围或变化；（5）情绪的阶级或性质。②

1926年，陆志韦教授翻译美国亨德著的《普通心理学》出版，书中写道：

情绪当视为一种意识境，其主要性质，为脏腑觉，动觉，皮肤觉所蕴蓄；而其激起之法，则似本能。

情操（Sentiment）二字，常人言情绪者恒用之名词也，凡和缓之情

① 杜定友、王引民编，《心理学》，中华书局，1927年6月六版，第55–65页。
② ［日］本间久雄著，章锡琛译，《新文学概论》，商务印书馆，1925年8月，第27–28页。

绪属知，而尤适用于薄弱之柔情。……情绪不仅为简单者，亦不仅推演而为复杂者，且其中具有系统，能集注于某事某物。此情绪之系统，名曰情操。……情操中，以爱恨二者为最要。……

有情绪而意识境始觉热烈而有价值。又以神入之感，推情于无人格之对象，自然界因亦饶有“兴趣”。人物情绪，意识流仅有严酷之知识耳。……或谓情绪又能助人记忆，能影响注意，而辅导适应，实际上事或可信。……[①]

1927年，谢颂羔神父编的《实用人生哲学的研究》出版，书中写道：

情绪也是一种感觉。……情绪的本身，原视人如何利用它而已。我们果能用之于正，自能造福人生；倘若用之失正或放纵它，即不免要损害人了。……倘使人类能用其情绪于正道，就必能扫除恨恶愤怒，而为彼此相爱了。所以控制情绪和支配情绪，实在是一件人生很重要的事。……[②]

1929年，张廷健教授编的《心理学大意》被印成讲义，书中写道：

感情云者，快不快之心状也。……曰感应，曰情绪，曰情操，皆一括于情感名辞之下，所不同者，程度之深浅耳。

夫感情为盲目无辨别之心的活动，故其势愈强，则愈不能辨别是非正邪、善恶美丑，以及利害得失。……快不快之心状，实有种种之区

---

① ［美］亨德著，陆志韦译，《普通心理学》，商务印书馆，1929年7月三版，第199-223页。
② 谢颂羔编，《实用人生哲学的研究》，广学会，1941年3月五版，第33-39页。

别，不但分量有差别，而且性质有区分求。其区别之原因，在于知识要素之不同耳。在心之实际上，知识常与感情相抱合而不分，故感情有种种不同之状态。由感觉的感情，进而至于情绪或情操，必以知识之发达为条件。……感情附丽于事物而生，事物之观念无穷，故感情种类亦无限。……

如美容之女子，读杨妃西子之传记，知女子之美貌，乃专宠之利器，乃生叹美之情，及其对镜自顾，见镜中之影，不亚于杨妃西子，则前此叹美之情，变而为自负之情矣。……亦足以证接近联想及于感情之影响者。……

感情之记忆，既以观念之再现为媒介，故再现感情之强度，亦因媒介之观念不同，而有差异。……

感情之生，原于感觉及知觉，故感情之发展，亦必以知识之发展为先导，而欲知感情发展之顺序，亦必明知识发展之路径。知识之发展，先由漠然状态，至于明了状态。……

情绪为突发之感情，如愤怒悲哀是。情欲为情绪屡演之结果，如怨恨忧郁是。怨恨为愤怒屡演之结果；忧郁为悲哀屡演之结果。……

感情之相对律云者：一感情状态，以先存之反对感情为基础，借移变作用，而发生显著之谓也。……

情绪相对关系之最显著者，为新奇、惊讶、被制、自由之诸种。……

权势之情绪：……（1）使人敬己或畏己时，生权势之情。（2）监督作业时，生权势之情。（3）秉政施令时，生权势之情。（4）坐拥巨万财富时，生权势之情。（5）知识越人时，生权势之情。（6）评判他人是非时，生权势之情。（7）有道自居，指导他人时，生权势之情。（8）克服强敌，排除困难时，生权势之情。

自我之情绪：……如被称赞之情、被叹美之情、谄媚之情、殷勤之情、愧悔之情、羞耻之情、自护之情、自私之情等。

知识之情操由知识之种类不同，亦可分为次之诸种：（1）由记忆发生过去的经验之感情。（2）随判断而发生适宜不适宜之感情。（3）由诵读古训格言美文佳诗，发生意味深长之感情。（4）由事实与所期之相符与否，而发生合理不合理之感情等是也。

道德之情操，最足以增进吾人之道德者，良心愧悔之情也。此由人类意志之不完全，与理想之反对，相待而生者也。……吾人欲求道德之进步，不可不知愧悔，知愧悔能可杜罪恶于未萌。此愧悔之感情所以为道德之起草之最要者也。

宗教纯为人之意识现象，亦含有知情意三要素。而情的要素，尤为重要。……宗教的情操者何也？人类畏怖自己之灾祸罪恶，依赖万能之神佛，而得安心立命之信仰的感情。分析为次之诸项：（1）恐怖依类之情。……（2）感谢之情。……（3）仰望爱慕之情。……（4）宏壮优美之情。……

审美的情操由判别事物之美丑，而生之快不快的感情也。……美之快感，有次之诸特性：（1）美的快感，止于乐。美不含实用之观念。……（2）美的快感，较诸他种快感，能永久继续而不灭。……（3）美的快感，视诸他种快感，程度较弱。……[①]

1930年伍况甫教授翻译美国詹姆士著的《心理学简编》出版，书中写道：

我以为，觉得有件事实在那里激刺的时候，身体方面先直接发生变

① 张廷健编，《心理学大意》，华北大学讲义，线装，无出版项，书中夹有“领取讲义证”，上写1929年，第59–92页。

迁。这些变迁正在发生，使我们觉得有变，就谓之情绪。

我越研究越相信，假使我的实体变为无感觉，我的生命里就没有感情了。恶厉的和和善的一律包括在内。……古时圣人所视为理想的生活原是这样。不过自从若干世以前，人类恢复崇拜情感，我们生在这个时候，如果还照古圣那样做法，实在太冷淡无情了。……①

1931年，丘景尼教授编的《心理学概论》出版，书中写道：

感情之学说：……（1）知的作用说。……（2）生理说。……（3）目的论说。……（4）统觉反应说。……

与感觉相伴之单一感情曰简单感情，或曰感应。……

情绪者，伴有观念而稍显复杂之感情也。……

与高等之知的作用相伴而生之感情，总括之曰情操。情操忘人我之分，离利害之境，而感知事物自身价值之情也。……知之情操。……道德之情操。……宗教之情操。……美的情操。……②

1933年，谢循初教授翻译美国武德渥斯著的《心理学》出版，书中写道：

一切活动，从纯粹客观的及社会的见地看来，要点是在动作无误，至于个体如何感触，没有关系，但个体自己的看法，却不是如此。他依据土地感触，估定行动的价值。……抛弃行动，固不能了解情感，抛弃

---

① ［美］詹姆士著，伍况甫译，《心理学简编》第六册，商务印书馆，1930年4月，第33–58页。

② 丘景尼编，《心理学概论》，开明书店，1931年6月，第199–224页。

情感，也不能了解行动。……

情感（Feeling）好像是机体的一种状态，非一种活动；但情感依生命而存，必是一种活动。情感是内在的活动，非外表的活动。外表的活动牵动外物，而情感以机体内部为限，不涉及外物。但情感不是与外界情境完全脱离干系，不快感须要去除某物，改变情境；快感须要保守某物，维持情境。……情感通常为事实及动作所制裁。……情感是感觉的，同时也是运动的。就感觉方面说，情感便是一团混沌的感觉，不能利用为事实的暗号。就运动方面说，情感便是全机体的态度或顺适状态。快感是保持原有情境的态度，不快感是去除原有情境的态度，亢奋是对重大活动的态度，期望是对将发事故的态度。凡纯粹的情感——倘若是有的，都没有对任何特殊活动的态度。……

情绪（Emotion）是一种激动状态，是个体自己所感觉的激动状态。由外观者看来，情绪是一种纷乱的活动，如怒的拳打，忧的流泪，乐的嬉笑，爱的柔声皆是。每种情绪，皆可以编列在情感三方面的系统上，……情绪是蔓延全体的，混成一团的，和情感一样，但情绪比情感格外确定，以运动方面为尤甚。……情绪便是有机体的激动状态，具体一点说，每种特殊情绪，皆是适应某种特殊外界情境，及适合某种特殊外表反应的激动状态。……各种情绪，从客观方面说，便是对一种外表活动的趋向，加上准备外表活动的有机状态；从主观方面说，便是对一种外表活动的冲动，加上有机状态所产生的一团感觉。……

情操（Sentiment）是对象或情境的一种复杂的情绪态度，是由经验建设的对象，或情境的学习的情绪态度。“对象”多半是人。……

我们须注意的事实：（1）各种情绪的外表活动及对外活动的趋向，各不相同。（2）有机状态，有的情绪有，有的情绪没有；情绪的有机状态，不是全体一样，但有几种情绪的有机状态，却非完全相异。……

（3）内部的有机状态，外表的表情动作，以及外表活动，产生种种感觉，此种种感觉，混成一团，构成情感和情绪的主观方面，而非代表客观的事实。（4）实际的理智的生活，多少控制情感和情绪上比较混乱的无定向的活动。……[①]

1936年，萧孝嵘教授编著的《儿童心理学及其应用》出版，书中写道：

情绪最初之表现为一种普通之激动或紧张，然此种激动或紧张渐次分化为各种特殊之情绪。其在行为上之表现，遂有各种特殊之范型或形式，此即所谓“情绪范型”。……此后情绪之发达有两种因素可以察见：一为机体之成熟；一为学习之结果。……[②]

1937年，高名凯教授翻译英国罗素著的《哲学大纲》出版，书中写道：

情感受“交替作用”的支配，因此唤起情感的刺激，因为有了经验的结果，也有了许多的种类。……把情感的成分，从整个的反应之中划分出来，大约是人工的造作。当然，和情感同来的有一个固定的生理状态，就是腺的刺激。……

情感能够使我们的生活有兴趣，能够使我们感受生活的重要。从这一点看来，情感是人类生活之中最有价值的成分。但是从哲学的观点来说，它却阻碍了我们对于世界的理解。它产生了许多没有理性的意见，

---

① ［美］武德渥斯著，谢循初译，《心理学》，中华书局，1939年四版，第255–281页。
② 萧孝嵘编著，《儿童心理学及其应用》，商务印书馆，1936年9月再版，第100–118页。

因为情感的联结，很少能够和外界的秩序相等符。它使我们用自身的状态做镜子去看宇宙，忽而光明，忽而黑暗，全视反映的状态如何而定。除了好奇心以外，整个的说，情感是理想生活的阻碍，虽然成功的思想所需要的魄力，却是和情感的易动性有关联的。……我们是要理解世界，而不是要改变世界。[①]

1939年，傅统先教授翻译美国波林、兰费德、卫尔德著的《心理学》出版，书中写道：

情调（hedonic tone）是由不愉快，而不注意，而到愉快。……决定情调的因素……一部分是内在的，换言之，学习或冲动的因素颇行活动。……

情调不仅依赖于基本刺激与副刺激，并且还须以来有机体的“内在”因素。……三种所谓动机的因素：认识的态度 观察者在有刺激作用时的观点或认识态度，是影响情调的。……生理上的平衡 有机体在生理上有一种不平衡的状态时，便产生一种需要，需要和其他的动机一样的影响着情调。……意愿的态度 成功与失败和情调也是有密切关系的。……

我们知道情调是依赖于学习的，但是学习至少一部分也是依赖于情调的。……

还有很多事实证明，情调与官感是有关系的。……现在我们不妨只承认情调是依赖于大脑情绪区的机能的，而且有一种普遍的感觉性。

情绪既成了一个名词，……情绪好像知觉、认识、注意一样的，并不是一种单独的实体，我们只有各种不同的情绪经验或情绪的反

① ［英］罗素著，高名凯译，《哲学大纲》，正中书局，1937年7月，第237–238页。

应。……我们最好是说，情绪为各种反应与经验原素之间所存在的一种关系。这种关系并不是特殊的，不过是有显明的愉快或不愉快的情调，并且平常统一的行为组织也因之而分解。情绪是一个人在情感的身体变化中所有的全部经验。

科学一般的目的，是要求自然现象的测量与适当的标准。关于情绪的经验方面，亦曾经过若干的努力，以求一适当的测量标准。……

在一切普通所谓“情绪”之间，我们还找不出一个一贯的关系。……我们有许多证据表明，情绪的经验和情绪的表现，并不一定是并行的，也并不是有什么根本的关系。……我们很容易控制一切认为情绪的经验，我们可以使它们和原来的刺激分开，而和其他许多新的刺激发生关联。在这种控制情绪或解除控制的过程中，社会上有的予我们种种的便利，有的予我们以极大的抑压。大部分的情绪表现和很多的情绪经验，都是根据于当时的社会状态，情绪和情境是不能分开的。①

1940年，鲁继曾教授翻译美国夫来也尔、亨理著的《普通心理学大纲》出版，书中写道：

情绪可从三方面加以界说：(1) 显明的行为。……情绪乃是分解的行为，而具有胡乱的或残缺的模式反应之形态，它们快速地照常进行着。依照刺激的动境之性质，这些情绪的模式反应，就成为恐惧或忿怒或其他。……(2) 隐伏的反应。……情绪是很多可用各种不同的专技加以测量的循环的、腺的、神经的和肌肉的改变之总合。……(3) 意识。在情

---

① ［美］波林、兰费德、卫尔德著，傅统先译，《心理学》，商务印书馆，1947年2月再版，第369–410页。

绪的意识中，情感（快适或不快适）是集中的，而且通常是强烈的。……

情绪的语言，是为着戏剧的表达所作的情绪的反应所形成的，而且是被应用于舞台之上和社交之间的。没有任何共同的情绪的反应，但这些习俗的表达，是为一般人所认为情绪的反应模式。为着这个原故，一般人遂相信情绪的反应是有一致性的。

达尔文于一八七一年开始研究情绪的表露，他设定各种不同的情绪，都有其相对固定特征的面容表现。……

如欲对于一个情绪的意识作一个完全内省的分解，乃是不可能的。但部分的内省显示：（1）情感（快适与不快适）是集中的。（2）情绪的意识是分解的。（3）感觉和回忆的感觉，以其内容而言，是一瞬即逝的和模糊的。（4）内脏的感觉往往统制其复杂体，而使情绪有一个定位在内腔中。

态度、情操和兴趣都是去干活的（快适和不快适），其中所有情绪之程度，虽各不相同，但情绪的态度乃是其主要的原因。使这些活动有各种不同的永久性者，乃是这个情绪的态度。在兴趣中，情绪的态度是在一个最低的限度中，在某种条件之下，情绪的活动可操纵其动境。英国的心理学家喜欢称这些活动名“情操”，而美国的心理学家喜欢称那些具有较强的情绪的成分者曰“态度”，和那些具有较弱的情绪的成分者曰“兴趣”。

在情调的觉晓中，快与不快是在焦点的，而觉晓之次元是含糊的和无区别的。许多心理的活动，似乎是以情调之形态，存在于意识流之下层的。……[①]

① ［美］大来也尔、亨理著，鲁继曾译，《普通心理学大纲》，长沙商务印书馆，1940年7月，第185-199、298-313页。

1944年，陈筑山教授著的《人生艺术》出版，书中写道：

感情的四种主要特性：第一 主观性，……感情的作用，报告自己心内的精神状态；所以感情特别富有主观性。第二 不定性。……是性质不同；……是强度不定；……是对象不定。第三 模糊性。……感情对于事物认识的关系极为模糊。不如知识贵慎思明辨，和意志贵选择反省。感情对于事物刺激之来，不假思索立起爱憎。第四 猛进性。……知识求客观，求前后如一的定性，所以常是冷静迟缓；意志重自由，贵选择，又尚始终不渝的坚定，所以常是迟疑徘徊。自由感情热烈，有不顾一切的猛进性。

感情的起因。……（1）利害的感觉。……（2）先入的观念。……（3）生活的目的。……（4）生理的理由。……（5）经验的联合。……（6）已成的习惯。……

感情的分类。……第一组分类：感觉的，与观念的。……第二组分类：简单感情，情绪，情操。……第三组分类：个人的，社会的，宇宙的。……第四组分类：低等的，高等的。……这个评价标准有二：1. 以社会的幸福为标准，增进社会幸福的感情，叫做高等感情；阻碍社会幸福的感情，叫做低等感情。2. 以本能的关系为标准，少受本能的支配而发生的感情，叫做高等感情；……

感情的涵养……1. 表出运动未起时的存养——崇德；……2. 表出运动进行时的克化——辨惑；……第一要坚忍。……第二要持忠。……第三要慎思。……3. 表出运动终止时的省察——修慝。[①]

① 陈筑山，《人生艺术》，商务印书馆，1948年1月三版，第113–123页。

1945年，唐钺教授翻译美国詹姆士著《心理学原理》中之一章——《论情绪》出版，唐教授在书前引言中写道：

普通人以为我们受了某种刺激而发生情绪之后，这个情绪又引起身体上的变化——即普通所谓情绪的表现。詹姆士说，这个顺序不是事实；实际是刺激的对象直接引起身体上变化，而我们对这些变化的感觉就是情绪。例如，并不是我们因为怕，才发抖，乃是因为发抖，才怕。他说要检核这说的对不对，最好能找到一个人身体内外部通通失却感觉，但肌肉和腺等反应器官还能完全发生作用，因而通常引起情绪的对象，还可以使他起这个情绪的身体上的表现。这种人假如确实不感到任何情绪，那就是证实这个学说了。詹姆士从医案中找到三个这样或近乎这样的人，可是，医生检查时候并没有这个问题在心上，所以他们的记录和报告，对于这说的关系并不明了，所以还不能确定是否与这说相合。随后他又对于人家对于他的学说的三个驳论加以答复。复次，他说明这说不特可以适用于他所谓粗糙的情绪——如恐惧、忿怒、悲哀、亲爱等情绪——而且也适用于细致的情绪——如理智的，审美的和道德的情绪。所以有时好像“细致的情绪”没有身体上的变化，乃是因为这些所谓理智的，审美的和道德的情绪，已经因熟练而变成纯粹识知的作用，实际上并不是情绪了。此后，他又说因为情绪的成份都是感觉，所以脑内没有专司情绪的中枢，只须有感觉的和运动的中枢，就可以发生情绪。最后，他又讨论各个人的情绪反应彼此不同，以及各种情绪反应是怎么发展来的这两个问题。詹姆士的情绪说，与好多后的临床的实验的研究结果似乎不相容，但也有些事实证实他的学说，所以这说还不能说已经被打倒。……①

① ［美］詹姆士著，唐钺译，《论情绪》，商务印书馆，1946年7月，第1–2页。

我们很容易就看出来，近代中国学者关注情感这个心理学的问题，但是由于缺乏思想方法，虽然涌现许多从国外学习归来的心理学家，但很难说已经建立形成中国特色的“情感问题”的系统，他们基本上是在翻译西方学者的见解，以及西方学者做的实验证据。而“情感问题”的难度，显然近代西方学者们虽尽心尽力，但争论颇多，依然难以成为普遍实证的科学知识。也就是说，“情感问题”一直困扰着每一个人，至今更甚。

现在，我们面临的是电脑时代，人除了对待自己的情感要安排妥当；对于环境、对于社会他人的情感也必须要安排妥当；甚至对于机器人的情感也要安排妥当。这是中国人回避不了的难题。

二、辞书上的条目

1911年，黄摩西教授编的《普通百科新大辞典》出版，书中有条目：

【感情】

心之快与不快状态，常同感觉及观念，无独起者。大概感觉之度，在中平时，则生快感。太过或不及时，则生不快感。就感情与生理变化之关系，芬德及多数心理学者，谓动于情内而发于外。而惹迷斯、兰奇等，则谓发于外而传于内者。由此之言，则非悲而泪出，而泪出故悲耳。

【情绪】Emotion （法）Emotion （德）Affekt 心

随机官之变化，及受其影响之最强感情。悲怒哀怨愤恨恐怖等，为利己之情绪；爱情同情等，为对于社会之情绪。

【情操】Sentiment 心

高等之知识与情感上合起之作用。如学理之疑问解决，道德心之决行，艺术之鉴赏，宗教之信仰等。情操者，即随以上各种，起最复杂之感情。而可分为知识之情操、伦理之情操、审美之情操、宗教之情操。①

1926年，樊炳清先生编的《哲学辞典》出版，书中有条目：

感情　英 Feeling　法 Sentiment　德 Gefühl

有广狭二谊。甲 与言情的生活同采知情意三分法者，以感情与“意志”“认识”对举。此非直指心意状态之自身，但从心意状态中，取其某某方面或某要素，而命之名耳。其抽取快不快之要素，而谓之感情。与夫抽取活动之要素，而谓之意志，或抽取辨别比较等要素，而谓之认识者，其意一也。从此谊，则彼情绪、情操云者，凡高等复杂之情的作用，皆可括入此中。乙 从狭义，则但指一种具体的之心意状态，与情绪、情操等对举。或名之以情调，又或谓之简单感情，皆可也。就此谊之感情而言，古来昔以快不快二要素，为其成立之形式。冯德始由实验研究之结果，而倡为对比说。于快不快以外，又加以紧张与弛缓，兴奋及沉静，谓之三伸。其他学者，或反对之，故未有定说也。据实验所得，感情与感觉相俱，惟两者之强度，常不平行。学者或亦主张有离感觉而存在之感情，与无情之感觉，然是特显不显之差使然耳。

情绪　英 Emotion　法 Emotion　德 Affekt

（一）谓凡伴观念而起之强烈感情，如喜怒悲哀恐惧等是也。所以别于简单感情与情操者，但以其程度，而非有确然之限界。从同义言，其在建当前，必有感觉与俱，所受影响于感觉者甚大，而情绪则不然。又情操与情绪，虽皆由观念联合以起，而情操所伴之观念，则较情绪为

① 黄摩西编，《普通百科新大辞典》，上海国学扶轮社，1911年5月；引自钟少华编，《词语的知慧》，贵州教育出版社，2000年10月，第124、109页。

复杂，其著于外，亦较为明显，此其异也。詹姆士则以情操括于情绪之中，而分为粗朴的、精微的二种。举普通所谓真善美之情操，俱以精微的情绪当之。是乃特殊用法。但如上文所述，以分别情绪与情操之义，盖无大过。

（二）或对性癖而称情绪。性癖，谓情绪之有常住的倾向者，而更求之暂时兴奋，则以情绪名之。如偶怒为一种情绪，而云其人善怒，则性癖之说也。参阅激情条。

情操 英 Sentiment 法 Sentiment esthétique & c 德 Hōheres Gofūhl

感情中，伴以复杂而有系统之观念者，谓之情操。即情绪之更进一步者。有美的情操，如观玩艺术，而生优美崇高诸情，是也。有道德的情操，如仁爱、友于、同情等是也。有宗教情操，如敬神爱国之情是也。但情操不外发达之情绪，……甲 但指其一时兴奋者。乙 并指其永定不变者。

情调 英 Affective or Feeling tone

法 Elément affectif, ton emotionnel

德 Gefūhlston

感情要素，与简单之感觉，相伴而起，谓之情调。即快感与不快感之所由别。如因赤色之感觉，而起兴奋之情，或因青色之感觉，而起沉静之情，此皆情调也。冯德始命此名。瓦德则以此语指漠然不明之有机觉。谓是伴随特殊感觉而起者。

情调障碍……①

1928年，中华书局同人编辑出版《中国教育辞典》，书中有条目：

---

① 樊炳清编，《哲学辞典》，商务印书馆，1926年5月，第599–600、759–760页。

感情　Feelings

心理学名词，为心意现象之一种。其定义极不一致。就广义言之，则指情绪、情操，以及狭义之感情而言。就狭义言之，亦作情感。通常则以快不快为感情之特征。有机体感受刺激时，不但生起感觉，其意识方面，亦且生快或不快之情。至快与不快究为何物，则难说明。只可求诸内者也。以生物之行动言，快或为趋接刺激之反应，不快或为退避之反应。……

情绪　Emotion

心理学名词。吾人感受一定之有机感觉时，所伴起之意识状态，如恐惧、愤怒、恐怖等皆称情绪。……故当情绪激发之际，吾人皆不觉身体之疲惫——纵令实际上已经疲惫。至言情绪之功用，常人皆知其在意识上，有热烈之感动，能助人记忆，能影响注意；但激烈之情绪，亦往往足以减少学习之效率。教师对于儿童，如欲其鼓起兴趣，勇往直前，自当利用情绪之作用。若详言立身行己之道，爱乡爱国之责，而不知激动其情绪，每不易收效，故不可忽视。惟在研究学理之时，则以避去激烈的情绪为是。

情调　Affective；feeling

与简单感觉相伴而起之感情要素，即快不快之所由别者也。如见赤色而兴奋，见青色而沉抑是。语创于冯德。

情操　Sentiments

心理学名词。诸种感情以一观念为中心，而组成之系统也。如以国家观念为中心而组成爱国情操，则遇国庆即喜，遇国难即忧，遇国耻即怒是也。旧说分之为（1）求知情操，如求知有“为学问而学问”之态度；（2）审美情操，如欣赏艺术时，即有优美崇高之情感；（3）道德情操，如博爱即同情等；（4）宗教情操，如宗教上虔敬感情是。近时心理学者以为情操中以爱与恨为最要：以爱之情操使社会凝结，恨之情操使社会分裂。教育上尤宜发展前者而节制后者。

情绪之表出

情绪起时，身体内外常有相伴而起之动作。其表出之状态，简称曰情绪之表出。一八七二年达尔文著《情绪之表出》一书，曾举三条原理以解释情绪发生时，身体内外何故而随有种种变动之发生。其最要者：（1）曰有用的联合习惯；……（2）曰反对联合；……（3）曰神经构造之相应运动。……[①]

1928年，孙俍工教授编的《文艺辞典》出版，书中有条目：

感情 （Feeling）

感情就是对于外界或者内界的刺激的主观的反应。例如见花而感着美，是由外界的刺激所引起的感情；又如追怀往哲所起之敬慕之情，即是因内界的刺激所唤起的感情。

艺术就是从这感情发生的。感情有单纯与复杂的区别。与感觉相伴而起的好恶之感是最单纯的。若把智的分子加入，就稍稍复杂，而成为情绪。但情绪还是一时的，若再更加入以多量的智的分子，使成为更复杂的东西，即是所谓情操了。艺术和宗教所表现的感情就是这个。

情操 （Sentiment）

总括了伴随着复杂的智的作用的情绪，就叫做情操。有智的情操，道德的情操，宗教的情操，美的情操四种。在艺术品中所表现的情操，是说艺术家在其作品里，把自己的感情表现出来的效果，更把这同样的感情使感情观者的意思。情操含有微妙的性质，而一凭其色、线或其他

① 中华书局编，《中国教育辞典》，中华书局，1936年3月三版，第638-640、803-804页。

艺术家自身可表现的媒介物来表现彼。[①]

1930年，唐钺、朱经农、高觉敷合编的《教育大辞书》出版，书中有条目：

感情　Affection

近数世纪以来，心理学者皆由知、情、意三项讨论意识现象。现代心理学之一重要目的，即在分析此种种经验为最简单之过程，以求不可再分之精神元素。各种知的经验（如知觉、观念、联想等）分析之结果为感觉。各种情的经验（如确需、心情）化为感情。最简单之意志过程，则兼含感觉及感情两种元素。

然则感情者，乃种种情的生活特有之精神元素也。喜乐与悲愁，爱恋与憎恶，忿怒与恐惧等，种种情的生活，加以分析，其最后之结果，皆为感情。饮食之官觉的快乐，音乐及绘画之高尚的欣赏，皆以感情为其基础。感情与感觉同，皆为科学的抽象所得之物。无人不能单独经验感情，而永远连同其他精神过程经验之。感情为最简单之元素，不能再加分析，亦与感觉相似。科学家尝欲于感觉中求得感情，以感觉为组成人心唯一之材料。……

……心理学者，对于感情所持之意见，至为分歧。一方主张感情性，仅有愉快与不愉快，且永为同源之性。他方则主张感情性多至千万，且各有特殊之性，惟可粗归为三大系。须知此种种冲突的见解，均为试用的，而非独断的。今日关于感情上之事实，已知者尚少，欲为感情立科学的学说，犹为不可能之事。求感情上之事实，有待乎实验；

① 孙俍工编，《文艺辞典》，上海民智书局，1928年10月，第635、770、771页。

而实验法，用于感情，至为困难。幸今日心理学之研究中，此一问题颇居首要地位；在最近之将来，可望有美满之结果也。

研究感情有二种主要方法：一曰印象法。二曰表现法。……

情绪　Emotion

情绪与感情不同。感情乃单纯之原素作用。情绪乃若干感情所结合而成之复合作用。然此种结合，非同时的结合，必有一定之时间的经过。感情大抵起于感觉之反应，情绪亦起于反应。不过其反应者，较为复杂耳。感情不能与感觉观念等截然分离，而情绪对于观念之关系，尤为密切。情绪发生之初，必有知觉观念或记忆观念以引起之，情绪经过之际，亦必有种种观念伴之而起。……

情绪之发达，一由先天之遗传；一由后天之境遇。……情绪之发达，与智识作用之发达，相并而进。……

情绪之为用，实足以妨害观念之联合。……凡人思考之际，必澄心息虑，务抑制其情绪者，职是之故。以情绪妨害之故，而于智识上生偏狭之见解者，世间不乏其例。古代希腊人，目国外之民族为蛮夷；中国人亦以华夏自居，而夷狄其四邻。若是者，类皆爱国之情与敌忾之心有以致之也。亦有智识上虽明知其非是，而情绪上未能厌恶，犹因循随俗，不遽加改革者。故知智识上之维新易就，而情绪上之改革难成，非经悠久之岁月，情绪莫由改也。然智识上之维新，不过表面上的变化，不能并情绪而变化之，尚未足言根本之改革。

虽然，情绪一旦而蒙变化，则情绪又足为新观念维持保护之具。是情绪以有保守的性质之故，一方面足以妨害智识之发达，他方面转足以助长智识之进步。当吾人新得观念之际，设有极强之情绪，以为观念联合之媒介，则此新得之观念，必能坚固保存，而永为吾人之智识。

凡观念而伴有强盛之情绪，则此观念与他观念之关系，必因是而有所变易。盖观念之伴有强盛情绪者，常为吾人思想之中心，凡与之不能调和之观念，皆为摈斥而放逐于意识之外。申言之，即强盛之期许有选择观念之力也。要而言之，情绪及于观念之影响有三：一曰妨害观念之联合；二曰维持观念之联合；三曰选择观念。

凡情绪作用时，常能引起种种之变化，如呼吸之变化，血液循环之变化，筋肉活动之变化，以及分泌机关与内脏之变化是也。此等变化，名之曰情绪之表现。古之学者亦尝注意及之。……

情调　Feeling Tone

感情要素，与简单之感觉，相伴而起，谓之情调。……

情操　Sentiment

吾人对于一事物或一类事物之多种情绪，当其未得表现机会时，其倾向尚在，此多种情绪倾向，相联合成一系统者，谓之情操。故情绪即表现之情操，情操即不表现之情绪也。

情操教学

情操为感情之最高尚者。吾人有时但觉某种事物，具有真正之价值，于是对之发生一种感情，而此种感情之发生也，吾人对于一切利害打算完全超脱，此即所谓情操也。情操之中，大别为真善美及宗教四种。所谓真者，即知识上之高尚感情，如好新奇、爱真理是。善者，即道德上之高尚感情，如牺牲一己、怜爱他人是。美者，即艺术上之高尚感情，如嗜音乐、诗歌、图画、雕刻、建筑等是。宗教者，集合前三者之精神，更融贯之，以信仰宇宙间之绝大势力，而求满足个人之心意者也。以陶冶此种情操为目的之教学，是即情操教学。……[①]

1945 年，张耀翔教授编著了《心理学讲话》，书中有条目：

① 唐钺、朱经农、高觉敷编，《教育大辞书》，商务印书馆，1930 年 7 月，第 1010、1011、1263、1264 页。

感情 （feeling，affection）

这词的用法很多，界说难定，较重要者有四：（一）与“感觉”通，尤指肤觉及筋肉感觉。其动词 to feel 可用于一切感觉经验，例如“感觉舒适”“感觉疲劳”。（二）就广义及古义言，可指任何意识作用或经验。（三）情绪的状态或作用。情绪、情操、愿望、兴趣，都是感情，或包括感情。（四）组织感觉及情绪的原素。分快感与不快感两种，即好与恶。亦有加上兴趣感者。……勿与亲友之“交情”混。

情调 （feeling-tone）

（一）明显的感情。（二）伴随另一感觉之感觉。（参阅“感情”）

情绪 （emotion）

喜、怒、忧、惧等等都是。各家对情绪的解说不一。有的说是许多感觉的聚合；有的说是过去苦乐联念的再生；也有承认它是意力的一种，有特殊行为的倾向；有的说是具有强烈感情作用，并有运动表现之一种经验或心理状态。吴伟士解释为一般机体的骚扰；瓦特生谓为多量机体变化的反应；吾国尹喜喻情为波，心为流，性为水，亦很切当。

情操 （sentiment）

（一）与某物，人，或抽象观念有关系的倾向，但缺少真正情绪的特质。（二）一个习得的倾向，对某对象或某类对象，可引起某某感觉经验及活动者。（三）大半是有系统的观念和感觉组织而成的经验，带有浓厚情绪色彩者。例如同情、爱国、博爱等。①

看来，许多生物都是有情感的，人的情感更是丰富无比，几千年来对于情感的研究有很多，却没有无可争议的完满结论。除了生理因

① 张耀翔编著，《心理学讲话》，世界书局，1947年6月三版，第140、141、126、127页。

素和心理因素外，还因为每一个人往往是生活在某一种群体或社会中。鲁滨孙一人在孤岛上，他的喜怒哀乐可以无限制地表达，但他的生存的意愿依然控制着他的行为；而现代人在某一社会群中，群体的意愿（包括父母亲属的意愿）严重影响着他的一言一行和情感，以致做出各种“违心之事”。

但是对于情感的研究，至今都是认知科学中重要的一环。社会环境、生活需求、个人情感，三者之间到底是谁控制谁？谁影响谁？谁追随谁？谁反对谁？或是和谐谦让？

笔者通过以上的学习感觉到，认知情感，就是要抓住“学习”这个行动。通过学习行为，我们才能够对于刺激情境做出认知结构的改变；我们才能够分析可能引起情感反应的变化与预测；我们才能够寻觅自我控制的快乐而避免痛苦；我们才能够培养升华自己和别人的情操，而抑制没有人性的恶行（所谓反人类罪行）。总之，可以设两个目标：一是达到“自知之明”，二是不要将自己的情感、情操、情调强加到别人头上，这应该是我们目前的情感目标。

至于解决情感困境的最好办法，就是学习。向自然环境学习；向社会环境学习；向反对自己和同意自己的人学习；向自己的优点和缺点学习！

第六节

智能、智力、智慧

“智”这个字在中国传统文化中，是一直被推崇的，利用“智”字可以表达出许多种意思。但在很多古代智者的理解中，“智”又常常与“知”混为一谈，以至后来，似乎只要是“知道”了，即有“智慧”了。流传至今，似乎只要能够熟读《三国演义》，掌握“三十六计”，或者领会《厚黑学》，就可以治国平天下了。既然有如此深厚的传播史，那么，有没有中国智者对“智”“智慧”“智力”“智能”，进行过一些基本的研究工作呢？笔者曾翻阅大量近代书籍，想找一些专门研究“智”的书籍，结果远比预料的少，比起前面研究“学习”“情感”等概念，明显缺乏，似乎采用“不足为训”的态度漠然处之。虽略有一些，也只是介绍外国学者的见解。这令我不解“智”何以如此不受重视。

以“智”字挂帅，组成“智能”“智力”“智慧”三个词，使用至今的语义各自有所侧重，但都是以“智”为核心，语义也较近。再加上近代人用以对应翻译外文，则互相混用了。在目前的中国学术界中，依然还是有争议。例如，陈立教授在2000年就写过：“我记得一次在北京召开的全国心理学会大会上，潘菽同志提出intelligence译为‘智力’有些欠妥，他主张还是用‘智能’较妥。我即站起来反对。‘能’当然指‘能量’（energy），这在物理学上，是没有时间范畴的名词。‘力’（power）就不一样，……所以在物理学上，‘能’与‘力’原是两个不同的概念，在心理学上，intelligence 的内涵和物理学的力相似。”[①] 而笔者关注的重点，并不是用哪一个汉字来准确表述外文字，而是以这个词的知识内涵，应该能够取得什么样的学术成就！

至于“智能”“智力”“智慧”三个词在古汉语中，早就存在并使用。只是同样也缺少定义。例如：

是故有道之君，正其德以莅民，而不言智能聪明。——《管子》

今天下贤者智能岂特古之人乎？——《汉书》

呜呼！妇人柔顺足以睦其族，智能足以齐其家，斯已贤矣。——（宋）司马光

能自去而因天下之智力起，则身逸而福多。——《管子》

不知神器有命，不可以智力求。——（汉）班彪

秦氏专任智力，蚕食诸侯。——（唐）吴兢

龙蛇未分明，智力正争强。——（明）刘基

若此之使治国家，则此使不智慧者治国家也。——《墨子》

英雄灭尽有石阙，智慧屏去无年华。——（宋）梅尧臣

下逮德衰，大道沉沦，智惠（慧）日用，渐私其亲。——（三国魏）嵇康

万行归空，千门入善，辩才智慧，岂徒《七经》，百氏之博哉。——（北齐）颜之推

一切诸智慧中最为第一。——《大智度论》

神通能动于十方，智慧广弘于沙界。——《维摩诘经讲经文》（敦煌变文集）

---

① 陈立，《对 PASS 智力模型的几点浅见》，载《陈立心理科学论著选（续编）》，浙江大学出版社，2001 年 5 月，第 86–87 页。

19世纪当西方人来到中国时，他们急需建构中西交流的桥梁，其中语言文字的交流认知就显得十分重要了。1822年，英国人马礼逊在澳门编辑出版《华英字典》，书中有：

（英文）INTELLIGENCE　对译为：圆明、洞彻。
TALENT　对译为：聪明、伶俐。
WISE　对译为：智。[①]

1866年，德国人罗存德在香港编辑出版《英华字典》，书中有：

Intelligence　对译为：聪明、睿智、灵明、神明、天聪。
Talent　对译为：才能、技能、资质。
Wisdom　对译为：智、智慧、聪明、睿智、才智。[②]

1908年，留美博士颜惠庆主编出版《英华大辞典》，书中有：

Intelligence　对译为：灵性、睿智、聪慧、智能。
Talent　对译为：才能、天聪、智敏、才智。
Wisdom　对译为：智、智慧、智能、智识、睿智、聪明、天才、智巧。[③]

1948年，黄士复、江铁主编出版《综合英汉大辞典》增订本，

---

① ［英］马礼逊编，《华英字典》，大象出版社影印本，2008年8月，第232、427、472页。
② ［德］罗存德编，《英华字典》，［日］井上哲次郎增订本，藤本氏藏本，1884年，第1036、1748、1988页。
③ 颜惠庆主编，《英华大辞典》，商务印书馆，1935年3月缩印本，第1230、2308、2664页。

书中有：

Intelligence　对译为：理解力、智识、智慧、理性、知、知解。
Talent　对译为：才能、才智、才干、天才、人才。
Wisdom　对译为：智、智慧、聪明、睿智、明敏、智行。①

（日文对译为：知能、知力、知慧。）

一、学者见解

1931年，朱然藜教授翻译美国帕特里克著的《心之新解释》出版，书中写道：

智慧（intelligence）……二字，心理学家已经给它一个很偏狭的定义，他们不但在智慧的测量上，即在智慧的了解上，已经有长足的进步了。……观察智慧自然发生的途径，是了解智慧本性的最妙的法子，那末，第一步就须先注意有机体的最简单的活动的方式了。……在生物的进化过程中，当它发现有了这种适应的能力的时候，这就足以证明它已有智慧的微光了。……

智慧的定义就是："借着过去的经验改良先天的倾向这种能力。"智慧就是行为的调整。一个生物受着一种新的环境所阻挫，平时种种本能的或习惯的反应不够应用的时候，他就会引起一种烦恼和迷惑。那时，假设他能够厘正他的动作，使自己适应这种新环境，我们就说他有智

---

① 黄士复、江铁主编，《综合英汉大辞典》，商务印书馆，1949年3月增订三版，第653、1281、1467页。

慧。环境中无论含有多少阻碍和困难，结果，总是受着一种有成效的适应所控制的。所以智慧是习惯和本能不足以对付环境时之一种行为的改组。智慧是一种新的能力。……

当智慧在动物身上发露的时候，这种适应就不再由先天决定，多少总三思地和反省地受生物所控制，而趋向它所希求的目标了。智慧的行如果能够充分地发展，那就有许多因子，这些因子我们称之为心的因子，如记忆、反省、分析、想像、思想、推理等。……人类在适当的情形之下“动作”的时候，才会产生。实际上，这些并不是心的性质或表现。我们并不是因为先有了心，然后才能思想、记忆和想像；我们因为能思想、记忆和想像，我们才算有了心。

我们如果能了解一切智慧都是智慧的行为，以及在智慧的行为中，一个活动的有机体，受着某种种冲动、欲望和激动所驱使，受着环境中某种种刺激所影响，同时也能反应这些刺激，以求维持个体的生命和健全，那末，我们整个的心之哲学就化为简单了。……智慧就是我们给予这种收获的别名。

尝试和错误，是从本能的行为，达到智慧的行为的过渡期。……“从这一点看来，智慧的定义，就是在尝试和错误这种交替作用的生活中过活的能力，而这种交替作用，还只是不完备的行为，思想，就是截短及试验那种未曾完全变成行为的交替作用。”……

另有一个使我们迷惑的问题就是：假设智慧是生物活动的一种方式，那末，生物怎样得到这种能力呢？……[①]

1932年，景玄先生发表一篇文章——《智慧》。文中写道：

---

① ［美］帕特里克著，朱然藜译，《心之新解释》，商务印书馆，1933年10月，第25–43页。

近二十年来，心理学家群起研究智慧，测量智慧，因为智慧和事业的成功有密切的关系。现在智慧测验已经成了职业指导的命脉。假设我们想做一种事业，第一须得知道自己的智力有多大，第二须得知道这种事业，需要多大的智力，如此才能断定我们将来是否能够成功。……

由人类互相较比，可以看出聪明人有四个特点：（1）能注意环境里的主要刺激；（2）理解符号的力量大；（3）学习的能力大；（4）能充分利用以往的经验。

Binet 是位研究智慧测量的先锋，他以为智慧是“应付环境的思想作用”。……他又说智慧的思想有三个特点：（A）有固定的方向；（B）能够适应以求达到所希望的目的；（C）能反省。

Terman 以为……“聪明的大小，要视抽象的思想如何。”

Stern 以为智慧是“有意识的使思想适合于新问题新环境的基本能力”。

Thurstone 以为人是一团冲动力。这些冲动力时常要变成行为，以求发泄。所谓智慧，就是一种力量能禁止冲动力直接发泄，使它经过意识界，经过考虑，再变成行为。……智慧分成三种力量：（A）禁止力；（B）思想力；（C）执行力。

Colvin：“智慧是天赋的学习力量。”

Hemon……他说智慧等于“理性”加“知识”。所谓“理性”是“获得知识的能力”。

Herbert Woobrow：“智慧是获得才能的本领。”

Thorndike：“发生良好反应的能力。所谓良好反应是能切合真理和事实的。”

Pintner：智慧是“适应相对的新环境的能力。”

Burt：智慧是“在相对的新环境里能够得到成功的适应力。”

Freeman：智慧是“一种能力，可以使许多经验组织成新的知识。”

这些心理学家的定义，虽然不能说出智慧到底是个什么东西，但是从这些定义里，可以得到许多正确的概念：(1) 智慧不是单纯的机能，也不是许多机能的堆积物。我们平时常说："过目不忘""一目十行"，……这些成语虽然表示天才有特殊的记忆力，有极快的反应力。其实这些话，包含许多种的机能在里面，把各种单独的机能，看作聪明智慧，这种观念是错误的。例如老马识途，马有很强的记忆力，各种禽兽有很灵敏的嗅力，有很锐利的视力，禽兽虽然有些机能较比人类灵敏高强，但是禽兽的智慧仍然低下。所以单纯的机能的强弱，同智力的关系很小。最初有些心理学家测验人的各种机能，想用各种机能的强弱加起来，以判断各人的智力，结果失败了。所以，智慧也不是许多机能的堆积物。(2) 一切机能全和智慧发生关系；高等的机能和智慧的关系尤为密切。…… (3) 智慧是天赋的。以上那些定义多说智慧是天赋的能力，绝非后得的经验后得的学识。(4) 智慧是带普通性的。这句话的意义是说"聪明的人，无论做什么事，全都出人一头"。普遍的智慧，到底存在否，现时还有争论。……①

景玄先生在文中介绍了当时西方各家对"智慧"定义，但他引出的自以为"正确的概念"，在今天看来，还是存在争议。不过这不在本书讨论之内。

1933年，谢循初教授翻译美国武德渥斯著的《心理学》出版，书中写道：

我们现在是生在一个器重智能（Intelligence）的时代，从前男子的

① 景玄，《智慧》，载《清华周刊》第37卷7期，清华大学，1932年4月26日，第34-39页。

武力勇敢，女子的美丽妩媚，享受无上的尊荣；而现在，智能作为最高贵的品格了。现代人对于武力、美丽、妩媚、勇敢，或者仍旧赞赏不下古人——其实大家已渐渐看出“人格”的重要了，但也同样重视智能。这种变化，并非表示现代人比古人聪明些，乃表示现代生活的情境需要智能多些。心理学为实际的要求所迫，在最近数十年内，不得不消费一大部分的精力，研究智能。

智能通常解作个人的特性，我们常常听说某人的智能比某人的高。这种说法，容易迷惑我们的思路，使我们误认智能为个人所具有的东西。其实，智能是一个与膂力及敏捷相似的名词，代表活动的特性；凡活动以动词所表示的最为直接了当，故活动的特性应当都是副词。就具体的事实而言，我们也只能说此人拉得猛些，走得快些，活动得聪明些。人类的智能高于狗类的一句话，实在是人类活动得比狗类聪明些的意思。……人类的行为与狗类的行为，有几种不同点是显而易见的。（1）人类比较多利用过去的经验；（2）人类适应新环境比较妥帖些；（3）人类所见到的情境比较远大些。……倘若我们换个看法，问一问愚蠢是什么？行动愚蠢怎么解？则所得到的智能的见解也是一样的。……我们根据这种事实，暂替智能下一定义如下：智能便是应付目前的情境，运用已学习的智识与技能，同时也见到目前情境中新的局面，且能周顾全部的情境的活动。

近代智能的研究，所以如此之发达，大半由于个人间智能有所不同的事实颇耐人寻味的原故。……心理不足的个人，智能也各不相等。智能最低的叫做白痴，其次为愚戆，其次为懵懂。……英国对于懵懂所下的法律上的定义，值得引录于此。懵懂便是“自生产或自幼年起，智能的不足虽未达愚戆的程度，但也十分显著，为己为人都需要照顾、指导及管理，在儿童时代根本受不到普通教育的利益的人。”……“天才”“懵懂”等等晦涩名词，尤其是不科学的，因为这些名词含有非智能测验所单独表现的意义。所谓“天才”，除智能测验所度量的普通的智能外，含有在文学上、艺术上、科学上，或其它某种特殊的才能。所谓“懵懂”，也含有不能在社会环境里自立的能力。但一人在社会上能否自立，不仅视智能如何为定，也随健康如何，情绪如何，以及环境如何为转移。由此观之，要把智能测验之数目的结果，译成晦涩的文字，以减低科学的度量的价值，实在有点可叹可泣。要知，智能测验所发现的千真万确的事实，乃是智能由最低至最高绵延渐进，没有间断，没有显著的阶级。……所以智能测验之一种重要的结果，证明了绵延的渐进，同是身体属性与心理属性的实况。……

……有些工程师的成绩也不见得高明，有些工人的成绩反而优越些，最不聪明的工程师往往不及最聪明的普通工人。一人的职业，不能成为他的智能之高或低的原因，因成人的智能之高低，在从事于职业以前，通常都已决定了。而一人的智能之高低，却是他选择职业的一个原因。……

因为心理学家测验智能，你一定以为他们知道智能是什么，但他们对于智能的定义，却没有像对于智能的测验那样胸有成竹。这好像是一件奇事，……智能是什么？或活动聪明与愚笨的区别是什么？是个难问题，心理学家尚未能有一致的解答。……①

1933年，严群先生著《亚里士多德之伦理思想》，书中介绍了亚里士多德的智慧观：

所谓智慧，非指对某艺某学，极精娴之能事也。其义较广，实包

① ［美］武德渥斯著，谢循初译，《心理学》，中华书局，1933年6月，1939年四版，第22–70页。

科学与直观理性二者，而臻于至完至美之境。智慧之人，不徒明乎事之实，理智诚而已，而于所以致实致诚之故，莫不了如指掌；换言之，不独尽知科学上之事实而已，其根本原理，亦皆了然于心。故曰，智慧集科学与直观理性之大成。亚氏曰："智慧一词，常用于艺术，以状其伟大之作家。如斐底亚斯（现译为菲狄亚斯）之于雕刻，波里克力图斯（现译为波利克里托斯）之于造像，吾党俱以智慧称之，意亦推崇其艺术之卓绝古今已耳。顾吾党亦常加人以智慧之名，其加之也，不以其有一技之特长，而以其博涉多通……其为等溥及之智慧，其为众科学之大成也，盖无疑矣。若然，则智慧之人，不可徒知夫推论之出于根本原理者也，于根本原理之间，亦宜谂其真伪诚妄。然则智慧云者，直观理性与科学之合体也。……"（卫尔敦英译《亚里士多德伦理学》，186—187页）[①]

1935年，余家菊教授翻译美国杜威、塔弗特合著的《道德学》出版，书中写道：

……由希腊的智慧，一变而为现代的良知，其中既有所失，亦有所得。所失在识见及思辨观念之相当硬化，盖由于道德的道，脱离人生的他种善而独立孤存。善人及恶人皆禀赋同一的智能，而此智能又被认为足以自动的发为正确的结论。……"智慧"倾于着重业已成就的识见，业已证明确定而不可移易之知识。……此项变更，于智慧之为德行，发生一种根本的差异。依旧日的意义，智慧是一种成就，是或种掌有的品物。依现代的意义，智慧存于积极有为的欲望及努力，存于追求，而非

① 严群，《亚里士多德之伦理思想》，商务印书馆，1933年。

存于掌有。知识的成就，随天生的智力而不同，随有无从容思维的机会而不同，随一切外界情形之如何而不同。……[①]

1940年，鲁继曾教授翻译美国夫来也尔、亨理著的《普通心理学大纲》出版，书中写道：

智力（Intelligence）……作家和实验者曾以不同的词旨界说智力，其定义似乎在一般的意义上是互相悬殊的。兹举数种定义如下：（1）智力是作抽象的思想之能力（Terman）；（2）它是适应自己于其环境之学习的能力（Colvin）；（3）它是一种学习的能量（Woodrow）；（4）它是意识地适应思想以应付新需要之一种普通的能力（Stern）；（5）它是关于调协刺激和产生充分的与统一的反应之一种生物学的机构（Peterson）。

上述各种定义，虽显然是有分别的，但它们有几个共同的点：（1）智力是一种行动的能量，而不是已成立的反应之一种机构；（2）它有一种遗传的或先天的能量；（3）它虽不为教养所影响……（4）在儿童期和青春期中，能量是随着年龄生长或成熟的；（5）平均，能量之成熟是在十四岁和十六岁之间的。

智力并非就是知识。但知识集累之数量是为智力所限制的。智力并非就是才能。才能包括先天的能量，以及在某种特殊的行动上之由练习而来的技能，例如音乐、艺术和著作等才能。智力并非就是记忆。智力低弱的人往往有良好的记忆。智力并非就是技能。技能是经过熟练而获得到。智力不是适应，但它是发展适应的反应之能量。……

① ［美］杜威、塔弗特著，余家菊译，《道德学》，中华书局，1935年6月，第412–413页。

智力可以算是一个关于学习思想和适应新动境的能量。它是一个先天的能量，并且大致也是有机体之结构的和功用的特性之一关联。三种智力：抽象，具体和社会。这种分别是为度量方便起见，而关于这些普通能量，以及许多特殊能量，都有现成的测验可资应用。测验乃是标准化的实验。其应用乃在以数量估计智力（能量）之多寡。

智力是关于发展之能量；学习乃是发展之一过程。①

1947年，阮镜清教授著的《学习心理学》出版，书中写道：

智力（intelligence）……这一名词，我们虽然很难替它下一条完美的定义，但是也很相信它是可以代表一个人的学习的能力的，至少也可以承认学习能力与智力有密切的关系。……当一个人遇着一个新情境或问题时，如能灵活地利用过去的经验去应付解决，即能发现其中的关键，识别其中与他的目的有关的细节，从而知道运用这些条件去达到他的目的，这就是表示他的智力很高了。反之，假如一个人遇着新情境新问题，而需要另一种应付方法时，却不能发现新的局面及其中各部分的种种关系，只是执迷不变，当作从前的旧情境去应付，则这个人的智力便算很低的了。我们若果更以智力来叙述一个人的行为，则有高等智力的人，其行为可说是聪明的；而智力低的人，其行为便称为愚笨的。……②

1947年，鲍煜教授著的《智力与学力》出版，书中写道：

---

① ［美］夫来也尔、亨理著，鲁继曾译，《普通心理学大纲》，长沙商务印书馆，1940年7月，第120–155页。

② 阮镜清，《学习心理学》，文化供应社，1947年2月，第44–45页。

通常所谓“上智”“下愚”不过是笼统的说法，心理学者要正确知道智慧的程度，且要用数字来指示出来上智是几分？下愚是几分？于是便发明了智力测验（Intelligence test）。……智力是什么？……那末，智力是顺应社会环境的能力了。可是我们都知道，人能顺应社会的环境，绝不单靠天赋的能力，而须有教育和经验。这样说来，智力到底是什么？还是个未解决的问题。而且测验智力的“智力测验”，都是已有了经验和教育的人所制造出来的，则其所测验的智力，自然难免不含有习得的能力。所以与其说智力是“什么”“什么能力”，不如说智力是“智力测验”所测得的分数。……①

1946年，社会学家孙本文教授著的《社会心理学》出版，书中写道：

知能的特质——智慧与才能

一、解决问题的能力——大或小

二、记忆能力——强或弱

三、学习能力——强或弱

四、认识能力——正确程度

五、想象能力——丰富与否

六、特殊才能——个别独一无二的特长

七、判断能力——敏捷或迟钝、适当或不适当

八、一般适应能力——大或小。②

① 鲍煜，《智力与学力》，声明书局，1947年12月，第10–11页。

② 孙本文，《社会心理学》，商务印书馆，1946年；转引自社会科学文献出版社，2012年5月，第341–342页。

1948年，周宗莲教授翻译法国勒康杜奈博士著的《人类命运》出版，书中写道：

按字源的意思，智慧是使人类成为不断学习的学生（巴斯克语）。所以在对宇宙的关系上，人类永远有屈居卑下之感。但是我们就承认有一日，人类可知道一切。此时拿科学作何用？……有天才有学识的人们的惟一特性是智慧，智慧既无所用其技，他们也感觉彷徨厌倦了。……智慧，曾经帮助人类适应自己，争取生存，并且克服一切，已发挥了伟大功用，而且要继续下去。……但智慧一如其他的适应方法，如任其单独存在，就要与进化背道而驰。推理思考，对进化贡献很大，发现了各种科学定律，而由于科学在工业上的应用，使人类解放了自己，控制了环境。但是智慧使战争日趋残酷，怀疑上帝观念与绝对善恶概念，否认人生与人类努力的意义与目标，这都违背进化与智慧本身了。智慧不能突过直接利益，而挺身向上，并且漠视进化的真实性，已不是进步的有效工具了，已变成一种怪想奇谈。到此时智慧已不智慧了。……[①]

简单地理解杜奈博士的话，就应该是——智慧的学习与运作，要与行为应对。

二、辞书上的条目

1926年，樊炳清编的《哲学辞典》出版，书中有条目：

① ［法］勒康杜奈著，周宗莲译，《人类命运》，正中书局，1948年8月，第191–194页。

智慧 英 Wisdom 法 Sagesse 德 Weisheit

希腊学者，称主德有四，而智慧居其首。谓何者为至善，又知其为至善，而何道以致之，此非有智慧者，莫自判断，故重之也。由亚里士多德之说，智慧本分二类：（一）为思辨的。其意，即认知真理之学识。（二）为实践的，则借以指导日常生活之知力。其目之为一德者，乃实践的智慧，而前者弗与焉。柏拉图曰："智慧之为德，于国家则为立法者，于个人则为合理的能力。"①

1928 年，中华书局同人编辑的《中国教育辞典》出版，书中有条目：

智力 Intelligence

一称智慧或智能。依生物学之鹄的论之，智力乃天赋的适应新情境之普遍能力，包括记忆、注意、想像、思维等作用，人类智愚不同，即由于此种能力各有高下之故。由低能（见另条）而至天才（见另条），为智力强弱阶级之两极端。

智力之性质如何？心理学家为说不一。上述之定义，乃就其功用言。至就其性质言之，说颇纷纭。或谓智力为综合力，爱滨和氏主之，氏且依此创造测字测验，以为测验智力之用。或谓智力即判断力，除判断测验外，其余皆不足以明智力之性质。言人人殊，吾人未暇深究。……然今之测验智力者，在实际上虽多能奏效，而理论上的问题，则多待解决，兹仅就其大体言之耳。

智力测验 Intelligence test

测验智力之方法，其目的在求得智力之单位，以便比较各儿童智力

① 樊炳清编，《哲学辞典》，商务印书馆，1926 年 5 月，第 692–693 页。

之强弱。……吾国教育界，年来亦读采用智力测验，以度量儿童之智力。惟初时无本国材料，多借用美国之所编造者。十一年（1922）秋，中华教育改进社聘美人麦柯尔来华，主持编造测验表事。参考桑戴克、推孟诸人之意，采用本国材料，应用 TBCF 制，编造各种量表，团体个人，均有采用施行之者。……①

1933 年，沈志远教授编的《新哲学辞典》出版，书中有条目：

【智才或智慧】(Intellect)

这是人的全部精灵或理智的活动之综和体而言，它与情绪的和感情的活动相对立的。②

1936 年，中华书局编辑出版《辞海》上册，书中有条目：

【智力】(Intelligence)

作智慧。人类适应环境之普遍的能力也。包括记忆、观察、想像、思考、判断等作用。

【智慧】

犹云聪明。《孟子·公孙丑》："虽有智慧，不如乘势。"③

1945 年，张耀翔教授编写《心理学讲话》，其中有：

---

① 中华书局编，《中国教育辞典》，中华书局，1936 年 3 月五版，第 730、731、733 页。
② 沈志远编，《新哲学辞典》，北平笔耕堂书店，1933 年 9 月，第 214–215 页。
③ 中华书局编，《辞海》上册，中华书局，1936 年 12 月，第 38、39 页。

智力 智能 （intelligence）

（一）有机体临机应变的能力，即对新情境临时采用一新反应去适应它。（二）很快并很有效的应付新情境的能力。（三）在智力测验上量出的成功。与“本能”相反，后者注重固定性的反应。在动物研究里，多指运动能力；在人类研究里，兼指运动与理智。[①]

通过以上介绍，我们对于“智能”“智力”“智慧”的语义有了基本的理解，尽管学者们对于他们的定义没有统一，但我们已经能够明白“智能”在人生道路上是多么重要！近代许多心理学者也进行了“智力测验”，虽然实证的努力很大，也有一定的明示，但结果依然很难说是令人满意的。

本章选择了认知科学中的几个关键词——注意、记忆、行为、学习、情感、智能，近代学者们对之的研究应该说是相当清楚了。21世纪的认知科学研究，正是在这个基础上，通过新思想的涌现、新科学技术能力的跃进和新知识人的努力，才能够顺应时代需求，蓬勃发展至今。

① 张耀翔编，《心理学讲话》，世界书局，1947年6月三版，第132页。

第　五　章

对未来前程的认知

Chapter 5

我们想在世上看到什么变化，我们自己就必须怎样变化。

——甘地

今天，就是百年以来中国学者心目中的“未来”。传统的中国人多陷入印度佛教的“轮回观”之中，他们供着“未来佛”“过去佛”佛像，同时也把自己未来的命运交给泥塑像去管理安排。

现在，“未来”是一定会到来的，而且绝非遥遥无期；相反，是指日可待的，就在眼前。应该说，人类的未来，已经摆在21世纪的中国人和全人类面前了。在人类命运共同体的现实情况下，认知科学就是关键的一门科学，我们必须认知过去，认知现在，认知未来，以应对和解决或控制人类空前的危机——环境危机、社会危机、恐怖危机。

“未”字在古汉语中有十几种用法，表达不同的语义；“来”字则有二十几种用法，表达更复杂的不同语义。两字凑成“未来”一词，也表达了几种不同的语义，古人各用各的，并没有追究“未来”是否需要下一个定义，是否需要研究，是否与人类前程联系在一起。例如（附“将来”）：

望夫君兮未来，吹参差兮谁思？——《九歌》

下不讳之诏，犹惧未来。——《北史·乐运传》

及时运之未来，或两求而莫至。——（唐）韩愈

明哲消祸于未来，智士闻利则虑害。——（晋）葛洪

有过去、当今、未来，历三世，识神常不灭。——《魏书·释老志》

凡夫蒙蔽，不见未来，故言彼生与今非一体耳。——（北齐）颜之推

今生过去种，未来今日修。只取今日美，不畏来生忧。——（唐）寒山

今生已矣，勉修未来可也。——（清）纪昀

消往昔之恩，开将来之隙。——《汉书》

得其理足以知百世之变，明其数足以计将来之事。——（宋）陈亮

当17世纪西方文明传入我国时，意大利人利类思翻译的《超性学要》在1654年出版，书中就将拉丁文futura对译为未来。[①]

1822年，英国人马礼逊在澳门编辑出版《华英字典》，书中有：

FUTURE（英文） 对译为：后来、将来、来生。[②]

1866年，德国人罗存德在香港编辑出版《英华字典》，书中有：

Future 对译为：后来、将来、未来。[③]

1908年，留美博士颜惠庆主编出版《英华大辞典》，书中有：

---

① ［意］利类思译，《超性学要》30卷，1654—1678年原刊，上海光启社，1932年重刊。对译字引自［奥］雷立柏编，《清初神学术语辞典》，北京宗教文化出版社，2007年2月，第234页。

② ［英］马礼逊编，《华英字典》，大象出版社影印本，2008年8月，第183页。

③ ［德］罗存德编，《英华字典》，［日］井上哲次郎增订本，滕本氏藏本，1884年日本版，第882页。

Future　　　　　　对译为：未来、将来、后来。[①]

不要将“未来”当作一个单纯的时间或空间来理解。在今天，“未来”已经可以看得见了；今天人类的任何动作，都会预见于“未来”，都决定着人类自身的命运。而任何关于“未来”的先知预言，都可能是回到人类本源的问题。正如哈姆雷特的名言：“生存还是毁灭，这是一个值得考虑的问题。默然忍受命运的暴虐的毒箭，或是挺身反抗人世无涯的苦难，通过斗争把它们扫清？这两种行为，哪一种更高贵？死了，睡着了，什么都完了。……”

中国人迎来全新的变革时期，也就自然开始关注“未来”会怎么样，未来与现实是什么样的关系等问题。学者们更是开始介绍西方学者对于“未来”的各种见解，至今形成“未来学”。这也正是认知科学所关心的现实问题，因为在认知科学所重点关注的每一个问题上，你想学习或参与，这都是为着未来着眼和准备；反过来看，未来的成果，一定是你在学习和准备的时候就已经存在于其中了。

在笔者看来，近代思想者对于人类未来前程的见解，对于今天的中国人来说，依然是有着警世作用的。

一、学者见解

1929年，曾任农商总长的卢信先生自著的《不彻底原理》出版，书中写道：

---

① 颜惠庆主编，《英华大辞典》，商务印书馆，1935年3月缩印版，第975页。

社会不平，人所同慨。今之社会主义，固将以平其不平者也。然社会能否平等姑勿论，人类动而不能静者也。故欲使社会平等，必胥人类而为机械。动则俱动，静则俱静然后可。……人类万无动则俱动之理，而强使之平，试思此喜动之人类，能屈伏于此种状态之下乎？固尽人类而知其不能也。惟不能静斯动，惟动斯有竞争，惟竞争斯有攘夺残杀，故动之于人类，为祸为福，实互相倚伏。更深言之，则祸多而福少。语曰吉凶悔吝生乎动，此之谓也。然宇宙万物，动而不静，况人类唯最高等之动物，尤不能安于静止之中，故人类之趋势，一以动为进程者也。动之结果如何，自属另一问题。……今日世界各国，咸注重于普及教育，而高深学理，亦多能穷其究竟。由是言之，则大多数之人类，必能本其理性上之知识，以解决一切事物。顾就实际上言之，则人类缺乏理解性，固依然未改也。夫宇宙内事事物物，本无彻底之理解，如以玄妙之学，责人类以领悟，此于理论事实固所不许，然事物之至浅至近者，人类亦多不能以理性解释之。故政治之改革，社会之进化，经济之变迁，即至日用饮食之微，皆为时代及状况所囿，不能得一正当之途径。而当群情汹涌之日，即有富于理解性之人，思欲起而改正之，及言论一出，而不遭世人白眼者，未之有也。……

……盖物质发达，人类必极其耳目口体之欲，而帝王专制，官吏专制，富豪专制，将与物质而俱进。人民因物质而有欲望，因欲望而竞争，于是攘夺残杀之事，乃日益增加。……人类之趋势，大率趋于错误之一途，而不能以理性解释之。……现代社会，每以势利二字，形容笑人之态度，抑知上下数千年，纵横万万里，事物无大小，皆不能出乎势利二字之范围。大抵利由势生，必有势而后有利。故欲谋个人之私利，即须迎合大势。若与大势反抗，则个人必先受其害。彼夫奸巧官吏，于满清时代则奴事异族；于民国初建则附和共和；于袁氏叛国则赞助帝制；于国民革命则高谈三民主义。若辈非前后同时一人乎，而每经一时代，即变一新面目者何也？盖因势而取利，复因利而取势。既取势利而有之，则人将钦慕之不暇，孰敢以卑鄙二字相加欤！……

夫趋势云者，大势所趋之谓，亦即人类趋附于大势之谓。有势则无理，固不待吾人解释，而其意义已甚明显矣。要之，人类动作皆缺乏理解性者也。今后人类之趋势，吾敢断定其顺序：一、物质欲日益发达。二、竞争。三、攘夺。四、残杀。五、残杀之结果，人类感觉物质上之痛苦。六、于物质外求减少痛苦之方法。七、唯心论盛行。八、唯心论过于枯寂，不能禁锢人类之欲望。九、物质欲复发达，由是而再转入于竞争攘夺残杀之境地。……冷眼以观察之，与其谓为进步，毋宁谓为物质生灭，增加速率。吾人囿于片面之见，只觉其生，未觉其灭。而不知生灭并进，互为因果，物质将生而灭机已伏。且此物质方生，而灭此物质者已继踵而起。观之战争利器，日趋残酷，可知人类创造事物之能力，固甚伟大，而毁灭事物之能力，又正与创造同也。……①

卢总长的见解，显然比古代思想者要直率贴切得多，并且直指人类文明的阴暗面，颇可深思。

1931 年，美国学者俾耳德邀请 16 位世界著名的学者，各自从专业角度分析人类的前途，然后将之合成一书。于熙俭教授翻译出版该书，名曰《人类的前程》。书中讨论了 16 个方面的专业前途问题，包括东西文化、历史、科学将来、商业将来、劳工问题、法律与政治、战争与和平、卫生问题、家庭问题、种族与文化、宗教将来、艺术将来、哲学将来、娱乐将来、教育将来、文学将来等，可谓集一代精英的思想成果于一书。可惜本书不能全部引述，这里仅选几个方面略述：

---

① 卢信，《不彻底原理》，商务印书馆，1933 年，第 170–175 页。

（1）第一篇文章是邀请北京大学教授胡适写的，题为《东西文化之比较》，其中写道：

近年来欧洲许多消极的学者，唱着这种论调：西方的物质文明业已破产，东方的精神文明将要兴起。去年我在德国的时候，有一个很渊博的学者和我说：“东方文化是建筑在精神上面。甚至东方人的灵魂得救，都是以道德高下为选择的标准。轮回之说，不是如此吗？”这种言论，虽然是他们战后一种厌倦的心理；然而对于那些东方文化夸耀者，实足以助长其势焰。……

实际上，没有任何文化纯粹是物质的。一切文化的工具，都是利用天然的质与力，加以理智的剖解，然后创造成功，以满足人的欲望、美感、好奇心等。……一个民族的文化，可说是他们适应环境胜利的总和。适应环境之成败，要看他们发明器具的智力如何？文化之进步，就基于器具之进步。……东西文化之区别，就在于所用的器具不同。近二百年来西方之进步远胜于东方，其原因就是西方能发明新的工具，增加工作的能力，以战胜自然。至于东方虽然在古代发明了一些东西，然而没有继续努力，以故仍在落后的手工业时代，而西方老早就利用机械与电气了。这才是东西方文明真正的区别了。东方文明是建筑在人力上面的，而西方文明是建筑在机械力上面的。……这种物质文明——机械的进步——才真正是精神的。机械的进步是利用智力创造机器，增加人类工作与生产的能力，以免徒手徒脚的劳苦而求生活。……凡够得上文化这名词，必须先有物质的进化为基础。二千六百年前管仲曾经说过：“衣食足而知荣辱，仓廪实而知礼义。”这并不是什么经济史观，乃是很简单的尝（常）识。……

人老了，不能抵抗自然的力量，才会接受那种催眠式的宗教。他很失望，不愿意奋斗，于是他设法自慰，宣言财富是可鄙的，穷困是荣幸的。这样的人，正像狐狸吃不着葡萄，而反说葡萄味苦一样。……世界的文化，即是为中古时代这种自弃的宗教所淹没了。一千余年之后，人类才打倒那种以困苦为中心的文化，而建设以生活为中心的新文化。……

中国虽则倡导人文主义，脱离宗教的羁绊，然而今天仍旧在落后的地位。她推翻了中古时代的宗教，但是对于大多数人民的生活，仍旧没有什么改进。她善于利用科学方法，但是这方法只限于图籍方面。她的思想得了自由，但是她没有利用思想战胜物质的环境，使人民的日常生活也得自由。五百年的哲学思想，不能使中国逃出盗贼饥荒的灾害，以故十七世纪的学者，实在是灰心。于是他们不得不舍弃那空洞的哲学，而从事于他们所谓“有用的学识”。但是他们何尝梦想到这三百年所用的苦工，虽则是用科学方法，仍不免只限于书本上的学识，而对于普通人民的日常生活，毫无补救呢？……

机械之所以为精神的，乃因其能解脱人生之困苦，使大众有享受快乐的机会。无论我们是否善于利用闲暇以寻求快乐，而专就利用机械以解脱困苦一层而论，就可说是精神的享乐。……

寻求知识是人类精神的需要，这是任何人不能否认的。但是古代文明，都极力压制这种求知欲。照《圣经·创世纪》所讲，人类的堕落，并非因着女人，乃是因着求知的欲望。……庄子说：“吾生也有涯，而知也无涯；以有涯随无涯，殆已。”这些哲人大都回避求知的路，而致力于内省默坐修养等工夫，以寻求它们所谓深奥的智慧。还有些以为冥想可以与神相通。……科学之最精神的处所，是抱定怀疑的态度：对于一切事物，都敢于怀疑，凡无真凭确据的，都不相信。这种态度，虽然是消极的，然而有很大的功劳，因为这态度可以使我们不为迷信与威权的奴隶。怀疑的态度是建设的，创造的，是寻求真理的惟一途径。怀疑的目的，是要胜过疑惑，而建立一个新的信仰。它不只是反对旧的信仰，而且引起了许多新的问题，促成了许多新的发明。……

唯物文明的意思，是为物质所限，不能胜过物质；如东方不能利用智力，战胜物质环境，改进人群的生活。东方的圣贤，劝人知足，听天由命，昏天黑地的敬拜菩萨；这种催眠式的哲学，比较他们自己所住的房子，所吃的食物，所拜的偶像，还要偏于唯物了。反之，如果某种文化能够利用智力，征服自然，脱离迷信蒙昧，改进一切社会政治制度，以为人类最多数的幸福——这才是真正的精神文明。……①

（2）英国罗素教授写有《现代科学及其将来》。文中写道：

科学所发生的影响有两种，不可彼此相混。一是科学的眼光，这是属于科学家的；一是因科学知识而改变日常生活，这是借着机械而成功的。……

科学方法的要素，在乎考查特殊的事实，而发明新的公律。……这方法的基础是特殊的事实，不过这些事实是为归纳原理而用的。原理既归纳出之后，再用希腊的演绎法，推测新的特殊事实。这方法成功极大，……二十世纪对于哲学和心理学成绩最好的，要算美国。这并不是美国人的智力比别国好，而是因为他们摆脱了欧洲那种中古的传统思想，……这种新的态度，即知识实用化，就是工业政策——应用科学——的哲学。工业哲学主要的信仰，是人类的命运，在自己掌握中，而不受自然或先天的压迫。……

科学一方面固然减少了人类对于自然之恐怖，但一方面也增加了人

---

① 胡适，《东西文化之比较》，载［美］俾耳德著，于熙俭译，《人类的前程》，商务印书馆，1947年3月二版，第31–49页。在文后附胡适给译者于先生的回信中，指明该文的中文发表于1926年，收在《胡适文存三集》。

类彼此之中的恐怖。……但人类同时也发明了许多破坏的能力，与此前的自然一样危险。一方面科学使社会机体化了，使反抗者不易为乱；而一方面如若社会纷乱，其祸害就比较古代的社会大多了。……以全体而论，人类是脱离了自然之羁绊；但以个人而论，人类之彼此互相牵制，比较科学未发达以前，反而增加了。……现代的科学，还在努力于物质环境之改良。……我们可以改变环境，但我们不能改变个人的性情使彼此融合。这原因不外乎研究人性的科学，还不如自然科学之发达。不过这种情形，已逐渐改变。……

现代文化，……应当留意以下诸点：第一、现代交通利便之突增。……第二、传递消息之速度增加。……第三、机械之发明。……第四、公共卫生之改良。……第五、战术之进步。……

科学文明有一个很不幸的影响，就是抹杀个人价值及独立精神。……群众的万能和个人的单弱，是科学文明的结果；这种结果，对于宗教道德美感的价值，都发生许多影响。……科学的社会是否巩固的呢？这种社会里是否含有腐化的成分，而终究崩溃呢？……这确实是值得我们考虑的。第一，是现代科学之自相矛盾。科学方法之基础是事实，凡无事实为凭据的，皆不承认。但是实际上，科学也有许多武断的处所，如神学一样，……迷信也许是发现所必需的，不过科学家完全科学化了的时候，恐怕科学的进步也要停止了。若果如此，他们就会仍归于迷信，而回到黑暗时代。……科学文明还有一个更坏的结果，影响于人口的——并非影响于人口之“量”的方面，而是“质”的方面。……补救现代文明畸形之发展，不在拆毁科学，而在乎充实其内容。心理学、生理学、遗传学等，将来都可以有许多贡献。不过它们贡献的时候，应当特别注意一点：我们只须利用机械，不可崇拜机械。……机器是为人而造的，人不是为机器而生的。工作的目的，是在乎多给人类闲

空的时候以娱乐。……我们最紧要的目标，还是人类的快乐。……[①]

（3）路易先生写有《战争与和平》。其中写道：

现代之赞成战争者，第一个理由，大概是根据于生物学，其理由大约如是：达尔文主义，好战之本能，有益的流血，以及适者生存，都是自然律。……赞成战争者之第二个理由，是扩张势力。……赞成战争者之第三个理由，是战胜的国家工业甚发达。……科学也使战争消失了从前那种大家尊奉的神性，而变为一种凶恶可耻的事物。……赞成战争者之第四个理由，是死于战争之光荣。……赞成战争者之第五个理由，是民族之血统。……赞成战争者之第六个理由，是用武力克服属地，而统一其语言。……国家主义还有一个附带的动机，就是想保存民族的特性，因为他们相信如果把各国混合起来，就会湮没了民族性。……赞成战争者之第七个理由，是国家之光荣有这种主张者，要算最危险而最不通了。……

现代的战争，是由几个人鼓动起来的。鼓动的方法是用宣传，指出敌方的人和我们不同，是坏的；我们有些东西是他们所没有，而他们是来夺我们的。……

如果我们指出军事胜利之暂忽，精神胜利之永久，将领成功之无价值，思想及发明家成功之有益人类；将军是叫人去送死，医生是救人的生命。告诉他们认清本国的劣点，珍贵别国的优点。指出说外国话的小孩，与他们的血统是有关系的，他们国里也是有山川的。说明国界并不能使各民族有何重大的区别，世界各国的风俗、服装、信仰、迷信，都有相同的处所。……[②]

① 罗素，《现代科学及其将来》，载《人类的前程》，第76–100页。
② 路易，《战争与和平》，载《人类的前程》，第191–224页。

（4）美国杜威教授写有《现代哲学及其将来》。其中写道：

现代机械文明中科学与工业之密切关系，便是我们传统哲学之敌军，因为传统哲学的中心思想，即是“知”与“行”之分离，称赞“知”者而鄙视“行”者。早期欧洲哲学极赞扬沉思默想之生涯。自然科学兴起之后，此种观念，尚无变动。后来知识应用实验方法许久之后，而哲学家仍把知识的性质认为沉思默想，虽则知识之实验都是依赖于发明之物理及机械的工具。……机械便包容现代人生之灵魂；我们应当认清这一点，无论我们喜欢不喜欢，其重要并不因之而减少。但是哲学并不因为求知识的方法变迁而受影响。……各派都以为知识一方是心智，一方是事物，两方彼此接触之某种关系，而此种关系与实际上求知之需要与工具，是毫不相关的。……

评论现代社会状况者，每以为工业文明之恶果，完全是机械工程之产物。人类之天性，似乎无时不需要一个神圣，以便供奉；一个魔鬼，以便憎恶。机器便是各处公认的魔鬼。但是这种谴责，忽略了一点：我们现有的制度和欲求，都是根源于以往的。……大凡人所思想信仰的，是一种旗帜，而他们的行动恰与所标榜的思想相反，结果就不免混乱与虚伪；在这种混乱中，人类未经磨炼的天性，无外力之引导，便任性之所之，而贪求四周之财货。因此，把现代文化之分裂，归咎于哲学，毫无根据，而实则为人生本身分裂之反映。……

民治运动，便是现代人道主义之背景。机械之结果，使快乐与闲暇，分布得普遍些均匀些，使天国的理想，转入尘世了。我们虽然对于尘世与天国一样有怀疑，然而此种理想之达到，却是不可否认之事实。此种转变之事实，与另一争点也有密切之关系，即以为工业文明降低了人类高尚之志趣，而所得之自由，至多不过是物质上之安乐，牺牲了人类所以异于禽兽之特殊价值。这种论调未妥之处，是臆断过分了。由机械工具而得之物质的安全，与创造能力，即欣赏高尚艺术或人生价值，并非根本相反对的。……

现代生活之特点，无非是争夺货财，霸占权势，奢侈夸耀而已；只有盲目的人，才会否认这种事实。……可说是人类的天性现了原形。现代工业之发达，供给了许多工具，使我们主要的天性有表现的机会。大体而言，人类之爱好物质的权势与享乐，而不爱宗教艺术或纯粹的学术，可说是天生成的。不过准此而言，人类之看重高尚价值的事物，不过是偶然的附带的。这种解说，就断定人性生来就很卑下，……如果采用这种解说，我们就在一种难堪的情形之中了。那些忠心于精神价值的，恐怕就要怨艾，咒骂，或退隐。不过照他们自己的口吻，对于现代这种畸形的文化，也没有其他的办法。……我们还有另一种解说：现代这种争夺货财之热狂，乃是因为过去长期遭遇痛苦压迫之结果。这就是崇拜高尚价值之古代的产物。如此，则在古时寻求安乐，物质享受，为权势之本身而爱权势等等低下的欲望，没有表白出来，并非因为专心致力于精神旨趣之故，而实由于受外界环境压迫之故。……现代之情况，乃是一种尚未平稳之过渡时代，将来此种久受钳制之欲望渐次满足之后，就可恢复到平衡的状态，这并非空想，而是很可能的。……

现代工业之中心问题，便是哲学与现代文化关系之问题。哲学不是一种退隐的乐园，练习辩才的游戏，那么，它就应该出来对付实际的情况。它的职务，是要把混乱的信仰，清出一种条理来。所谓混乱，就是旧文化的传统思想与目标，与现代文化之主要潮流不相协调；而现代文化虽不是起源于哲学，也是哲学研究很好的机会。……总结起来，现代工业文明对于哲学家有两种要求：一种是要他们对于促进自然科学之实验方法，充分发现其意义。要达到此种发现，必须先对于前代遗传下来关于心理思想等之固定观念，重新整理，甚或弃绝之。……此种工作之成功，不只是在专门工业上很有价值，而对于社会制度及风俗之考查与批评上，也产生了一种新的逻辑方法。因为社会虽是人类实际生活的范围，然而总未曾以实验之方法加以考查。……现在对于社会方面知识之解放——如法律、经济、政治、宗教等——也有同样的机会与需要。……第二种要求，是对于工具与结果，手段与目标之关系，必须根据于应用科学之新工具新能力，重新考量。……天下事物，可分为目的与工具两种。……欲望与目标既是人类天性的一种作用，那么，此种态度就把现实的情况只认为一种手段，不过此种手段所达到之目的是就近的，限于四周的环境，在现实情形之下享受，而是用实际处置之方法获得。因此，此种用实际方法处置之目标，与情感作用之高尚理想是不同的。他们以为此种目标很渺小，很浮浅，利用现实以得眼前之快乐与权势。现代工业文明之混乱，虚伪，不安，以及无意识之变动，即根源于此。

哲学既是根据于工业器具之能力，研究工具于目标之关系，现实之存在于理想之可能，那么，哲学的工作，就不仅好像验尸而已。它是积极的，想望着将来的。它研究的结果，是把传统的宗教艺术文学道德制度等之标准与精神，重新树立。……这些新兴学者树立另一种思想系统，使后来在这方面工作者，能有信心，勇气，以及一定之途径。

到了十八世纪之思维“光明时代”，一般哲学家之注意力，就转向人类之本身即人类之天性与兴趣。他们觉得根据于新兴科学之方面，人类一切制度与进行之工作，可以用“理智”去统辖。他们以为以往的压迫都可以解放，因为这些压迫是由无知与迷信而来的。他们望着前途之进步与光明是无限量的。但是实际的事实上，他们是被欺哄了。“理智”并不能居于统辖与指导的地位；理智与应用科学只能为增进个人或某阶级权势之工具，供给他们诩耀与享乐之新工具。理智并未增进一般人生活之幸福，反而助长了放荡的竞争，冲突，混乱。因此，十九世纪的哲学，以现在的眼光看来，就有一种复古的精神。他们不望着将来，而回顾以往之黄金时代。他们对于历史之新发现，在学术上是一种很大的贡献。“演进”之观念，便是历史上新发现之中心原理，这种观念更扩大到宇宙之势力方面去，以为宇宙之进行有一定命运，而人类之创造能力与理智是很小的。……

凡研究现代工业文明之哲学家，……如果他忽视传统，他的思想便浮浅而空虚。但是传统是只可利用的，而不是崇拜的，或者加上新衣服再叫他登台的。况且工业文明已经发达到了这种程度，将近可以自成一种传统了。……这不是从书本上可以读来的，而是要实际观察与研究的，而且这种观察若无一种理智的同情心，也就难于有所成就。这种观察工业文明之意义及其可能性，就是哲学，无论此种观察叫什么名称。如果哲学家不愿意观察理解现代之新现象及其特征，他或者可以成为一个饱学之士，或者在辩论会里成为一个雄辩家，或者成为词章富丽的文学家，但是他对于现代紊乱之文化，总难贡献什么启示或指导。这种贡献，只有那些对于现实热心，而能以诚恳同情之态度了解之者，才可办到。……①

（5）彻斯先生写有《现代娱乐及其将来》。文中写道：

现在差不多无人不认可无论大人小人，都有游戏的权利。而游戏大半对于他们是有益的。……大都以为游戏在儿童发育中是很紧要的原则，而在成人的生活中，也是必需的条件，与饥饿、性欲相差不远。况

① 杜威，《现代哲学及其将来》，载《人类的前程》，第391–412页。

且自机械发明之后，机械工作之压迫，打破了以往那种生活之平衡，于是游戏之地位，更加重要。……机械对于游戏之影响有几种主要的方向：……第一，机械增添了许多游戏品；……第二，机械之发明，使我们多有闲暇，以便游戏；……第三，机械之发明，增加了各人家庭的收入，就可多买些玩具。……此外，有一部分的时间与金钱，确实是利用在自动的游戏上，以焕发人的精神，调剂生理上之片面发展，而补救现代丧失了的手工业时代那种生活。……机械给与我们的闲暇，恐怕仍旧收回去了。……竞争之精神，也侵入游戏领域之内，把游戏变为工作；使无数的工人，已受过了一日机械工作之痛苦之后，再加上一层机械娱乐的苦恼。……①

（6）马丁教授写有《现代教育及其将来》。文中写道：

西方至今还没有一贯的教育哲学。教育之对象、方法、目的、价值，尚无一种公认的原则。不过，有一点是大家同意的：现在无论是教些什么，总是教不好。……因此，除少数之外，凡以教育为职业者，大都柔弱无能，易为人所威胁，安居于桎梏之内，承受固定之制度，服从上司之命令，把别人讨论过的理论，仍旧重述出来。于是教育便成为一种工业，工作平凡，以大批划一之生产为目的。凡人的工作老是被动的，就丧失了考问他们那工作最后之目的的习惯。……教育只是在这里——天天如是的机械工作。……

古人之追求智识，不仅为一时方便，而实有通盘之计划。他们打倒传统，以人类日常之需要，而不以个人一时之利益，为寻求智识之目

① 彻斯，《现代娱乐及其将来》，载《人类的前程》，第413-445页。

标。古人之教育，不是与现实毫不相关的传统，而是探讨其在新文化中之意义与价值。……我们的时代虽然很新，但是我相信如果我们完全抛弃以往一切所努力的，恐怕也不容易对于现实生活，创立什么意义与价值。……

所谓高等普通教育，是要能扩大一般人之兴趣与同情心，不论他们的职业为何；要提高一切平庸单调的思想，使心智脱离一切盲从与普通之舆论，养成判断及认识价值之习惯，图谋当代人类之幸福，以理智调节情感，化除成见而求彻底自知，集合有才干之人群，以求文化之进步。但是教育每每未能追求它真正的目的，而不免为他种不相干的事物所利用。……心理学家看了这种事实，也无所骇怪。……每当历史上智识方面有何新的觉悟之后，一般群众就起而推翻之，抹杀其真正的意义，而以普通之宗教思想代替之；因为那种新觉悟对于一般人过分苛求，使他们觉得低下无能，而且掠夺了他们传统的安慰。……

当时的教授经典，与现今的方法不同，因为现今是要以经典开辟人生的一个新途径，扩大学生的兴趣与同情心，而使他们对于人生之各问题，取一种批评试验的态度，正如古人一样。但当时对于这些方面，都不理会。经院学派的精神，在教育里仍恢复起来。学生们终日孜孜于诵读与翻译，谈话时引用几句……照例经过考试，而始终不晓得何以要读经典——除了大家都以为凡文雅人都必须学习这种文字。如此，教育就变为一种文雅的标记，而古典的传统，就变为文雅的传统。西方初进工业的时候，就是这样糊里糊涂毫无意义的情形，而我们可想这样的教育，怎样可以冲破机械工业以及争夺权利之重围，重新建立一个光明优美的文化。……但在事实上，只知从事于死的文字之训练，而踵其后者，也只知灌注科学知识，倡导职业教育。但这些都是治标的办法，而非根本之图。真正的科学知识，只在研究室里刻苦研究才可获得，也只有少数人才有此种机会。至于一般群众，只知科学研究出来的结果，不知科学的方法究竟为何，以故对于科学取一种惊奇的态度，而惟恐它破坏了宗教。……从前是教死的文字，现在是被动的牛马式的训练，无怪对于现代的人生不能适应，……

现代文化是发源于自然界的，机械的，以机械之发明为进行之步骤，而使每只机器都是以智慧解决某问题之产物。现代文化是各种势力相撞击而成，不稍停顿，而各种形式之变化，无不须要人类深切之了解与筹划。……现代新文化之组合，并非根源于过去。现代这种变化无常的环境，无时不是一种警惕。新的工业方法，既是随时发现，新的机械，继续不断的发明，约束自然之新方法，日渐呈现于群众之前，因此我们对于人类之中心问题，也必须随时修正，对于此种科学力量之应用，必须更能彻底理解，以探讨其价值之究竟所在。……从事教育者，必须看出现代机械文化价值之所在，以无畏的精神对于实际的环境，而作为领导者。……

以往教育之主要职责，是传播知识。所要传播的知识并不远，是确定的而在手边的，就是关于习俗之知识。但是到了今天，这种知识必须重新评估。一切必需的知识，必须随时掘发出来，其原则也必须随时修正。……因此，现代教育所要对付的问题，有两方面——一方面是使各个人探讨价值；一方面是使各个人明了世界的现状。明了世界现状与探讨价值，彼此不能分离的，否则就会把文化毁灭，使追求价值变为一种空洞的情绪，使追求欲望成为一种粗鄙的挣扎，有工具而无目的及意义。……

我的意思是：现代教育家的关注是双方的。一方面他必须使现代的人了解现今的世界，作为行为的基础，因为现今的世界是自然科学与机械工业的，而不是从前那种个人彼此的关系而已。同时他必须使一般人晓得了方法之后，还要明白他们的目的何在。像这样的教育，受教的人就不仅只是一些排布好的傀儡，只知演奏动作，而不知人生有何意义；只知物质的利益，而不知有其他的问题。

教育的第二步工作——这才是真正解放人类的工作——是引导人对于自己所走的途径加以思考，根据于自己现实的经验估评一切目标与价值，对于自己一切的思想，有独立的评判，打破自私的范围，地方的成见，而扩大眼光与同情心。如果教育不能使人对于经验有一种哲学的态度，就不能称之为高等普通教育。

近来有许多人，把教育视为一种救国的器具。……学校也要传播爱国和道德思想。这些我们都能同意，不过我们要晓得这类的思想每每只是片面的思想，甚至只是专为物质上的利益而宣传，不过没有露出来。学校教人讲道德和爱国的时候，如果要免除偏见，就必须以客观批评的态度。但是学校每每被迫作为各种宣传的工具，在里面受教的因为麻醉，以至后来教育与宣传之区别都分辨不清了。教育原是教他们对于各种事物详细的审查，但是他们没有得着这种教育。他们以为教育者叫他们信什么便信什么。

如果学校不能给学生一种评判的能力，至少总可使他在工业界成功，而满足他个人的志愿。教育的责任，是在乎增进做工的效率。这样，民治政府及工业界之是以维持学校者，是在乎促进世界的物质进步，而不在乎使人类可得真正的自由。

古时中国的教育——如果我没有弄错——大半是教人以礼节，实际行为的哲学和文学。希伯来的教育是世界上最有生气、坚持不挠的教育制度。他们所教的，是法律、先知和法律评论。古希腊人之教育，虽然以思想之独立为目标，然而他们所教的，大半是辩证之学。……读、写算学，是教育的集中工具，而正式之教育，是在此种工具练习好了之后。学生一旦熟习这几种学习的要素之后，就得到了学问之钥匙——若是他有这种机会和志愿——就可去启发无穷的学识，此乃教育之门。……

孩子气的情感作用，不彻底，注意力之分散，对于各物都有一点表面上兴趣，而一无所成……这就是教育对于一般人教练之结果。现代美国一般人智识之低落，各学校实不能卸其责。……西方文化之命运，似乎与现代最野心而最理想的普及教育运动，是相关连的。现代的教育，不仅是想教练各种人类活动，特别注意效率，而且也想以强迫教育之方法，把全体人民都提高起来，训练起来，排列起来，走向现代新生活之大道上去。……

凡此种种，教育恐将完全埋没于暂时之需要即瞬息之欢乐中。自古人类，都是与自然相奋斗，而彼此又互争权势与地位。但同时也有许多领袖，不满意于此种奋斗争夺，化以人道，以广大之经验及同情心开导之。如此，就使人生之意义，不仅在乎物质之争夺，使历史上之危机与斗争，转变而为文化之进步。有了他们这种努力，我们就不仅实际上做事灵巧，而且也解放了心灵，使之脱离机械的工作，使许多人生的兴趣，不仅是暂时的，而且是永久的。无论在何种文化中，这不是教育正当的工作么？……

我觉得今天教育，之所以屈服于功利主义之下，是因为工业革命初起时，一般教育家对于他们给做的目的没有认清。如果以为在工业文明之下智识的领袖总是落后，这也是不对的，因为工业本身乃是智识之产物。将来总有一日，教育家不复屈服于群众一时好恶之下，而会自己有独立的主见。他们对于教育工作，不会注重于社会服务，教练方法，学校行政，而会从教育哲理方面着手。现今已有许多觉得现代之需要，是在乎一种深思的教育哲学，而不在乎什么新的花样。……[1]

① 马丁，《现代教育及其将来》，载《人类的前程》，第446–488页。

（7）俾耳德主编则写下《结论》，其中写道：

有何结论可得呢？第一，科学与机械把物质的地面改变了，把男女生活的方法改变了，把我们对于人类及责任的知识改变了。他们拆毁了我们前面的藩篱，使我们进入一个无穷的世界。即使活佛也不能逃脱这种实力，……在科学与机械势力之前，无不屈服或崩溃。……

第二，……我们彻底理解口才学与机械的方法之后，就可把这散漫混乱的世界，整理清楚，而后统辖于精神势力之下。这一点可说是本书各篇似乎矛盾而确实不错的理论。……

中国哲学家胡适博士，……他以为现代的机械文明与古代的遗传——特别是远东的——比较起来，并非物质的，而确实可称为精神的。他是懂得东西两方的语言、制度、哲学、习俗。……他指出精神与物质争论见解之浅陋，把通常对于东西两方之观念，颠倒过来，肯定一切发明家科学家制造家，实为人类精神的领袖，而那些辗转于神秘的境界，屈服于饥荒痛苦黑暗，反认为当然的命运，乃确实是物质的奴隶。……

现代团体的势力虽然很盛，但我们不可以为在机械之下的个人，就由独立的思想者和自由创造者，降而为马蹄一样的奴隶。……①

《人类的前程》一书中的16位学者，他们分别从各自专业角度，深刻地分析、思辨人类的前程，从远古讲到“二战”初始，不仅表达出他们的忧虑和关注之情，而且言之有理，深刻感人。其中最让笔者收获意外之喜的是，胡适、罗素、杜威三位思想者的肺腑之言。他们的文章都

① 俾耳德，《结论》，载《人类的前程》，第508-515页。

写在笔者出生之前，但是他们所关注的人类问题，至今依然横亘在人类面前。例如，过去中国人通过学习知道，哲学家杜威是“实用主义”的创导者，“实用主义”也就仅仅是一种“主义”而已，终会被抛弃。但在他的《现代哲学及其将来》这篇文章中，他却鲜明提出哲学要关注机械文明，引导机械文明，这也正是21世纪思想者在认知科学中所强调的理念。现在科学更加发达了，思想更加广阔了，新技术给人类带来的幸福更加令人着迷了。我们所处的21世纪前期，被称为电脑时代，是人与机器人共享的时代，但同时也是核战争威胁、恐怖威胁、环境污染威胁摆在人类面前，难以逃遁的时代。这也是人类所面临的各种急迫致命的问题，也和这几位学者所想的、所焦虑的差不多。笔者真诚希望，中国的年轻人能够从前辈们的智慧理念中，踏踏实实地探寻出一些新道路。这也是目前的哲学思辨精神在认知科学中所能够发挥出的极大作用吧！

1933年，哲学家王特夫著的《世界生成论》出版，书中写道：

人类生活于自然和社会之中，他是自然与社会两种环境培植出来的，因之他的精华也受这两个环境的变异法则所支配。生物的进化法则虽然人类仍能某程度地适用，然而是被修改了才适用于人类的。因为人类的精华大部分是社会的作用，所以社会的法则对他的支配反超过自然法则以上。

自然的产物，他的生长、精华是依照自然界的一般的物质变化发展和其规律而成长的，则其归宿亦和自然界一般的物质变化一样，没有永保其现有状态的可能。不错，人类进化到现在已经可观了，他那制造工具和生产的能力已经发达到可惊的地步了，从屈服于自然，走到了大量地利用自然和其法则，以达到自己生存与发展的目的，逐渐减少了自然对于他的限制与支配作用。……

人类终于有他的最后的可知的命运，这命运一方面使他在生存的限度内，无论伟大到如何程度，但仍是不能超过自然和其法则而有所作为的；它方面他将仍如其它物类一样有其毁灭。从发达生产利用自然来说，他离开自然界的原料和自然力的利用，是不能产生什么东西的。……他只能在自然以内利用自然去克服自然，而无能创造自然或改变自然法则。在这一点上说，他始终还是服从于自然的，没有超自然的神力，因为他自己也只是一个自然物的原故。……[①]

1934年，章衣萍、陈若水翻译英国威尔士（现译为威尔斯）著的《未来世界》出版。该书是在法西斯驱动“二战”爆发的初期出版的，书中写道：

文明的人们，并不由于明了的远见而得到快乐。他们不仅为了同时代人的恐惧和贫穷所苦恼，他们确信自由世界，本为人力所能达到，可是被魔力所阻住了，所以不能实现，这是他们所感着痛苦的。他们看见数万万的生命发痉挛，成残废，生活可怜，牺牲不正当，可是他们看不见人类生活这样受摧残和受饥饿的根本必要。他们看见数百万青年生活倾向于使用暴力，折断肢体，过早的死亡。他们想在这种状况以外，建筑他们的安全，他们的快乐和他们的自由世界。

……在历史上，这是人类第一次真正企图统治他的命运。从前是风俗、传统、外部的需要，偶然的事情等，做成了不可抗的结构。他只有在里面，想他的解释和他的安慰：他关于自己的天性不愿有何明了的智识；关于他的命运，只有作传奇来歌咏；他信奉统治在他上头的上帝，借此来逃避对于他的辛苦和患难的责任；他固守着反对理智的成规；他

① 王特夫，《世界生成论》，辛垦书店，1933年12月，第108–110页。

迫害和企图毁灭每一怀疑的思想家和邪说的试验家，因为这些人妨害他恬静的卑屈；他宁愿安贫若素，不愿由新努力而得着痛苦。现在由于许多显明的意外事件之复象，特别由于一百种不同的和不协调的文化，在世界的范围内，互相不信任和互相破坏，使他不得不看见事实。在变化的气势愈益广阔时，就是卑屈也使他感觉到不安了。努力是在他的前面，激励是在他的后面，他不由自主地被迫问他过去是什么？不顾他的深刻的保守，而开始认识他“应当怎样”的使命！

我们须要记得他（希特勒）从未得到德国人投票的绝对多数。但是人民已经让他取得了政权和破坏了他们的共和国，压抑了公共的讨论和破坏了他们的自由。他们没有力量来抵抗他。他们的苦役的和失去希望的头脑中，没有剩下别的概念，因此对于他的叫喊的国家主义，他的勇猛的对共产党和对想像的共产党阴谋之进攻，他的反对犹太人，投机者和自由派的宣传，觉得有些道理。老朽的兴登堡之信赖他的反叛共和国，对于这个冒险家的成功有无限的帮助。希特勒之攫取了德国和将它开倒车的功绩，是模仿墨索里尼的先例。但在智慧上说，他比那个奇怪的人物差得多。他采用了法西斯政府中的一切最坏的东西，……一件表示他的无知和软弱的小事，就是他采用卐字做他的国社党的标识。这个轻便的愚蠢的小记号是起源很古的，……因此，有一个时期，德国在穿褐衫和佩卐字记号的青年的黑卫队的骚扰之下，脱离了人类的智慧的共同幸福。这正是当它的颇为沉重的、耐劳的和忠诚的心灵，应当对于人类应付世界问题的斗争，作极有价值的贡献的时候，它的真实的人才都被流放到美国……国家社会主义力求以破坏来代建设，企图以吹牛，教训人，不容忍，蛮干和强迫，来恢复它昔日的科学的威信和工业的效能。这是可怜而悲哀的阶段，一个大国患了失心症。……

我们知道仇恨是一种病态的，传染的和可阻止的恶疾。这种恶疾是哺乳动物的脑子，尤其是社会哺乳动物的脑子极易于感受的。……仇恨渐渐在人类的头脑里生了根，它似乎是牢不可拔的顽固了。患者常用最大的机智找发脾气的机会，而在培养愤怒和寻求报复中得到最深的满意。他有他所称道的“正当的光荣”。他不赞许他的同胞们，不愿他们快乐。我们今天的教育，是预料到这病症的容易传染性而设法避免它的，但那时的舆论为了反动势力的利益，正竭力帮助它传播。我们现在无论是在心理的或身体的氛围中，都勤于寻找清洁的空气。……只是在我们明了了这种普遍的乌烟瘴气之下，我们才能懂得人类的历史。……在受麻烦较多的社会中，宣传仇恨所最常见的方法是攻击性的，含有暴力或能引起暴力的示威，进攻代议的机关、使馆或领事馆，污损旗帜、石像，或其他象征，……暗杀，在讨厌的民族的集合中掷放炸弹，……读者试设想，在这些仇恨区域中，渐长成人的顽皮青年，他们的脑中如何思想？他们受不住种种束缚，在那里发怒，他们限制激怒，有一种想做生动的有表现的事情是冲动，他们深恨压迫者，想嘲弄他，用可怜的阴谋反对他，或用更可怜的阴谋侮辱他，他一定想到……

二十世纪世界崩溃的直接原因，首先是货币的不适应；其次是社会的紊乱，由于生产率的增加；而第三是瘟疫的流行。战争不是直接的原因。人们的每一日的生活都是经济的，不是好战的，而战争的生活却为债权人所绞杀。……①

威尔士先生的深刻见解，发表在又一次掀起人类灾难的“二战”初期。他以历史学家的眼光，看到未来的人类问题。他在法西斯主义疯狂席卷世界之时，指明它的反人类罪行和愚蠢；威尔士先生更深刻剖析了人类间的“仇恨”问题，警告世人这种恶疾对于人类的极度危

① ［英］威尔士著，章衣萍、陈若水译，《未来世界》，天马书店，1938年3月汉口版，第40-351页。

害。到了21世纪，“仇恨”所激生的恐怖主义活动，不幸被言中，一旦恐怖主义者与核武器相结合，人肉炸弹就会升级成为地球炸弹，毁灭的正是人类自身。

1937年，黄澹哉教授翻译英国陆荷著的《将来的世界》出版。该书有24章，可以说是对当时人们所关心的热点问题，以他的认知作基础，做一个普及说明。全书内容太长，无法全部引述，这里只是将各章目录一览，便可以略见其思路：

绪论——能预言将来吗；将来的男女；将来的力源；将来的空中旅行；游星间的旅行；电动机跟自动车；无线电跟电视；将来的盗贼跟侦探；将来的法律；将来的战争；内外科的医生；运动跟娱乐；未来的宗教；将来的教育；衣服跟食物；超自然；将来的家庭；将来的天气；机械人的时代；将来的城市；物资的合成；政府；地球的末日；概论。①

译者黄教授在“小序”中写道：

将来对于我们，实有非常密切的关系。人类若是早肯根据已知的事实，用科学的方法，而虚心地观察将来，必能避免不少的祸患及痛苦，并且世界也不至于像如今那么丑。这一点，本书的著者已叙述颇详，他对将来各方面的预测，都有科学的基础。至少他的预测，不是乱人心的妖言，更不是信口胡说的巧语；也许有时说得太刻板，而不大动听。……②

---

① ［英］陆荷著，黄澹哉译，《将来的世界》，商务印书馆，1938年再版，第1–3页。
② ［英］陆荷著，黄澹哉译，《将来的世界》，商务印书馆，1938年再版，小序。

1948年，周宗莲教授翻译法国勒康杜奈著的《人类命运》出版，书中写道：

每一个人，在自己能力范围之内要向最完善的人类理想迈进，不仅在个人方面，要求心灵的平安，内在的快慰，及与神圣职务打成一片，以求不朽，并且要与神圣职务合作，使进化所企求的优越人种，能继续进步。

一切罪恶的渊源，就在人类的本质上，要铲除这种罪恶，我们要中和的，不仅是动物祖先所遗传的本能，并且要中和人类祖先所遗传的迷信，无限制的心灵活动所发生的赘疣与错误野心，而代以人类尊严的大义。这是不容易的，因为普通人都熟知或可猜到，要取得觉悟人的尊荣头衔，必须放弃或限制若干取乐的活动。

我们说人类要战胜自己的时候，我们所指的不仅是肉体要求，还有随一班生命俱来的心理歪曲。……虚荣本身，变成了目标。如是虚荣产生了各种恶果，如贪婪、权威、虚名；这些对进步的真正内心努力大有损失，而且把我们对真正目标的注意力分散了。虚荣更可变成知识分子的最危险败德，就是权利欲。我们中间有若干人，在小范围内是具体而微弱的独裁者；而有野心的人，在专门才干上不能超群出众时，最喜欢在领导上出风头。这种趋势，不仅妨害个人进步，并且使人在权利中陶醉。世人应该完全明白，这种现象所代表的潜在危险是甚么。……

一方面是宗教的迷信者，一方面是宗教的不信者，两方面共同表现了人类弱点、骄傲与忽略或否定人类另一半心理活动的错误判断。一方面否定智慧，而另一方面否定直觉。人类人格是从这两种因素和谐联合中产生，他们心目中根本没有这样的观念。……

人类的唯一目标，是要达到具有一切含义的人类尊严。……凡发展本质、工作与消闲的机会，一律要用作增进人格，发展道德，自我并力，促进其进步的工具。如若人类对于教育与教导，只当作是增加智力活动范围，增加个人才力，增加个人的信誉的工具，或吸收物质所得的工具，那就大错特错了。人类要利用科学与文化，来改善自己的德行，并且促进他人的进步。如果把教导本身当作目标，是无用的；如果当作是自私工具，或某一集团利益的工具，是危险的。不管人类所储积的知识如何丰富，如若只利用知识作外表缀饰，并且终生未充分进化，为人类的负责分子，这种知识并未赋予人类任何优越性。人们必须无视周围的一切丑陋乖逆，而不要为道上的陷阱所倾覆，他应克服自己的私恶，注视内心所发出的美景；因为这美景在今天或是幻想，但到明日就是真理了。

按字源的意思，智慧是使人类成为不断学习的学生。所以在对宇宙的关系上，人类永远有屈居卑下之感。……人类最卑鄙的自私主义，要无限制的发展了，免除情感痛苦的硬心肠，要极端发扬了，而只有逻辑，是为人所尊敬的了。有破坏性发明书支持的权势欲望，近代战争已予我们以概念，要带来可怖的冲突，把大半人类降成奴役了。不然，如果智慧剥夺了人类的野心，对无神秘的世界感觉苦闷，或至转而追求美丽。但是完全与智慧不相连的审美意识，不一定可以生存。……人类最终的目的是追求快乐，而由运用其功，刺激与审美官能所产生的欣慰比由严格理想与智慧活动所产生的欣慰要深厚。……

人类征服自然所造成的非常迈进，除非有相配的道德发展，不能带给人类以应得的快乐。在我们实际社会中，这种道德发展，要建筑在一种统一上：合理——科学——与不合理——信仰——可衡量与不可衡量的调和；物质与精神关系的解释；在自然进化中，动物——本能的监犯——与自由人类使命的区别。……

最后，人类能有世界思想了。人类的机械智慧，援救了道德直觉。

将隔断同类的痛苦并使人孤立的空间与时间，人类予以撤销后，在进步上等于迈进了若干世纪。人类自力所及的地平线，渐渐近了，眼界放大了，心肠变软了。人类的奥妙天才，或者更有助于真正宇宙进化；而且在人类理解本身同时是进化的技匠，也是进化的受惠人时，有时候人类会明了进化的奥旨。因为人类已有外在工具，可以加强内在努力，可以加紧人类集团的联系。不幸，机械进步还带来其他后果；战争也变得更大更完善。敌人不必一定是比邻，世界上任何地方的人可以成为敌人。……

因为一个人在任何一事件上，不得不应用情感，倒不如在可疑情形下，坦白的承认情感的成分。公正不如宽大。有时候，力求了解，不如表示同情。但是，在精神发展的前途未指明以前，所要培养个人宽容，不过宽容不可从疏忽、怯弱中产生。……

每人要记着，自己的尊严，人类的高贵，要在解放本身束缚，服从内心志趣的努力中产生。……①

勒康杜奈博士有如诗人般抒怀，对于人类精神世界的现在和未来，给出了他的认知。这很符合中国人的思维方式，不需要深刻全面，只需要从正反两面阐述。而更深刻、冷酷地认知人类的思想者，笔者认为是被称作“超人”的尼采。直到 21 世纪，尼采的言论依然在人们头上雷鸣电闪。

1947 年，高寒（楚图南）先生翻译尼采著的《查拉斯图拉如是说》出版，书中写道：

---

① ［法］勒康杜奈著，周宗莲译，《人类命运》，正中书局，1948 年 8 月，第 180-210 页。

人是伸展在动物与超人之间的一根绳子——横过深渊的一根绳子。

人之所以伟大乃是他是一个桥梁，而不是一个目标。

人之所以可爱乃是他是一种过度和一种毁灭。

我爱那些除了做一个下去者不知道怎样生活着的人们，因为他们是向上者。

我爱彻底的藐视者，因为他们是彻底的欣慕者，人们是渴望达到彼岸的箭。

我爱那些人们，不在星球之外追求一个捐躯、牺牲的理由，只为大地而牺牲，使大地成为超人的地。

我爱那生活着，是为求知，并求知超人可以生活着的人。为此他意愿着他自己的下去。

我爱那工作和发明，建造了超人的屋宇，预备了他的地、动物和植物的人！为此他意愿他自己的下去。

我爱爱着他的道德的人！因为道德是下去的意志，是一只渴望的箭。

我爱不为自己遗留下一步的精神，乃完整地意愿着他的道德之精神的人，他怀着这样的精神走过桥去。

我爱以他的道德作成他的志向和命运的人：为他的道德的原故，他生活着，否则宁死。

我爱不愿望着太多的道德的人。一个道德优于两个道德，因为悬挂命运，一个绳结已足。

我爱灵魂奢侈的人，他不求谢，他不报答；因他总是赠贻而不为自己保存。

我爱当骰子于他有利而羞愧的人，并且他问着“我是欺诈的玩耍者么？”因为他愿意毁灭。

我爱在他的行为之前播散着金言的人，并且他所行常多于他的所言；因为他寻求着他自己的下去。

我爱辩正后代为救赎前代的人；因为他愿意为现代而毁灭。

我爱谴责他的神的人，因为他爱着他的神！他必须从他的神的愤怒中毁灭。

我爱他的灵魂深沉，即使在负伤的时候，并且一件小事也可使他毁灭：因为他欢喜走过了桥。

我爱以他的灵魂的满溢而忘却了自己且万物都备于自己的人，如是万物都成为他的下去。

我爱那是一个自己的精神和自由的心的人：因他的头只是他的心脏腑；而他的心却使他毁灭。

我爱一切如同大雨点，——从低垂在人头上的黑云降下来的人：他们预告着电火的来临，并且毁灭如同先驱者。[①]

尼采被称为“超人”是恰当的，他的思想至今还是远远超过地球上的其他人。他对于人类前途的呼喊，确实引起读者深思。本章所引他借查拉斯图拉说出来的话，把人类比喻为一座桥梁，人从过去走向未来，怎么走都是充满危险。但是人类又是那么可爱，尼采一口气用了 18 次“我爱……”来表达人类既是创造者，又是毁灭者；毁灭者正是先驱者；人既善又恶；等等。尼采的桥是智者建造的桥，不仅贯通着过去、现在与未来，还贯通着人类“渴望达到彼岸的箭”。现在的人类，能否有足够的智慧和能力走过去？或者毁掉桥梁？我只能祈望认知科学的发展，能够带来“大雨点，——从低垂在人头上的黑云降下来的人：他们预告着电火的来临。”“电火的别名就是超人。”“人确定

① （德）尼采著，高寒（楚图南）译，《查拉斯图拉如是说》，惠阳文通书局，1949 年 7 月再版，第 8–10 页。

他的标的时候到了，人播种他的最高希望的种子的时候到了。”“他的土地仍是足够肥沃。但那土地将有一天贫乏、耗竭，不再有高迈的树能够生长。”[①]

二、辞书上的条目

很奇怪，笔者查阅近代一批专门辞书，居然没有一部辞书给出关于“未来”的概念式的说明。笔者仅见到两条，一是1933年出版的《辞源续编》中，有条目：

【未来】

《魏书·释老志》：凡其经旨，大抵言生生之类，皆因行业而起，有过去当今未来历三世，识神尝不灭。[②]

1922年，丁福保居士以日本《织田佛学大辞典》为基础，编纂出版《佛学大辞典》，书中有条目：

【未来】(术语)

又云当来。谓事物之作用，众生之果报等之当来而未来者。[③]

另外，1928年，孙俍工教授编的《文艺辞典》出版，书中有条目：

---

① （德）尼采著，高寒（楚图南）译，《查拉斯图拉如是说》，惠阳文通书局，1949年7月再版，第10–11页。

② 《辞源续编》，商务印书馆，1935年5月二十四版，第辰集39页。

③ 丁福保编，《佛学大辞典》，上海医学书局，1990年，第816页。

【未来派】(Futurism)

“未来主义”同。是二十世纪初在意大利发生的艺术上的新运动，这派的运动，不单是限于造型美术，并且普遍于文学、音乐等一般艺术上面。……这派的根本主张，在讴歌近世科学——尤其讴歌机械工业方面……的发达和近世革命的政治社会运动，激动的生活等，想把同样的格调——骚扰喧嚣速力等等——作为创作艺术的中心。因此它们喜欢各种的骚动，欢喜那表现疾驰，冲突，激乱狂热的大工场和汽车，自动车，飞艇，争斗，革命战争，无政府主义等；痛恨沉静、休止、睡眠、沉默。像这样，一面寻求动的性质的事物为创作的对象，一面又竭力发挥作家自身的感觉和主观的复杂而且流动之要素，欲在这些上面树立一种新的艺术。

未来派的诗——在诗的一面的未来派的主张依据：“最近的科学上的种种发明，使人的感受性非常发达，在实际上，不能不用新的感情代替旧的感情了。新的感情必要一种新的表现的形式来表现，新的感情，主要是以速度、噪音、猛烈乃至应用科学为归，所以新的表现，势必至于以紧迫的、残忍的、无线电信的、信号机式的，而且一般能够怎样就怎样的物质的东西为适切。”感情常是新的，故表现也常是新的，不这样，就不能称其为诗。所以未来派的诗的特征：表现于他们的狂热的精神中的，有的是机械力的赞美，有的……承认那凭依科学和意志的哲学的男性的暴力。结果成为战争、革命和暴动的赞美者；否定自然，而成了人工和机械力的赞美；否定恋爱，而成了肉欲的讴歌。因此这派的诗材，遂采取了工场的喧声，汽车的咆哮等等一切骚扰的音响和强烈无比的色彩，肆行一切动的感觉的表现。他们先把停滞的、静止的、病弱的精神弄得粉碎，把活力和生命之奔腾而狂醉的境地，看作唯一的诗境。读了他们的诗，一样地感到音律的骚然错杂的炫目的世界。……

未来派的剧——……要点是：（1）旧式作剧术的废弃；（2）使在潜在意识的世界里的发见也上舞台；（3）舞台上所演能侵入于客座与看

客；(4) 与演员的亲睦；(5) 废止一切纯剧而代以极其自由的剧材、场景和排演。……

未来派的音乐——……主张：为人生和现实即是运动和行为运动生骚音，音乐史调和的艺术，而且是一种理性的活动；但“骚扰音乐”则是人生和自然的音乐。所以一切人类，不外乎都是骚音主义者罢了。……

未来派的绘画——……主张排斥模仿的一切形体，而尊重具有特质的一切恶形体；在画布上所表现的，不是固定了的普遍运动中的一点，却是“动的感觉”。“动的感觉”的表现法，是依据于运动与光。运动与光把物象的定形破碎了，其所破碎的物象，即被分解成许多的面与线。不仅是分解，而且因为运动是连续的面与线，便暗示着一种运动的无限的进行。简而言之，因为未来派是否认物象的绝对静止状态的，所以描写的物象，是暗示一切运动的无限进行的面与线的组织——即“动的感觉”——的表现。且因为运动连续状态是照原样表现出来了的，所以在那里面把时间与空间一起表现出来了。……[①]

笔者猜测，“未来”一词在近代中国人心目中，仅是一个简单的见不着、摸不着的时间观念，人人都明白，不需要劳神深思，也就没有必要让辞书的编纂者们给出词义，更不用说去思考人生的未来了。近代中国学者，大概只有文学艺术界的人，才关心“未来派”的诗歌、戏剧、美术画作等。但不管怎么说，未来派的艺术家们，他们所感受到的正是机械文明给予他们心灵的冲击，以及人的快乐或痛苦的激情需要表述出来，而不只是追随前工业文明时期（封建时期）的思想和行为准则。中国艺术家对此有所感触，并同样有所表现。

---

① 孙俍工编，《文艺辞典》，上海民智书局，1928年10月，第125–128页。

结语

（1）自从1982年2月我“掉”进中国学术圈，至今已探索过好几个专业领域，如口述史——对中国有贡献的老人访谈；中国近代科技史；中国近代哲学史；中国近代文化史；中国近代语言变迁史等方面。到21世纪近十年，我更被“概念史”这种研究方法所吸引，一口气写成两部中文概念史专著并出版。这种概念史的研究方法，以词语概念为主线，不受目前的学科分类限制，因此我“游戏”于多个学科概念之中。突然，一个名词映入我的眼帘，那就是“认知科学（Cognitive Science）”一词。这个英文原词由西方学者在20世纪70年代开始使用，至今已经席卷全球。现在我们重新与世界接轨，承认我们是人类命运共同体中的一分子。而认知科学的实际成果已经大大改变了人们的思想、生活与行为，更为关键的是，可以很明显地说，认知科学的本质就是把关键传统的学科综合起来，把知识力量充分发挥出来。大家一起努力，目的有三：一是通过共同奋斗，以不断创新的认知科学内容应对全人类在地球上生存的根本问题，力图在全球灾难爆发前有所延缓改良。二是传统知识结构必须为进步而大幅度改进，其中最重要的是20世纪已经定型的各个专门知识学科要进行大联合，互相渗透，互相帮助，互相鼓励，不存在谁领导谁的问题，也就是在“认知科学”这个概念下，以往的自然科学内容和社会科学内容及人文科学内容，全都应当容纳在其中，并发挥作用。三是认知科学要对人们现实生活中以往种种的困境和新困境负责，提出并且实施种种可行的措施，以解决衣食住行问题、生老病死问题等。能否实现认知科学的目标，包括在人机互补、改善环境、抑制恐怖、食品安全、医疗保健等方面，需要靠人类的良知和才智来决定。笔者深信，认知科学就是人类的一种新努力，企图并形成一种新学术。

（2）基于以上粗浅的认识，笔者对于认知科学一直保持着满满的好奇心，并且搜集了很多相关的文献资料，从剪报、专著到网络信息。笔者自认是“笨鸟”，但可以从时间、空间的运转中，学习认知，思考认知，分辨认知。经过这些年的浏览，笔者确实感觉到“认知科学”本身的知识体系十分深邃，对于笔者这个没有经过多年专业学习的人来说，就只能自认“外行”。其中的任何一门分支，如认知哲学、认知心理学、认知语言学、认知神经科学等，笔者是没有置喙之地的；但是拜读之余，也常常感到不满足，因为其中许多关键词的来龙去脉很模糊，到底想表达什么意思，无从了解，更别提那些翻译的热书了。于是，做概念史的经验告诉笔者，学科的关键词是表述学问的基本要素，只要弄清楚关键词的表述内涵，就把握住了学问的基本。笔者通过继续阅览中国近代不同学科的学者著的各种专著及工具书，挑出现代认知科学所罗列的那些学科，挑出其中相关的关键词，并将其排列起来，头脑逐渐就清楚了。原来所谓“认知科学”中的各个基本内涵，早在20世纪前半叶就已被中国一些学者关注研究，他们在学习西方学者的见解的基础上，提出自己的各种见解，虽然没有“认知科学”这个总名称，但各个分支内容却是一脉相承的。近代西方发达国家和学者所关注的问题，在中文里基本上都有所反映与表述。各关键词也运用至今。看到如此丰富的文献，笔者觉得有必要探讨“认知科学”的重要性；有必要将前辈们辛苦的研究心得表述出来。笔者按捺不住自己的心情，想把自己的学习所得分享出来。一年时光，四十多万字，算是给现代研究认知科学的新人们一点基础的资料；算是给新人类，或新新人类的一点中国式的回念。余愿足矣。

（3）三十多年前，中国心理学界的前辈潘菽院士写了一篇文章评论现代认知心理学，批评西方当时认知心理学的种种缺点，其中写道："现代认知心理学在体系上显然是残缺不全和条理不清的。体系思想不清楚或不正确、不全面，许多概念就要陷于混乱，这是必然的。说实在话，认知心理学其实对于什么叫作'认知'这个问题，也似乎没有完全分辨清楚。上面所说的一些概念混淆就是明证。所以如此，理由是明白的。我们知道，世界上任何事物，如果局限于它本身，孤立地进行考察，是不能取得对事物的清楚了解的。……现代认知科学的另一个主要问题，是对知觉过程的理解不恰当。……①把知觉过程看得过于复杂化，并且这种复杂化大部分是不必要的，是人为的，……②认为外界事物的客观因素相结合，才能产生知觉。这种看法也是很有问题的，并且还容易陷入不小的错误。……③用信息加工的概念说明人的认识活动不合适。……因为人和机器有本质的区别。……多年来心理学一直不恰当地借用一些其他科学的观点、概念和术语，因而蒙受了损害。……把'刺激'进一步加以抽象化而称之为'信息'使心理学遭受损害也将更大。这种历史的经验教训是不能忘记的。④……现代的认知心理学者还有一种见解，就是认为知觉是确定人们所接受的刺激物的意义的过程。这样的说法，至少有一半是错的。……它又把知觉看作是明确事物的意义的过程，这都是现代认知心理学在概念方面混淆的表现。……"①

潘院士今天要是仍健在，恐怕他会重新改写了。

（4）本书除前言、结语外，分为五章，重点介绍了几十个与认知科学相关的关键词，明示它们如何在中文里和学术界，发挥重要的作用。第二章是为认知科学的历史准备，由于笔者也包括前辈，没有人

① 潘菽，《乐国安著〈论现代认知心理学〉序》，1985年1月作；引自《潘菽心理学文选》，江苏教育出版社，1987年6月，第527-537页。

写过中国知识发展史，故只好借鉴黄文山教授当年整理的西方知识发展史。这也是认知的一个主要源流，以供参照。第三章介绍近代中国学者在一些新的基本学术领域，已经做出的贡献，即近代中国学术能够蓬勃发展的基础。第四章和第五章，是顺着近代心理学发展过程而对关键词进行的探求，以此来表述现代认知科学所关注的核心问题，并通过它们深入地显现出来。反过来说，正是近代中国学者的辛劳，使认知科学的基本理论认知，在近代就完成了。笔者自己写作的过程，恰恰是笔者向老前辈们学习的过程，特别是心理学方面，笔者受益良多，也希望年轻的读者能循着他们的笔迹走进去，达到如屈原大夫所吟咏的诗句“路漫漫其修远兮，吾将上下而求索”之境界。本来笔者还想写“认知工具在近代中国”“认知方法在近代中国”两章，但是写不动了，只好搁笔。

（5）如果把认知科学作为人类新的价值取向，那么，我们就可以对目前任何具体学科进行全新的探索、研究，建立诸如认知数学、认知政治学、认知经济学、认知历史学、认知艺术学、认知社会科学等。一方面把各个不同学科的思想引入认知科学中；另一方面把认知科学的全新理念引入不同学科中，互相促进。

（6）能够充分表达笔者目前的情感的，还是“超人”尼采的话语，他的深邃的思想激励着人们思考人类的前程。现在让我们一起吟诵吧：

你们在人民的迷信中，想辩正了你们的人民！你们叫这为“求真理的意志”，你们知名的智者哟！

你们常常自言自语：“我从人民来！因此神的声音也从人民大道来。”

你们因为要做人民的辩护人，所以总是强项而奸猾如同驴子一样。

许多有权势底人要讨好于人民，在他的铁骑之前，驾着一头小驴，一个知名的智者。

现在，你们知名的智者哟，我愿你们完全撕下你们身上的狮子皮！

…………

唷，要我信仰了你们的“真实”，首先你们必须破弃了你们的敬仰的意志。

……在沙漠中，永远居住真实者，自由思想家，旷野的王，但城市里却居着饲养得很好的知名的智者——一群负载的驴子。

因为是驴子，他们永远挽拽着人民的板车！

…………

但在我看来，你们仍然是庸人，即使在你们的道德之中，你们也仍然是庸人，有着朦胧眼的庸人——不懂得何谓精神的庸人。

精神是砍断了生命的生命：由于自己苦痛更增进了自己的智识。——这你们懂得么？

精神的快乐是以眼泪膏沐而圣化如同祀神的牺牲。——这你们懂得么？

盲人的盲昧和他的寻求和摸索，之一证明他所窥见过的太阳的威力。——这你们曾懂得么？

求智者学习着创建山岳！撼山移岳是今生所能做的一件小事。——这你们曾懂得么？

你们只看见精神的火花：但你们还不知道它是铁砧，也不有看见过它的铁锤之残酷！

真的，你们不知道精神的矜高！但假使精神要说话，你们也仍然不能耐于精神的谦卑！

你们也永不能投掷你们的精神在冰窖里：你们的势力还不足！你们也不知道冰窖里的清冷之快乐。

总之，你们把精神看得太平淡；你们常以智慧造成恶劣诗人们的救济所和病室。

你们没有看见一张帆横过海上么？圆满而膨胀，并以风的猛烈而战栗？

我的智慧——我的粗犷的智慧横过海上，如同帆一样的以精神的猛烈而震慄！